海洋强国气象科技支撑丛书

丛书主编：巢纪平

中国海洋大学教材建设基金资助

海雾导论

张苏平　衣　立　高山红　编著

内容简介

海雾是发生在海洋大气边界层中的一种天气现象，是海洋天气预报的重要内容，也是海洋气象学、海洋大气边界层的重要研究内容。为了满足社会对海洋气象专业人才的培养需求，及时反映海雾研究的新进展，特编写本书。本书共分8章，主要从海雾形成机理、海雾天气气候学、海雾卫星遥感、海雾数值预报等方面展开介绍。与以往介绍雾的同类书相比，更加注重海雾机理研究方面的更新和大气科学与海洋科学的交叉，增加了海雾观测、遥感和数值预报等新内容。

本书可作为大气科学类本科生和研究生的专业课教材，也可作为海洋科学、环境科学等相关专业的教学参考书；对从事天气预报、海洋环境预报、海洋资源开发、海运、港航、渔业捕捞、海上救援等行业的管理、业务和科研人员而言，也是一本较有价值的参考书。

图书在版编目（CIP）数据

海雾导论 / 张苏平，衣立，高山红编著. -- 北京 ：气象出版社，2024.12
（海洋强国气象科技支撑丛书 / 巢纪平主编）
ISBN 978-7-5029-8062-7

Ⅰ. ①海… Ⅱ. ①张… ②衣… ③高… Ⅲ. ①海雾—研究 Ⅳ. ①P732.2

中国国家版本馆CIP数据核字(2023)第191085号

海雾导论
HAIWU DAOLUN

出版发行：气象出版社
地　　址：北京市海淀区中关村南大街46号　**邮政编码**：100081
电　　话：010-68407112(总编室)　010-68408042(发行部)
网　　址：http://www.qxcbs.com　**E-mail**：qxcbs@cma.gov.cn
责任编辑：黄海燕　**终　　审**：张　斌
责任校对：张硕杰　**责任技编**：赵相宁
封面设计：博雅锦
印　　刷：北京建宏印刷有限公司
开　　本：787 mm×1092 mm　1/16　**印　　张**：15.75
字　　数：420千字
版　　次：2024年12月第1版　**印　　次**：2024年12月第1次印刷
定　　价：98.00元

前言

海雾是发生在海洋上空(包括岸滨、岛屿)大气边界层中的一种天气现象,其影响是多方面的。海雾发生时大气能见度下降,严重影响人类在海上和沿岸的生产、生活,很多海损和海难事故都是在浓雾笼罩下发生的,因此,海雾是一种危险性天气。海雾对沿海地区温度和湿度有明显调控,进而影响植被和生态;海雾的微物理特征与海洋性低云(主要是层云、层积云)类似,对地球辐射平衡有重要贡献;在干旱少雨但多雾的沿海地区,收集的雾水是当地一种重要的水资源。

海雾的发生和消散不仅与凝结核、大气层结稳定性等因素有关,而且受大气与海洋相互作用的影响。因此,海雾预报不仅是天气预报的重要内容,也是海洋气象学的重要研究内容之一。但由于观测资料的缺乏,目前相比于陆地上的雾和其他天气现象,人类对海雾的认识还是有限的。

中国海雾教学和研究可以追溯到20世纪中叶,已故的山东海洋学院(中国海洋大学前身)王彬华教授从20世纪40年代开始对海雾资料进行搜集和整理。从50年代起,他把海雾作为"海洋气象学"的部分内容纳入教学工作,通过指导学生的毕业论文,不断研究、归纳和总结,在1966年编纂成讲义。1983年出版了专著——《海雾》,1985年由海洋出版社和施普林格(Springer-Verlag)联合出版发行了英文版 *Sea Fog*。该书全面系统论述了海雾的生成、分类、分布、水文气象特征、物理性质、预报方法等,是海洋气象学领域的经典之作。

此后,经过几代人的不断努力探索和长期积累,对海雾的认知逐步深入。特别是2000年以来,随着科学技术的进步,基于海上浮标站、岸基自动站的资料,以及船舶、卫星、雷达等观测平台的资料较以往更加丰富,在海雾形成机理、海雾卫星遥感、海雾数值预报等方面有了长足进展。为了使这些与海雾相关的新进展、新认识及时让读者了解,满足社会对海洋气象专业人才的培养需求以及社会诸多行业对海雾预报预测的需求,特编写本书。

本书内容融合了国内外相关研究的成果和作者的积累,体现传承、更新、发展和系统性,注重大气科学与海洋科学的交叉。全书共8章。第1章主要介绍海雾的定义、基本特征和主要观测方法,并对海雾研究历史做简单回顾。第2章讨论海雾形成的基本原理和物理过程以及海雾的分类。第3、4章涉及海雾气候学,介绍全球大洋、边缘海和近岸水域主要雾区分布和季节变化特征,包括太平洋、大西洋、南大洋、印度洋和北冰洋,以及黄海、东海、台湾海峡、南海、日本海、鄂霍次克海、美国东部—加拿大东部沿海、北海和波罗的海等,并从海洋和大气两个方面讨论雾区分布特征和季节变化的原因。第5章讨论具有代表性的海雾天气过程,如黄海的平流冷却雾、台湾海峡西部的冷季蒸发雾和暖季混合雾、粤东沿海的平流冷却雾和蒸发雾、杭州湾的岸滨雾、北太平洋的锋面雾等。第6章介绍海雾微物理特征和雾中能见度的计算方法。第7章介绍海雾卫星遥感基本知识和方法,讨论日间和夜间海雾遥感技术。第8章介绍海雾数值模拟与预报,包括基本原理、数据同化、集合预报、试验设计、个例演示等。附录介绍与本书相关的常用计算方法。为方便读者学习和查阅，全书最后附有索引。各章后面附有习题供复习和选做。

本书是在前人的大量心血和知识积淀基础上完成的，第1、3、4、5章由张苏平撰写，第2章由张苏平和衣立撰写，第6、7章由衣立撰写，第8章由高山红撰写。

本书得到了国家重点研发计划项目（2021YFC3101601、2019YFC1510102、2022YFC3004204）、国家重大科学研究计划（973）项目（2012CB955602）、国家自然科学基金（41876130、41576108、41175006、40975003、41276009、2075069）以及山东省、福建省和青岛市相关科研项目的大力支持。在这些项目的支持下，我们开展了对海雾比较全面的研究，在国内外诸多期刊上发表论文并获得一批发明专利和软件著作权授权。这些成果均为该书提供了大量创新性的内容和资料。此外，感谢所有参加海雾研究的学生们做出的努力和贡献。感谢你们多次前往太平洋、渤海、黄海和东海以及海岛进行海雾和海洋大气边界层观测，为认识海雾打开了一个个新的窗口。感谢为此书的编写进行修图、校对的学生们。感谢青岛市气象台、东方红2号科考船、雪龙号科考船以及其他科考船为海雾研究提供了大量现场观测资料。感谢中国海洋大学的同行们、国家气象部门和海洋部门的朋友们长期以来对海雾研究的关心、关注和支持，你们在研究和预报业务中对海雾的认知是本书不可或缺的一部分。

受作者水平所限，书中难免有错误和疏漏，敬请读者给予批评指正。

作者

2023年3月于青岛

目　录

前言

第 1 章　海雾的定义和观测方法 …… 1

1.1　海雾的定义及基本特征 …… 1

1.1.1　海雾的定义 …… 1

1.1.2　海雾的基本宏观特征 …… 2

1.1.3　海雾与霾的区别 …… 4

1.2　海雾观测 …… 5

1.2.1　早期观测 …… 5

1.2.2　SYNOP 简介 …… 6

1.2.3　ICOADS 简介 …… 8

1.3　海上大气水平能见度的观测 …… 8

1.3.1　光亮度对比 …… 8

1.3.2　影响对比感阈的因素 …… 8

1.3.3　肉眼估计的能见度 …… 9

1.3.4　夜间灯光能见度 …… 9

1.3.5　大气能见度的计算 …… 10

1.4　海雾观测设备和应用举例 …… 11

1.4.1　能见度测量仪 …… 12

1.4.2　船载自动气象站 …… 12

1.4.3　船载无线电探空系统 …… 14

1.4.4　云高仪 …… 15

1.4.5　海气涡动通量观测系统 …… 16

1.4.6　雾滴谱仪 …… 17

1.4.7　微波辐射计 …… 18

1.4.8　边界层激光测风雷达系统 …… 21

1.4.9　风廓线雷达 …… 24

1.4.10　其他观测设备 …… 24

1.5　海雾研究历史简要回顾 …… 24

1.5.1　欧美海雾研究 …… 25

1.5.2　中国海雾研究 …… 27

1.5.3　海雾研究国际合作 …… 29

思考题 …… 31

第 2 章　海雾形成机理及海雾分类 …… 32
2.1　海雾形成的基本物理过程…… 32
2.1.1　增湿过程 …… 33
2.1.2　降温过程…… 36
2.1.3　海洋大气边界层和湍流…… 45
2.2　海雾的分类…… 48
2.2.1　平流冷却雾…… 49
2.2.2　平流蒸发雾…… 51
2.2.3　混合雾…… 54
2.2.4　辐射雾…… 54
2.2.5　地形雾…… 55
2.3　海雾与低云的相互转化…… 58
2.3.1　暖海面的海雾/层云 …… 58
2.3.2　冷海面的海雾/层云 …… 59
2.4　小结…… 61
思考题 …… 63

第 3 章　全球大洋海雾 …… 65
3.1　海雾频率计算…… 65
3.2　海雾频率分布概况…… 66
3.3　极区海雾…… 68
3.3.1　北极海雾 …… 68
3.3.2　北极海雾类型…… 70
3.3.3　南极海雾…… 71
3.4　西北太平洋海雾…… 73
3.4.1　海雾频率及季节变化…… 73
3.4.2　海雾与海流和海面水温的关系…… 74
3.4.3　大气环流条件…… 75
3.5　东北太平洋海雾…… 78
3.5.1　海雾频率及季节变化…… 78
3.5.2　海雾与海流和海面水温的关系…… 78
3.5.3　大气环流条件…… 79
3.5.4　美国西海岸上升流区海雾…… 81
3.6　北大西洋海雾…… 82
3.6.1　西北大西洋海雾频率…… 82
3.6.2　拉布拉多海海雾…… 83
3.6.3　海雾与海流和海面水温的关系…… 84
3.6.4　东北大西洋海雾频率…… 85
3.6.5　大气环流条件…… 86
3.7　南太平洋海雾…… 88

3.8 印度洋海雾…… 90
3.9 南大洋其他水域的海雾…… 91
3.10 小结 …… 92
思考题 …… 94

第 4 章 边缘海和近岸水域海雾 …… 95
4.1 中国近海海雾频率时空分布特征…… 95
4.1.1 海雾频率的季节变化 …… 95
4.1.2 海雾频率与海面水温的关系…… 97
4.1.3 海雾季节进程…… 98
4.2 黄海海雾季节变化…… 99
4.2.1 雾季开始的环流形势…… 99
4.2.2 低空大气层结的季节变化特征 …… 100
4.2.3 海气温差的季节变化 …… 100
4.2.4 雾季结束迅速的原因 …… 102
4.3 台湾海峡海雾 …… 105
4.3.1 海峡海雾分类方法 …… 105
4.3.2 平流蒸发雾 …… 106
4.3.3 暖季混合雾 …… 107
4.3.4 平流冷却雾 …… 108
4.4 日本海海雾 …… 109
4.4.1 海雾频率的时空分布特征 …… 109
4.4.2 海雾形成的海洋气象条件 …… 109
4.4.3 北海道四周三个海峡的雾 …… 111
4.5 鄂霍次克海海雾 …… 113
4.5.1 海雾频率的时空分布特征 …… 113
4.5.2 海雾形成的海洋气象条件 …… 114
4.6 美国东部—加拿大东部沿海海雾 …… 114
4.6.1 海雾频率的时空分布特征 …… 114
4.6.2 海雾形成的海洋气象条件 …… 115
4.7 北海和波罗的海海雾 …… 117
4.7.1 海雾频率的时空分布特征 …… 117
4.7.2 海雾形成的海洋气象条件 …… 118
4.8 小结 …… 119
思考题 …… 120

第 5 章 海雾天气过程…… 121
5.1 春季黄海海雾过程 …… 121
5.1.1 观测事实 …… 121
5.1.2 天气形势 …… 122

5.1.3 海气界面海洋气象条件 …… 123
5.1.4 大气边界层垂直结构特征 …… 124
5.1.5 海雾生成和消散的机理 …… 126
5.2 夏季黄海海雾过程 …… 128
5.2.1 观测事实 …… 128
5.2.2 天气形势 …… 130
5.2.3 海气界面海洋气象条件 …… 131
5.2.4 大气边界层垂直结构特征 …… 131
5.2.5 海雾消散的机理 …… 131
5.3 春季和夏季黄海海雾对比 …… 135
5.3.1 雾顶辐射冷却 …… 135
5.3.2 综合对比 …… 136
5.4 冬季黄海海雾 …… 136
5.5 南海海雾 …… 138
5.6 福建沿海海雾 …… 139
5.6.1 冷季平流蒸发雾 …… 139
5.6.2 暖季混合雾 …… 142
5.7 杭州湾岸滨雾 …… 144
5.8 西北太平洋锋面雾 …… 147
5.8.1 航线与天气形势 …… 147
5.8.2 船载观测资料分析 …… 149
5.8.3 海雾形成机理讨论 …… 150
5.9 小结 …… 153
思考题 …… 154

第 6 章 海雾微物理及雾中能见度 …… 155
6.1 海雾雾滴的凝结过程 …… 155
6.2 海雾微物理特征量 …… 156
6.2.1 雾滴谱 …… 156
6.2.2 海雾数浓度和含水量 …… 158
6.3 雾中能见度 …… 158
6.3.1 基于雾微物理量的大气能见度计算方案 …… 159
6.3.2 基于雾滴谱数据的能见度计算方案 …… 160
6.4 海雾微物理特征——北冰洋观测 …… 161
6.4.1 中国第七次北极考察北冰洋内海雾观测 …… 161
6.4.2 中国第九次北极考察北冰洋内海雾观测 …… 162
6.4.3 微物理特征分析 …… 162
6.4.4 雾滴谱分析 …… 163
6.4.5 不同类型海雾观测样例 …… 167
6.5 小结 …… 172

思考题 …… 173

第 7 章　海雾卫星遥感 …… 174

7.1　海雾卫星遥感基础 …… 175

7.1.1　常见辐射术语 …… 175

7.1.2　被动遥感 …… 175

7.1.3　主动遥感 …… 176

7.2　日间海雾检测方法 …… 178

7.2.1　黄海海雾检测 …… 179

7.2.2　北冰洋海雾检测 …… 186

7.3　夜间海雾监测方法 …… 188

7.3.1　双通道差值法夜间海雾卫星识别 …… 189

7.3.2　温度差值法夜间海雾卫星识别 …… 190

7.3.3　两种夜间海雾识别方法的适用性 …… 190

7.4　小结 …… 192

思考题 …… 193

第 8 章　海雾数值模拟与预报 …… 194

8.1　海雾数值模拟与预报的基本原理 …… 194

8.1.1　海雾物理过程与数值模式 …… 194

8.1.2　海雾数值模拟与预报的基本概念与流程 …… 195

8.2　海雾数值模拟——机制研究 …… 196

8.2.1　观测分析 …… 197

8.2.2　数值模拟 …… 198

8.2.3　形成机制 …… 202

8.3　海雾数值预报——数据同化 …… 206

8.3.1　海雾数据同化方案 …… 206

8.3.2　个例研究——大范围海雾个例 …… 209

8.3.3　个例研究——小范围沿岸海雾 …… 215

8.3.4　同化方案应用效果 …… 217

8.4　海雾数值预报——集合预报 …… 218

8.4.1　集合预报方案 …… 218

8.4.2　集合预报试验 …… 220

8.4.3　结果分析:第一组试验 …… 221

8.4.4　结果分析:第二组试验 …… 224

8.5　小结 …… 225

思考题 …… 226

参考文献 …… 227

附录 A　常用计算方法 …… 236

A.1 雾的微物理参量计算方法 …… 236
A.2 峰度、偏度统计检验方法 …… 236
A.3 米散射系数 a_n 和 b_n 的计算方法 …… 237
A.4 统计检验方法 …… 238
A.5 检测概率等指标计算方法 …… 239
A.6 北冰洋海雾观测数据处理方法 …… 239
A.7 第七次北极科学考察航次 …… 240

索引 …… 241

第1章　海雾的定义和观测方法

本章首先介绍海雾的定义和基本特征，比如季节变化、日变化、卫星可见光云图特征，以及雾与霾的区别等。观测是认识海雾的基础，本章讨论海上气象观测的发展和相关数据集，以及大气水平能见度的基本概念，介绍部分相关设备的工作原理及其船上安装使用注意事项，并提供若干应用举例，最后一节简要回顾海雾研究历史。观测设备和应用举例部分相对独立，涉及的海雾相关知识较多，可以放在第 2 章之后学习。

1.1　海雾的定义及基本特征

1.1.1　海雾的定义

海雾指在海洋影响下出现在海上（包括岸滨和岛屿）的雾（王彬华，1983）。海雾也像一般的雾①一样，它的生成是通过一定途径使空气达到饱和，并适当地有些过饱和现象来完成的。海雾发生时，海上大气水平能见度（简称“能见度”）不足 1000 m。根据美国气象学会名词解释，如果海上雾层浅薄，不妨碍 10 m 以上的海洋上空水平视线，被标记为浅雾（shallow fog），在陆地上浅雾层厚度阈值为 2 m。海雾以平流雾居多，按其形成物理过程不同可以分为平流冷却雾、平流蒸发雾等。在用能见度历史资料进行雾的统计时，应排除降水、吹雪、雪暴、扬沙、沙尘暴、浮尘、烟幕等视程障碍现象。

雾中水平能见度取决于凝结核的浓度以及与之相关的雾滴谱分布和（或）液态水含量。在青岛近岸用 FM-120 型滴谱仪的观测表明，海雾平均雾滴半径具有双峰结构，第一峰值半径不足 5 μm，第二峰值半径为 8.5 μm（Wang et al.，2020）。雾滴谱对环境的微气象水文条件高度敏感，不同地点不同时间测量的值差异较大，浓雾时液态水含量增加，粒子向大液滴方向发展，肉眼可以看见空中有飘动感的雾滴。薄雾或者轻雾、霭（mist）被认为最接近雾，轻雾中有液态雾滴，液滴尺度较小（最大几微米），其相对湿度低于雾，而且影响视觉的程度不像雾那么严重，能见度在 1～10 km。

海雾雾滴半径与海洋性低云（主要是层云、层积云）云滴半径相当（表 1.1），两者（海雾与海洋性低云）在一定条件下可相互转化。因此，也可以将海雾定义为贴近海面的层状云（marine stratus）（Koračin et al.，2001）。一般来讲，海雾与层状云的形成物理过程不同。成云的空气饱和过程主要是降低气压的绝热冷却过程；而海雾的生成一般都出现在几米、几十米的低空，气压变化不是主要的，而是以空气温度和水汽压的改变为主。

---

① 雾：在水汽充足、大气边界层稳定的条件下，相对湿度达到或者接近 100%时，空气中的水汽凝结成细微的水滴（冰晶）悬浮于空中，使地面水平能见度下降，这种天气现象称为雾（fog）。根据中国气象局《地面气象观测规范》，雾指“大量微小水滴浮游空中，常呈乳白色，使水平能见度小于 1.0 km”。高纬度地区出现冰晶雾也记为雾。1.0 km≤水平能见度<10.0 km 为轻雾。

表 1.1　各种云的云滴半径(盛裴轩 等,2013)　　单位:μm

	云类							
	层云	层积云	雨层云	高层云	高积云	淡积云	浓积云	积雨云
云滴半径范围	2～40	1～25	1～50	1～13	—	1～32	2～83	2～100
云滴平均半径	6	8	10	5	7	9	24	20

1.1.2　海雾的基本宏观特征

1.1.2.1　季节变化和日变化

在中国近海、西北太平洋、西北大西洋等北半球中纬度水域,当偏南盛行风向北输送水汽时,雾常常出现在较冷水面上,从而导致海雾发生频率有明显的季节变化。比如4—7月,黄海海面水温(简称"海温",SST,Sea Surface Temperature)低于其邻近空气温度,当偏南风将暖湿气流输送至黄海,空气可冷凝成雾,因而海雾频率明显增加,形成黄海的雾季(图1.1)。而秋冬季节,盛行干冷的偏北风,海雾频率明显减少。这种季节变化在全球大部分多雾海区均存在。一般来说,春夏季多雾,秋冬季少雾。但雾季的具体月份依当地大气和海洋气候背景的季节变化有所不同。

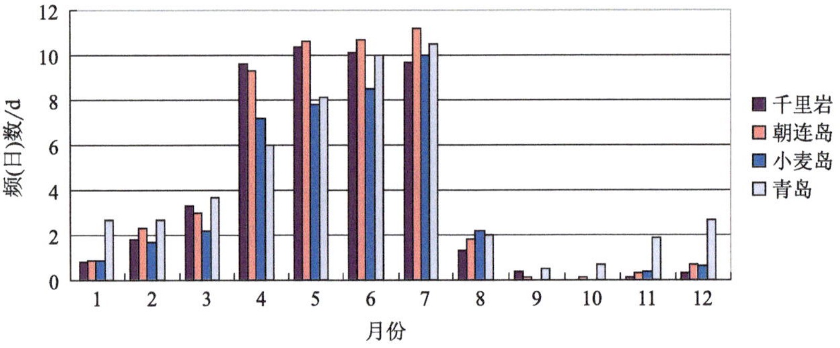

图1.1　气候态黄海西部逐月海雾出现频(日)数(Zhang et al.,2009)

在开阔水面上,由于气温日变化小,海雾的日变化也比较小,甚至终日不散。但沿岸陆地气温的日变化大,可以导致近岸海雾的日变化。在青岛岸滨区可以看到这种现象:海雾在傍晚变浓,大雾一直持续到第二天早晨至上午,中午至下午雾转淡,甚至变成低云(碎层云),但这时海上仍有雾(图1.2),傍晚以后常常又转成大雾天气。陆地雾的日变化比较明显,往往太阳升起就趋于消散。

海雾的日变化也有区域差异。如在中国南方沿海,海雾通常在夜间至凌晨形成,第二天上午结束。黄海西部青岛近海的平流雾以06—08时频率最大,傍晚前后也常常有海雾形成,或从海面向岸边移来,频繁、浓重、持续时间长,远非华南沿海可比。在雾季最盛、雾性①最浓的时候,往往海雾能持续几十小时甚至更长时间而不消散。

1.1.2.2　岸滨的海雾与低云

在一定条件下(比如下垫面加热),海雾可以抬升形成低云。反过来,低云云底高度下降(或者云层厚度增加)可以形成海雾。在青岛,海上有浓雾不断涌向海岸,在陆地上可能只看见低云

① 本书中"雾性"指雾的浓淡程度或者雾中能见度的大小,引自王彬华(1983)《海雾》一书"在平流雾的形成过程中,辐射冷却有其一定作用,特别是雾顶的辐射冷却,常常使雾层加厚,雾性增浓"。

向内陆移动。从图 1.3 可知,海岬上的建筑物(35 层)顶部清晰可见,下层被海雾遮掩;陆地上的建筑物顶部在抬升的雾层(云)中,建筑物的中下层清晰可见,表明海雾涌入陆地后抬升为低云。

图 1.2 青岛石老人附近白天退居海上的雾

图 1.3 青岛近岸海雾登陆后雾层逐渐抬升

海雾可以平流到陆地上,侵入岸滨地区,有时甚至可以向陆地纵深发展数十千米。图 1.4 为在中国海洋大学崂山校区拍摄到海雾顺山坡而下。利用 3—5 月青岛自动气象站和浮标站逐小时观测资料分析发现,海雾侵入内陆主要发生在夜间,一般可持续 5～8 h,侵入陆地的距

图 1.4 海雾入侵中国海洋大学崂山校区附近,雾区边界与雾顶清楚可见

离可达几十千米。白天在东南风加持下，海雾形成向岸的水汽平流，增加陆地低空湿度；夜间陆地冷却导致空气饱和成雾。夜间海雾入侵的程度与白天水汽平流强度关系更密切(Song et al.，2022)。有些雾在陆上生成，发展到海面上，在海洋的影响下，得以维持和发展。有些陆源气溶胶被输送到海上，加上海上丰沛的水汽，可以引发海雾。海风和伴随的向岸水汽平流可以为夜间海滨陆地上形成辐射雾提供足够的水分；海陆热力差异导致的低空水汽辐合也有可能引起岸滨雾。

1.1.2.3 海雾在卫星可见光云图上的一般特征

由于雾滴半径约为 10^1 μm，对太阳可见光(波长约为 10^{-1} μm)的散射效率因子随波长基本不变，各种波长的光具有几乎相同强度的散射，故雾顶呈现白色。图 1.5 为有海雾时的卫星可见光云图。从图中可以看出，黄海东部自朝鲜半岛西部沿海至辽东半岛南部沿海被雾覆盖(图 1.5a)。海雾区常常呈现乳白色或青白色，纹理比较均匀，边缘比较光滑。由于海雾登陆后趋于消散，所以雾区向陆地一侧基本与海陆分界线走向一致。如果卫星传感器空间分辨率高，则雾区纹理会呈现层云性层积云特征，反映了雾区光学厚度并非完全均匀(图 1.5b)。

图 1.5 黄海海雾卫星可见光云图

(a)2012 年 3 月 28 日 13:00 LST①，MODIS；(b)2014 年 4 月 8 日 10:36 LST，LANDSAT

1.1.3 海雾与霾的区别

与陆地雾一样，海雾与霾②宏观上的区别在于雾中有高相对湿度(接近 100%)，生理感官上有明显潮湿感。一般业务工作中，相对湿度超过 90%的低能见度事件可认为是雾，相对湿度低于 80%的为霾。相对湿度为 80%～90%的是雾和霾的混合物，或者是轻雾。就能见度来区分：如果目标物的水平能见度降低到 1 km 以内，归为雾；水平能见度在 1～10 km 的，为轻雾或霾；水平能见度小于 10 km，且是灰尘颗粒造成的，就是霾或灰霾(gray haze)。

海雾和霾还有一些肉眼看得见的“不一样”：海雾的厚度一般只有几十米至几百米(青岛近岸的雾中，较高建筑物的顶部可在雾顶之上，如图 1.3、图 1.4 所示)，霾则有 1～3 km 厚；可见光下海雾的颜色是乳白色、青白色，霾则是黄色、橙灰色等；雾区边界比较清晰，雾区内部能见度很低，一出雾区可能就是晴空万里(图 1.4)，但是霾则与周围环境没有明显边界。

---

① LST：地方标准时。

② 霾(haze)是“悬浮在大气中的大量微小尘粒、烟粒或盐粒的集合体”(大气科学辞典，1994)。霾粒子很小，平均直径为 0.3～0.6 μm，肉眼看不到。这些极小的、干的微粒有时数量非常多，足以使天空变得浑浊，使大气水平能见度小于 10 km。

海上大量水汽易导致凝结核在吸湿增长过程中发生相变(活化),形成液滴(雾滴)。根据寇拉(Köhler)曲线(图 1.6),对于半径比较小(如小于 0.1 μm)的盐粒子,在环境饱和度达到临界过饱和度(ΔS 极大值,对应粒子尺度为临界尺度)之前,其尺度随着环境饱和度的增加而增加,它的大小和环境的相对湿度是平衡的,相对湿度增加,它的半径也增大。这就是粒子的吸湿增长,整个过程没有出现活化。理论上,这些极小的、干的微粒有时数量非常多,足以使天空变得浑浊,使大气水平能见度小于 10 km,即形成了霾。

如果环境的过饱和度增加到一定程度,到达临界过饱和度,粒子可能活化,迅速增长超过临界尺度,转变为雾(云)滴。如果凝结核是酸性的(如硫酸微滴),活化后可以形成酸雾。在靠近海岸的城市工业区,海雾可与烟尘或者其他霾粒子混合,这种混合物被称为烟雾(smog)。最严重的空气质量下降往往伴随烟雾。实际工作中,雾与霾有时难以截然区分开,一般是根据相对湿度和能见度进行区分。

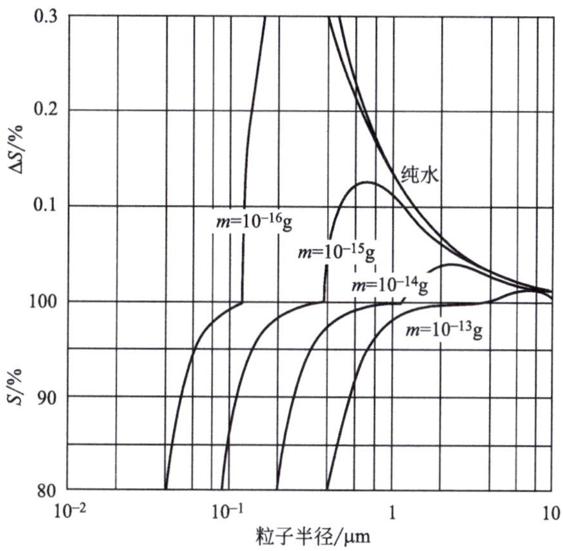

图 1.6　含有 NaCl 的粒子随环境饱和度增长的寇拉曲线(Mason,1971)

(S 为饱和度,ΔS 为过饱和度)

1.2　海雾观测

海洋覆盖 71%的地球表面,但相对于陆地,海洋上的观测极端稀少。海上船只的起伏摇晃,盐雾、霉菌、海水侵袭等恶劣的自然环境,以及空间狭窄、供电受限等,使得在陆地上很容易做到的仪器观测,在海上却难以实现。过去很长历史时期内,海上雾的观测主要来自各种船舶报告,依靠船舶上人员的肉眼观测。

1.2.1　早期观测

最早的零散的海上天气观测可以追溯到 17 世纪。19 世纪末至 20 世纪初,收集和保存气象资料的工作开始受到国际社会的关注。1923 年,当时的国际气象组织(International Meteorological Organization，IMO)通过一项决议，从世界范围内的几百个地面气象站收集气象观测数据，汇成数据集。1951 年，IMO 更名为世界气象组织(World Meteorological Organization，WMO)，正式成为联合国的一个专门机构。WMO 制定了地面气象观测(SYNOP，Surface Synoptic Observations)规范，定义了地面气象观测报告编码的语法、流程和相关通信协议，并得到世界各国的接受。这一步对于来自多国的不同领域的船舶气象观测标准化至关重要。

1.2.2 SYNOP 简介

在 WMO 框架下多个国家的志愿船(Voluntary Observing Ship，VOS)在海上航行的同时进行气象观测，并按照 SYNOP 编码，保证气象记录的标准化和规范性，减少记录的模糊不清和意义混淆，促进了海洋气象观测资料的收集和保管。SYNOP 天气报告的“现在天气”(present weather，ww)编码用两位数字表示，包括观测时间是否有雾、降水、沙尘等天气现象，以及云量云状等，为海洋气象研究提供了宝贵的海上实际观测资料。

根据 SYNOP 技术规范，如果观测时刻及前一小时天气现象有雾，则“现在天气”由代码 40～49 表示，雾指的是厚度超过 10 m 的云层，与地球表面接触，水平能见度小于 1 km，详情见表 1.2。

表 1.2 与雾有关的 SYNOP 编码

ww 编码	天气现象	条件
40	观测时远处有雾或冰雾，但观测前本站无雾；雾发展到观测员高度以上	
41	雾或冰雾成片状	
42	雾或冰雾，天空可辨	42～43 观测前一小时内变薄
43	雾或冰雾，天空不可辨	
44	雾或冰雾，天空可辨	44～45 观测前一小时内强度没有明显变化
45	雾或冰雾，天空不可辨	
46	雾或冰雾，天空可辨	46～47 观测前一小时内出现或已变浓
47	雾或冰雾，天空不可辨	
48	雾，有雾凇，天空可辨	
49	雾，有雾凇，天空不可辨	

ww 代表现在天气，ww=40～49 表示“观测时本站没有降水，但本站有雾或冰雾”。

用 SYNOP 编码对海上的雾频率进行统计，一般不包括其他与雾有关的天气现象，如浅雾(ww=11 和 ww=12，在海上雾厚度不超过 10 m，陆地上不超过 2 m)、轻雾(ww=10)、霾(ww=05)、过去天气现象有雾但观测时无雾(ww=28)等。

观测员主观地估计覆盖天空的云量，从晴空(无云，编码为 0)、1/8 云量级别到完全覆盖(8/8 云量级别，编码为 8)。如果观测员看不出或分辨不出天空的情况，则编码为 9，其特征是“被雾和/或其他气象现象遮挡的天空”。这意味着垂直方向能见度受限，不能在低空大气中或者穿过低空大气(如云底)，去识别太阳(白天)和星星(夜间)。这种情况可能由雾引起，但也可能由非雾引起。

另一个与雾相关的 SYNOP 代码是能见度(vv)，表示的是离散的距离等级，如 vv=90 表示能见度小于 0.05 km；vv=94 表示能见度小于 1 km。当报告能见度小于 1 km 时，应该同时报告有雾(或其他原因，如雨或雪)。由于没有陆地上已知距离参考物的对照，估计海上能见度需要观测员具备更多的经验，根据海天分界线或地平线、船体部分结构的清晰度或灯光估计能见度范围。图 1.7 为一次白天海上科考船驶入雾区的情况。2012 年 5 月 9 日东方红 2 号科考船在黄海由东向西驶入雾区，进入雾区前，船头的桅杆和海天分界线清晰（图 1.7a、c）；进入雾区后，即使驾驶室（照相机）距船头不远，桅杆看上去变得模糊，海天分界线已经完全不可分辨（图 1.7b、d）。18:00 船上开始观测到雾，能见度迅速下降，20:00 能见度为 100 m（刘飞，2013）。

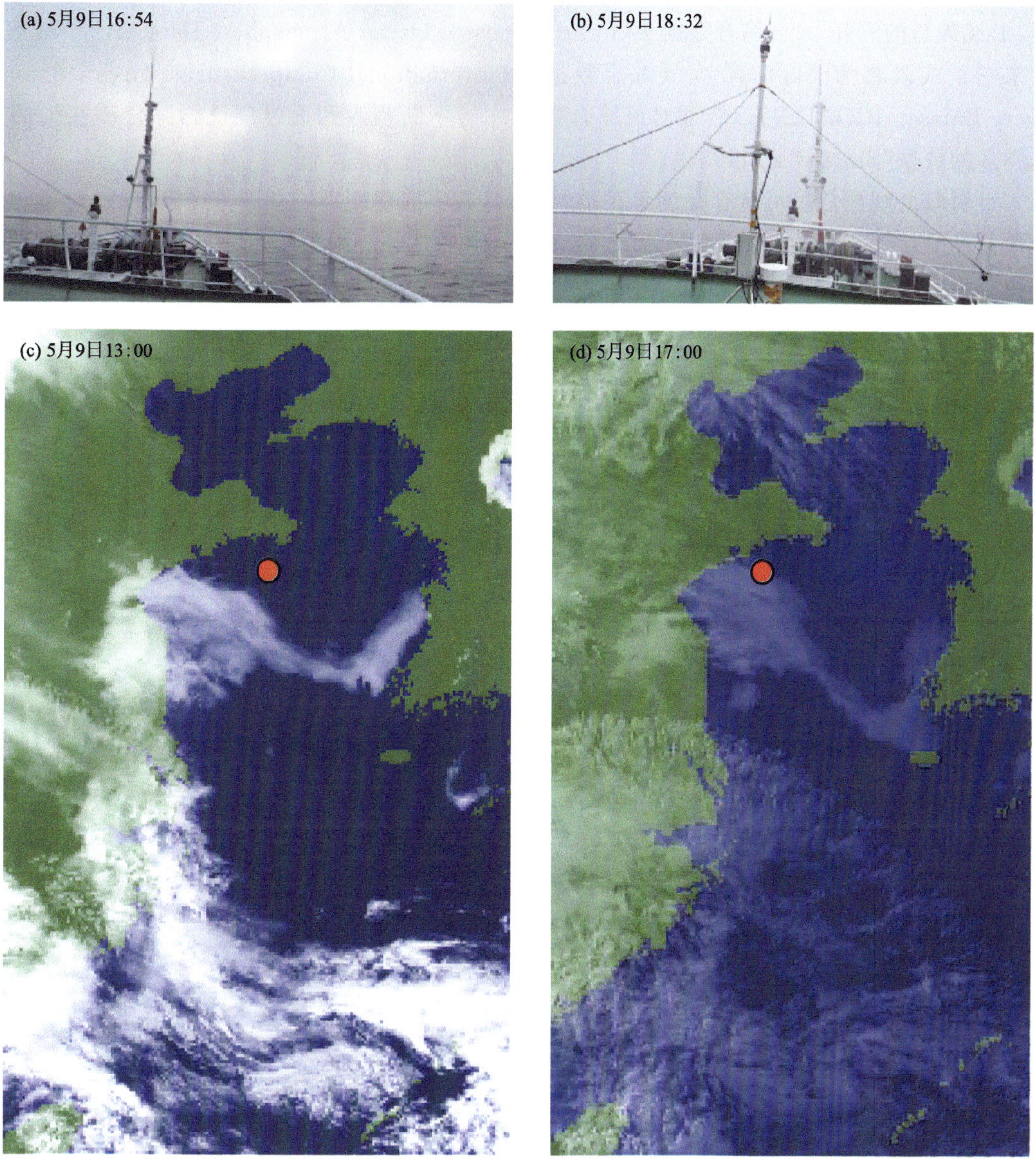

图 1.7　一次白天海雾导致视觉上船体自身结构模糊和海天分界线不可辨的例子

2012 年 5 月 9 日（LST）东方红 2 号科考船在黄海由东向西驶入雾区的视觉（相机）效果（a、b）和可见光卫星云图（c、d）。卫星云图上红色圆点代表船的位置（刘飞，2013）

SYNOP 编码对海洋气象学的重要性怎么强调也不为过，它用严格的定义去规范观测，使气象观测报告内容清晰、明确、标准化。这样才有可能开展像海雾这样的海洋天气学和气候学研究，提高海上天气预报的准确性。

1.2.3 国际海洋-大气综合数据集(ICOADS)简介

SYNOP 编码的采用和全世界对海洋观测付出的不懈努力,形成了海洋大气观测数据集,并一直不断积累至今。过去很长时期,海上观测资料存放一直是零散的,使用不方便。20 世纪 80 年代,一个专门机构收集整理了从 17 世纪末到 1981 年年初的 SYNOP 全球海面观测数据,形成最初的海洋-大气综合数据集(Comprehensive Ocean Atmosphere Dataset,COADS),后来它正式改名为国际海洋-大气综合数据集(International Comprehensive Ocean Atmosphere Dataset,ICOADS),以管理对该综合数据库的不断投入和通过广泛国际合作获得的越来越多的数据(Slutz et al. ,1985)。

针对海上观测数据可能存在的各种质量问题(如不同观测环境和观测经验、观测设备和管理单位的变化等带来的误差),ICOADS 管理人员用多种办法纠正了一些明显错误,比如删除了由于来自不同渠道而产生的重复,根据相关统计结果对观测资料进行质量控制等。ICOADS 数据直接来自海上各种观测平台(商船、科考船、艇舰、钻井平台、浮标等),对数据格式有详细的介绍,使用比较方便。该数据集为人类全面了解海上的云、雾、降水、大风等天气现象和研究海气相互作用机理提供了宝贵的资料,形成了大量研究成果。

1.3 海上大气水平能见度的观测

SYNOP 报告中的雾和大气水平能见度(简称“能见度”)主要根据观测员的主观判断。本节讨论能见度的观测,有助于理解能见度的含义。

1.3.1 光亮度对比

对于正常人的眼睛而言,影响能见度的主要因子有:目标物视觉特性(大小、形状、色彩和亮度等)、自然界的照明和大气透明度。这些影响因子中最复杂多变而且影响最大的是大气透明度。人们眺望远方物体,只有在它的亮度与周围背景有显著差异时,才能被分辨。

分别用 L_o 和 L_b 表示目标物和背景的光亮度,则光亮度对比 C 定义为

$$C=\left|\frac{L_o-L_b}{L_b}\right| \tag{1.1}$$

由定义可知,C 的数值表征了目标物和背景亮度差异的相对比值(盛裴轩 等,2013)。如果目标物和背景的亮度相同,$C=0$,目标物不能被识别;如果目标物是绝对黑体,$C=1$,就能被看得很清楚;当 C 逐渐减小,能感觉到目标物逐渐模糊。事实上,在 C 减小到 0 之前,就已经不能把目标物从背景中区分出来了。这个肉眼开始不再能感觉到目标物时的对比值称为对比感阈,用 ε 表示。由此可见,当 $C>\varepsilon$ 时肉眼才能看见,$C=\varepsilon$ 是目标物由能见转化为不能见的条件。

1.3.2 影响对比感阈的因素

对比感阈是一个复杂的物理量,就人眼而言,ε 与目标物的视张角、视野亮度、持续时间等有关,也与人体的生理特性、健康和心理状态等有关,随着目标物视张角和视野亮度的减小,

ε 会明显加大。白天由于大气对自然光的散射作用，目标物和背景的对比受到干扰。直接和散射的光照在远方的一个物体上，比如一棵树上，光能的一部分向观测员反射。来自背景天空或者雾的散射光(如果雾包围了这个物体)，也会射向这个观测员。在这些干扰下，使得原来的光亮度对比 C 减小直至不可分辨，这对观测远距离物体有重要的实际意义。

1.3.3 肉眼估计的能见度

雾、轻雾、霾以及它们的严重程度传统上是用肉眼来观测的，目前绝大多数船舶观测仍然采用这样的方法，并通过能见度进行表达(Dorman et al.，2017)。在陆地上肉眼观测能见度，需要提前测定一个地面站周围不同物体的距离。这些物体白天是黑暗色，晚上是亮的，与背景天空或雾形成最大的光亮度对比。观测员能看到的最远的物体和看不到的最近的物体之间的距离被主观地估计为能见度。为减少主观性，对能见度的确定还有更多的具体规定，包括处理观测站周围不均匀分布的水平能见度和夜间观测等。

用眼睛和灯估计陆地上的夜间能见度，是根据已知强度的点源发出的光的衰减作为距离和消光系数的函数。比如在观测站周围设置不同强度和距离的光源，并观察光源正好消失的地方。或者是在一个观测站周围不同距离部署同样强度的光源，并注意到什么时候才能看到光。这种利用目标物和背景光亮度对比的方法，可以准定量地测得能见度。

人工(肉眼)海上能见度观测比陆地观测站主观得多，因为在一定距离内缺乏视觉参照物体。观察者可能会寻找附近的船只或海岸岛屿的地标作为目视目标，根据这个目标，船载测距雷达可以测出距离，但公海上的船只往往无法获得这些目视目标。在开阔海面上，船舶观测员在白天常常不得不依赖于所在船上的较远结构体的变暗，或者海天分界线变模糊来估计能见度和雾的存在，如图1.7所示。

1.3.4 夜间灯光能见度

黑夜中，视野的亮度降低，肉眼的工作状态也发生根本变化，眼睛对亮度对比的感觉变得很迟钝，因而对比感阈 ε 值变得很大，这就使得夜间能见度大大缩小。但是，眼睛对微弱光流的刺激却很敏感，因此有利于识别远处夜间灯光信号。

灯光的视角一般很小，可以看成点光源。发光强度为 I_0 的点光源在距离 R 处的照度 E_R 为

$$E_R = \frac{I_0}{R^2} \cdot e^{-k_{ex} R} \tag{1.2}$$

式中：k_{ex} 为大气消光系数(盛裴轩 等，2013)。当眼睛观察到灯光的照度小于某一阈值 E_ε 时，眼睛就不能感觉到灯光的存在。肉眼的灯光照度阈值 E_ε 和许多因子有关。当观察者由光亮中进入黑暗环境时 E_ε 值很大，10～15 min 后，E_ε 才恢复到正常值。当视野中有其他光源时，E_ε 值增大。E_ε 值和灯光周围的背景亮度有关，如背景亮度大，E_ε 值加大。

图1.8为夜间大气中光传输情况示意图。照度会随着距离平方的增加而减小，当大气中含有更多的雾滴和/或更多的污染物时，也会随着散射和吸收的增加而减小。

在海上，夜间能见度依赖船舶航行灯变得模糊和散射光变得朦胧进行估测。如图1.9所示，容易看出雾滴对灯光的散射加强，灯光的照度迅速衰减。大多数船舶的长度有限(小于300 m)，这就意味着船上构件的轻雾“消失”阈值没有办法实现。但是笼罩在舱外人员或者观测员身上的雾比较容易被眼睛察觉。

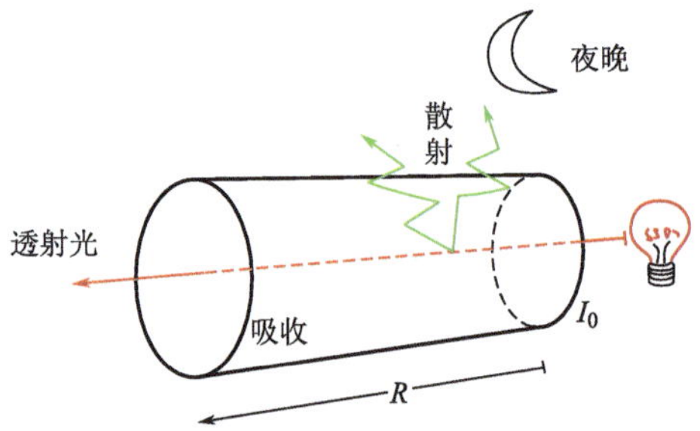

图 1.8 夜间来自一个点光源 I_0 的光通过空气柱，由于更多的散射和吸收，透射率随着空气柱长度 R 的增加而减小(根据 Dorman 等(2017)绘制)

图 1.9 青岛海雾弥漫下的沿岸道路灯光

1.3.5 大气能见度的计算

按照《地面气象观测规范》，大气能见度(气象能见距)是指视力正常的人在当时天气条件下能够从天空背景中看到和辨认出目标物(黑色，大小适中)的最大水平距离。白天在大气为水平均一情况下，可以根据柯什密得(Koschmieder)公式，得到气象能见度 R_m 与大气消光系数 k_{ex} 的关系：

$$R_m = \frac{1}{k_{ex}} \ln \frac{C}{\varepsilon} = \frac{3.91}{k_{ex}} \tag{1.3}$$

导出这一公式的假定：①沿水平光路 k_{ex} 为常数；②沿水平光路观测角锥中单位长度的气柱向观测方向发送的散射光亮度为常数；③足够大的黑体目标物并以天空为背景，光亮度对比 $C=1$；④视力正常的观测员，$\varepsilon=0.02$(盛裴轩 等，2013)。

虽然在实际工作中上述 4 个假定并不能全部满足，但观测表明，在一般条件下用式(1.3)计算能见度的误差可控制在±10%以内。在航空气象部门，为了保证飞行的安全，在定义能见度时使用较高的对比感阈值($\varepsilon=0.05$)。

在雾、霾中，消光作用主要是由云雾中的水滴或者组成霾的气溶胶粒子散射引起(大气散射远大于吸收，实际应用中，后者往往可被忽略)，与云雾滴的大小、浓度或含水量，或者气溶胶的尺度大小、浓度和成分有关。较小的水滴与气溶胶粒子的散射可以用瑞利散射近似，较大水滴的散射用米散射近似。对于冰雾，由于冰晶常呈非球形，散射规律会更复杂。

散射效率因子 Q_{sc} 是粒子的散射截面与粒子的几何截面之比：

$$Q_{sc} = \frac{\sigma_{sc}}{\pi r^2} \tag{1.4}$$

式中：σ_{sc} 为粒子的散射截面(量纲为 L^2)，表示一个粒子的散射能力；r 为粒子半径。若单位体积中有 N 个相同的独立散射因子(如空气分子)，则体积散射消光系数 $k_{sc}=N\sigma_{sc}$，k_{sc} 的量纲为 L^{-1}，常用 cm^{-1}、m^{-1} 或 km^{-1}。由于雾滴半径一般在 $10^0 \sim 10^1 \mu m$，对于可见光，根据 Q_{sc} 随尺度数 α($\alpha=2\pi r/\lambda$，λ 为波长)的变化，可以取 $Q_{sc} \approx 2$。由式(1.4)，则云雾的体积散射消

光系数 $k_{sc}=\pi r^2 NQ_{sc}=2\pi r^2 N$ 。大气消光系数 k_{ex} 是光波在大气中传输时的衰减特征参量，可写为 $k_{ex}=k_{sc}+k_{ab}$，k_{ab} 为吸收引起的衰减。由于 $k_{sc}\gg k_{ab}$，常用 $k_{ex}\approx k_{sc}$ 表示大气消光特征。由式(1.3)，得到白天雾中大气能见度(m)：

$$R_m=\frac{1}{k_{ex}}\ln\frac{1}{\varepsilon}=\frac{1}{2\pi r^2 N}\ln\frac{1}{\varepsilon} \tag{1.5}$$

由上式可知，大气能见度取决于大气的散射消光系数，而液态云雾滴的存在使散射消光系数迅速增大。但计算消光系数需要知道云雾滴的半径，这在实际工作中很难办到。因此有人研究消光系数与云雾含水量的关系，进而计算能见度，如 Stoelinga 等(1999)的云雾中能见度参数化方案：

$$X_{vis\_sw}(\mathrm{km})=\frac{-\ln 0.02}{k_{ex}} \tag{1.6}$$

$$k_{ex}=k_{cw}=144.7Q_{LWC}^{0.88} \tag{1.7}$$

式中：k_{ex} (km^{-1})为水凝物的消光系数，$k_{ex}=k_{cw}+k_{rw}+k_{ci}+k_{sn}$，其中 k_{cw}、k_{rw}、k_{ci}、k_{sn} 分别为云水、雨水、云冰、雪的消光系数。对于雾来讲，一般只考虑云水的消光系数 k_{cw}。Q_{LWC} 为云雾中液态水浓度($\mathrm{g/m^3}$)。

Chylek(1978)在一定条件下得到如下体积消光系数与云雾中液态水浓度关系的参数化方案：

$$k_{ex}=128Q_{LWC} \tag{1.8}$$

由于云中液态水含量是模式预报变量，可以利用式(1.6)和(1.7)或式(1.8)实现利用模式结果对大气能见度进行预报。

习惯上将大气能见度分为若干等级，称为能见度等级，每个等级对应一定的能见度。在中国气象局发布的《船舶引航气象条件等级》(QX/T 333—2016)中，根据能见度对船舶引航的影响程度，将能见度分为<0.5、0.5～1.0、1.0～2.0、2.0～4.0、≥4.0 km 等 5 级。考虑到气象观测数据中能见度<10.0 km 时均需记录天气现象，湿度达到一定条件后可出现轻雾，将能见度>4.0 km 的情况再以 10.0 km 划分，共设定为<0.5、0.5～1.0、1.0～2.0、2.0～4.0、4.0～10.0、≥10.0 km 等 6 个能见度等级。近年来，能见度仪大量使用，该设备能直接给出能见度(km)。

FSL(Forecast Systems Laboratory)方案由美国国家海洋和大气管理局(National Oceanic and Atmospheric Administration，NOAA)预报系统实验室研发，基于相对湿度(RH)和温度露点差($t-t_d$)拟合得到能见度公式(Doran et al.，1999)，即

$$X_{vis}=6000\times\frac{t-t_d}{\mathrm{RH}^{1.75}} \tag{1.9}$$

式中：X_{vis} 代表能见度(mile)，1 mile=1.609344 km。该算法当相对湿度为 100%时，能见度为 0。更多能见度与雾微物理量的关系讨论见本书第 6 章。

1.4　海雾观测设备和应用举例

随着科学技术进步，涉及海雾观测的设备越来越多。目前大部分设备是装备在科考船上或者岸基观测站。这里介绍常用设备的观测原理，并给出应用举例。

1.4.1 能见度测量仪

能见度测量仪(visibility sensor)基于光散射原理,可以在白天和夜间用于能见度测量,目前应用比较广泛。第一代能见度仪是透射仪类(transmissometer),第二次世界大战结束后,为了应对海雾对能见度的影响,在美国几个沿海机场试用,经过不断改进光源,减小了设备尺寸和重量,缩短了接收器和发射器距离。

利用发射器和接收器(相距约 1 m)之间不同方位角的散射光,可以做成能见度自动测量系统。目前最成功且被广泛认可的是基于红外光的前向散射测量仪,其红外发射器与接收器之间以一定角度(如 42°)构成采样体积(图 1.10)。在一般气象条件下,对于较短的能见度范围(小于 10 km),这种测量系统是比较有效的。它的体积小,比大气透射仪成本低,适用于自动气象站系统,耐受多种环境条件,使其在陆地和海上具有广泛的适应性。目前实际业务中前向散射能见度仪为主流,但需要用透射式能见度仪作为散射能见度仪的检定标准。在专业的海洋气象观测中,浮标站、自动站、科考船等对这一传感器的接纳和广泛使用,使海上能见度观测建立在更客观、更定量的基础上。

WMO 于 1989 年在英国的 Finningley 邀请了包括日本、德国、荷兰、法国、英国和美国的厂商,对 25 台 18 种类型能见度仪进行对比。得到以下明确结论:与人工目测的对比证明,仪测的可靠性高于人工目测,特别是夜间观测;透射式能见度仪的精度高于散射式能见度仪,特别是在能见度较低的情况下;不同仪器对高能见度测量的最大极限值不太相同;当实际能见度超过其测量上限时,仪器必须给出明确的指示信号,避免引起误解;在能见度不超过 5 km 时,比较优秀的仪器可以给出可靠的结果;仪测能见度应对读数进行多次采样平均,建议平均时段应超过 3 min。

船载能见度测量仪探头的电源线一般接于下面机箱内部。探头电源和数据线从主机箱下部进入,入口处需要用胶带封闭,避免过多的水汽进入主机箱影响电路。特别注意的有两点:第一,探头不能直接对着阳光,避免仪器失灵;第二,必须定期用镜头纸擦拭能见度仪的探头,保持探头干燥(图 1.11)。

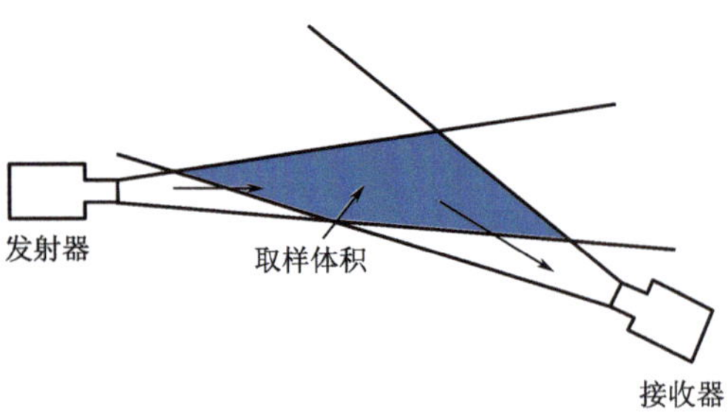

图 1.10 前向散射能见度传感器的原理图
(根据 Dorman 等(2017)绘制)

图 1.11 安装在东方红 2 号科考船上的
NQ-I 型前向散射能见度测量仪

1.4.2 船载自动气象站

1.4.2.1 简介

船载自动气象站(Shipboard Automated Meteorological Station)是目前海洋大气科考船

的必备设备，可以按照预先设定的时间间隔进行24 h连续自动采集和存储数据。它不仅对船航行期间的气象保障有直接帮助，而且其连续观测资料对于考察区气象状况分析是必不可少的。

图 1.12　安装在东方红 3 号科考船科学桅上的自动气象站

常见的5要素船载自动气象站包括气温、气压、湿度、风速和风向(指利用卫星定位获得的航速、航向数据进行订正处理后的真实风)。根据海雾观测和研究需求，在5要素的基础上可增加雨量、能见度、海面水温/红外皮温、辐射传感器等。通过数据采集器，同步获取各种气象水文要素。利用雨量记录可以区分因降水导致的低能见度事件，海面水温与气温联合使用可以分析海气温差。利用基于块体公式的计算模型，如COARE(the Coupled Ocean-Atmosphere Response Experiment)，将船载自动气象站基本数据输入，可以计算航线上的感热、潜热通量随时间的连续变化(Michael et al.，2003)。

船载自动气象站通常安装在比较开阔的甲板上或桅杆上(图 1.12)，尽量避免遮挡对风速风向的影响，避免船上散热设备对温度、湿度测量的影响。船载自动气象站具有完整的三防设计，在机箱的结构上采用密封形式隔绝外部环境，将防护等级提高到IP65，可以起到很好的防护作用。数据采集器和其他电子线路工作环境温度上限范围应适应船上高温环境。在安装结构件上，充分考虑船舶行驶的摆动和摇滚，对所有紧固件采取加强措施提高可靠性。

1.4.2.2　应用举例

2012年5月9日东方红2号科考船在黄海西部沿36°N自东向西航行，穿过雾区。船载自动气象站观测资料反映出如下信息。

(1)船驶入雾区

5月9日03—04时(LST)，能见度由2000 m(该能见度仪量程设置为0～2000 m)下降至1000 m左右，相对湿度由95%上升至100%(图 1.13a)。海面气温(SAT)高于海面水温(SST)，风向为西北—北—东北(风速2～4 m/s)，伴随相对湿度增加，海面气温下降。04时后，相对湿度为100%，能见度不足1000 m，最终成雾(船进入雾区)。

(2)雾区内部

进入雾区后，04—06时(LST)气温下降更加迅速，而气海温差(SAT－SST)逐渐减小，05时以后出现SAT<SST的情况，海洋对大气有加热作用(图 1.13b)。但这一阶段气温下降更快，推测与偏北风和雾顶长波辐射冷却有关。随着气温下降，会出现过饱和，相对湿度维持在100%，雾性变浓，能见度断崖式下降。接近05时，能见度已经下降至不足100 m。

(3)船驶离雾区

09—11时(LST)，船逐渐行驶到雾区边缘，能见度出现上下大振幅波动，气温上升，弱偏东北风维持。11时以后，船驶离雾区，能见度上升至2000 m以上，相对湿度下降至95%左右，气温又高于海面水温，风向转为西南风。

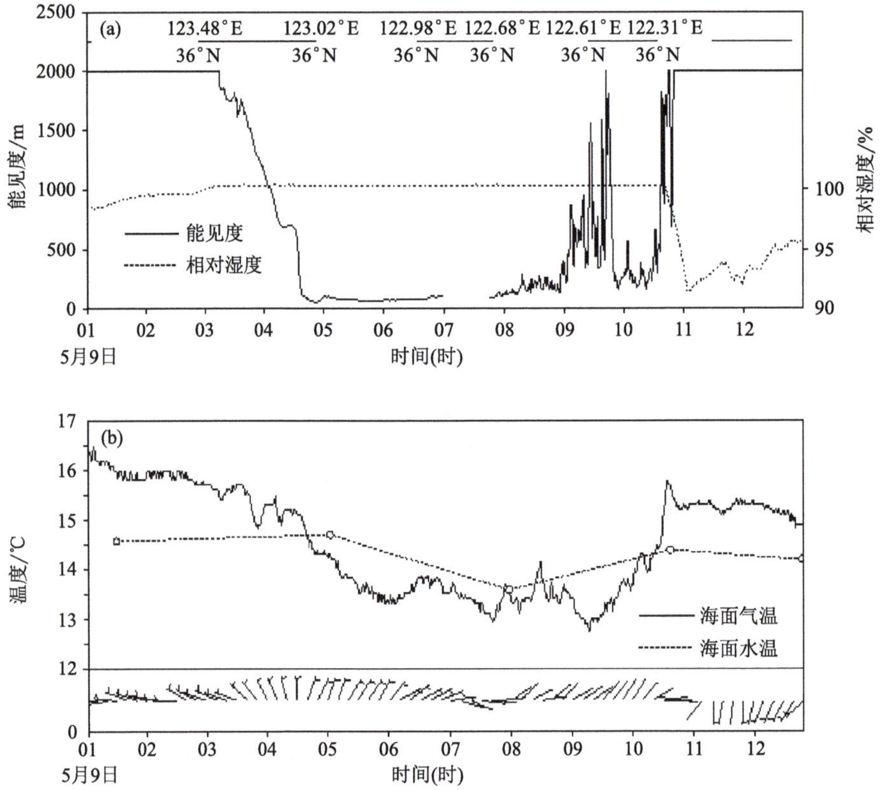

图 1.13　2012 年 5 月 9 日东方红 2 号科考船在黄海西部沿 36°N 自东向西航行测量结果

(a)能见度和相对湿度;(b)海面气温、海面水温和风矢量。图 a 上方表示 1 h 船速,时间为 LST(刘飞,2013)

根据船上这些基本观测数据,至少对该黄海海雾有如下认识:弱冷平流影响(西北风)下气温仍然可以高于海面水温,海洋冷却大气;雾开始形成阶段(船驶入雾区)气温下降比较缓慢,3 h 降温大约 1.0 ℃,有冷海面和弱冷平流的影响;雾一旦形成,雾顶长波辐射冷却导致气温迅速下降,2 h 降温约 2.5 ℃,说明在海雾不同阶段,降温物理过程不同,降温效率也不同;虽然海雾形成前的条件是 SAT＞SST,但海雾维持阶段出现 SAT＜SST 的情况;能见度出现大振幅波动可能对海雾即将消散有预示意义。以上几点仅仅根据船上观测得到,诸如弱冷平流的影响、雾顶辐射冷却效应等,尚需要用其他更多资料或者模式进行分析。

1.4.3　船载无线电探空系统

海雾的发生、维持和消散与海洋大气边界层(Marine Atmospheric Boundary Layer,MABL)内温度、湿度、风向风速的垂直变化有密切的关系。逆温层高度的变化对边界层云与海雾之间的转化起重要作用(Koračin et al.,2001;Li et al.,2013;张苏平 等,2014a,2022)。因此,需要对大气边界层进行垂直探测。

目前的船载无线电探空系统(radiosonde)由气象气球、探空仪以及船载接收设备组成,并结合卫星定位,计算输出物理量。充满氦气(由于氢气的易燃易爆性,船上施放探空气球要用氦气)的气象气球携带探空仪在上升过程中,探空仪的传感器和卫星定位模块可以测量海表至 20 km 高度的温度、气压、湿度、风速和风向的垂直分布数据,通过船载接收系统,完成信号接收、解调并输出各种特定的气象数据产品。该设备的特点是通过传感器直接对周围大气温度、湿度、气压进行测量，而不是通过遥感探测获取数据，因此数据精度高、响应时间短；通过卫星定位模块，可以提供探测空间点精准的经纬度信息，垂直分辨率可以达到 10 m，并且系统体积小、重量轻、操作简便，是目前海洋大气科考船的必配设备。

如北京无线电测量研究所的 CF-06-A 型探空仪，利用北斗/GPS 的定位信息计算风向、风速和高度，温度测量采用高精度热敏电阻传感器；湿度测量采用具备双加热功能的湿敏电容传感器；气压测量采用硅压电数字传感器。系统默认的数据采样频率为 1 Hz。船载接收设备工作在 P 波段频率，天线自动跟踪探空仪信号，对高空气象探测数据进行实时探测、传输，直接输出温度、湿度、风向风速、气压随高度的变化。接收天线可借助船舷的围栏进行固定，氦气瓶需要充分固定，防止船行驶中滚动，充气点尽量选择避风处，施放点选离船风向（图 1.14）。

图 1.14 中国海洋大学研究生在执行科研任务中施放携带北斗/GPS 探空仪的探空气球(a)和固定于船舷的 CF-GNSS-JS 型船载北斗/GPS 探空系统全向天线(b)

1.4.4 云高仪

1.4.4.1 简介

云高仪（ceilometer）通过激光测距技术来确定云底高度，简称“云高”。该设备从地面向上空发射激光脉冲，通过接收大气对此光脉冲的后向散射，得到水汽、气溶胶等大气成分随高度的变化。水汽成分对光的后向散射贡献很大，从而可以分析出云高信息。利用气溶胶后向散射，可以计算混合层高度、垂直能见度等，并实现整个航线上连续自动观测。脉冲发射后 67 ns 采集的数据代表 10 m 高度大气的信息，133 ns 的数据代表 20 m 高度大气的信息，以此类推，49933 ns 的数据对应 7490 m 的高度。Vaisala CL31 和 CL51 型激光云高仪最多可以测 3 层云，量程在 0～15 km，垂直分辨率 10 m，可探测在霾、轻雾条件下海洋大气边界层特征（垂直距离几米，时间几秒）的变化。由于浓雾对光有很强的散射，脉冲信号有时难以穿透浓雾到达上方的大气中，但能看到海面上的雾层（云层）。

海雾可以认为是贴近海面的低云。在一定条件下，逆温层底高度降低或者混合层厚度变浅，低云云底高度可以下降至海面形成海雾。反之，海雾可以抬升转变为低云。在春季至初夏，东海至黄海常出现“南云北雾”的云雾分布形态（刘飞，2013；张苏平 等，2014b）。海雾对航行有严重影响，而低云因云底高度离开海面一定距离，对船舶航行的影响比较小，但是对海上

图 1.15　安装在东方红 2 号科考船上的 CL31 激光云高仪和 CT35022 减震安装台

飞行器起降影响比较大。过去很长一段时期都是目测云高，有很大的主观性。气球测云高和夜间云幕灯观测云高等虽是可行的器测云高方法，但不能实现连续观测，并且会受到一些客观条件的限制，难以普及。激光云高仪可以实现对云底高度的连续探测，为研究海雾-低云系统提供重要观测资料。

激光云高仪体积较小，易于在船上安装固定，向上发射脉冲，对周围辐射环境要求比较宽松。一般将底座固定于甲板上，机身也要充分固定。为减少震动和海浪上水，可于底座下方配减震安装台，允许水在减震安装台与底座之间自由通过(图 1.15)。CL51 有一个带吹窗器和加热器的防护罩，可以保证它在降水和极端温度下也能平稳运行。光学滤镜为其提供了防晒保护，倾斜的防护罩保护设备免受降水和冰晶镜面反射的影响。

1.4.4.2　应用举例

2013 年 6 月 24—25 日东方红 2 号科考船停泊于杭州湾口外，图 1.16 为船上云高仪 CL31 的观测结果。可以看出，后向散射强度最强的时段(红色)，贴近海面，表示有浓雾和(或者)毛毛雨，该时段能见度仪记录能见度不足 500 m，相对湿度＞98%(参见本书图 5.27)，进一步验证了云高仪的观测结果。船载探空仪资料表明 24 日 23 时(LST)低空有明显的逆温层(参见本书图 5.28)。

1.4.5　海气涡动通量观测系统

海洋大气边界层(MABL)中广泛存在湍流，大小湍涡在海洋与大气的热量、动量交换中起重要作用。海气涡动通量观测系统(eddy covariance flux measurements)可用于海洋与大气之间物质、热量和动量通量的测量。该设备以二氧化碳和水汽分析仪为核心，结合净辐射及海面水温等要素，采用涡动相关原理，测量大气与其下垫面之间的物质交换和能量交换，是一种直接测定通量的标准方法。但测量易受船体运动和风浪的影响，对原始数据进行质量控制十分必要。

海雾是发生于 MABL 中的天气现象，其生成、维持和消散与海气之间的热量通量交换有密切的联系。比如在理论上平流冷却雾生成过程是，较暖空气平流至较冷海面上，通过大气向海洋输送热量，空气低层降温达到饱和而成雾。但实际上这个过程往往很难观测到。利用海气通量观测系统，可以实现对海面湍流热量交换特征直接观测，对理解平流雾的生成、发展和消散过程有重要意义。图 1.17 为美国 Campbell Scientific 公司的船载 EC155 型闭路海气通量观测系统，配有一体式高频测量涡动相关分析仪，主要观测风和物质浓度(三维风速、二氧化碳浓度、水汽浓度等)，配合其他传感器，可以测量水汽通量、CO_2 通量、动量通量以及感热、潜热通量等。

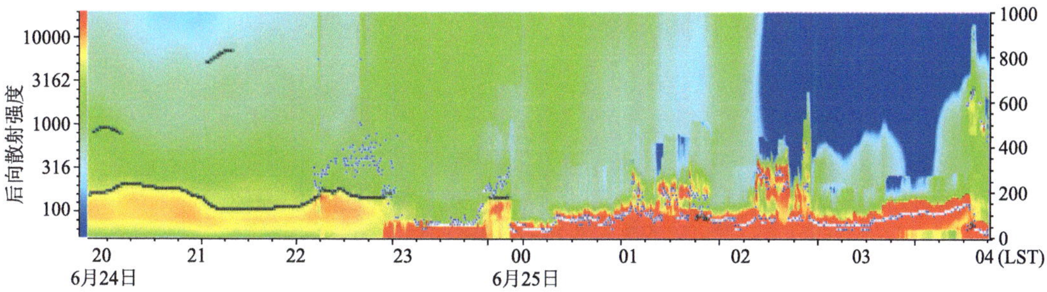

图 1.16　2013 年 6 月 24—25 日东方红 2 号考察船在杭州湾口停泊激光云高仪时观测结果
（填色为气溶胶后向散射强度，其中橘红色—黄色代表云和降水，其后向散射强度较强；红色代表浓雾和毛毛雨，其后向散射强度最强；黑色曲线代表边界层高度，蓝白曲线代表云底高度(Wang et al.，2018)）

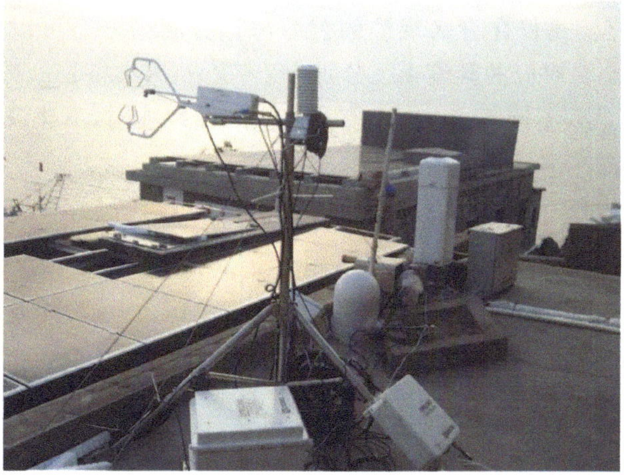

图 1.17　EC155 型闭路海气通量观测系统

1.4.6　雾滴谱仪

1.4.6.1 简介

海雾的微物理特征，如滴谱、液态水含量(LWC，Liquid Water Content)、数浓度等，对于研究海雾的物理机制和改善模式能见度参数化方案具有重要意义。

美国 Droplet Measurement Technologies(DMT)公司生产的 FM-120 型雾滴谱仪(图 1.18)根据激光前向散射原理，能够连续测量直径范围为 2～50 μm 的云雾滴，计算雾中液态水含量、数浓度、滴谱等微物理参量。FM-120 只接收大小可以通过均匀激光束区域的粒子，这个区域的激光叫景深。当粒子通过激光束时，产生漫射，FM-120 只收集前向漫射光，激光束在 3.5°～12°的锥环之内。收集的光束平分至一个分光器上，最后抵达到一对光电检测器上。光电检测器把光脉冲转变为数字脉冲。如果成像脉冲比筛选器信号大一半，则颗粒就在景深之内，于是颗粒大小基于筛选器脉冲大小的倍数被换算出来。相比传统的三用滴谱仪(利用惯性使雾滴在涂有油层的玻璃片上沉降，在显微镜下观测雾滴大小和个数)，FM-120 型雾滴谱仪具有时间分辨率高、观测全自动、可以连续观测等优点，能够捕捉海雾过程雾滴谱发生的细微变化。

图 1.18 美国 Droplet Measurement Technologies(DMT)公司生产的 FM-120 型雾滴谱仪(http://www.dropletmeasurement.com/product/fog-monitor/)

1.4.6.2 应用举例

根据 FM-120 型雾滴谱仪在青岛观测的黄海海雾雾滴谱分布可以看出,数浓度谱为“双峰”滴谱结构,大峰和小峰对应的雾滴半径分别为 2.75 μm 和 8.5 μm,数浓度谱分布偏向于小液滴端(图 1.19)。考虑到不同 FM-120 型雾滴谱仪的误差不同,不建议在同一次雾过程中使用多台滴谱仪交替观测。

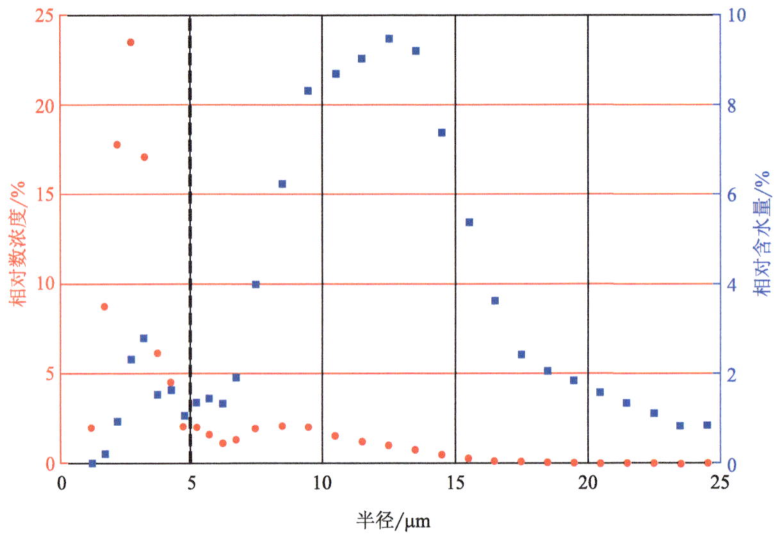

图 1.19 黄海海雾雾滴谱分布(Wang et al.,2020)
(蓝色方框代表相对含水量随半径的变化;红色圆点代表相对数浓度随半径的变化)

1.4.7 微波辐射计

1.4.7.1 简介

微波辐射计(microwave radiometer)是一种被动式的微波遥感设备,它所接收的是被观测场景辐射的微波能量,以此来探测目标的特性,能实时和连续检测 0～10 km 垂直范围内大气的温度、湿度、液态水廓线及其垂直积分信息。微波辐射计能多地域适应,实现全天候、全天时工作。

大气对微波具有选择吸收和透明(即所谓大气窗)的特性。在频率 22.235 GHz 处(K 波段,其波长为 1.35 cm,表 1.3),大气水汽分子具有强烈的吸收作用,而 60 GHz 处氧气分子有很强的吸收作用。通过观测来自于水汽线压力增宽的辐射强度和形状信息,可以得到水汽廓线;通过测量氧气在 60 GHz 附近的辐射强度或亮温,可得到温度分布。通过测量云液态水对各类不透明的大气光谱的贡献可以得出有限分辨率的云液态水廓线。所以微波辐射计可以用 22～30 GHz 频段来遥感反演大气水汽廓线,因为任何高度上的辐射与该高度上的温度与水汽分子密度有关;用 51～59 GHz 的频段进行大气温度遥感监测,因为任何高度的辐射与该高度处的温度和氧气密度有关。根据测得的水汽分子和氧气分子的亮温,利用当地多年探空资料正向模拟微波辐射,并结合红外仪和地面气象站,通过神经网络等算法,可反演 0～10 km 范围内的温度、湿度、液态水廓线及其垂直积分等信息。

表 1.3　微波波段名称及对应的频率和波长

波段代号	频率/GHz	波长/cm
P	0.3～1	30～100
L	1～2	15～30
S	2～4	7.5～15
C	4～8	3.75～7.5
X	8～12	2.5～3.75
Ku	12～18	1.67～2.5
K	18～27	1.11～1.67
Ka	27～40	0.75～1.11
U	40～60	0.5～0.75
V	60～80	0.375～0.5
W	80～100	0.3～0.375

目前世界上的微波辐射计,如美国 Radiometrics 公司的 MP-3000A 微波辐射计(图 1.20b),设备体积小、重量轻、安装操作简便,工作频率为 22～30 GHz(K 波段)和 51～59 GHz(U 波段),具有 35 个测量通道,探测高度为 10 km,亮温探测范围为 0～400 K,垂直分辨率在低空较高(≤25 m,0～500 m;≤50 m,500～2000 m);2000 m 以上为≤250 m;边界层温度精度为±0.1 K RMS。输出温度廓线、相对湿度廓线、水汽密度廓线、液态水含量廓线、云底高度和云底温度等。

微波辐射计本身不发射电磁波,当微波辐射计的天线主波束指向目标时,天线接收到目标辐射、目标散射和传播介质辐射等辐射能量,引起天线视在温度①的变化。天线接收的信号经过放大、滤波、检波和再放大后,以电压的形式给出。对微波辐射计的输出电压进行绝对温度定标,即建立输出电压与天线视在温度的关系之后,就可以确定天线视在温度,也就可以确定所观测目标的亮温。该温度值包含了辐射体和传播介质的一些物理信息,通过反演就可以了解被探测目标的一些物理特性。

1.4.7.2　应用举例

微波辐射计可以实现对海洋上空大气温度、湿度和液态水廓线的连续观测,为研究海洋上海雾和低云的变化、改善海雾卫星遥感算法等提供重要信息。连续长期的观测对理解海洋气

① 视在温度:目标物亮温、大气亮温、植被亮温等,这些温度可以通过一个很大的角度范围进入辐射计天线,能够进入到天线的、在某一方向上的各种亮温的和,即为该方向上的视在温度,也与角度和波长有关。

候变化及云雾物理学有重要意义。

图 1.20a 为 MP-3000A 型微波辐射计 24 h 连续探测的 2011 年 9 月 23 日洛杉矶的一次雾。从图中可以看出,雾发生在后半夜至上午。雾层上方逆温层强度强,液态水含量反映出雾顶高度在 300 m 左右;午后逆温层强度减弱,大相对湿度区向上离开地面,雾逐渐消散。雾区液态水含量为 0.1～0.3 g/m³,雾层内部气温随高度下降。

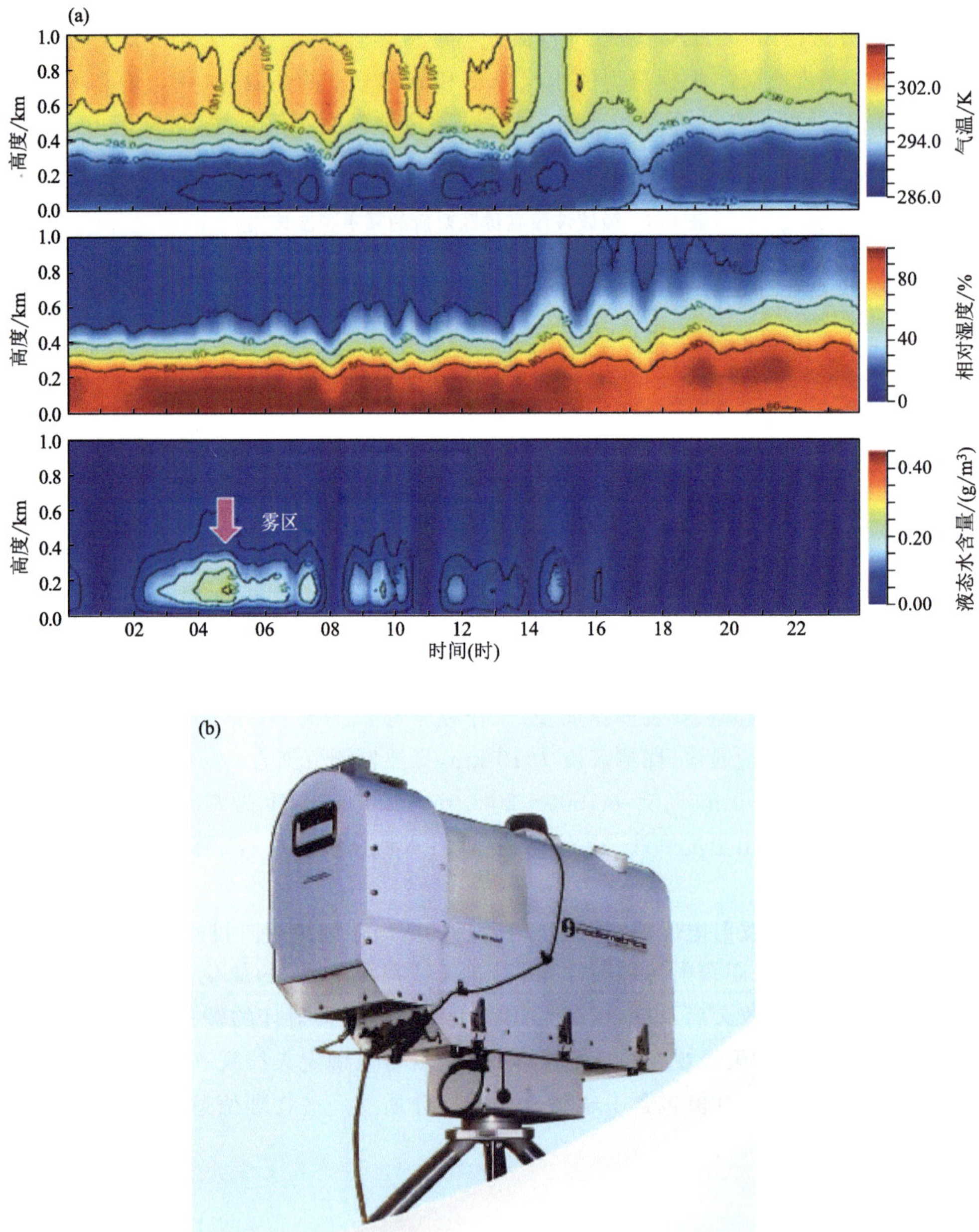

图 1.20 MP-3000A 型微波辐射计 24 h 连续探测的 2011 年 9 月 23 日洛杉矶的一次雾(a)和 MP-3000A 型微波辐射计(b)。数据来自 Southern California Edison(微波辐射计所有者)和 South Coast Air Quality Management District(微波辐射计操作者)。数据分析和显示由基于 VizMet-B 点击-缩放软件的 Radiometrics 浏览器提供,图像引自 Dorman 等(2017)

船载微波辐射计系统包括微波辐射计主机、液氮标定箱、三脚架、方位角定位仪、陀螺稳定平台、笔记本电脑、配套线缆和软件等，可以探测航线上云雾的变化。“向阳红 01 号”于 2019 年 9 月 12 日 12 时—14 日 06 时在西北太平洋航线上捕捉到一次海雾-低云过程，微波辐射计探测的温度垂直廓线随时间的变化清楚直观地展示了锋面逆温结构（暖锋爬升到冷水面上空的冷空气团之上）和由海洋锋强迫引起的下沉逆温与锋面逆温叠加的“双逆温”垂直结构（参见本书图 5.33、图 5.36）。

1.4.8　边界层激光测风雷达系统

1.4.8.1　简介

高分辨率的海上大气边界层的湍流和风场资料，对于海雾/低云监测和预报、海洋大气边界层高度的测定、近海风电资源勘测等有重要价值和广泛的应用前景。边界层相干激光雷达系统具有体积小、安装方便、垂直分辨率高、全自动、无环境电磁干扰等优势。因为该系统是在多普勒频移基础上，因此又称为（边界层）相干多普勒测风激光雷达。

相干激光雷达系统的主要功能是提供低层大气的湍流/三维风场监测。该系统的硬件包括激光发射系统、光学接收系统和信号采集处理器三部分。激光发射系统将激光脉冲通过光学天线发射到大气中，与气溶胶相互作用后产生回波信号，由光学天线接收后，送到信号采集系统进行数据采集和处理，并从中分析检测后向散射回波信号的多普勒频移信息，通过计算这个频移得到径向风速。

激光从激光器输出后，首先经过一个光纤隔离器，光纤隔离器的作用是防止光路的光返回造成激光器损伤。然后经过分束器将光分成本振光和信号光两束光，频率均为 f 。本振光作为参考光，信号光经过声光调制器（AOM，Acoustic Optical Modulator），使发射信号光频率搬移 f_i ，信号光发射到大气中与气溶胶等粒子相互作用发生多普勒频移 f_D ，与本振光在光敏面拍频得到频差，最终相干检测结果为 $f_i + f_D$ ，这样就可以判断多普勒频移的正负，即获得气溶胶粒子运动速度的正负，进而判断风向。

气溶胶散射回的信号光由望远镜接收并与本振光在平衡探测器表面进行相干检测，经过数据采集和处理系统进行快速傅里叶变换（FFT，Fast Fourier Transformation）将电信号转换成谱信号。最后通过算法软件推算出目标运动速度的径向分量，最终反演出不同高度处风的 u 、v 、w 分量。

较为常用的相干激光雷达系统包括扫描型相干激光雷达和风廓线相干测风激光雷达（如青岛镭测创芯科技有限公司生产的 Wind3D 6000 和 WindMast PBL）。相应的指标参数和实物图如表 1.4 和图 1.21 所示。

表 1.4　相干多普勒测风激光雷达性能技术指标

参数	指标	
	Wind3D 6000	WindMast PBL
工作波长	1550 nm	1550 nm
重复频率	10 kHz	10 kHz
探测距离	80～6000 m	30～4000 m
数据更新频率	1～4 Hz	1～4 Hz
距离分辨率	15～60 m	15～30 m

续表

参数	指标	
	Wind3D 6000	WindMast PBL
风速测量精度	≤0.1 m/s	≤0.1 m/s
风速测量范围	±75 m/s	±75 m/s
风向测量精度	0.1°	0.1°

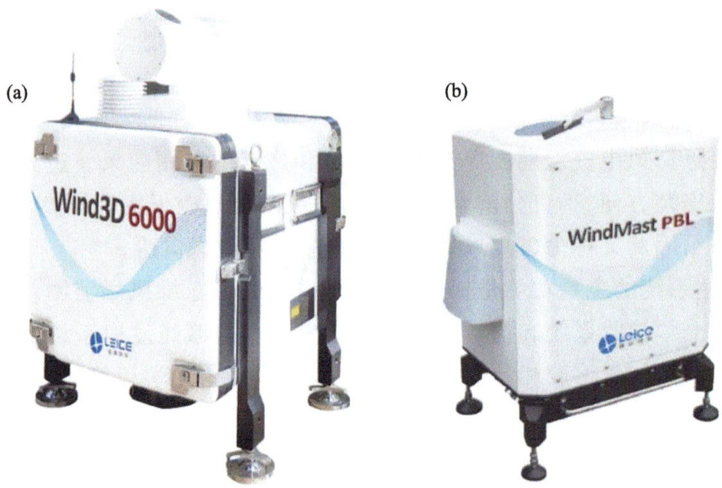

图 1.21　Wind3D 6000(a)和 WindMast PBL(b)边界层激光雷达设备

1.4.8.2　应用举例

相干激光雷达系统一般有三种工作模式：多普勒波束摆动(DBS，Doppler Beam Swing)测量模式，位置平面显示(PPI，Plane Position Indicator)测量模式和距离高度显示(RHI，Range Height Indicator)测量模式。DBS 模式主要用于风廓线的测量，能够获取边界层内的风速、风向随时间和高度的变化。PPI 模式是最常见的雷达显示方式，以极坐标的形式显示雷达天线以一定仰角扫描一周时，测站周围目标物的分布情况及其回波强度。

2014 年春季"东方红 2 号"科考船上的 Wind3D 6000 在黄海捕捉到与海雾雾区变化相关的重力波活动。Wind3D 6000 扫描窗口距海平面 8 m，使用 PPI 扫描下风速的径向分量，每分钟输出一次仰角为 0°的扫描结果，用于记录大气风速的波动信号，利用 VAD(Velocity Azimuth Display)反演方法，可以看到水平风速在重力波的作用下表现为规律的波动，重力波的波长在 800～1000 m(图 1.22a、b)。连续时间段的观察发现，重力波的位相向东北方向传播，相速度大约为 2.0 m/s，水平风速振幅在 0.5 m/s 左右，周期 6～8 min，符合低层大气小尺度重力波 KHI(Kelvin-Helmholtz Instability)的特征(宋美琪 等，2022)。

MODIS(Moderate Resolution Imaging Spectroradimeter，中分辨率光谱成像仪)可见光通道影像(图 1.22c)显示 18 日 02:50 UTC(世界时)，在海雾区北侧边缘的位置可以看到东西方向延展的条纹状态，这是边界层内的单一重力波使气团在垂直方向上规律地振荡，引起温度、湿度、液态水含量等气象要素的规律振荡，最终在雾传播方向前沿以清晰的云街/雾街的形态呈现(图 1.23)。

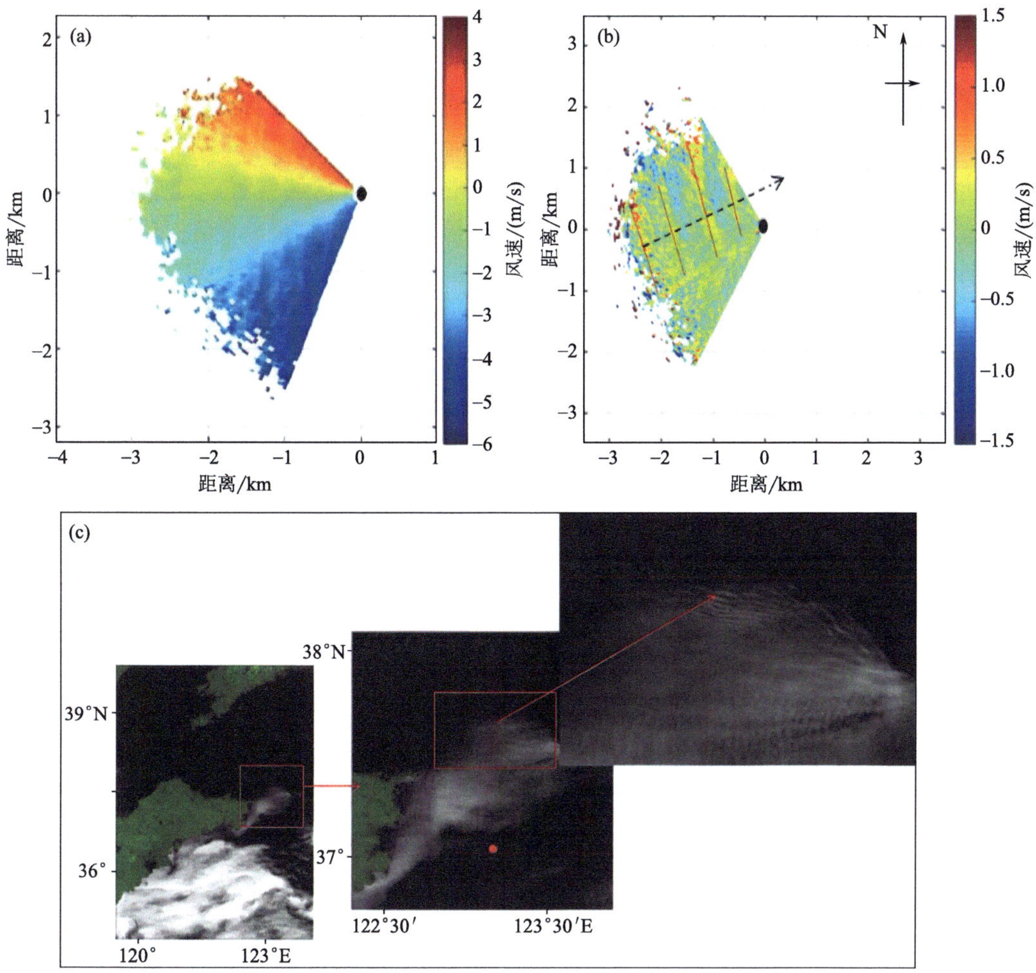

图 1.22 2014 年 5 月 18 日 03:40 UTC,"东方红 2 号"科考船上的 Wind3D 6000 船载脉冲相干多普勒测风激光雷达的 0°仰角 PPI 扫描(红点为科考船位置)

(a)风速的径向分量;(b)VAD 反演方法后的风速;(c)5 月 18 日 02:50 UTC MODIS 可见光云图

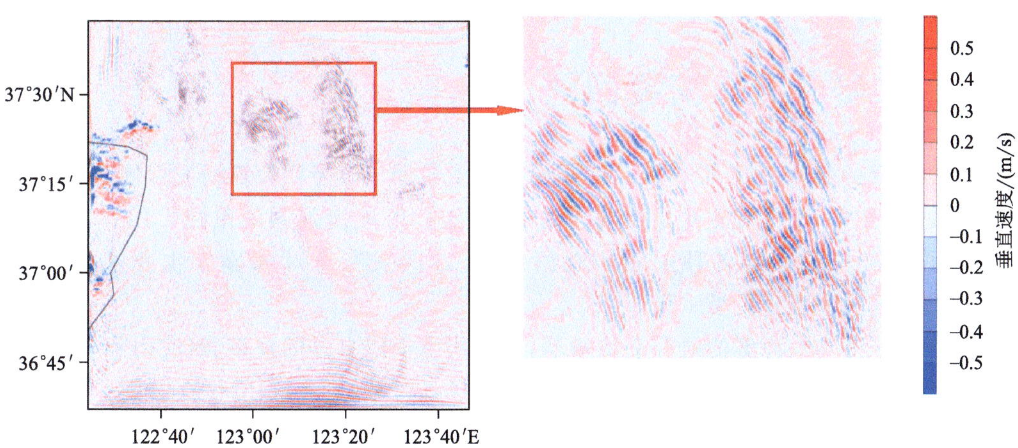

图 1.23 WRF-LES 模式 20 m 高度处的垂直速度水平分布

1.4.9 风廓线雷达

风廓线雷达是利用大气湍流对电磁波的散射作用对大气风场进行测量的一种遥感设备。电磁波在传播中，因为大气湍流造成的折射率分布不均匀而产生散射，其中后向散射能量被风廓线雷达所接收。一方面，根据多普勒效应确定沿雷达波束方向的空气速度分量；另一方面，根据回波信号往返的时间确定回波的距离。结合无线电测距和多普勒测速，进而计算出不同距离上的风向风速。

船载风廓线雷达配备的天线姿态传感器和电脑控制的波控系统可以实现船体姿态适应性计算，当舰船摆动时，根据风廓线雷达天线的瞬时姿态，及时补偿波束发射方向的偏离，保持波束指向与被测大气背景的相对位置不变，实现稳定的测风状态。如 Airda3000N 船载风廓线雷达，工作频率为(1290±1.5)MHz，发射机峰值功率为 1600 W，利用卫星定位、电子罗盘和微处理机组成的闭环系统(实时输入船体横摇角、纵摇角、上下起伏高度、船向、船速、经纬度、海拔高度等信息)，实时补偿天线摆动和行进对测量精度造成的误差。

1.4.10 其他观测设备

除了以上提到的仪器设备外，还有其他一些与海雾/低云和海洋大气边界层相关的仪器。如液态水含量探测系统(LWC-300)，可以安装在有人机或者无人机上使用，也可以放在地面使用(配合光学抽气器)。数字摄像机具有可遥控、可连接至网络、对弱光敏感、可数字化存取等优点，对监测海雾和其他海上天气现象有重要应用价值。声学探测和测距雷达(SODAR)利用大气湍流对声波的散射，基于多普勒频移，给出大气边界层中较低层的水平风廓线。较低功率的 SODAR 测量最大距离为 200～500 m，垂直分辨率为 10 m。较大功率的 SODAR 测量距离一般可达 2～3 km，垂直分辨率为 100 m。净辐射传感器测量范围：短波辐射传感器为 310～2800 nm，长波辐射传感器为 4.5～42 μm，可以定量研究云雾对辐射的影响。利用毫米波对小液滴响应的多普勒测云雷达，可以探测雾层中的微细结构，研究重力波和开尔文-亥姆霍兹(Kelvin-Helmholtz)不稳定对雾结构的影响，研究能见度和雷达反射率的关系等。卫星遥感海雾是广袤海洋上空监测海雾/低云最有效的手段之一，本书第 7 章将系统介绍相关知识。

1.5 海雾研究历史简要回顾

作为第 1 章的最后一节，简单介绍海雾研究历史有助于读者对海雾研究发展的认识。

早在 19 世纪末，海雾观测开始受到当时英国、美国等航海强国的重视。1938 年，美国农业部收集了 1885—1933 年各种船舶的观测信息，首次发布全球海雾发生频率分布图(图 1.24)，对海雾的重视程度可见一斑。

在东亚地区日本对海雾的研究开始较早，如荒川秀俊以日本的根室、筑波山和京都出现的雾分别作为海雾、山地雾和陆雾(辐射雾)的典型例子加以分析，发现山地雾的性质介于海雾与陆地雾之间，特别是海岸附近的山地雾，常常与海雾联系在一起很难严格区分开(王彬华，1983)。

中国对海雾研究始于 20 世纪中叶，最具代表性的是中国海洋大学(原山东海洋学院)教授王

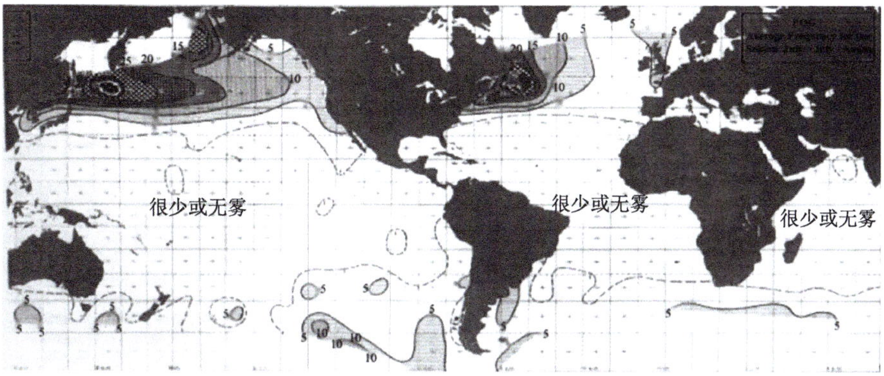

图 1.24 根据船舶观测信息统计的 1885—1933 年 6—8 月海雾频率(%)分布(Lewis et al.,2004)

彬华先生的工作。他自 20 世纪 40 年代开始对海雾资料进行搜集和整理,并注意到海雾与海流和大气环流的关系。1983 年,他出版了专著——《海雾》。1985 年,该专著的英文版 *Sea Fog* 在海内外发行。以下主要根据前人关于海雾的综述和专著对海雾研究历史进行简要回顾。

1.5.1 欧美海雾研究

1.5.1.1 湍流混合和风切变理论

现代科学意义下的海雾研究可以追溯到 20 世纪初。1912 年 4 月 14 日,泰坦尼克号在从英国的南安普顿出发驶往美国纽约的处女航中,在纽芬兰岛外海与冰山相撞沉没。这次灾难后,英国政府组织轮船公司装备了探险船 Scotia,目的是寻找冰山并报告它们的位置。1913 年,Scotia 在海上巡航并开展观测,当时著名的物理学家 G. I. Taylor 受邀担任船上的气象专家,他发现在纽芬兰外海雾特别多,这引起他极大的兴趣。为了研究海雾的形成原因,他在船上施放了携带气象测量仪的风筝和气球,测量温度、湿度的垂直变化,追踪雾中气块的来源,发现海雾是由于空气从暖水面吹到纽芬兰大浅滩(the Grand Banks)冷水面冷凝而形成。在此基础上,提出了大气湍流运动与海雾形成的关系。该理论认为,冷海面的冷却效应一开始局限于大气柱最底层,通过大气边界层内湍流混合,冷却效应向上扩展;因为大气层结是稳定的,湍流由风切变引起。

图 1.25 是 1913 年 7 月的一次 10 d 气块追踪。对空气柱的垂直探测表明,在 7 月 18 日最南边点的大气柱热力性质最终在 7 月 25 日的探空资料中显现出来:18 日在海面的一个充分绝热混合的气柱,于 25 日出现在 700 m 高空。通过这个例子和其他个例,G. I. Taylor 令人信服地在拉格朗日框架下展示了海雾形成过程。这种在拉格朗日框架下追踪气块的思路,目前在海雾研究中仍然使用。

1.5.1.2 对哈雾的研究和雾顶长波辐射理论

哈雾(haar)是夏季从北海移动至英格兰和苏格兰东海岸的雾(哈雾的发音来自英格兰北部的居民)。在苏格兰东海岸,温暖的空气越过北海,被冷水面冷却而成雾。雾有时伴随着毛毛雨,或者以非破碎、非常低的层云形式出现(有或没有毛毛雨),雾中气温很低。气象学家 C. K. M. Douglas 研究哈雾时,分析了 Firth of Forth(苏格兰东海岸的一个河口)附近观测站的海温和气温,计算了雾层内的热平衡,指出雾中异常低的气温是雾层顶部辐射冷却的结果。他认为这种冷却在雾层中产生不稳定,进而导致较低层的空气冷却,并指出这种不稳定性在雾层的上边界表现为不规则性,类似于层积云中的垂直混合(Douglas,1930)。

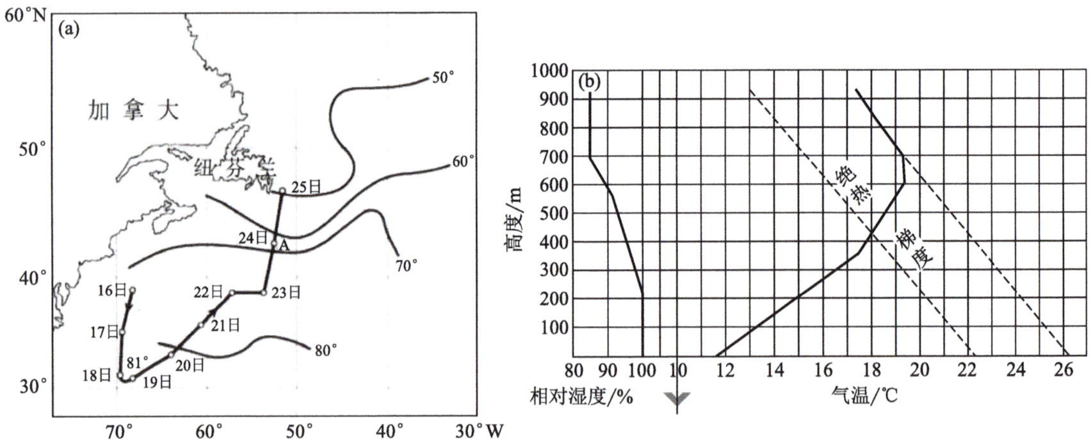

图 1.25　1913 年 7 月通过施放带有气象仪器的风筝对气块的追踪研究结果

(a)空气块路径(7 月 16—25 日),等值线为海水温度(℉);(b)7 月 25 日风筝上升过程中气温(横坐标右侧,℃)和相对湿度(横坐标左侧,%)的变化。箭头的位置代表海温(℃)(Lewis et al. ,2004)

另一个对哈雾感兴趣的是 H. H. Lamb(气候学家)。他对哈雾进行了分类,如海雾哈雾(sea fog haar)即平流冷却雾,海风平流哈雾(sea-breeze advection haar)即海上的雾被海风携带至陆地。他研究了 1938 年夏天发生的 15 起哈雾,归纳了哈雾形成的物理模型:暖气团被北海冷水面冷却,直到达到露点温度并开始冷凝;一旦形成雾,雾顶因长波辐射失热,导致海面冷却过程和向下的涡动热传导过程更复杂;最终使雾层的气温低于海面水温;正的温度递减率(lapse rate)在雾中发展,甚至可能达到不稳定的程度,而雾层上面的逆温会变得更加明显。由于热对流的出现,海雾甚至会变为毛毛雨(Lamb,1943)。雾顶长波辐射冷却已经被观测和模式证明是海雾发展维持的重要原因。

1.5.1.3　美国西海岸上升流对海雾的影响

美国旧金山沿海多雾,特别是夏季海雾最多。气象学家 Byers(1930)研究了多海雾的原因,指出上升流导致的冷洋面对水汽冷凝至关重要。加利福尼亚沿岸有自北向南并逐渐离岸的表层海流,在旧金山北部海域海面水温(SST)异常低。该 SST 冷中心在 5—8 月最明显,秋季减弱。20 世纪初期,该冷水的来源怀疑是上升流的结果,后得到了美国加州大学圣地亚哥分校斯克里普斯海洋研究所(SIO)的研究证实(Sverdrup et al. ,1941)。夏季受半永久性的太平洋反气旋控制,盛行的西北风驱动离岸的表层海流导致上升流和冷水中心。这是海雾研究与物理海洋学相结合的范例(参见本书图 3.11 和图 3.14)。

1.5.1.4　美国西海岸暖洋面海雾与层云的关系

20 世纪 30 年代,美国科学家 Petterssen(1936,1938,1939)对冷海面导致海雾的理论提出了不同意见。他指出,不是所有海雾都发生在冷海面。冷季[①]在加利福尼亚南部圣地亚哥

---

① 在美国加利福尼亚沿岸,冷季一般指 11 月—次年 4 月,暖季是 5—10 月。冷季气旋/反气旋对以及相关联的锋面活跃,锋面过境周期为几天至一周,表面风向变化明显。暖季气压系统更稳定,受半永久性的太平洋高压控制,靠近海岸线的海洋上空盛行西北气流,该稳定的西北气流导致沿岸上升流和低海面温度(SST),有利于海雾形成,因此最高的海雾频率出现于夏季。但是沿岸很多地方第二高值出现于冬季。相对于暖季,冷季的海雾预报更困难(Lewis et al. ,2003)。通常,一年分为冷季和暖季,冷季比冬季(北半球 12 月—次年 2 月)更长;暖季比夏季(北半球 6—8 月)更长。

(San Diego)近海，雾/层云(fog/stratus)常发生在暖洋面(水温高于相邻气温)，在西北气流中形成，这样开始阶段空气可能被海面加热并非被冷却。他用探空气象资料计算抬升凝结高度(LCL)，当逆温层底高度大于 LCL 时，将距离差定义为正值，并以 200 m 为间隔，计算与海雾的相关性。结果表明，距离差为正值时，海雾与层云高度相关。他认为海面的加热作用导致低空对流不稳定，空气的正浮力和湍流混合，使层云在逆温层下生成。云顶长波辐射冷却效应减弱太阳辐射加热，导致云下层(subcloud layer)冷却，产生负的浮力并最终导致海雾(云层变厚或者云底高度下降)。

Oliver 等(1978)、Pilié 等(1979)在欧拉框架下研究海雾-层云系统，指出云层变厚与云底的云滴蒸发密切相关，参见本书图 2.19。Koračin 等(2001)利用数值模式，通过对气块路径(拉格朗日框架)的追踪发现，在高压导致的下沉运动控制下，逆温层底高度下降，广阔洋面上气块逐渐变性，使层云整体高度下降，而云滴蒸发的微物理过程是第二位的。Lewis 等(2003)通过天气学个例分析进一步证明，太平洋高压在加利福尼亚沿海上空引起空气下沉，气块绝热升温产生逆温层。在西北风控制下，逆温层下方形成层云。随着高压向南移动，下沉运动加强，导致逆温层强度加强、逆温层底高度下降，从而使层云高度下降，最终成雾。云顶下降的速率为 10～15 m/h。

1.5.1.5　海雾天气学概念模型

对于天气预报员来讲，最关心的是如何预报海雾的发生。依据海雾形成的天气学概念模型，可为其提供预报思路。Dale F. Leipper 在第二次世界大战中，是美国海军气象预报员，他特别注意总结天气型进行预报，曾整理了一本预报手册(Leipper，1948)，其中有预报阿留申群岛海雾的步骤。二战结束后，他跟随斯维德鲁普(Harald Sverdrup)在斯克里普斯海洋研究所(SIO)学习，继续海雾研究。他的一个研究成果是建立了加州海雾形成的天气学概念模型：太平洋反气旋东伸到美国大陆，导致沿岸是离岸的东北风或偏东风。来自陆地的干暖空气在冷海面会形成逆温，以限制水汽的垂直输送，从而造成离岸一定距离的近海面一薄层空气接近饱和。干燥的空气在高处，海表面饱和或者接近饱和的空气通过辐射而迅速冷却，海雾得以发展。

1.5.2　中国海雾研究

相比欧美国家，中国对海雾的研究起步较晚。20 世纪 40 年代以前，对海雾知之甚少。后来随着岸滨、岛屿和零星的船舶资料渐渐增多，有些海洋气象台开展了海雾预报业务。我国对海雾比较系统的研究可以追溯至 20 世纪 60—70 年代。1965—1966 年和 1971—1973 先后在黄海进行了海雾的专项调查。70 年代以后，通过气象卫星的观测，对海雾的分布、变化和生消过程有了轮廓认识(王彬华，1983)。

我国率先对海雾进行系统研究的是原山东海洋学院(中国海洋大学的前身)王彬华教授(1914—2011)。王彬华先生是我国著名的海洋气象学家、教育家、气象终身成就奖获得者，是我国海洋气象学的开创者。1934 年考入山东大学物理系，师从中国近代气象学家蒋丙然攻读气象学，1939 年毕业于中央大学(现东南大学)，次年考入中央研究院气象研究所(现中国科学院大气物理研究所)，师从竺可桢。1943 年进入中美合作所气象组，从事战区气象预报，为中国的抗日战争服务。1945 年任青岛观象台台长。1953 年调入山东大学物理系(山东海洋学院前身)任教授。

在长期的预报工作中，他认识到海雾对沿岸和海上活动是一种危险性天气，但对海雾“连最起码的要求——海雾的分布和变化，也搞不清楚”。自 20 世纪 40 年代起，王彬华就开始收集资料和归纳总结工作，50 年代把海雾作为《海洋气象学》的部分内容纳入教学，1966 年形成《海雾》讲义。后书稿被毁，他“从碎纸残篇里勾起记忆，理出线索，组成纲目，再参阅最近十几年来的文献资料，缀成新篇”（王彬华的《海雾》前言），在病床上完成了专著《海雾》（图 1.26）。这是他“四十余年从事海雾研究的总结”，1983 年由海洋出版社出版发行，1985 年由海洋出版社和世界著名的图书出版公司施普林格（Springer-Verlag）翻译成英文，在世界多地发行。

图 1.26　王彬华及《海雾》一书封面

《海雾》全面、系统地阐述了海雾形成的主要理论，迄今为止仍然是世界上少有的研究海雾的权威著作，也是海洋气象学领域的经典之作。该书主要内容包括：海雾的生成及其分类、世界海雾的分布和变化、海雾及其水文气象特征、东亚水域的海雾分析、海雾的物理性质和海雾预报等。毫无疑问，《海雾》一书是王彬华先生留下的极其宝贵的知识遗产，为后人的相关工作奠定了全面而坚实的基础。

中国对海雾的观测、调查和研究项目不断开展。原山东海洋学院于 1965—1966 年和 1971—1973 年先后在黄海进行了海雾的专项调查，取得了第一手观测资料。1991—1995 年，中国科学院海洋研究所和青岛海洋大学（中国海洋大学前身）共同完成了“八五”国家科技攻关项目“黄东海海雾数值预报方法的研究”。该项目是继《海雾》专著出版以后，中国首次对海雾进行比较系统全面的研究，包括海雾过程中大气和海洋环境背景场、海雾发生时海洋上大气边界层特征、海雾数值预报方法研究和海雾 MOS（Model Output Statistics）预报方法试验等内容。

2000 年以后，中国科学家在海雾研究领域不断探索，传承进取。在海雾天气学、海雾气候学、海雾形成物理机制、海雾微物理学、海雾数值预报、海雾卫星遥感等多方面取得一系列研究成果，对海雾的认识有了全面提升，并产出了数目可观的研究论文、发明专利、研究生毕业论文等。通过中国知网的不完全统计，2001 年至 2015 年 6 月共有 49 篇与雾有关的博士和硕士学位论文，涉及的机构主要有：中国气象科学研究院、南京大学、兰州大学、南京信息工程大学、大连海事大学、西安电子科技大学、中国海洋大学，表明越来越多的年轻学者，特别是研究生群体逐渐成为我国海雾研究的主力军（傅刚 等，2016）。多种先进监测探测设备投入应用，海雾预

图 1.27 *Marine Fog*:*Challenges and Advancements in Observations*, *Modeling*, *and Forecasting* 封面

报技术有了长足提高。对海雾的研究、监测、预报已经从近海走向远海大洋。对于中国海雾(雾)的研究进展可参见综述文章:张苏平等(2008)、傅刚等(2016)、牛生杰等(2016)。

1.5.3 海雾研究国际合作

海雾研究领域的国际合作明显加强。国际雾与露协会(International Fog and Dew Association,IFDA)每三年举行一次以雾为主题的国际会议(International Conference of Fog,Fog Collection and Dew)。

由美国、克罗地亚、中国、韩国、加拿大等多国科学家联合完成的海雾研究专著 *Marine Fog*:*Challenges and Advancements in Observations*, *Modeling*, *and Forecasting* 于 2017 年出版(图 1.27)。

通过该书,读者可以从全球的视角对现代海雾观测、模式和预报技术有全面综合的了解,对导致海雾形成、演变和消散主要过程有更深入的认识。该书是海雾研究领域新的里程碑,全书共 11 章,目录和各章简介如下:

第一章“引言”,作者为 Darko Koračin 和 Clive E. Dorman。本章从科学和应用角度介绍该书的目的和意义。

第二章“全球海雾频率和气候学”,作者为 Clive E. Dorman、John Mejia、Darko Koračin 和 Daniel McEvoy。本章利用国际海洋大气综合数据集(ICOADS,1950—2007),分析海雾、浅雾和轻雾频率分布及气候学特征。

第三章“早期和当代的海雾观测技术”,作者为 Clive E. Dorman。本章介绍自 20 世纪 50 年代起,雾及相关大气参数以及低空大气边界层的观测技术。

第四章“海雾中的湍流”,作者为 Chang Ki Kim 和 Seong Soo Yum。本章根据观测和模式模拟,分析海洋环境下热量和水汽湍流输送的作用,揭示海雾形成中湍流的重要性。

第五章“海雾的辐射”,作者为 Chang Ki Kim 和 Seong Soo Yum。本章讨论在海雾形成和演变过程中长波和短波辐射传输的作用及其参数化的复杂性。

第六章“海雾天气过程”,作者为 Suping Zhang 和 John M. Lewis。本章利用地面和探空观测,对中国沿岸海雾特别是黄海海雾形成、演变和消散过程中天气学问题和季节变化进行分析。

第七章“海雾微物理学和能见度预测综述”,作者为 Ismail Gultepe、Jason A. Milbrandt 和 Binbin Zhou。本章讨论与海雾相关的微雾理研究,包括能见度、液态水含量、气溶胶粒径分布、凝结核、雾滴粒径分布、过饱和度、辐射和粒子相互作用、热量和水汽通量等。

第八章“降水和雾”,作者为 Robert Tardif。本章基于早期和更多的近期研究,展示目前雨雾(与降水有关的雾)形成和演变中,对关键物理原理和物理过程的理解,这是雾形成的一个重要方面,但对其认知较少。

第九章"海雾模拟与预报",作者为 Darko Koračin。本章对基于统计模型和动力学模式的不同雾模拟和预报技术进行历史回顾和分析,讨论模式发展和应用中的挑战性。

第十章"雾集合预报",作者为 Jun Du 和 Binbin Zhou。本章介绍雾研究中,与模式和输入数据有关的概率预报和不确定性评估的新进展。

第十一章"利用同步被动红外和微波传感器的海雾多光谱遥感",作者为 Eric M. Wilcox。本章作者利用卫星标准的可见光/红外资料,并与微波图像资料反演的相同位置的海面水温相结合,对海雾进行遥感探测。

思考题

1. 海雾的基本特征有哪些？

2. 海雾与陆地雾有何不同？

3. 为什么海雾在可见光下呈现乳白色？

4. 请自行设定不同场景（岸滨、开阔海面、不同海域、不同季节等）。根据设定场景条件，设计海雾观测方案，说明各种不同设备的用途，为什么要用该设备，要达到什么目的。

5. 为什么可以将海雾定义为贴近海面的层状云？

6. 在实际工作中，观测设备常常给出的是相对湿度。当测得两团空气的相对湿度分别为 90% 和 98%，是否意味着后者的比湿、水汽压更大，为什么？（可以在一定假设条件下定量讨论）

第 2 章　海雾形成机理及海雾分类

海雾形成包括海雾生成和发展。本章讨论海雾形成的基本物理过程，如降温和增湿过程、海洋大气边界层湍流等。在此基础上，对海雾进行分类，讨论不同类型海雾形成的机理。

2.1　海雾形成的基本物理过程

海雾的生成都是在有凝结核存在的条件下，通过一定途径使空气达到饱和，并适当地有些过饱和来完成的。近海面大气中凝结核一般总是存在的。水汽由未饱和到达饱和而生成雾通过两个途径，一是增加空气中的水汽含量（增湿），二是降低空气的温度（降温）。在海雾形成过程中，有的以增湿为主，有的以降温为主，也有的是增湿和降温共同影响。稳定的大气边界层是形成海雾的必要条件，当近海面有凝结发生时，逆温层阻碍雾滴向上扩散，有利于雾滴在近海面聚集。雾顶长波辐射冷却和逆温层下方的湍流混合可导致海雾垂向发展，形成有一定厚度的雾层。

对雾而言，空气达到饱和有两个途径：一是空气冷却到其露点温度以下（如平流冷却雾）；二是增加水汽从而提高露点温度（如平流蒸发雾）。以 RH 表示空气相对湿度，T 为温度，e 为水汽压，e_a 为温度 T 下的饱和水汽压，则

$$\mathrm{RH}=\frac{e}{e_a} \tag{2.1}$$

$$\frac{\mathrm{dRH}}{\mathrm{RH}}=\frac{\mathrm{d}e}{e}-\frac{\mathrm{d}e_a}{e_a} \tag{2.2}$$

令 L_e 为蒸发潜热，A 为功热当量，R_w 为水汽的比气体常数，代入克拉珀龙-克劳修斯（Clapegron-Clausius）方程：

$$\frac{\mathrm{d}e_a}{e_a}=\frac{L_e}{AR_w}\frac{\mathrm{d}T}{T^2} \tag{2.3}$$

便得

$$\frac{\mathrm{dRH}}{\mathrm{RH}}=\frac{\mathrm{d}e}{e}-\frac{L_e}{AR_wT}\frac{\mathrm{d}T}{T} \tag{2.4}$$

当 $T=273$ K 时，$\frac{L_e}{AR_wT}\approx 19.5$，则式(2.4)为

$$\frac{\mathrm{dRH}}{\mathrm{RH}}=\frac{\mathrm{d}e}{e}-19.5\frac{\mathrm{d}T}{T} \tag{2.5}$$

式(2.5)表示增高空气相对湿度 dRH 以达到饱和状态有两个途径，一个是增加水汽压 de，另一个便是降低温度 dT，就是通常所说的增湿和降温两个途径，当然，这两种作用同时并进，效果会更显著些。

2.1.1　增湿过程

增湿的主要途径有海面蒸发、水汽平流输送、空中雨滴(包括云滴,下同)蒸发。两团湿度不同的空气,通过平流混合的结果,对一团空气为减湿,对另一团空气便是增湿。不论是海面蒸发还是空中雨滴蒸发,必须是海面(或雨滴表面)的饱和水汽压 $e_s(T_s)$ 大于空气中实际水汽压 e,同时空气的饱和水汽压 $e_a(T_a)$ 也比 $e_s(T_s)$ 小。就是说,在

$$e_s(T_s) > e_a(T_a) > e \tag{2.6}$$

时,蒸发可以不断进行,便有充分的水汽增加到空气中,有利于雾的形成(T_s、T_a 分别为海面水温[①]和海面气温)。$e_a(T_a)$ 和 $e_s(T_s)$ 可根据克拉珀龙-克劳修斯方程,或者经验公式计算得到。因此,针对海雾来讲,理论上可以认为:只有当海面水温高于气温时,蒸发过程才能持续进行。也就是说,只有当冷空气流到暖水面上或者是暖雨滴降落到冷气团中,才有可能在持续不断的蒸发过程中出现蒸发雾。在平流冷却雾的形成过程中,主要是水汽水平输送导致局地水汽增加。

2.1.1.1　海面蒸发

海面蒸发是一个长时间大面积的蒸发过程。由于海面不断蒸发,携带大量热量到空气层中,然后在空中发生凝结,再把热量释放出来,从而使得海面与大气之间发生热量和水汽含量的交换。海面常因风浪起伏扩大了海面面积,波浪破碎又增加了机械蒸发作用,因此蒸发过程是复杂的。

对于纯水而言,所谓饱和水汽压,是指水分子由水面逃出和同时回到水中的过程达到动态平衡时,水面上水汽所具有的压力。蒸发现象的实质就是水分子由水面逃逸而出的过程。对于海水而言,由于"盐度"存在,则单位面积海面上平均水分子数目少,减少了海上水分子的数目,因而使饱和水汽压(饱和比湿)降低,限制了海水的蒸发(冯士筰 等,1999)。

蒸发速率与近海面空气层中水汽的铅直梯度成正比。通常紧贴海面的空气中水汽含量可视为是饱和的,如果其上部气层中的水汽含量越少,则越有利于水汽向上扩散,从而使蒸发得以继续进行。因此,海面上部气层中铅直方向上的水汽压差,是维持海水蒸发的先决条件。

海面蒸发多借助经验公式计算,如

$$E = k(e_s - e)U \tag{2.7}$$

式中:k 为与风速有关的系数;e_s 为海面水温 T_s 所相当的饱和水汽压(hPa);e 为空气实际水汽压(hPa);E 为 24 h 的蒸发量(mm/(cm^2 · d));U 为风速(m/s)(王彬华,1983)[②]。Sverdrup 等(1941)采用大量资料统计确定系数 $k=0.143$,则上式成为

$$E = 0.143(e_s - e)U \tag{2.8}$$

由式(2.6)可知,海面水温(T_s)与近海面气层的温度(T_a)之差与蒸发有着密切关系。当 T_s

---

① 紧贴水面的空气温度可以认为与海面水温 T_s 相等,将 T_s 代入克拉珀龙—克劳修斯方程,得到与 T_s 相当的饱和水汽压。广袤海洋的海面水温,一般用卫星遥感获得。卫星遥感海面水温(Sea Surface Temperature, SST)常分为海表皮温(Sea Surface Skin Temperature)和海表水体温度。前者指海表微米量级海水层的温度,后者指海表 0.5～1.0 m 海水层的温度(盛裴轩 等, 2013)。本书用 T_s 或者 SST 表示海面水温,用 T_a 或者 SAT(Surface Air Temperature)表示离开海面一定高度(如 2 m 、10 m)的空气温度,简称海面气温。

② 公式中的系数随所取观测记录距海面高度的增加而减小。但在一定高度上,可以视为常数。系数 0.143 对应海面以上 8 m 的温度、风速和水汽压。

$>T_a$ 时，由于海洋向大气传导热量，使近海面气温升高，从而边界层内湍流加强或发生热力对流，结果将水汽源源不断向上输送，而上部水汽含量较少、温度较低的空气下沉至海面；与此同时，海面降温，海水增密下沉，其下的相对高温水上升至海面。这一过程使海气温差持续存在。因此，由于 $T_s>T_a$ 所引起的海气中的热力对流过程使蒸发不断进行。

当 $T_s<T_a$ 时，由于大气向海洋传导热量，使近海面气温下降，导致气层的层结稳定性增加，同样海面升温，也产生稳定的海洋层结。由于近海面的水汽不能迅速地向上输送，甚至发生凝结，以致蒸发停止。

海面的蒸发量也可以表述为与海面上水汽的饱和差成比例，即

$$E=k(e_s-e_a)U \tag{2.9}$$

海面水温越高，对应的饱和水汽压越高，而气温越低，对应的饱和水汽压越低，海面蒸发量越大（冯士筰 等，1999）。

在海洋的实际蒸发过程中，风对其起着巨大的促进作用。海面上的风，实际上是以湍流形式存在的，它一方面极大地加强了海气之间的热传导，同时又将近海面水汽迅速向上输送，它对蒸发的加速远远超过单纯由上述水汽饱和差（海气温差）导致的分子热传导的贡献。同时，风所引起的海浪，又增大了海洋的蒸发面，甚至当波浪破碎时，直接将海水输向大气。

蒸发和水汽凝结本来是可逆过程。海面蒸发，使海水变成水汽进入大气，海洋中的部分热量以潜热的形式被带入大气，海洋失去热量；当大气中水汽凝结时，又将热量释放出来，但这部分热量却几乎全部留在大气中，成为大气的热源之一。因此，蒸发只能使海洋耗热，大气得到热量。海洋向大气释放的潜热越多，代表蒸发越多。

目前通常利用块体空气动力学公式计算海洋向大气的潜热和感热输送（海气界面潜热 F_{LH} 和感热 F_{SH} 通量）[①]：

$$F_{LH}=\rho L_e C_e U(q_s-q) \tag{2.10}$$

$$F_{SH}=\rho c_p C_h U(T_s-T_a) \tag{2.11}$$

式中：T_s 为海面水温；T_a 为相对海面 10 m 的气温；q_s 为与 T_s 对应的饱和比湿；q 为海面以上 10 m 处的大气实际比湿；U 为 10 m 高度的风速；ρ 为空气密度；C_e 和 C_h 分别为湍流水汽交换系数和湍流热量交换系数；c_p 为比定压热容；L_e 为蒸发潜热。

如果考虑盐度对饱和比湿的影响，设 T_s 下纯水饱和比湿为 q_{sat}，q_s 可由下式计算得到：

$$q_s=0.98q_{sat}(T_s) \tag{2.12}$$

系数 0.98 是考虑了盐度（取 34 psu）对大气水汽压的修正。如果不考虑修正，则 q_s 近似为 T_s 下的饱和比湿，即 $q_s\approx q_{sat}(T_s)$。如果船上测量气温（T_{obs}）高度（z）大于 10 m，可以根据干绝热（未饱和）或者湿绝热（已经饱和）直减率（γ）对气温进行订正：

$$T_a=T_{obs}+\gamma z \tag{2.13}$$

式中：$\gamma=-\dfrac{\partial T}{\partial z}$。

大洋上蒸发速率的空间分布不均匀，且具有明显的季节变化。赤道海域蒸发量较小，因为那里空气湿度大而风速小；高纬度海区由于气温低，大气能容纳的水汽含量少，因而蒸发量也小；副热带洋面和信风带，海面水温比较高，风速大，同时副热带高压控制下的大范围持续稳定

① 为论述方便，将感热通量公式与潜热通量公式放在一起。

的下沉气流，导致空气干燥，大气中水汽的垂直递减率大，所以蒸发量大；在大西洋湾流区和太平洋黑潮区蒸发量出现极大值，其原因是暖洋流北上到中纬度海域，水温远高于气温，空气层结不稳定，尤其冬季又盛行偏西—西北风，风速大，所以蒸发特别强烈。夏季风将副热带暖洋面上的水汽向北输送至冷水面发生冷凝，是中高纬度冷水域夏季多雾的重要原因。

在中国南方海域，冷季海面蒸发常形成蒸发雾。另外，海面蒸发的水汽被向岸风带到陆地，也为陆地雾提供了有利条件。

寒潮影响下，当干冷的空气流到暖得多的海面时，海气温差和风速均很大，导致海面蒸发强烈，大量水汽在寒冷空气中凝结可形成蒸汽雾(steam fog)。如 2022 年 11 月 30 日青岛近岸海面水温在 15.5 ℃左右，09 时前后气温降至−3.5 ℃，海面水温与气温之差达 19 ℃，相对湿度达 99%(图 2.1)，海面仿佛“冒着热气”。“蒸汽雾”的名称非常形象地描述了这一现象。

图 2.1 还表明，相对湿度增加最快时段(29 日 22 时—30 日 04 时)不是气温下降最快时段。这个时段气温维持下降趋势，导致海气温差加大(海温变化慢)，海面蒸发增加，增湿和降温的总体效应导致相对湿度增加。

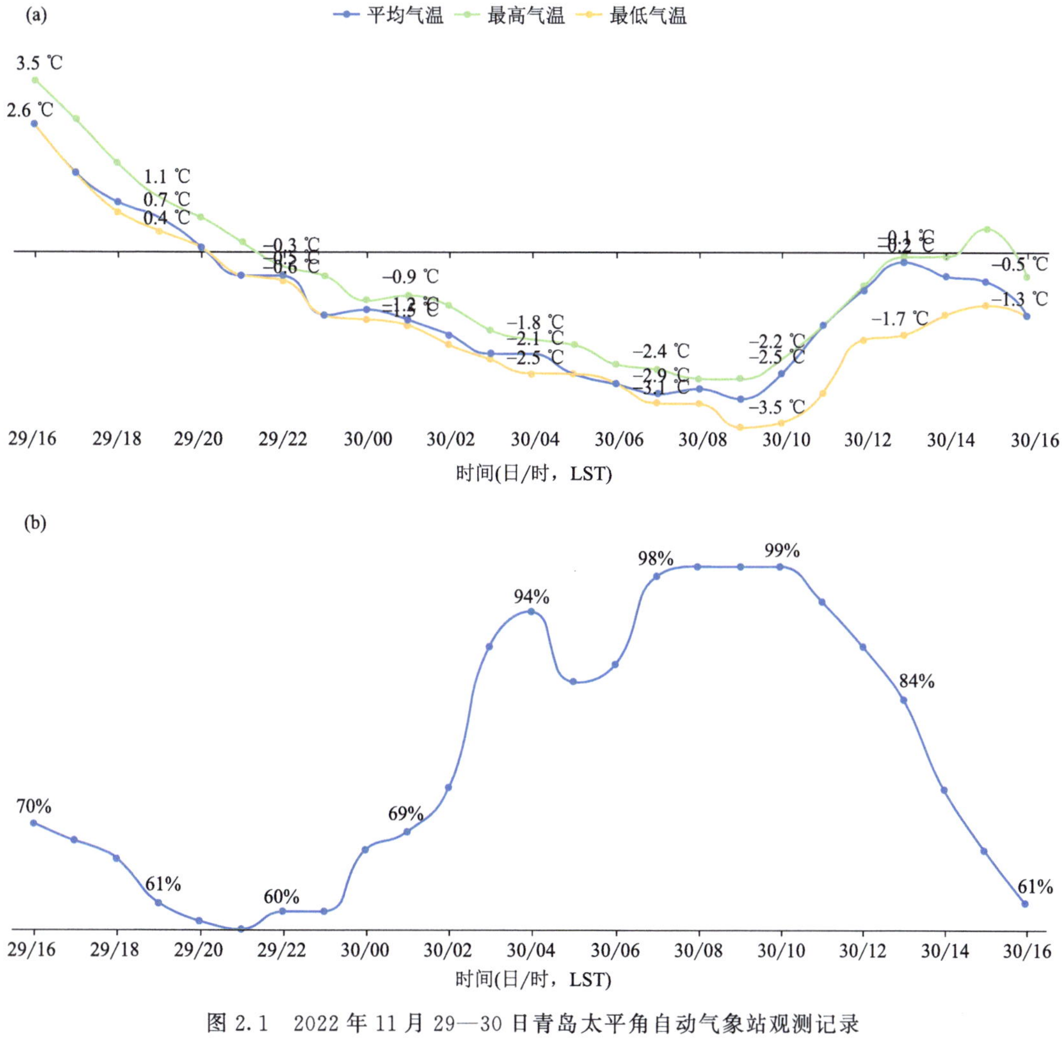

图 2.1　2022 年 11 月 29—30 日青岛太平角自动气象站观测记录

(a)气温；(b)相对湿度

2.1.1.2 水汽输送

水汽是海雾形成的物质基础。平流冷却雾就是暖海面上蒸发的水汽被输送到冷海面冷凝成雾。水汽通量指单位时间内流经某一单位面积的水汽质量，是表示水汽输送强度的物理量。

对海雾而言，水汽输送量的大小可以用近海面水平的水汽通量表示。设 V 为水平风速的大小，在垂直于风向的平面内取一单位面积，则在单位时间内，通过此单位面积输送的水汽通量可表示为 $\rho q V$ ，其中 q 为比湿，ρ 为水汽密度。其在 x 方向的分量为 $\rho q u$ ，在 y 方向的分量为 $\rho q v$ 。在 p 坐标中，单位时间通过垂直于风向的底边为单位长度，高为从海面 p_0 到 p 的大气柱面积上的水汽通量为

$$F_x = \frac{1}{g}\int_p^{p_0} uq\,\mathrm{d}p \tag{2.14}$$

$$F_y = \frac{1}{g}\int_p^{p_0} vq\,\mathrm{d}p \tag{2.15}$$

$$F = \sqrt{F_x^2 + F_y^2} \tag{2.16}$$

式中：F 为水汽通量矢量模。

根据水汽通量的定义，若截面积的高取为 1 hPa，底边长为 1 cm，则水平水汽通量的大小为 $\frac{1}{g}|V|\cdot q$ 。取 g 的单位为 m/s^2，风速的单位为 m/s，比湿的单位为 g/kg，这样计算得出单位气压差单位长度的水汽通量，或统称为水汽通量，其单位为 g/(s · hPa · cm)。风的方向即水汽输送方向。

2.1.2 降温过程

海雾中的降温过程主要有海气界面的感热交换、辐射冷却、海气边界层内的湍流混合和水平混合等。

2.1.2.1 海气界面感热交换

当较暖空气平流至较冷海面上时，海气界面的湍流感热通量是向下的，大气因向海洋输送热量而降温。由式(2.11)，影响海气界面感热交换的主要因子是海面水温(T_s)与气温(T_a)之差和风速。当 T_a 高于 T_s 时，湍流感热通量 F_{SH} 为负值，大气失热降温。反之，F_{SH} 为正值，表示海洋加热大气。利用海面以上 8 m 高度的观测记录，海面与大气的感热交换量 F_{SH} 可写成如下形式(王彬华，1983)：

$$F_{SH} = 5.13(T_s - T_a)U \tag{2.17}$$

在湍流热量交换中，空气没有达到饱和状态以前，只要

$$\frac{\partial T}{\partial z} + \gamma_d > 0 \tag{2.18}$$

或

$$\gamma_d > \gamma \tag{2.19}$$

的条件存在(γ_d 为干绝热气温直减率)，即干绝热层结稳定，湍流交换的结果是空气恒向海面输送热量而降低温度。如果空气饱和了，只要

$$\frac{\partial T}{\partial z}+\gamma_s>0 \tag{2.20}$$

的条件存在（γ_s 为湿绝热气温直减率），即湿绝热层结稳定，空气仍能向海面输送热量，使气温继续降低，维持过饱和状态。

因此，只要近海面层环境气温直减率 γ 小于干绝热直减率（未饱和状态）或小于湿绝热直减率（饱和状态）的条件存在，即使在离开海面一定高度测得气温低于 T_s，通过湍流热量交换，仍能使热量输向海面，导致气温下降。

在大多数情况下，平流冷却雾是暖湿空气平流到冷海面上形成的（图 2.2a）。有弱冷空气平流到暖海面上，只要二者温度相差不太多，而且大气层结稳定，仍然可以形成平流冷却雾。如图 2.2b 所示，由于冷平流的影响，在离开海面的一定高度上有 $T_s>T_a$，通过湍流混合，该高度的空气块下降，其温度按照干绝热增加，至海面气温已经高于水温，仍然是大气向海洋输送热量。

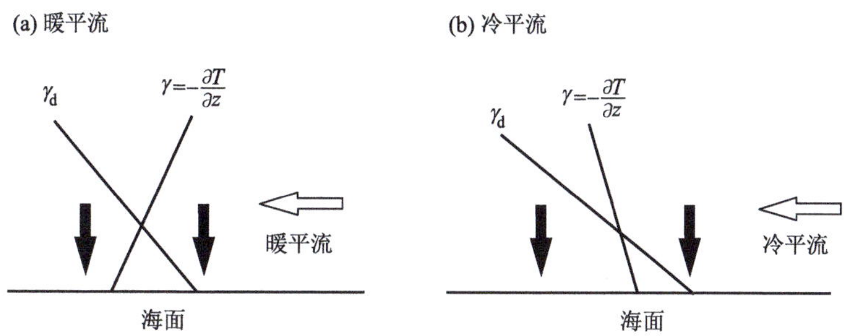

图 2.2　平流冷却雾形成过程中，未饱和情况下大气向海洋输送热量示意图

(a)暖平流；(b)冷平流（单矢线（向下）表示热量从空气向海面输送，根据王彬华(1983)重新绘制）

气温低于水温（即使低得很少）的平流冷却雾的形成过程，应不限于单纯的平流冷却作用，其中还有局地海面蒸发作用，情况比较复杂。同时，即令气温高于水温，冷却作用居主要地位，但依据式(2.10)，只要

$$q_s-q>0 \tag{2.21}$$

的条件存在，就可以引发海面蒸发，表示在平流冷却雾的形成过程中，蒸发作用依然存在。或者说，只要

$$q_{air\_sat}-q_s<q_{air\_sat}-q \tag{2.22}$$

或

$$\frac{q_s}{q_{air\_sat}}>RH \tag{2.23}$$

的条件存在，就有蒸发作用。式中：RH 为空气相对湿度；q_{air_sat} 为空气饱和比湿。

从式(2.11)可知，$T_a-T_s>0$ 为空气冷却的主要条件。但却不能据此认为 T_a-T_s 越大，越利于凝结。由于 T_a-T_s 增大，$q_{air\_sat}-q_s$ 也相应增大，为了满足式(2.22)的条件，则 $q_{air\_sat}-q$ 势必也随着增大，但 $q_{air\_sat}-q$ 越大，表明空气相对湿度 RH 越小，达到饱和的可能性越小，也就是成雾的可能性越小。因此，T_a-T_s 不宜过大。相反，正是在平流冷却雾的形成过程中，由于气温下降和空气相对湿度继续增大（T_s 一般变化不大），T_a-T_s 逐渐减小，以助长水汽凝结而成雾。观测事实也证实了这一点，随着气温下降，相对湿度增大，能见度下降（图

1.13)。不同气温（T_a）和不同相对湿度(RH)条件下的气海温差（T_a-T_s）见表2.1[①]。

表2.1　不同气温和不同相对湿度条件下的气海温差(T_a-T_s)(王彬华,1983)

RH/%	T_a/℃							
	0	5	10	15	20	25	30	35
80	3.0	3.2	3.3	3.5	3.6	3.7	3.8	4.0
85	2.2	2.3	2.4	2.5	2.6	2.7	2.8	2.9
90	1.4	1.5	1.6	1.7	1.7	1.8	1.8	1.9
95	0.7	0.7	0.7	0.8	0.8	0.8	0.9	1.0
100	0.0	0.0	0.0	0.0	0.0	0.0	0.0	0.0

在$T_a=0\sim35$ ℃范围内，当RH=90%时，有

$$T_a-T_s=1.4\sim1.9\ ℃$$

当RH=95%时，有

$$T_a-T_s=0.7\sim1.0\ ℃$$

而RH≥90%为水汽凝结的重要条件，相对湿度低于此值，凝结的可能性变小。从而知道在平流冷却雾形成过程中，气海温差的值以在0～2.0 ℃范围内比较合适。当然这只是理论上的简单推算，在实际海雾过程中，即使相对湿度已经达到100%，气海温差也不一定是0 ℃。

只要气温高于水温，感热作用恒从空气指向海面，促成空气冷却利于成雾。同时在$q_s-q>0$的条件下，又有海水蒸发增加空中水汽含量，助长雾的成长。故知在平流冷却雾的形成过程中，式(2.10)和(2.11)所反映的潜热作用和感热作用，都有雾生作用。

受弱冷空气影响，气温低于水温（即使低得很少）的平流冷却雾在北大西洋和北太平洋都有船舶观测结果（王彬华，1983）。在我国黄海、东海海域，弱冷空气影响下形成海雾的条件主要有，偏北风风速一般小于8 m/s，24 h降温0～2 ℃、气海温差一般在−2～2 ℃（王亚男 等，2009）[②]。所以弱冷空气影响下的雾，可能有平流蒸发雾的性质也可能有平流冷却雾的性质，亦或两者兼而有之。图1.13是弱冷空气影响下出现海雾的个例，海雾过程中感热交换冷却和海面蒸发都有贡献。

2.1.2.2　海面辐射

系统（或物体）收入辐射能与支出辐射能的差值称为辐射差额，也称净辐射。

辐射差额＝辐射收入－辐射支出

当没有其他方式的热交换时，辐射差额决定系统是升温还是降温。辐射差额为正值，表示系统的辐射能量有盈余；辐射差额为负值，表示系统的辐射能量有亏欠，温度随之变化。

从辐射角度考虑海面的能量收支，海面吸收太阳总辐射和大气逆辐射而增加热量，向外放射长波辐射而损失热量。辐射差额为

$$E_0=(S_A+S_D)(1-R)+AF_R-A\sigma T_0^4=S_G(1-R)-F_0 \tag{2.24}$$

式中：S_A和S_D分别为太阳直接辐射和散射辐射；S_G为太阳总辐射；R为海面短波反射率；A

① 根据T_a求出相应的饱和比湿q_{air_sat}，再据式(2.23)取下限（即q_s/q_{air_sat}=RH)，在一定RH下求得q_s($q_s=q_{air_sat}\cdot$RH)，再计算出相应的T_s，便得到不同T_a和RH下的T_a-T_s值。

② 统计用的是NCEP(美国国家环境预报中心)再分析资料中海面2 m的气温和海面水温(SST)资料。

为海面长波吸收率；F_R 为海面所吸收的大气逆辐射；T_0 为海面水温；F_0 为海面有效辐射；σ 为斯蒂芬-玻尔兹曼常数。

海面有效辐射 F_0 是海面辐射 F_E 和海面所吸收的大气逆辐射 F_R 之间的差值，两者均为长波辐射：

$$F_0 = F_E - AF_R = A(\sigma T_0^4 - F_R) \tag{2.25}$$

当 F_0 为正时，海面通过长波辐射损失热量；当 F_0 为负时，海面通过长波辐射获得能量。

当海面辐射增强时，海面有效辐射也相应增强；而当大气逆辐射增强时，海面有效辐射便相应地减弱。因此，海面有效辐射的强弱既与海温有关，也与低层大气的温度和湿度有关。一般来说，海水温度升高，海面有效辐射增强；而大气温度升高，水汽含量增多，海面有效辐射将减弱。大气中水汽含量增减既然对海面有效辐射有影响，那么空中有云雾出现时，不仅水汽含量增大，而且还有液态水（或固体冰）存在，必然大大增强了大气逆辐射，从而也大大减弱了海面有效辐射。因此，在考虑到海面有效辐射时，必须考虑云的影响。

如果以 N 表示云量（十分数），F_o 和 cF_o 分别表示天空无云和有云时的海面有效辐射，常用的经验式有

$$cF_\text{o} = F_\text{o}(1 - fN^n) \tag{2.26}$$

式中：f 、n 为两个系数，其中

$$n = 1.0 \sim 2.5 \tag{2.27}$$

f 为与云状有关的系数。由表 2.2 可以看出，层云对海面有效辐射影响最明显。此外，还有人考虑到大气的辐射特性，分别引进晴天和有云时的辐射特性因子来计算海面有效辐射。

表 2.2 f 与云状的关系（王彬华，1983）

	卷云(Ci)	卷层云(Cs)	高积云(Ac)	高层云(As)	积云(Cu)	层云(St)
f	0.04	0.08	0.17	0.20	0.20	0.24

整层大气逆辐射影响因子多且传输过程复杂，一般用一些简化的计算方法或经验公式得到，如 1942 年和 1960 年的埃尔萨瑟（Elsasser）辐射图，1952 年的山本（Yamamoto）辐射图（盛裴轩 等，2013）。随着数值计算的发展，可将辐射传输模型编程进行计算。早期用的是波段较广的模型，以节约计算量，随着计算机技术的进步，可以用更为精确的波段或者模型进行计算。

在辐射热交换过程中，海面固然可以看作黑体，大气却不能一律作黑体看待，不过有云雾特别是雾和低云生成以后，也可以将其当作黑体。大气被视作黑体或灰体，有效辐射量值不同，从而影响其温度值①。

在计算海面有效辐射时，不能单纯依据温度一个因子（这在计算辐射公式里能反映出来），即使气温和水温相等，海面以上大气湿度不同，也会产生不同的辐射效应。比如，温度一定时，随着相对湿度的增大，海面有效辐射减小。由于海水的热力学性质，海面辐射冷却的效应不像陆地上那样明显，因此海洋上辐射雾较少。

2.1.2.3 雾顶长波辐射冷却

一旦海面出现薄雾层后，雾顶长波辐射降温是海雾发展的重要因素。由大气辐射学可知，在没有其他方式的热交换条件下，当辐射差额（净辐射）为正时，辐射体的辐射收入大于辐射支

① 对于长波辐射，海面可近似为黑体，其吸收率 A 接近于 1；大气为灰体，即 $A<1$。

出，该辐射体得到能量而升温；反之，辐射体失去能量而降温。根据斯蒂芬-玻尔兹曼定律，绝对黑体的积分辐出度（F_T）与其温度的 4 次方成正比，即

$$F_T = \sigma T^4 \tag{2.28}$$

式中：σ 为斯蒂芬-玻耳兹曼常数。对于红外辐射，水云可视为黑体，有很强的吸收和放射能力。海雾可以认为是接触海面的水云（这里不讨论冰雾），雾顶附近往往有液态水含量大值区，雾层高度比一般的云层高度要低，气温相对较高，雾顶向上的长波辐射能力更强。

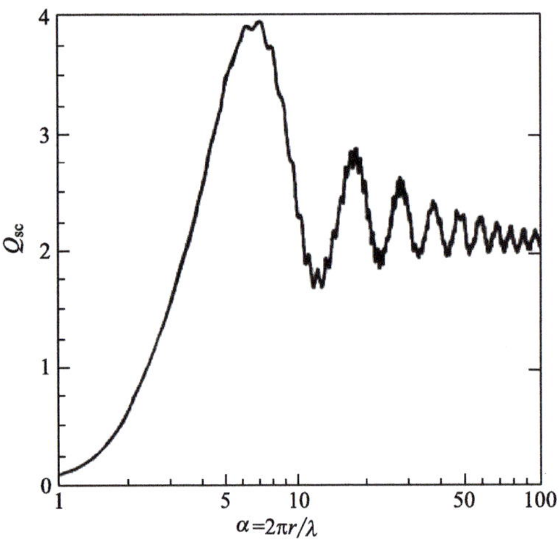

图 2.3　水滴（折射率 $m=1.33$）的散射效率因子 Q_{sc} 随尺度因子 α 的变化（Lacis et al.，1974）

雾层对太阳辐射有强的散射（反射）能力。图 2.3 表示散射效率因子 Q_{sc} 随云雾滴尺度因子 α 的变化，$\alpha = 2\pi r/\lambda$，与入射波长 λ 和散射粒子尺度 r 有关。当 $\alpha \ll 1$ 时，是瑞利散射特征；当 α 大于一定数值后（如 $\alpha > 50$），散射效率因子 Q_{sc} 趋于常数 2，近乎与波长无关，这表明大粒子对各种波长具有几乎相同强度的散射，而且散射光中各种波长的比例也和入射光辐射中的一致。海雾雾滴平均半径在 5 μm 左右，相对于可见光，α 约为 60，可以认为是大粒子散射（反射），雾顶表面为强反射面，因此雾顶在太阳可见光照射下呈白色（乳白色、青白色，参见图 2.4）。云雾滴等液态水的吸收带与水汽的吸收带相对应（盛裴轩 等，2013），因而雾层对集中了太阳辐射主要能量的可见光部分几乎不吸收。

图 2.4　青岛海滨的海雾（雾顶对太阳的可见光辐射主要是大粒子散射，导致雾顶呈现乳白色）

在上述辐射效应的共同作用下，雾顶一方面向上放出长波辐射，一方面反射太阳短波辐射，致使雾顶因辐射而冷却。该冷却效应使雾顶变成“冷表面”，激发向下的浮力通量通过湍流混合向下传输，导致雾层气温下降，有利于海雾发展。同时雾顶冷却也导致雾顶附近夹卷增强，在水汽供应充足的情况下，雾层向上发展形成有一定厚度的雾。

如果雾层之上存在干层[①]，大气逆辐射减弱，雾顶辐射冷却效应增强。春季黄海雾层的上

① 雾顶之上相对湿度随高度显著下降，即干层。

方往往有干层，导致雾顶长波辐射冷却效应强。雾顶冷却效应通过雾层内湍流混合影响近海面气温，在海雾盛期甚至出现海面气温低于海面水温（$T_a < T_s$）的现象。常在青岛岸滨活动的人往往都有体会，雾气笼罩下需要穿外套，而距离海岸不远（2～3 km）的内陆则可能阳光明媚，穿一件单衣足矣。这种情况与苏格兰东部沿岸的哈雾类似，哈雾在海风影响下侵入岸滨，雾中人体感觉非常冷，观测记录表明，在哈雾盛期会出现气温低于海温的情况（Lamb，1943）。

由于深厚夏季风影响，夏季黄海雾层之上空气湿度仍然比较大，甚至存在云层，雾层之上的大气有效回辐射增强，雾顶净长波辐射冷却效应减弱，因此在海雾过程中一直维持 $T_a > T_s$ 较为普遍。图 2.5 是青岛附近海上浮标站观测到的 4 次（两次春季、两次夏季）海雾过程中的气海温差。海雾出现前和消散后都是气温高于海温；海雾开始发展时段，气温下降，气海温差减小。春季海雾过程中出现了气温明显低于海温的现象，而夏季海雾过程中气海温差一般维持正值。

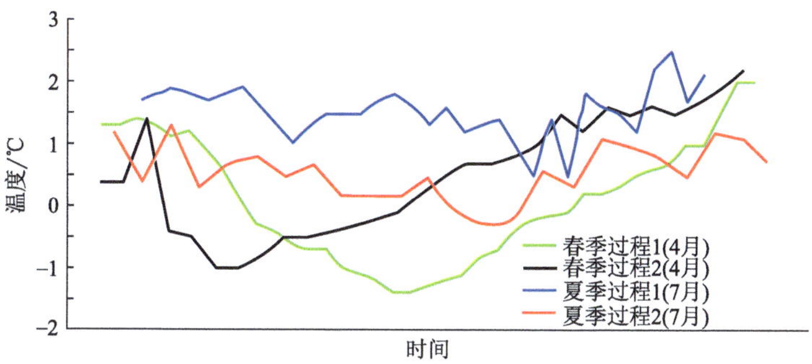

图 2.5　2008 年 4 次海雾过程青岛近海浮标站观测的 2 m 气温与 SST 差值（任兆鹏 等，2011）

关于雾顶辐射冷却的问题，Yang 等（2018）利用 2008—2015 年 3—7 月大气顶向外长波辐射资料和青岛近海浮标站逐小时观测，对雾顶长波辐射与气海温差的关系进行了统计。海雾中气海温差为负值，意味着海洋加热大气（ssH），反之海洋冷却大气（ssC）。结果表明，海雾过程中有大约 33%出现 ssH 现象。ssH 样本对应的大气顶向外长波辐射通量频率曲线明显偏在大值一侧（图 2.6），80%的 ssH 样本对应的长波辐射大于 230 W/m^2，峰值为 245 W/m^2，该峰值出现的频率达 50%。而 ssC 现象对应的长波辐射通量频率分散且数值比较小，到达 245 W/m^2 的不足 10%。而且从春季到夏季具有 ssH 现象的雾频数与总雾频数比值明显下降。综上，雾顶向上的长波辐射强，会导致雾层降温明显，易出现海面气温低于海面水温的现象。这种现象在黄海春季海雾中较多。

2.1.2.4　湍流混合

在大气边界层中考虑一个与外界绝热的静力稳定气层（$p1 \sim p2$），因湍流产生垂直混合。当该整层空气充分混合后，气层中的位温（θ）和比湿（q）会分别趋于垂直分布均匀，即随高度的变化趋于 0$\left(\frac{\partial \theta}{\partial z}=0, \frac{\partial q}{\partial z}=0\right)$，形成湍流混合层（盛裴轩 等，2013）。由位温的定义式对高度求偏导数，可以得到位温随高度的变化：

$$\frac{\partial \theta}{\partial z}=\frac{\theta}{T}(\gamma_d-\gamma) \tag{2.29}$$

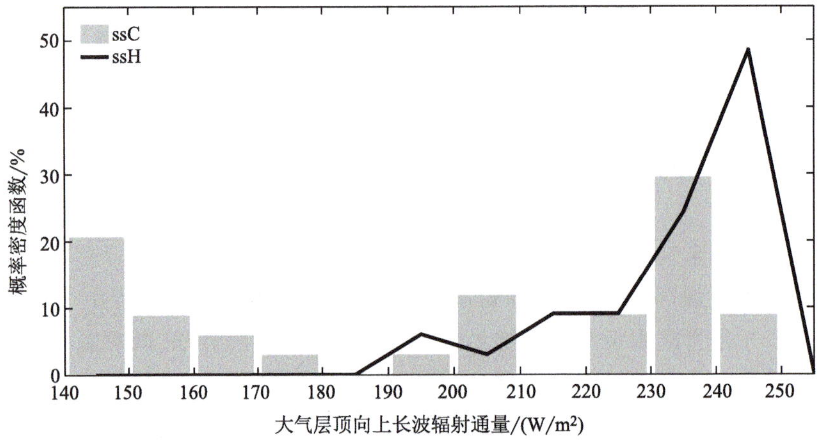

图 2.6　青岛近海大气层顶向上长波辐射通量的概率密度函数(时间:2008—2015 年 3—7 月。ssC(阴影)表示海雾中出现气海温差为正值(海洋冷却大气)的样本,ssH(实线)表示海雾中出现气海温差为负值(海洋加热大气)的样本,Yang et al. ,2018)

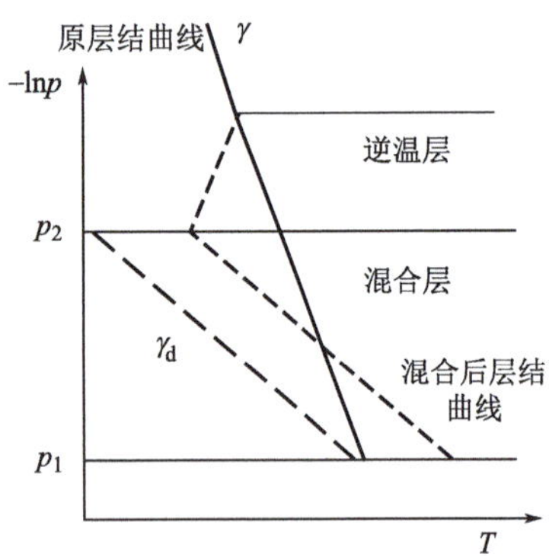

图 2.7　湍流混合层示意图
(根据盛裴轩等(2013)绘制)

因为是静力稳定层结,有 $\gamma_d > \gamma$,故 $\dfrac{\partial \theta}{\partial z} > 0$。在湍流混合层中因 $\dfrac{\partial \theta}{\partial z}=0$,根据式(2.29)有 $\gamma_d = \gamma$,即湍流混合层中环境温度直减率 γ 趋于干绝热直减率 γ_d,说明气层内部湍流混合的结果是上层热量向下输送,气层上部降温,底部升温,气层内稳定性下降,γ 增大,最终气层 γ 趋于干绝热温度垂直递减率 γ_d。如图 2.7 所示,湍流混合层以上温度层结保持不变,湍流混合层顶部由于湍流混合气温下降,故其间形成湍流逆温层($\gamma < 0$)。

逆温层对上下空气的对流起削弱抑制作用。海面蒸发的水汽经湍流运动不断向上输送,聚集在逆温层下形成高湿气层。在海雾形成之前,层结是稳定的,湍流混合使热量向下输送,混合层上部气温下降,加之充分的水汽供应,在混合层内的某高度上会发生凝结,形成初始雾/云滴。如果雾层中发生了凝结,可用假相当位温(θ_{se})或者相当位温(θ_e)取代位温(θ)。海雾发展到一定阶段,雾层是湿绝热湍流充分混合的,有 $\dfrac{\partial \theta_{se}}{\partial z} \approx 0$。

雾顶冷却会引起雾层中出现不稳定层结和热对流,导致雾层抬升为低云或者出现毛毛雨。图 2.8 为 2012 年 5 月 10 日 18:42 LST 东方红 2 号科考船上 GPS 探空曲线,当时海上有大雾。可以看出实际温度、湿度廓线的变化是复杂的,大约 40 m 以下的雾层中出现不稳定层结 $\left(\dfrac{\partial \theta}{\partial z} < 0, \dfrac{\partial \theta_{se}}{\partial z} < 0\right)$,最强的逆温层出现于 150～200 m 处,即雾顶上方,此处 $\dfrac{\partial \theta_{se}}{\partial z}$ 有最大值。雾层上方存在干层。

2.1.2.5　水平混合

在平流雾形成过程中,水平方向上气压变化不大,水平混合可以认为是绝热等压混合。根

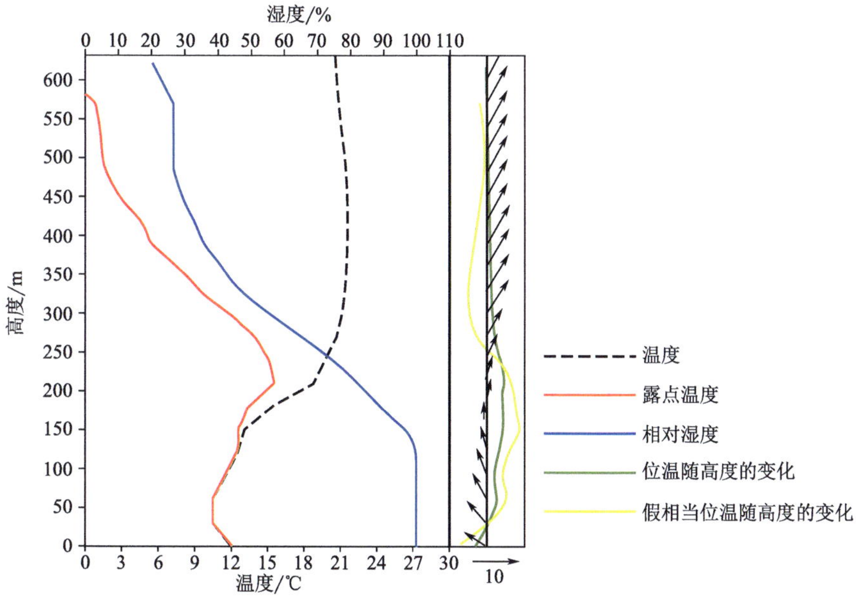

图 2.8　2012 年 5 月 10 日 18:42 LST 有海雾时青岛近海锚地东方红 2 号科考船上施放 GPS 探空的温度(实线)、露点温度(虚线)、相对湿度(短线)廓线，右侧分图为风矢量、位温(点划线)、假相当位温(点线)随高度的变化，中间的竖直实线代表位温、假相当位温随高度变化为 0 的坐标位置

据绝热等压混合理论，设 m_1、m_2 为冷暖两团空气质量，T_1、T_2 分别为其温度，e_1、e_2 分别为其水汽压，在未发生凝结的情况下，等压绝热过程就是等焓过程。水平混合后的温度 T、位温 θ 和水汽压 e 分别为

$$T \approx \frac{m_1 T_1 + m_2 T_2}{m_1 + m_2} \tag{2.30}$$

$$e \approx \frac{m_1 e_1 + m_2 e_2}{m_1 + m_2} \tag{2.31}$$

$$\theta \approx \frac{m_1 \theta_1 + m_2 \theta_2}{m_1 + m_2} \tag{2.32}$$

综上可见，T、e 和 θ 都可以由初值的质量加权平均得到(盛裴轩 等，2013)。空气块绝热混合的结果是：位温高的气块混合时位温下降，即它放出热量；位温低的气块混合时吸收热量，位温上升；若两空气块位温相等，则达到热量平衡。

水平混合使原来较暖的空气团降温，同时两团空气混合后平均相对湿度增加，这是混合雾形成的原因。湿度较大的两团未饱和空气块混合后，有可能发生凝结。图 2.9 是示意图，说明即使两团空气都在未饱和状态，混合后的水汽压 e 也有可能超过其混合温度 T 所对应的饱和水汽压而发生凝结。设混合前两团空气的状态分别是 (T_1, e_1) 和 (T_2, e_2)，混合后的空气状态是 (T_3, e_3)，且 $T_1 < T_3 < T_2$。$e_s(T_3)$、$e_s(T_4)$ 分别为 T_3、T_4 对应的饱和水汽压。因 $e_3 >$

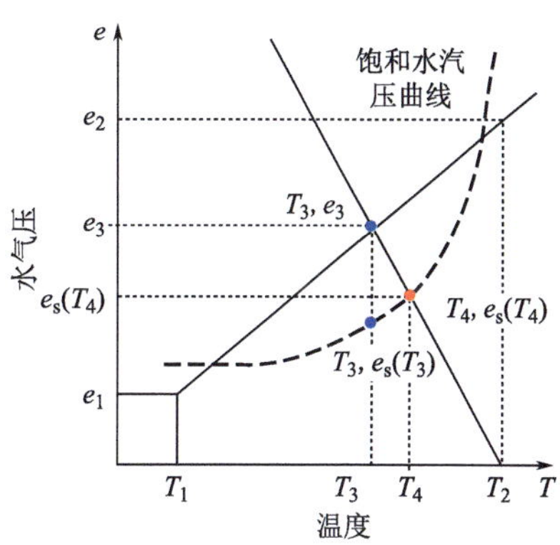

图 2.9　有凝结时的水平混合过程示意图

$e_s(T_3)$，气块将处于过饱和状态且有凝结。凝结放出潜热并加热气块，使饱和水汽压升高，凝结量减少，最终达到平衡状态 $(T_4, e_s(T_4))$，$T_3 < T_4 < T_2$，该混合后的气块成为含液态水的饱和气块。冬季较暖水面上平流蒸发雾的形成包含了等压混合过程。喷气式飞机排放的废气中包含大量热量和水汽，它和高空冷空气混合形成的凝结尾迹是等压混合过程的典型例子，而日常生活中开水壶喷出的雾气更是大家熟悉的。

2.1.2.6 绝热变温

空气作垂直运动，因为气压随高度变化很快，使气块被压缩（外界对气块做功，气块获得能量）或者膨胀（气块对外界做功而失去能量），温度在短时间内就发生很大变化，为绝热变温。由热力学第一定律，干绝热过程中温度的改变完全由环境气压的改变所决定：

$$dT = \frac{RT}{c_p}\frac{dp}{p} \tag{2.33}$$

式中：R 和 c_p 分别为湿空气的比气体常数和比定压热容。令 $\kappa = \frac{R}{c_p}$，对式(2.33)由初态 (p_0, T_0) 到终态 (p, T) 积分，得

$$\frac{T}{T_0} = \left(\frac{p}{p_0}\right)^{\kappa} \tag{2.34}$$

即为反映理想气体在干绝热过程中温度和压强关系的泊松公式。对于未饱和的湿空气，$\kappa \approx \kappa_d = 0.286$，$\kappa_d$ 为干空气的值，则式(2.34)可写为

$$\frac{T}{T_0} = \left(\frac{p}{p_0}\right)^{\kappa_d} = \left(\frac{p}{p_0}\right)^{0.286} \tag{2.35}$$

未饱和湿空气块被外力强迫抬升时，因为上升速度快，可以认为是绝热的。此时气块内的水汽压随着环境气压的减小而减小，露点温度也降低。可以证明，气块上升时的干绝热直减率远大于其露点温度递减率，气块的温度和露点温度将逐渐接近，在某一高度达到饱和并发生凝结。这个湿空气块因绝热抬升而达到饱和的高度称为抬升凝结高度(LCL)。抬升凝结高度的估算公式为

$$z_c \approx 123(T_0 - T_{d0}) \tag{2.36}$$

图 2.10 为未饱和湿空气块（初始状态为 T_0、p_0、q_0），受迫抬升其温度按 γ_d 下降，比湿 q_0 对应着露点温度 T_{d0}，在干绝热过程中气块比湿不变，故其露点温度将沿着等比湿线 q_0 降低。当气块上升到其气温与露点温度相等时，即达到饱和而发生凝结，该高度即为抬升凝结高度，

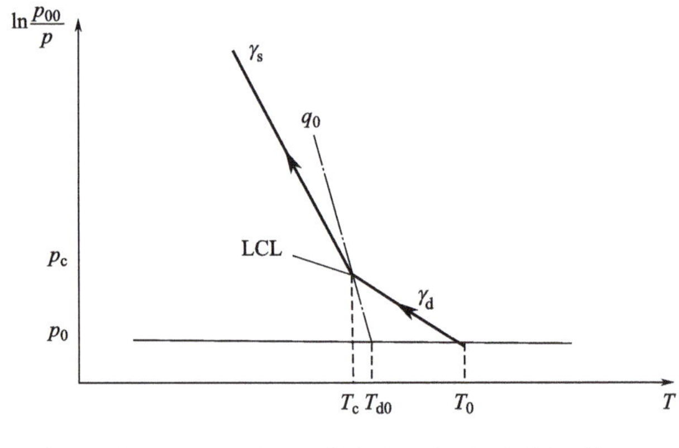

图 2.10　气块路径和抬升凝结高度示意图(盛裴轩 等,2013)

该点气压 p_c 和温度 T_c 为凝结气压和凝结温度。在 LCL 以上，饱和湿空气块将以假绝热过程上升(温度按 γ_s 下降)，其比湿等于该空气块的温度和压强所对应的饱和比湿。可以用 LCL 大概估计对流云底的高度(盛裴轩 等，2013)。

湿空气块绝热上升，由于气压变化而冷却凝结，主要涉及岛屿雾。当有海风吹向岛屿时，由于岛屿地面气温一般高于海面气温，导致空气底部受热，稳定度降低，气块因受热而上升。上升过程中，气块绝热冷却，在岛上一定高度处可能达到饱和，形成雾区。

低云的形成主要是湿空气块绝热上升冷却降温而导致。在低云-海雾系统中，当抬升凝结高度低于逆温层底高度时，易于形成海雾(Petterssen，1939)。

2.1.3　海洋大气边界层和湍流

对流层中，直接受地球表面影响，对该表面强迫力响应的时间尺度约为数小时或更小的这一层大气，被称为大气边界层(Stull，1991)，是下垫面与自由大气之间热量、动量、水汽以及化学成分交换的通道。

一般将受到海洋影响的大气边界层称为海洋大气边界层(Marine Atmospheric Boundary Layer，MABL)。所谓"受到海洋影响"，主要是指海洋通过感热和潜热等过程影响大气，也包括海陆(冰-海)之间因热力、动力差异导致的局地环流的影响和海表面温度锋(海洋锋)强迫的大气边界层内次级环流的影响等。海雾是发生在 MABL 中的一种天气现象。

2.1.3.1　MABL 季节变化特征

由于海洋热力学性质与陆地存在明显差异，MABL 变化特征与陆地上大气边界层有明显不同。海洋大气边界层高度的日变化比较小，季节变化则多与陆地呈相反趋势。

在黄、东海海域，MABL 高度呈现春夏季低、秋冬季高的单峰结构，这是由于春夏季海洋为冷源，低空大气层结稳定，MABL 高度较低；而秋冬季海洋为热源，低空大气层结不稳定，MABL 高度较高。盛行风与下垫面热量通量协同作用，是 MABL 高度变化的重要原因。而陆地上一般夏季受太阳辐射的影响，地面气温高，大气不稳定性强，边界层高度较冬季更高。这种 MABL 季节变化特征有比较广泛的代表性，如在黑潮延伸体上空，最多的对流(闪电)发生在冬季，而雾多出现在夏季(Tokinaga et al.，2009a)。

2.1.3.2　大气边界层湍流

大气边界层区别于自由大气的主要特征是存在湍流。湍流是指叠加在平均风速上的阵流现象，可以看作由若干大小不同的、不规则旋转的湍涡相互叠加组成。湍涡最大尺度可以达到边界层的厚度，最小的只有毫米量级。一般可以表示为瞬时量(U)与平均量($\overline{U}$)的差(u')，即 $u'=U-\overline{U}$。其他变量如垂直速度(W)、位温(θ)、比湿(q)、污染物浓度(c)等都可以表示为平均值和湍流两部分。

大气边界层内由于风速的垂直切变、地表吸收太阳辐射后对近地面大气的热力作用等原因，湍流发生率很高。海雾的形成、发展和消散都与 MABL 内湍流混合有关。湍流混合可以使混合层上部降温，出现凝结，湍流混合层上方会出现湍流逆温(参见 2.1.2.4 节湍流混合)，这些变化均可以影响云雾的发生。

2.1.3.3　湍流输送

大气边界层中，水汽、热量、动量等的水平输送主要依赖平均风，而垂直输送主要依赖湍流，例如，$\overline{w'q'}$ 代表垂直方向的水汽通量，$\overline{w'\theta'}$ 代表垂直方向的热量通量等。MABL 中不同时空尺度的湍涡在海洋与大气之间的水汽、热量垂直交换和垂直输送过程中起着非常重要的作用，海气间湍流热交换的效率要远远大于分子热传导的交换效率。

MABL 中，通过湍流输送，将热力学性质（湿度、热量）不同的气块进行垂直混合，混合后该空气层的位温和比湿垂直梯度减小，充分混合后，形成湍流混合层，位温和比湿随高度的变化趋于 0（$\frac{\partial\theta}{\partial z}=0$，$\frac{\partial q}{\partial z}=0$），参见 2.1.2.4 节。

如冬季冷空气影响下，大气降温明显，但海面温度变化不大，海面温度高于空气温度，此时 MABL 为不稳定层结（图 2.11a），根据里查森（Richardson）数，静力不稳定流必定是动力不稳定的，湍流强度加强（参见 2.1.3.5 节）。在湍流作用下，一团空气（B）从低层向上运动混合，BB'过程中，涡动 w' 为正，从热量大区向热量小区运动，θ' 为正，因此，瞬间的 $w'\theta'$ 为正，存在正的向上热量通量。同理，AA'过程中涡动 w' 为负，θ' 为负，此时瞬间的 $w'\theta'$ 也为正，虽然运动向下，但也存在正的向上热量通量（负的向下热量通量）。因此，对此空气团的上下混合过程来说，湍流通量 $\overline{w'\theta'}$ 为正。

夏季海洋为冷源，大气温度高于海面温度，存在稳定边界层（图 2.11b）。海洋上空风速切变总是存在的，在机械剪切湍流作用下，一团空气（B）从热量小的低层向上运动混合，BB'过程中，涡动 w' 为正，θ' 为负，因此，$w'\theta'$ 为负，存在负的向上热量通量。同理，AA'过程中，涡动 w' 为负，θ' 为正，此时，$w'\theta'$ 也为负，存在负的向上热量通量，湍流通量 $\overline{w'\theta'}$ 为负。

因此，对于一湿空气层在不稳定大气条件下（$\frac{\partial\bar{\theta}_v}{\partial z}<0$），湍流混合导致热量通量向上输送，高温区的能量减少、低温区的能量增加，上下层位温差趋于减小，不稳定性减弱。在稳定大气条件下（$\frac{\partial\bar{\theta}_v}{\partial z}>0$），通过湍流混合，向下输送能量，也趋向于减小上下层的位温差，稳定性减弱。对于水汽（比湿）混合，其水汽通量方向与热量通量过程相似，趋向于减小水汽垂直分布梯度。湍流对海雾垂向发展有重要作用，如海雾发展盛期，雾层一般是充分湍流混合的，在雾层内虚位温和比湿随高度变化趋于 0，甚至出现不稳定层结（张苏平 等，2008）。

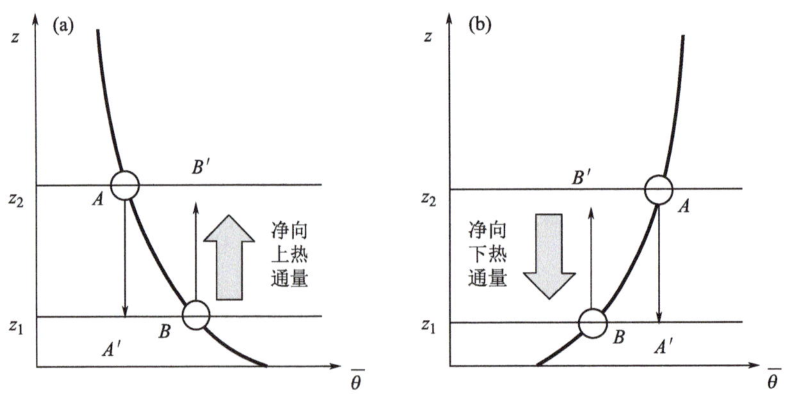

图 2.11　不稳定边界层(a)和稳定边界层(b)理想小涡混合过程中湍流热通量

（不稳定边界层热通量向上，稳定边界层热通量向下）

2.1.3.4　湍流动能

大气湍流运动的强弱或强度可以用湍流动能(TKE,$\overline{e}=0.5(\overline{u'^2}+\overline{v'^2}+\overline{w'^2})$)表示,其变化取决于平均动能转变成 TKE 的速率以及 TKE 消耗的速率,用收支方程对其变化进行描述:

$$\frac{\partial \overline{e}}{\partial t}+\overline{U}_j\frac{\partial \overline{e}}{\partial x_j}=\frac{g}{\overline{\theta}_v}\overline{w'\theta'_v}-\overline{u'_iu'_j}\frac{\partial \overline{U}_i}{\partial x_j}-\frac{\partial \overline{u'_je}}{\partial x_j}-\frac{1}{\overline{\rho}}\frac{\partial(\overline{u'_ip'})}{\partial x_i}-\varepsilon \tag{2.37}$$

Ⅰ　　Ⅱ　　Ⅲ　　Ⅳ　　Ⅴ　　Ⅵ　　Ⅶ

式中:第Ⅰ项为湍流动能局地贮存或变化;第Ⅱ项为平均风引起的湍流动能平流;第Ⅲ项为浮力做功项(产生或消耗项)或者热力湍流,一般白天热通量 $\overline{w'\theta'_v}$ 向上时为正(图 2.11),产生湍流动能,夜间反之;第Ⅳ项为机械剪切或切应力做功项,代表大气平均运动通过湍流应力转变成 TKE,其中风的动量通量 $\overline{u'_iu'_j}$ 一般向下传输,因此该项加上负号后对 TKE 的贡献为正;第Ⅴ项为 TKE 的湍流输送;第Ⅵ项为压强相关项,描述压强扰动时 TKE 重新分配;第Ⅶ项为 TKE 的黏性耗散,表示动能向热量的转化。湍流动能对海雾的垂向发展有重要作用。对海雾个例的数值研究表明,如果 TKE 较弱(强),不利于(利于)海洋表面的水汽向上发展,雾顶较低(高),云水含量在贴近海面处最大(云水含量最大区在雾顶部)(郭敬天,2008)。

2.1.3.5　里查森数

以浮力做功项(式(2.37)Ⅲ)与切应力做功项(式(2.37)Ⅳ)的比值定义一个无量纲参量 Ri_f,假设水平均匀,并忽略下沉,则切应力做功项$\overline{u'_iu'_j}\frac{\partial \overline{U}_i}{\partial x_j}$可简化为$\overline{u'w'}\frac{\partial \overline{u}}{\partial z}+\overline{v'w'}\frac{\partial \overline{v}}{\partial z}$,即

$$Ri_f=\frac{\text{浮力做功}}{-\text{切应力做功}}=\frac{\frac{g}{\overline{\theta}_v}\overline{w'\theta_v'}}{\overline{u'w'}\frac{\partial \overline{u}}{\partial z}+\overline{v'w'}\frac{\partial \overline{v}}{\partial z}} \tag{2.38}$$

式中:Ri_f 称为通量里查森(Richardson)数。由 Ri_f 的定义,当 TKE 浮力消耗率($\frac{g}{\overline{\theta}_v}\overline{w'\theta_v'}<0$,热力稳定层结)大于 TKE 机械增加率时,即 $\left|\frac{g}{\overline{\theta}_v}\overline{w'\theta_v'}\right|>\left|\overline{u'w'}\frac{\partial \overline{u}}{\partial z}+\overline{v'w'}\frac{\partial \overline{v}}{\partial z}\right|$,$Ri_f>1$,湍流将减弱,变成层流(动力稳定),当 $Ri_f<1$ 时,湍流将加强(动力不稳定)。

不考虑式(2.38)中交换系数比例,可以得到梯度 Richardson 数(简称 Ri,若未明确哪一个“Richardson 数”,通常指梯度 Richardson 数),以表示大气湍流的发展状况:

$$Ri=\frac{\frac{g}{\overline{\theta}_v}\frac{\partial \overline{\theta}_v}{\partial z}}{\left(\frac{\partial \overline{u}}{\partial z}\right)^2+\left(\frac{\partial \overline{v}}{\partial z}\right)^2} \tag{2.39}$$

从理论和实验可知,当 Ri 小于临界 Richardson 数(简称 Ri_c,可取 0.21～0.25)时,层流将变得不稳定,发生湍流;当 Ri 大于一个量 Ri_t 时(Ri_t 可取 1.0),湍流将终止,变为层流。由式(2.39),Ri 的分母总是正的,Ri 的符号取决于虚位温随高度的变化,即 $\frac{\partial \overline{\theta}_v}{\partial z}$。当 $\frac{\partial \overline{\theta}_v}{\partial z}<0$ 时,为静力不稳定,表明热力因素和动力因素的作用都使湍流运动加强,静力不稳定流必定是动力不稳定的;当 $\frac{\partial \overline{\theta}_v}{\partial z}=0$ 时,仍有 $Ri<Ri_c$,说明静力中性层结下,热力因素对湍流运动没有

贡献,但动力因子仍使湍流加强;当 $\frac{\partial \bar{\theta}_v}{\partial z} > 0$ 时,静力稳定,热力因子使湍流减弱,湍流是否发展或维持决定于风速垂直切变$\left(\frac{\partial \bar{u}}{\partial z}, \frac{\partial \bar{v}}{\partial z}\right)$的大小。如果风速垂直切变很大,使 $Ri < Ri_c$,湍流增强;当风速垂直切变很小时,使 $Ri > Ri_c$,湍流将减弱;当 $Ri > Ri_t$ 时,大气运动以层流为主。综上,负的 Ri 永远对应着湍流状态,正的 Ri 永远是静力稳定的。如果原本存在湍流,当 Ri 增大到介于 Ri_c 和 Ri_t 之间时,湍流能继续,当 Ri 逐渐增大到 Ri_t 时,湍流转为层流状态;如果原本存在层流,Ri 介于 Ri_c 和 Ri_t 之间时层流继续,当 Ri 逐渐减小到 Ri_c 时,层流转为湍流状态。

海雾多形成于稳定的 MABL 中,因此风速切变(剪切)导致的湍流对海雾的形成有重要作用。海面有凝结形成薄雾层后,如果湍流太弱,则不易向上扩散,难以形成有一定厚度的雾;雾顶长波辐射冷却导致雾层中出现热力湍流,雾层中的湍流使层结稳定性减弱,海雾盛期可出现不稳定层结和热对流,雾易趋向于抬升为低云或出现毛毛雨。

2.2 海雾的分类

海雾是指在海洋影响下出现在海上(包括岸滨和岛屿)的雾。根据本章前面内容可知,海雾形成[①]包含多种物理过程。虽然不同物理过程往往同时存在,不能截然分开,但总有起主要作用的,可以据此将海雾分成不同类型。王彬华(1983)根据海雾形成的不同物理过程,将海雾分为四大类,即平流雾、混合雾、辐射雾和地形雾(表 2.3)。

表 2.3 海雾的分类(王彬华,1983)

类型			主要成因
海雾	平流雾	平流冷却雾	暖空气平流到冷海面上成雾
		平流蒸发雾	冷空气平流到暖海面上成雾
	混合雾	冷季混合雾	冷空气与海面暖湿空气混合成雾
		暖季混合雾	暖空气与海面冷湿空气混合成雾
	辐射雾	浮膜辐射雾	海上浮膜表面的辐射冷却而成雾
		盐层辐射雾	湍流顶部盐层的辐射冷却而成雾
		冰面辐射雾	冰面的辐射冷却而成雾
	地形雾	岛屿雾	岛屿迎风面空气绝热冷却成雾
		岸滨雾	海岸附近形成的雾

海雾分类还有其他方法。如根据海雾形成时的背景水文气象条件,将海雾分为两大类:冷海雾(cold sea fog,较暖空气在较冷海面形成的雾)和暖海雾(warm sea fog,较冷空气在较暖海面形成的雾)。在暖海雾中,当平流过来的空气温度远低于海面水温时,海面强烈蒸发,水汽在冷空气中迅速冷凝,形成蒸汽雾(steam fog)。冷海雾和暖海雾在形成的物理本质上分别与平流冷却雾和平流蒸发雾对应。按照海雾形成时的热力学条件可以分成暖雾(气温 $T>0$ ℃,相对水面饱和的相对湿度 RH 接近 100%)、冷雾(气温 $T<0$ ℃,相对水面饱和的相对湿度 RH<100%)(Gultepe et al.,2017)。按照相态,可分为水雾、混合相态雾、冰雾。

① 海雾形成作用包含使原有雾加强发展,海雾消散作用包含使原有雾减弱。

2.2.1 平流冷却雾

平流雾的主要特征是海面有系统性的空气平流运动(海面一般有中等强度的风速)。平流过程,在海面上的空气与海面之间有感热交换,也有潜热交换,随着水温和气温的差异以及空气湿度的变化,在海雾生成过程中海气界面感热和潜热的交换作用有所不同。据此可以将平流雾分为平流冷却雾和平流蒸发雾。

在稳定的大气边界层条件下,原来在暖海面上空的暖湿空气平流到较冷海面时,海面气温和海面水温之间产生了温度梯度,气海温差大于 0。由式(2.11)可知,海气界面的湍流感热通量使热量由大气向海洋输送,近海面空气团温度下降,达到甚至低于其露点温度,由此形成的雾为平流冷却雾(图 2.12)。平流冷却雾是全球海洋上最常见的海雾类型,也常将这类雾称为海上的平流雾,对海雾的研究也多集中于此类雾。

根据 Fisher 等(1963),平流雾的控制方程可用下式表示:

$$\frac{\partial Q}{\partial t} = -\boldsymbol{V} \cdot \nabla_h Q + \frac{\partial}{\partial z}\left(K_Q \frac{\partial Q}{\partial z}\right) + S \tag{2.40}$$

式中:Q 为温度、水汽或液态水含量;K_Q 为上述各物理量(温度、水汽、液态水含量)的湍流交换系数;$\boldsymbol{V}$ 为水平风矢量;S 为物理量的源或汇(如水汽的红外辐射、水汽凝结和水滴蒸发时的潜热收支)。对于平流冷却雾,暖湿空气的平流输送、海气之间的湍流热量和水汽交换是海雾最初形成的主要因子。

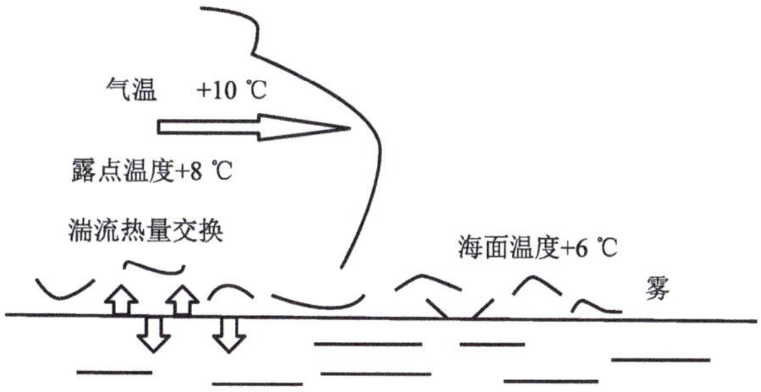

图 2.12 平流冷却雾的形成物理过程示意图

在黄海,海雾最初发生时,风切变导致的海气界面湍流热量交换产生贴海面逆温。由于逆温层高度低,平流过来的暖湿空气在冷海面比较容易达到饱和形成较浅的雾层。雾顶辐射冷却效应及其驱动的雾顶夹卷的加强、雾层中湍流混合的发展,使逆温层逐渐升高,在逆温层下方,雾层垂向发展(Yang et al. ,2019)。

平流冷却雾主要发生在有冷海流(或者上升流)的水面,因而具有明显的区域特征。比如受亲潮影响的千岛群岛以东的西北太平洋水域、受拉布拉多海流影响的西北大西洋水域都是平流冷却雾多发区。在鄂霍次克海的海雾以及苏格兰东北部北海近海的哈雾多是平流冷却雾。在沿岸流、上升流和潮汐混合等导致的冷水面也常有此类海雾。比如美国西海岸俄勒冈—北加利福尼亚沿海的多雾与上升流有关。在暖海流的冷水侧,表面海水温度逐渐降低,成雾机会相对增多。

平流冷却雾也是中国近海常见的海雾类型。黄海海域在冬季风的影响下形成冷水层,春夏季节暖湿气流北上,容易出现平流冷却雾。朝鲜半岛西岸有冷的沿岸流从鸭绿江口流向济州海峡，是该海区春夏季多雾的一个原因。冬季中国近海的沿岸冷流可以抵达中国南海，是冬季闽粤沿海海雾发生的重要条件。山东半岛东端的成山头附近水域海雾特别多，被称为“雾窟”，一个重要原因就是潮混合导致的冷水面。这些冷水面为海雾的形成提供了冷下垫面条件，与季节有关的天气系统影响下的流场为海雾的发生提供暖湿气流，因此每个区域的海雾具有明显的季节性。

一般来讲，平流雾向海面背景风的下风向发展。在青岛岸边，在向岸风影响下，有时可以看到海上雾层向岸推进过来（图 2.13）。但是有观测表明海表面风场与雾区的发展并不是简单的线性关系，海上雾区变化方向与背景风场之间也会存在一定的夹角，雾区空间分布会发生形变（Harun et al.，2018；黄彬 等，2018）。

图 2.13　太阳西斜，平流雾向岸推进，“雾墙”上有彩虹若隐若现（时间：2015 年 5 月 1 日 17:47，地点：青岛崂山湾雕龙嘴）

雾区空间分布的演变除了受水温、风向等影响以外，重力波的活动也可能是一个原因。静力稳定边界层内由水平风的垂直切变引起的重力波，又称开尔文-亥姆霍兹不稳定（Kelvin-Helmholtz instability，KHI），会引起湍流混合（Gerber，1981；Houze，2014；盛裴轩 等，2013）。重力波位相的传播使气层中气温、垂直速度等气象要素和物理量具有周期性振荡特征。在我国南海北部海雾外场观测中发现净辐射通量、液态水含量存在准周期振荡现象（沈忱 等，2010）。根据卫星云图，层云云顶有时可清晰看到重力波的存在。

2014 年 5 月 17—18 日“东方红 2 号”科考船在黄海捕捉到一次海雾过程中的重力波活动。激光雷达观测到重力波波长为 800～1000 m，周期 6～8 min，向东北方向传播。船载自动气象站和涡动相关通量观测系统记录的能见度、温度和垂直速度等存在周期为 5～8 min 的振荡，与 Roach（1976）给出的重力波周期数据相当；MODIS 卫星数据显示的云图上呈现了与重力波有关的滚轴状特征（图 1.22、图 1.23）。重力波扰动导致垂直速度振幅增大，在原来已经接近饱和的气层中，增强的湍流混合作用使空气降温，达到饱和并发生凝结，在长波辐射冷却机制的共同作用下，海雾生成并向东北发展（海面为东南风）。基于 WRF（Weather Research and Forecasting）模式下嵌套 LES（大涡模拟）模式，重现了海雾过程中出现的重力波特征，验证了重力波对雾区演变起到触发作用（宋美琪 等，2022）。

2.2.2　平流蒸发雾

2.2.2.1　蒸发雾

较冷空气平流到较暖海面上，可形成平流蒸发雾。顾名思义，这类海雾以蒸发增湿为主导因素。由 2.1.2 节的分析可知，较干冷空气流经较暖海面，会导致海面持续蒸发，增加空气的实际水汽压。但由于是暖海面，因湍流交换海面又向空气输送热量，气温升高增大了空气的饱和水汽压，有利于雾消。当增湿作用大于加热作用，空气相对湿度不断增加，可导致饱和成雾。由于这种雾往往出现于较暖海面，也称之为暖海雾。

蒸发导致大气中实际水汽压有正增量 e'，湍流输热导致大气升温进而使饱和水汽压有正增量 e'_s，当 $e' \geqslant e'_s$ 时便有可能形成平流蒸发雾。只要空气不饱和，自然界的液态水时时都在蒸发，然而却不可能时时形成雾。只有水温高出其上的空气温度时，才有可能形成平流蒸发雾。关于在平流蒸发雾形成过程中，因海面蒸发导致大气实际水汽压增量和因海洋向大气输热导致饱和水汽压增量的计算可参见王彬华(1983)。

图 2.14 展示了在较暖海面，观测船逆风驶出雾区(船从暖海面驶向冷海面)前后的温度廓线。从图中可以看出，22:06 在雾区内部，海面温度最高，离开海面向上气温下降，10 m 处气温与贴海面的气温差为 1.3 ℃左右，雾层中虽然出现了超绝热现象但仍然能形成雾，表明蒸发增湿是成雾的主导因素。雾区内气温较雾区外低，这与雾顶长波辐射冷却效应有关。22:15 雾区边缘，雾层中温度直减率 $\gamma = -\partial T/\partial z$ 减小，不稳定性减弱；22:34，船已经驶离暖海面和雾区，在雾区外海面温度降低，10 m 处的气温已经高于贴近海面的气温，垂直方向为近等温结构和逆温结构。

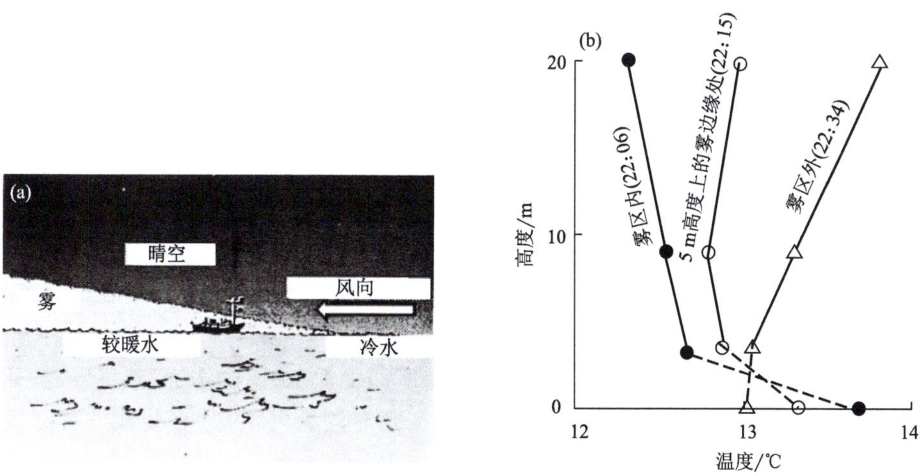

图 2.14　1972 年 8 月 30 日在暖海面的雾区，观测船逆风驶出雾区，从暖海面驶向冷海面
(a)船航行示意图；(b)观测船驶出雾区前后的温度廓线(根据 Pilié 等(1979)绘制)

由克拉珀龙-克劳修斯方程：

$$e_s = e_{s0} \exp\left[\frac{L_v}{R_v}\left(\frac{1}{T} - \frac{1}{T_0}\right)\right] \tag{2.41}$$

式中：e_s 为温度为 T 时的饱和水汽压；e_{s0} 为温度为 T_0 时的饱和水汽压，$T_0 = 273.16$ K；L_v 为凝结潜热，近似为一常量；R_v 是水汽的比气体常数。由式(2.41)可知，空气中的饱和水汽压

是温度的函数，温度越高，饱和水汽压越大。由于靠近水面的气温高，远离水面的气温低，因而靠近水面的空气饱和水汽压大，远离水面的空气饱和水汽压小，有利于蒸发持续。同时，海面海水降温下沉，其下暖水上升至海面，暖水面得以维持。

较大的温度直减率增强了大气的不稳定性，有利于蒸发的水汽通过湍流向上输送。由于远离暖水面的空气温度低，饱和水汽压小，因而空气中的湍流源源不断地把暖水面蒸发的水汽输送至温度较低的上层空气中。在这种近海面不稳定气层之上如果存在逆温层，水汽在逆温层下聚集，增湿效应大于增温效应，空气可达到饱和而形成海雾。如逆温层离开海面比较高，可形成低云。

平流蒸发雾经常出现在 11 月—次年 4 月的南加利福尼亚海岸附近，在暖海洋面(水温高于相邻气温)海雾/低云往往在西北气流中形成(Petterssen，1939)。来自海面蒸发的水汽在浮力作用下可生成低云，天气尺度的下沉运动、云顶长波辐射冷却和垂直混合导致云底高度下降至海面，形成海雾(Pilié et al.，1979；Koračin et al.，2001)。

冬季冷空气从岛屿或岸滨流向周围暖海面上形成的雾，也属于平流蒸发雾，不过浓度范围较小。日本北海道石狩湾的岸边云就是这样产生的。在一定条件下，云层下降至海面可以成雾。这种雾出现在岸滨，从地区上说，可归属于岸滨雾，但在性质上，应该称为平流蒸发雾(王彬华，1983)。

根据沿海海洋气象站观测，我国南方常有平流蒸发雾出现。如台湾海峡海雾中平流蒸发雾、暖季混合雾和平流冷却雾各占 1/3(霍志丽，2019)。中国南海 69%为平流冷却雾，28%为平流蒸发雾，3%为其他类型的雾(Huang et al.，2015)。在东海，冷空气影响下(有雾时测站风向为偏北风(北、东北和西北风)，且 24 h 气温为负变温，无降水)出现的海雾有平流蒸发雾的性质，且冷季较多。有雾时风速一般小于 8 m/s，局地 24 h 降温幅度不超过 4 ℃；天气形势多为弱冷锋和入海高压底部(王亚男 等，2009；马静 等，2012)。这意味着弱冷空气影响下，可出现平流蒸发雾。

2.2.2.2 蒸汽雾

在平流过来的干冷空气(如受寒潮影响，气温低且风速大)比海面水温低很多的条件下，会引起海面强烈蒸发，大量水汽进入冷空气中，空气迅速饱和而形成海上蒸汽雾(由于冷平流很强，海洋对大气的加热作用可以忽略)。由于海温高出气温很多，低空为明显的不稳定层结，并且往往海上有偏北大风，湍流很强。干冷空气使海面水汽向上迅速减少，雾滴迅速蒸发，因而雾层薄(一般不会超过大型商船船体的高度)。

大风和强湍流运动导致雾气上下翻腾，看上去海面上像“沸腾的水面”热气升腾，因而海上蒸汽雾又被称为海烟(sea smoke)，由于这种现象在寒冷的天气出现，有些地方称之为“寒烟”(王彬华，1983)。

极地干冷空气平流到暖海面上，可以形成大范围的平流蒸发雾/蒸汽雾，从巨大冰山流出的冷空气在附近的水域上可生成蒸汽雾。秋冬季节，开阔且有一定深度的湖面上也容易出现薄薄的蒸汽雾，像有热气从水面冒出。济南趵突泉水温无论冬夏都保持在 18 ℃左右。在深秋至冬季的寒潮影响下，水面会出现雾气，形成“云雾润蒸”的历史著名景观。这种现象范围很小，但其产生的原理与蒸汽雾相同。

2021 年 1 月 7 日在寒潮影响下，青岛附近黄海水域出现蒸汽雾，从图 2.15 可以看出，雾仅出现于近海面层。1 月 7 日 09:00 LST 青岛沙子口观测到气温为－14.6 ℃，水温 5.3 ℃，两者相差近 20 ℃。陆地观测点(距离海岸约 40 m,海拔高度 39 m)测得风向为 340°～350°,风速为 12～14 m/s,相对湿度只有 21%。雾滴向上发展极不均匀,出现雾气上下翻腾的景象,其实质是反映了大风影响下海面空气的湍流运动。离岸一段距离的海水深度加深,水温会更高些,气温与水温的差更大,蒸发更强烈,深水区的雾比岸边更浓。

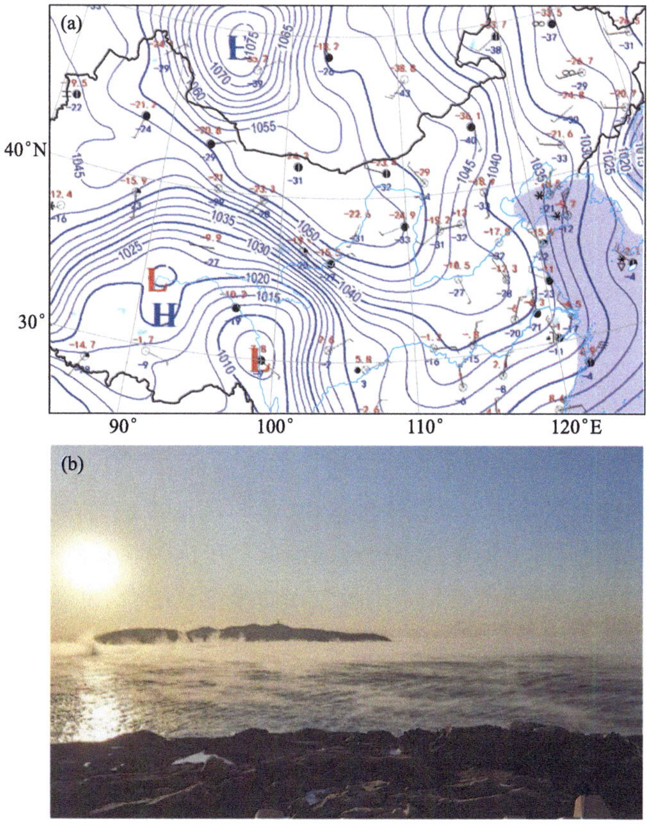

图 2.15　2021 年 1 月 7 日 08 时(LST)海平面气压场(a,温度(红色数字)和露点(蓝色数字);高压中心(H)、低压中心(L);蓝色等值线为等压线,单位 hPa;紫色填充区为 6 级以上大风速区)和 09 时(LST)强冷空气影响下青岛沙子口海域的蒸汽雾照片(b)

平流雾小结:一般来说,气温高于水温时,从空气输向海面的感热交换居主要地位,促使平流到海面上的暖湿空气因冷却而凝结成雾,叫作平流冷却雾。反过来,气温低于水温时,海水将向平流到海面上的冷空气里蒸发,并且蒸发可持续,不断增加空气的水汽含量,可凝结成雾,即平流蒸发雾;当平流过来的干冷空气温度比水温低很多时(在黄海海气温差可达 15～20 ℃),因海面强烈蒸发而产生的雾又称为蒸汽雾。

平流冷却雾的形成过程,海面蒸发并不是毫无作用;平流蒸发雾的形成过程,感热交换也不是没有影响。只不过在不同类型海雾形成过程所受到的各种作用中,有的是主要作用,有的是次要作用。平流冷却雾的生成,固然是在气温高于海面水温条件下,但空气中水汽含量也相对较大(暖湿空气),空气的露点温度必须高于海面水温,才可以促进凝结的不断发生。

平流到冷海面上的暖空气,因海气界面湍流热量交换使空气冷却,可能达到饱和凝结成雾,但也可能没有雾;在下风方,暖空气不断平流过来与停留在冷海面上的空气层产生混合作用,不论是垂直混合还是水平混合,都会使新流来的暖空气温度降低,进一步提供凝结成雾的机会，空气的平流冷却作用不可忽视。

2.2.3 混合雾

这里说的混合雾并非仅仅指两团空气的单纯混合，而是先有空中雨滴蒸发，增大空中水汽含量以后，再与流来的空气发生混合，通过这种过程形成于海面上的雾叫作混合雾。混合雾主要包含雨滴蒸发和空气混合两种物理过程，不同于蒸发雾，也不是仅有单纯的混合(王彬华，1983)。

根据大气热力学基本理论，由于饱和水汽压和温度并不呈线性关系，当两团温度不同，且都接近于饱和的空气混合后，平均水汽含量比其平均温度所相当的饱和水汽含量大，一定会出现过饱和现象，发生凝结，从而生成混合雾。即使两团未饱和、湿度较大的空气相互混合后，相对湿度也会增大，有时也会产生凝结现象(图 2.9)。混合雾常常发生在降雨过后甚至是降雨过程中，可以分为冷季混合雾(冷空气与海面暖湿空气混合成雾)和暖季混合雾(暖空气与海面冷湿空气混合成雾)。

降水是产生空气饱和或者相对湿度变化形成混合雾的一个重要原因。典型的冷季混合雾出现在北大西洋和北太平洋的副极地海区，这里冷季正是冰岛低压和阿留申低压鼎盛时期，低气压区内降水在下降过程中不断蒸发或升华，增加近海面气层的水汽含量。通过湍流热量交换，近海面气层的温度升高(冷季海面水温一般高于邻近气温)，从而形成暖湿气团。同时，周围冷空气特别是极地冷空气不断卷入低气压区内，便与因蒸发或升华作用使得海面上接近饱和空气发生混合，凝结而成雾。南半球副极地海面低气压区内降水所产生的蒸发作用，会增大其海面空气湿度，待与周围冷空气特别是南极流入的冷空气混合，也会发生冷季混合雾。

暖季海面低气压区内降水的蒸发作用加大了近海面层空气湿度，在冷海面(暖季海面水温一般低于邻近气温)上形成冷湿气团。此时如有从中低纬度海面或内陆流来的暖空气到达低气压区内，因受冷海面影响降低了温度，也就相对增加了湿度。待与低气压区内因雨滴蒸发作用增大了湿度的空气混合，便有可能形成暖季混合雾。夏季巴伦支海的雾就具有暖季混合雾的性质。巴伦支海低气压区降水过程中的雨滴蒸发作用，增大了海面空气湿度。从俄罗斯西部吹向挪威东北部(越过巴伦支海)的暖气流受到海面冷却作用以后，也相对地增大了湿度，这两部空气相互混合，便有可能形成暖季混合雾(Petterssen，1956)。

我国东南沿海如福建沿海，海雾发生前常有降水，1—3 月会出现冷季混合雾，4—6 月常出现暖季混合雾(霍志丽，2019)。值得一提的是，在实际海雾过程中，纵然有雨滴蒸发，但海面蒸发也是存在的。特别是在冷季，在 SST＞SAT 的背景条件下，海雾往往兼有蒸发雾和混合雾的性质。

2.2.4 辐射雾

辐射雾指主要由于海面辐射降温导致空气饱和形成的雾。高纬度冷季的海面覆冰或巨大冰山面上，因冰面辐射冷却而生成冰面辐射雾，形成过程和地面辐射雾有些近似(图 2.16a)。视海区和季节不同，冰面辐射雾中有水雾、混合相态雾和冰雾。

海上辐射雾还包括浮膜辐射雾和盐层辐射雾。前者是漂浮在海面上的油污或悬浮物结成薄膜，晴天黎明前后因辐射冷却而在浮膜上产生了雾；后者是风浪激起的浪花飞沫经蒸发后留下盐粒，借湍流作用在低空构成含盐的气层，夜间由于盐层的辐射冷却，可以凝结成雾(图 2.16b)。随着日夜海面温度升降和空气湍流交换强弱，盐层作上下垂直位移，夜间下降可及海面，成为真正的盐层辐射雾；日间盐层上升，雾转成低云（王彬华，1983）。

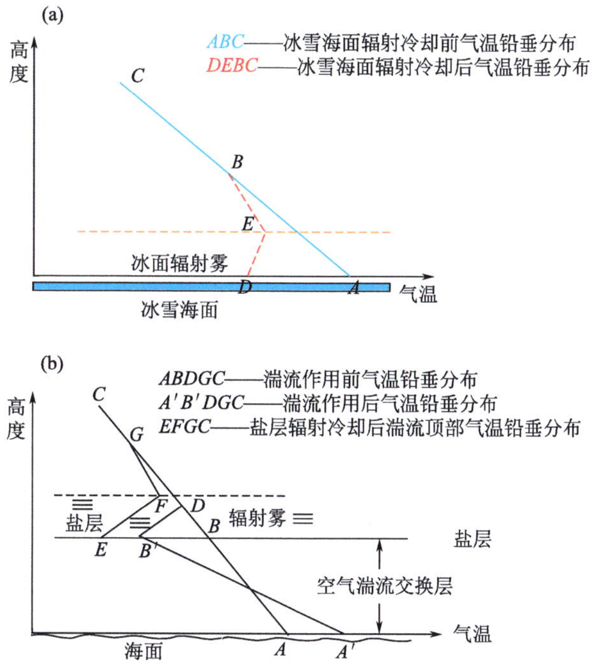

图 2.16 冰面辐射降温导致逆温层示意图（a）和盐层辐射雾形成过程示意图（b）（根据王彬华（1983）绘制）

中低纬度海洋上辐射雾并不常见，但在高纬度冷海面上，辐射雾却不少，浓度有时也很大。高纬度冰雪覆盖面的辐射冷却作用很显著，因而所形成的雾具有辐射雾的性质。冷季高纬度水域（覆盖冰雪水域）面上的雾，也不一定都是辐射雾的性质，因冰雪表面的升华作用也可以形成平流蒸发雾。

冷季高纬度地区雾的出现频率与冰雪覆盖面的关系颇为密切。并且不同性质的雾出现在不同的温度条件下，高于−10 ℃时多为水雾，−15～−10 ℃范围内雾频较小。−25 ℃附近雾的频率有所增大，为冰水混合相态雾。温度再下降，雾又少了，在低于−30 ℃以后几乎为冰雾。随着温度降低，冰雾的频率逐渐增大（王彬华，1983）。

0 ℃以下寒冷的雾可以分为冻雾（freezing fog）和冰雾（ice fog），前者形成的过程是过冷水滴冻结，后者形成的过程是凝华核增长形成冰晶，要求的温度条件较前者更低。关于冻雾和冰雾更多的讨论见 3.3.2 节。

2.2.5 地形雾

与地形（海陆分布）所产生的动力和热力作用有关，在岛屿及岛屿四周和海岸附近形成的雾称为地形雾。

2.2.5.1 岛屿雾

空气爬越岛屿过程中冷却而成岛屿雾（island fog）。海面吹向岛屿的暖湿空气在迎风面上被迫抬升，因绝热冷却而生成雾（图 2.17）。夜间，岛屿表面的辐射冷却作用增加了成雾概率，也加大了雾的浓度，使岛屿雾具有日变化性质。另一种情况是由于低云云底高度与岛屿地形(或者沿岸山地)高度相交,而形成了雾。

沿海岛屿比其邻近的内陆的雾要多,特别是海雾盛行季节。在中国沿海,一方面岛屿地形的抬升作用增加水汽凝结机会,另一方面春夏季节岛屿周围的海面水温一般比其邻近内陆的岸滨气温(近地面层气温)要低,即使空气的属性(主要是温湿属性)相同,在岛屿附近比内陆岸边也更容易凝结,从而使得岛屿雾多于其邻近内陆的雾。

岛屿比其所在海区的雾也要多。其中一个原因是秋冬季节岛屿比海面多了辐射雾。另一个原因是,在春夏季节特别是晴天白昼,由于受太阳辐射影响,岛屿地面气温比其周围海面上的气温要高,产生从岛屿向外海逐渐递减的水平温度梯度。在这种温度梯度影响下,形成岛屿向外海逐渐递增的水平气压梯度,从而导致从海面吹向岛屿的风,把四周空气带向岛屿,接近岛屿时,底部受热,在近水层内稳定度有所减小,空气沿岛屿爬升,有可能围着岛屿形成雾带,甚至全部岛屿都是海雾,或者底部为雾,其上覆以层云。这样因岛屿受热影响所构成的小低压区引起的空气沿岛屿斜升运动,增加了岛屿成雾机会;因此岛屿雾不仅多于其毗邻地区内陆的雾,而且比其周围海上的雾也要多一些。

在海雾盛行的春夏季节,东海沿海岛屿比其邻近的内陆雾多,所以在东海近岸的多岛区域比起东海南部较为开阔的海岛,雾生雾消特征有着较为明显的差别。而在多岛区域的长江口,由于距离内陆的远近不同以及周围海区的水温的差异,站点之间海雾日变化特征亦有较大差别(王彬华,1983)。

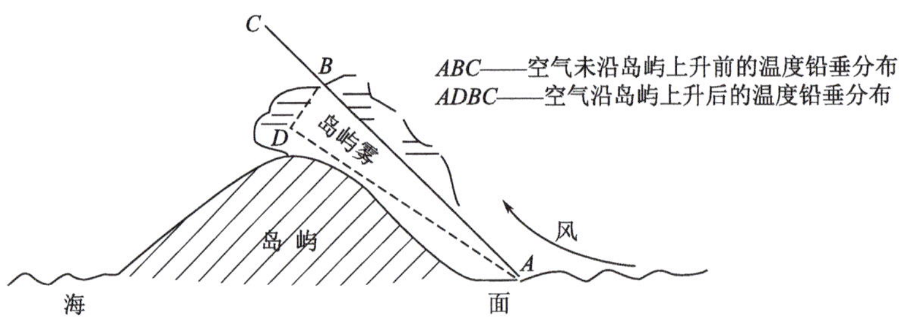

图 2.17 岛屿雾的形成过程(根据王彬华(1983)绘制)

2.2.5.2 岸滨雾

岸滨雾(coastal fog)的形成主要与岸滨下垫面的热力、动力作用有关,雾区出现或往返于海岸附近。岸滨雾和岛屿雾雾区范围小,持续时间也不一定很长,但是这种雾受海岸或海上地形影响而形成,是一种比较常见的海雾。例如,山东半岛南岸的岸滨雾占黄海总海雾事件(广阔海面上大范围海雾与岸滨雾事件之和)的 29.2%(Jin et al.,2022)。图 2.18 为典型的大范围海雾与岸滨雾的卫星图片。岸滨雾对沿岸社会经济活动影响比较大,常导致港湾封闭和港口作业停滞,沿岸高速公路不能正常通行,飞机不能按时起降。

岸滨雾出现时,海陆热力差异导致局地海陆风环流比较明显。岸滨雾夜间随陆风漂移到海上;白天借海风推动,可漂入海岸陆区,形成海陆轻风雾(land-sea-breeze fog)。海岸附近陆面上夜间产生的辐射雾,借微弱陆风蔓延至海上,与海上空气水平混合,增加空气水汽含量,使雾变浓,日间又借助海风作用吹回到陆地。岸滨雾可以先生成于海上,也可以先生成于陆上,再转移到海上去。该型岸滨雾兼有地面辐射冷却和水平混合生成过程。英格兰北海沿岸、北美东岸新英格兰外海、纽芬兰岛海岸地区夏季盛行这种海陆轻风雾(王彬华,1983)。

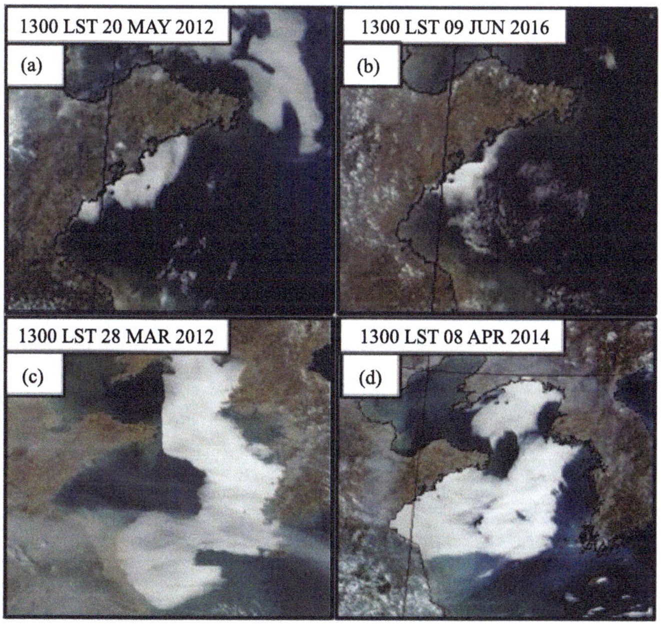

图 2.18 黄海两种海雾的卫星云图(Jin et al.,2022)
(a、b)沿山东半岛南岸的岸滨雾;(c、d)广阔海面上大范围的海雾

岸滨雾经常出现在春夏季,随海陆风一起活动于海岸附近。这种雾既然随海陆风一起活动,则在海岸附近必须先具备产生海陆风的条件。产生海陆风的条件,各个海岸不尽相同。例如,波罗的海沿岸海风期间在相距 130 km 范围内海陆温差为 1.6～10.9 ℃(王彬华,1983);杭州湾岸滨雾过程中,杭州气象台与杭州湾口船载自动气象站的温差在 2～3 ℃(Wang et al.,2018)。

春季我国北方沿海地区在移动性高压控制下,可产生海陆风环流。例如,山东半岛夜间陆面辐射冷却较强,在其南部沿海会出现离岸的陆风(北风),近海出现风向辐合(天气尺度的背景风为向岸的南风),使得海岸附近的低空气温下降、湿度增加,从而有利于岸滨雾形成(Jin et al.,2022)。

陆地暖湿空气(陆地上前期有降水)平流到海上,与海上冷湿气团混合发生凝结,也可形成岸滨雾。例如,2008 年 4 月 6 日山东半岛有降水(南风),入夜后青岛转为离岸的偏北风(降水使离岸气流具有暖湿性质,山东半岛内陆温度比青岛近海高 3 ℃、比湿高 1.5 g/kg),气温和露点均持续升高,但露点上升更快。7 日凌晨,海岸附近陆面首先出现雾,随着离岸风雾区向海上扩散,不同热力性质的气团发生水平混合,雾性变浓,形成岸滨雾。顺风方向陆面向海面逆温层底高度下降,混合层垂直厚度变薄,使水汽更容易聚集在海面冷凝(黄山 等,2019)。

梅雨季节,由于水汽比较充足,华东沿海陆上午后近地面层增温增湿,空气稳定度比海上小,像这样符合海陆风生成条件的温湿属性分布,如空气有可能达到饱和状态,便在海岸附近形成海雾,雾区与海岸带附近低空辐合区相联系。岸滨雾受非均匀分布的海陆下垫面影响,边界层内温湿条件以及湍流的变化复杂,雾、低云和弱降水混杂现象时有发生。风力较小利于雾的维持,如风稍增强些,雾可转成层云或出现弱降水。

海上暖湿空气平流到海岸附近的内陆,经过夜间辐射冷却形成了雾,凭借微弱陆风的作用吹到海上成为岸滨雾。北美墨西哥湾沿岸夏秋季就有此类型的雾。在这种雾的形成过程中,如气温高于水温，暖湿空气掠过水面因冷却作用而降温，气温降低了，一旦进入岸滨陆地，受到夜间辐射影响，比未降温前更有利于雾的生成。如气温低于水温，冷空气经过暖水面受到海面蒸发增湿效应，空气湿度加大了，一旦进入岸滨陆地，受到夜间辐射影响，也比未增湿前更有利于雾的生成。夏季冷却降温的作用大，秋季蒸发增湿的机会多，从而使得夏秋季利于生成此类型的岸滨雾。

秋冬早晨从海岸附近高地或丘陵上沿坡流下的冷空气掠过暖的海面，因海面蒸发增湿效应而形成的雾，成因上类似于平流蒸发雾，但其雾区范围小、雾层薄、浓度淡，很像岸滨海面（或湖面）上的"轻烟"，局限在海岸附近。从雾的地区性来说，属于岸滨雾，但从雾的成因来说，却不一定属于岸滨雾。这种雾的生成需要天晴、空气稳定、风力微弱以及夜间有充分的辐射冷却条件以降低近地面层的空气温度（王彬华，1983）。

岸滨雾四季都可以出现，不受海区和季节限制，但对于某些固定海区，常常具有季节性。海岸区域有海雾，也有陆雾，情况比较复杂，不能把海岸的雾一律作为海雾，更不能一律作为平流冷却雾。

2.3 海雾与低云的相互转化

海雾是接触到海面的低云，所以海雾与低云往往相互关联。有时海雾不是直接出现于海面，而是首先以低云的形式存在，在一定条件下，低云云底降低至海面形成雾。反之，海雾抬升可以转为低云。这里低云指海洋性层状云（marine stratiform clouds），主要是层云和层积云，简称"层云"。

2.3.1 暖海面的海雾/层云

在美国加利福尼亚沿岸，冷季海面水温一般高于其上毗邻的空气温度（SST>SAT）。在美国西北部太平洋沿岸，高压下沉运动造成低空逆温层，为海雾-层云系统（fog-stratus system，Pilié et al.，1979）发展提供了有利的层结条件。西北风出现后，低空不稳定性增加，海面蒸发加强，如果增湿效应大于海面对大气的加热效应，将导致雾区最初形成。浅雾层一旦出现，雾顶的辐射冷却效应促进雾层中湍流混合和雾顶附近夹卷（entrainment）加强，雾层垂向发展。逆温层的底离开海面，又促进了海面蒸发和空气中水汽的增加，雾层为海面蒸发水汽的汇。如果逆温层继续升高，水汽供应难以维持垂直厚度更大的雾层，水汽通过绝热冷却在逆温层底之下形成层云，云顶为逆温层的底（图 2.19）。

图 2.19　加利福尼亚沿海海雾-层云系统示意图（根据 Pilié 等（1979）绘制）

在暖洋面上不稳定大气边界层中，海面风辐合会产生持续的上升和下沉气流，使逆温层足够高，海面蒸发的水汽在逆温层下方聚集形成层云。云顶长波辐射冷却产生额外的液态水，被下沉运动向下带更接近海面。另外，由于云顶冷却，增强了云内空气的不稳定性，通过湍流混合，一方面使云层向下沉降，一方面使云滴向下传输，传输到云下的云滴因温度升高而蒸发，增大了云下空气湿度，利于云下空气凝结。因此，云滴蒸发增湿与下沉的云底结合在一起可导致在海面上形成雾(图 2.20)。

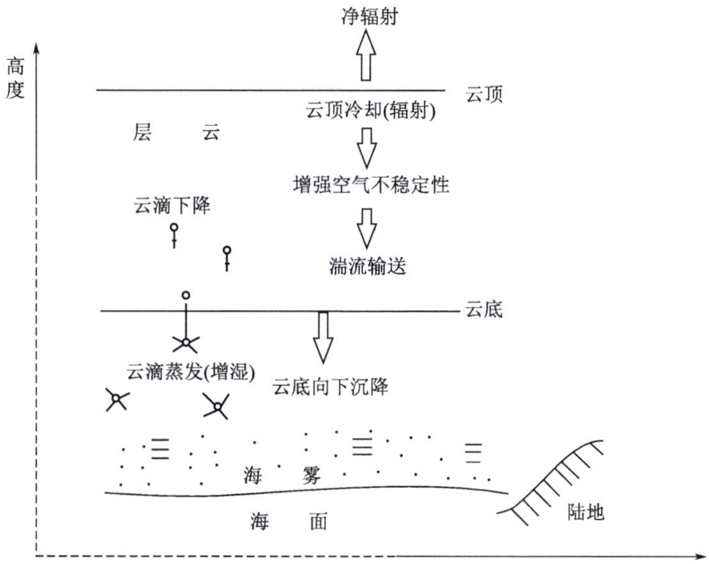

图 2.20　层云下降成雾过程示意图(根据 Oliver 等(1978)绘制)

数值模拟和观测分析证实了天气尺度的大范围下沉运动、暖海面和云顶辐射冷却是云顶高度沿着平流轨迹下降并导致海雾形成的主要因素。利用浮标站、地面观测站、无线电探空、卫星等资料,分析 1999 年 4 月的一次海雾表明,太平洋高压引起大范围持续的下沉运动导致空气块绝热升温,在海洋上空形成逆温层,冷的北—西北风吹向较暖的水面,水温高于气温,通过海面蒸发,海洋向大气提供大量水汽,水汽在逆温层下聚集,海洋性层云首先出现于美国西北部太平洋沿岸。随着高压中心向东南移动,下沉运动强度加强,通过云顶辐射冷却、湍流混合等过程,沿着空气平流的下风方向,海洋大气边界层厚度变薄,逆温层底高度下降,最终接近海面,层云转为海雾(Lewis et al.,2003)。数值模式模拟结果进一步表明,云顶冷却首先开始于较高的高度上,逐渐下降到较低的高度层(图 2.21)(Koračin et al.,2001)。值得一提的是,图 2.20 展示的是在欧拉框架下云层高度的变化,图 2.21 则是在拉格朗日框架下云顶高度随时间和空间的变化。

2.3.2　冷海面的海雾/层云

冷海面指海面水温低于其上毗邻的空气温度(SST＜SAT)。冷海面上多是平流冷却雾,水汽主要来自平流输送。雾层在逆温层下方形成后,雾顶辐射冷却导致雾层中湍流运动加强,逆温层底高度升高,雾层垂直发展。一旦逆温层离开海面,其下方不稳定层结建立,雾层中湍流混合更加充分,甚至出现超绝热和热对流,可导致雾层离开海面。如果逆温层底的高度超过抬升凝结高度,有利于在逆温层下方形成低云。

夏季西北太平洋是海雾多发区。在太平洋副热带高压控制下,偏南风将来自副热带的暖湿空气向北输送,在黑潮延伸体的冷水侧上空易冷凝成雾。在雾区的下风方(东北方),低云频繁出现。通过一次海雾个例研究,对雾区空气柱进行追踪,发现雾区与其下风方层云区在时空上密切相关。利用大涡模拟分析表明,海雾一旦形成,雾顶长波辐射引发的向下的浮力湍流将

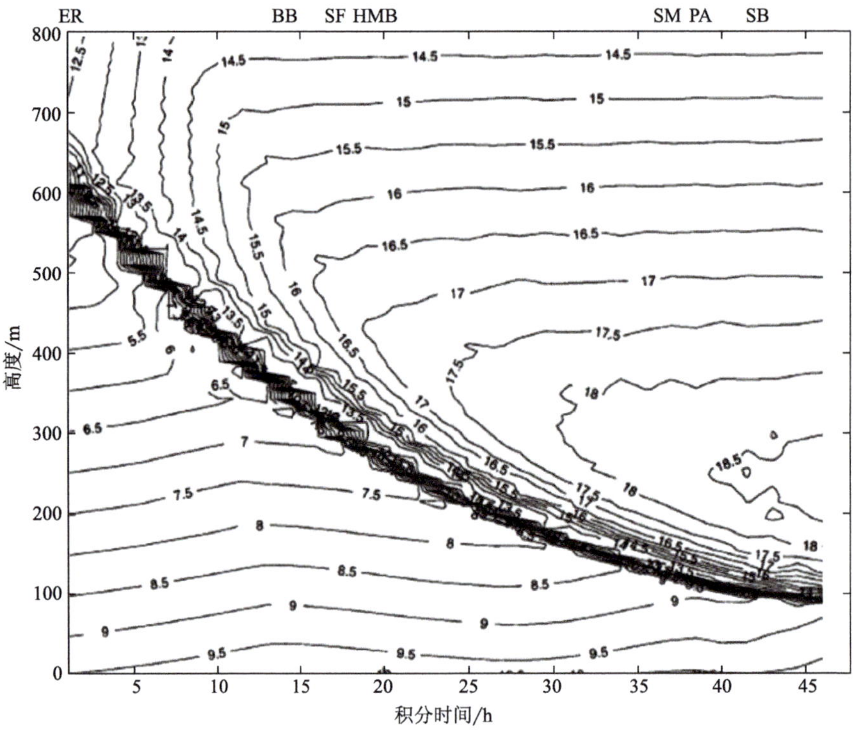

图 2.21　一维拉格朗日框架下模拟的环境空气温度自北向南随高度—积分时间的变化(等值线间隔 0.5 ℃,ER、BB、SF、HMB、SM、PA、SB 分别为沿着美国西海岸自北向南的观测点名称,即 Eel River、Bodega Bay、San Francisco、Half Moon Bay、Santa Maria、Port Arguello、Santa Barbara)(Koračin et al.,2001)

自由大气中干暖空气夹卷进入边界层,降低表面层空气湿度,最终导致云(雾)底抬升离开海面转为层云(Yang et al.,2021)。

在黄海,春季冷海面导致东移入海高压相对稳定少动,在高压西部持续的东南风下易出现海雾。有低压槽外围逼近时,海洋大气边界层稳定性下降,甚至出现上升运动,即使上升运动很弱,可导致逆温层底高度抬升几十米。虽然海面东南风维持少变,但原水汽供应量不足以支持更厚的雾层,雾层可转为低云。而在夏季,太平洋高压影响下,水汽供应量十分充沛且水汽平流深厚,较弱扰动可导致雾层厚度加深,甚至出现弱降水,地面能见度出现大幅度振荡。当扰动过后,由于大尺度天气背景没有发生根本性变化,在下沉运动作用下,低空层结稳定性加强,大雾仍能维持(Zhang et al.,2017)。

中国海岸线南北跨度大,有时出现"南云北雾"的情况。如 2011 年 3 月 12 日,在杭州湾及以南的东海为低压控制下的低云区,黄海为高压下沉运动影响下的雾区。探空数据表明,逆温层底的高度自南向北降低。逆温层顶高度的等熵面上,气流向北的同时有明显下沉,由 26°N 的 500 m 降到 32°N 的 200 m,到 34°N 已经接近海面(图 2.22)。随着逆温层高度降低,其下方的层云向北高度降低,如果一直保持液态水的存在,则表现为层云下降成雾;如果云中有强下沉影响,云滴全部蒸发,卫星云图上则表现出云雾分布区不连续,中间出现晴空区。晴空区以北,在冷海面的作用下,水汽冷凝成雾。利用模式结果的后向追踪表明,雾区水汽有的来自云区,有的由近海面平流而来(刘飞,2013)。

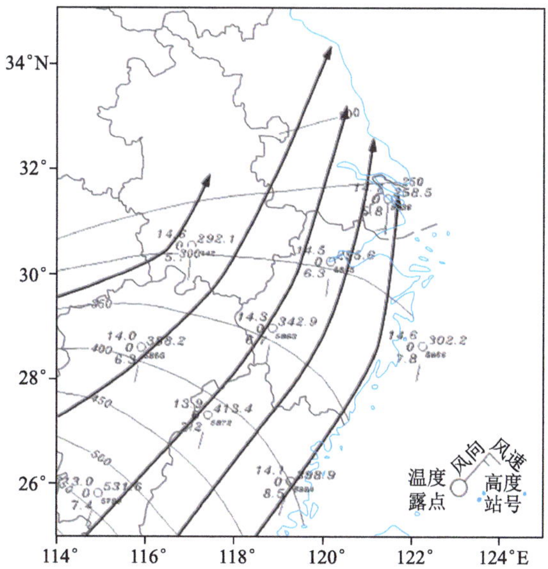

图 2.22　2011 年 3 月 12 日 20 时(LST)基于中国气象局 MICAPS(气象信息综合分析处理系统)的 289 K 等熵面分析(等值线:高度,单位:m;箭头:流线)

在中国南方沿海,在冷海面上,暖湿平流有利于低空形成稳定大气层结。在热力湍流分界面 ($\partial\theta_{se}/\partial z=0$) 附近,层积云或层云首先出现,云顶长波辐射和湍流混合作用,可导致层云缓慢下降成雾。由于水汽含量充沛,雾层厚度甚至可超过 1000 m。一旦出现水汽输送减弱,有干空气卷入,雾层可演变为上下两层,上层为层云,下层为海雾(Huang et al. ,2015)。

无论是冷海面还是暖海面,中国沿海各地的层云与海雾混见的现象均可发生,两者的相互转化不仅与环境的大气环流(如下沉运动、水汽平流输送等)有关,也与云/雾的微物理过程有关,如云/雾顶长波辐射和夹卷、云/雾层中水汽和热量的湍流输送、海气界面的湍流热量交换、云层和雾层的相互作用等。海雾、层云相互转化过程影响因素复杂,即使同是层云下降而成雾,不同季节不同地域,主要影响因素可有明显差异。

2.4　小结

本章首先讨论了海雾形成的主要物理过程:降温和增湿。上述各种冷却方式常常相互掺杂在海雾过程中。例如,海雾生成阶段,暖空气把冷水面上的空气驱赶走而平流过来,这团暖空气的降温应属其与冷海面的感热交换冷却;如果不是暖空气驱走了下垫面上原来的冷空气,而是暖空气平流过来与下垫面上的冷空气发生水平混合而使原来的暖空气降温,就是通过冷、暖空气的混合过程来完成的或者两者兼而有之。在湍流混合冷却中,一团空气在下垫面上通过湍流交换作用,促使气团上部空气冷却;另外,冷、暖空气平流到一起,尤其是在暖平流过程中,暖空气常与其下的冷空气发生垂直混合,通过湍流交换把热量向下输送(当然,也有水汽的上下输送),这也是湍流冷却方式,不过是冷、暖空气之间通过垂直混合来冷却的。

降温和增湿的主要影响因子是海气温差、海面饱和水汽压与附近大气实际水汽压的差,以及风速。降温过程主要有海气界面湍流热量交换、气层内部垂直混合等。增湿过程主要有海面蒸发、水汽平流输送，也有来自雨滴/云滴蒸发。正因为有不同的主导过程、出现在不同季节和不同海区，因而出现了不同类型的雾。海雾一旦形成，雾顶长波辐射冷却和雾层中湍流混合是海雾发展、维持的重要原因。

本章第二部分讨论了海雾的分类。理论上由于下垫面与其上空气层间彼此性质的相对差异，便可能产生不同类型的雾，但实际情况远比理论复杂。往往一次海雾过程中有几种作用的贡献，或者一种作用对于几种形式的雾都有贡献。如 2008 年 4 月 6—7 日山东半岛南部的青岛沿海海雾，主要原因是陆地上的局地气旋性环流后部的偏北风，将陆地暖湿空气（前期有降水）带到冷海面，凝结成雾。这次雾按照地域和主要原因可以定为岸滨雾，但降水蒸发作用也有重要贡献。

无论是冷海面还是暖海面，海雾与层云之间都可能存在相互转化的现象。

通过对海雾进行分类，加深对海雾形成物理过程的理解，为海雾研究与预报提供理论支持。

思考题

1. 在海面自然条件下，空气达到饱和的途径是降温和增湿。就海雾而言，降温和增湿都是通过哪些物理过程实现的？

2. 如图 2.8 所示，温度廓线在 300 m 以下出现几个拐点（不连续变化），根据拐点的高度可将温度廓线分为若干变化阶段，试讨论这些变化的可能原因（利用图中提供的信息）。

3. 简述海雾生成过程中凝结核的作用。

4. 感热和潜热通量的方向主要取决于什么？大小与哪些量有关？

5. 为什么雾顶长波辐射冷却比较强？

6. 根据大气辐射学基本原理，分析雾顶长波辐射强度的变化与哪些条件有关？

7. 试分析雾顶辐射冷却效应与逆温层强度的关系。

8. 由图 2.15 可知，深水区的雾比岸边更浓。根据海面蒸发得以维持的条件，试分析冬季蒸汽雾（雾性浓淡、持续时间长短等）与水深的关系。

9. 从海洋与大气相互作用角度，解释为什么海面水温大于其上方的气温是海面蒸发得以维持的条件。

10. 为什么冬季黄海的蒸汽雾雾层很薄，且维持时间较短。

11. 根据图 2.16，解释空气温度廓线发生变化的原因。

12. 低云和海雾相互转化过程中，主要影响因子有哪些？如何影响海雾或者低云的形成？

13. 黄海海雾多为平流冷却雾，即在 $\mathrm{SAT}>\mathrm{SST}$ 的条件下产生海雾。为什么在海雾盛期会出现 $\mathrm{SAT}<\mathrm{SST}$？这种情况是春季多还是夏季多？为什么？

14. 根据平流冷却雾的形成机理，稳定的层结 $\left(\dfrac{\partial T}{\partial z}+\gamma_{\mathrm{d}}>0\right)$ 是雾形成的先决条件，若一定厚度的雾层中一度出现 $\dfrac{\partial T}{\partial z}+\gamma_{\mathrm{d}}<0$，可能是什么原因？

15. 设海面气压为 1000 hPa，海面上一气团气温 $t=25$ ℃，相对湿度 80%，平流到海面水温为 20 ℃的海面上，是否有可能形成海雾？

16. 云团（含凝结水滴的饱和气块）在绝热下沉过程中，其温度、液态水含量、比湿、露点、相对湿度、位温将如何变化？如果下垫面为冷海面，接近海面时受冷海面影响，上述物理量会发生什么变化？如果为暖海面，受其影响，上述物理量又会发生什么变化？解释发生变化的原因。

17. 依据青岛太平角站观测记录（下表），计算潜热通量、感热通量、海面蒸发量，画出上述所有物理量随时间变化的曲线，并分析能见度发生明显下降的原因（海温为 15.5 ℃，气压为 1040 hPa）。

日期	时间	风向/°	风速/(m/s)	温度/ ℃	相对湿度/%	能见度/m
2022-11-30	06:00:00	333	4.3	−2.7	88	27221
2022-11-30	06:10:00	323	3.3	−2.4	92	16661
2022-11-30	06:20:00	325	3.2	−2.6	94	14997
2022-11-30	06:30:00	329	3.7	−2.8	96	23924
2022-11-30	06:40:00	327	3.2	−2.8	97	21704
2022-11-30	06:50:00	334	3.6	−2.9	97	33584
2022-11-30	07:00:00	327	3.7	−2.9	98	32949
2022-11-30	07:10:00	328	3.4	−3.0	98	33982
2022-11-30	07:20:00	330	3.2	−2.9	99	26083
2022-11-30	07:30:00	328	3.6	−2.8	99	27966
2022-11-30	07:40:00	324	3.1	−2.8	99	33949
2022-11-30	07:50:00	324	3.0	−2.6	99	19131
2022-11-30	08:00:00	324	3.2	−2.8	99	18708
2022-11-30	08:10:00	325	3.1	−2.8	99	23571
2022-11-30	08:20:00	329	4.5	−3.1	99	10197
2022-11-30	08:30:00	329	3.5	−2.9	99	3018
2022-11-30	08:40:00	330	3.7	−3.2	99	1864
2022-11-30	08:50:00	332	4.1	−3.3	99	1148
2022-11-30	09:00:00	326	3.3	−3.0	99	1437
2022-11-30	09:10:00	331	3.3	−3.5	99	2133
2022-11-30	09:20:00	329	3.5	−2.9	99	7512
2022-11-30	09:30:00	326	3.6	−2.7	99	14615
2022-11-30	09:40:00	330	3.1	−2.2	99	16819
2022-11-30	09:50:00	330	3.1	−2.4	99	33808
2022-11-30	10:00:00	326	2.7	−2.5	99	27113
2022-11-30	10:10:00	332	3.5	−2.7	99	23752
2022-11-30	10:20:00	324	3.4	−2.4	99	32504
2022-11-30	10:30:00	330	3.8	−2.6	99	26338
2022-11-30	10:40:00	322	3.4	−2.6	97	26786
2022-11-30	10:50:00	326	2.9	−1.9	97	32066
2022-11-30	11:00:00	337	3.2	−1.5	95	29894
2022-11-30	11:10:00	328	3.7	−1.7	95	29258
2022-11-30	11:20:00	335	3.6	−1.1	93	22703

第 3 章　全球大洋海雾

海雾作为海洋上的一种天气现象，其发生频率的空间分布、季节变化具有明显的区域特征，这些特征与海雾发生需要的水文、气象条件密切相关，是大洋气候的重要组成部分。本章讨论开阔大洋、极地海洋海雾频率的时空分布特征及其与海流、大气环流的关系。

3.1　海雾频率计算

本章所用全球海洋大气观测资料（ICOADS）主要根据海上船舶、浮标和海上平台等对天气现象的记录，时间为 1960 年 1 月—2019 年 12 月（另有说明的除外）。为了保证计算结果稳定性，以 1°×1°经纬度网格 3 个月（1 个季节）为单位进行统计。如果一个格点中至少有 100 个天气现象的记录，就将该格点引入统计，否则不计入统计。

海雾频率（F_{fog}，%）是指 1°×1°经纬度网格内，现在天气为雾（参见表 1.2）的次数与该网格内总观测次数的比值：

$$F_{fog}=\frac{N_{fog\_num}}{N_{obs\_num}} \tag{3.1}$$

图 3.1a、b 分别是 6—8 月和 12 月—次年 2 月 ICOADS 观测次数的统计。可以看出，天气现象观测主要集中于航线上，在北半球中纬度观测次数最多。南大洋夏季的观测次数比冬季多。在赤道太平洋、东南太平洋、30°S 以南的大西洋和印度洋存在大量数据空白区，即一个格点中观测数据不足 100 次。

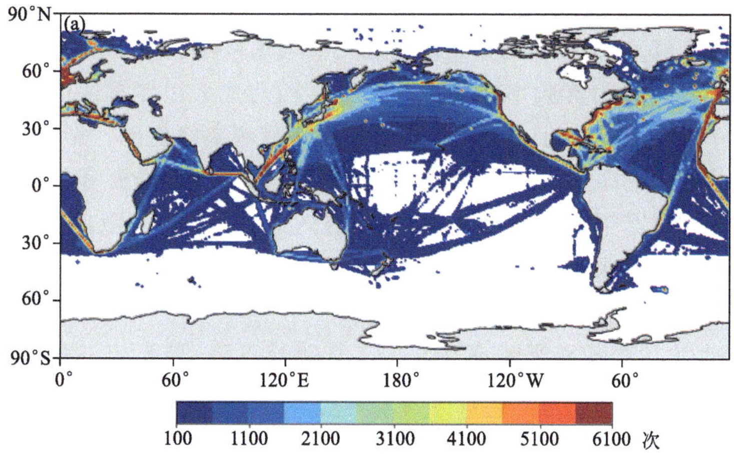

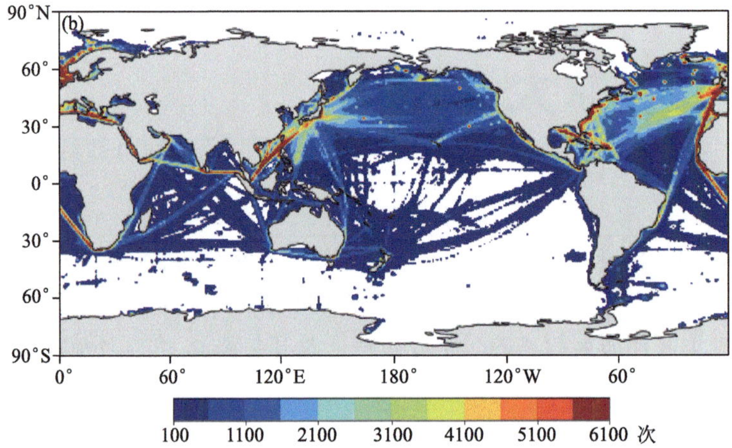

图 3.1　1960 年 1 月—2019 年 12 月 ICOADS 天气观测次数分布(仅取每格点观测次数大于或等于 100 次的格点)

(a)6—8 月;(b)12 月—次年 2 月

3.2　海雾频率分布概况

4 个季节的划分如下:3—5 月为北半球春季/南半球秋季、6—8 月为北半球夏季/南半球冬季、9—11 月为北半球秋季/南半球春季、12 月—次年 2 月为北半球冬季/南半球夏季。

北半球 3—5 月空气变暖,风更多来自南方,大洋西北部的海雾频率在季节循环中开始增加(图 3.2a)。西北太平洋和西北大西洋都存在海雾频率为 32%以上的多雾中心。北太平洋有一个宽阔的低海雾频率区(4%～8%)从阿留申群岛以南向东延伸至阿拉斯加湾。白令海北部也有一低海雾频率区。冰岛—挪威海有海雾频率大值中心,海雾频率数值和多雾区面积较 12 月—次年 2 月增加。南大洋海雾主要出现在马尔维纳斯群岛(Malvinas Islands,也叫福克兰群岛 Folkland Islands)东南至南极半岛水域,频率较 12 月—次年 2 月减少。

全球大洋海雾最多的季节为夏季(6—8 月)。西北太平洋和西北大西洋的海雾频率达到年循环的峰值(图 3.2b)。千岛群岛以东的西北太平洋海雾频率最高值达 59.8%;拉布拉多—纽芬兰附近的西北大西洋海雾频率峰值为 45.0%。西北太平洋多雾区面积明显大于西北大西洋。西北太平洋海雾频率大于 30%(西北太平洋海雾频率峰值的一半)的区域延伸到 160°W 以东,横越该纬度太平洋宽度一半以上。相比之下,西北大西洋海雾频率自峰值向东减小到 22%(西北大西洋海雾频率峰值的一半),还没有达到 40°W,这个距离只有该纬度大西洋宽度的四分之一。在加拿大和格陵兰岛之间以及冰岛西北部的寒冷海域,海雾频率相对较高但分布不均。南半球冬季是海雾最少的季节。

北太平洋和北大西洋的海雾频率在 9—11 月明显下降,最大值一般不足 20%,多雾区范围缩小(图 3.2c)。北太平洋宽广的低海雾频率区(4%～8%)从千岛群岛向东一直到美国俄勒冈州—北加利福尼亚外海。千岛群岛附近的海雾频率最大值略大于西北大西洋海雾频率最大值。在极地海洋的边缘也有一些雾区。南大洋海雾频率有比较明显的增加,主要出现于马尔维纳斯群岛东南方的水域。

12 月—次年 2 月，北半球海雾频率最大值在 10％左右，出现于太平洋东部阿拉斯加湾上空（图 3.2d），西北大西洋的海雾频率最大值出现于纽芬兰东南洋面。西北太平洋的多雾区几乎消失，这是由于冬季来自西伯利亚高压的寒冷干燥空气和不稳定的海洋大气边界层造成。北海、波罗的海沿岸、白令海和北极边缘海都有相对周边水域海雾频率较大区（相对多雾区），但海雾频率比较低。此时在南半球是夏季，南美洲的东南偏南海区有这个时期全球海雾频率

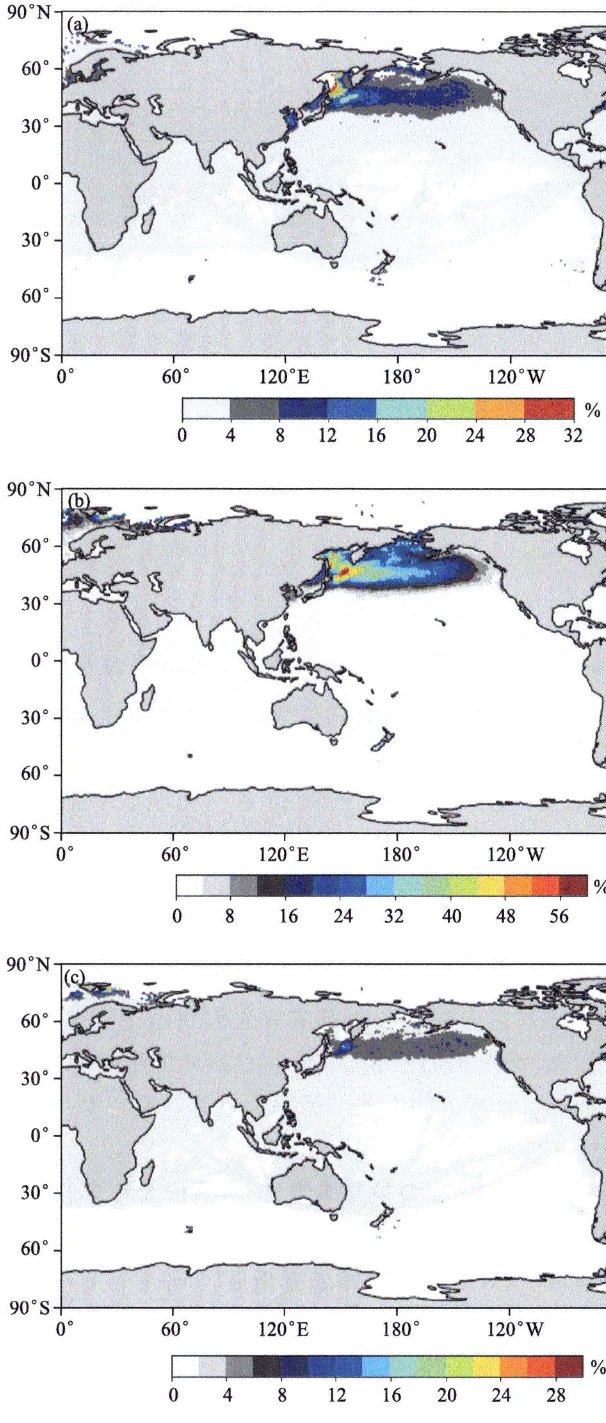

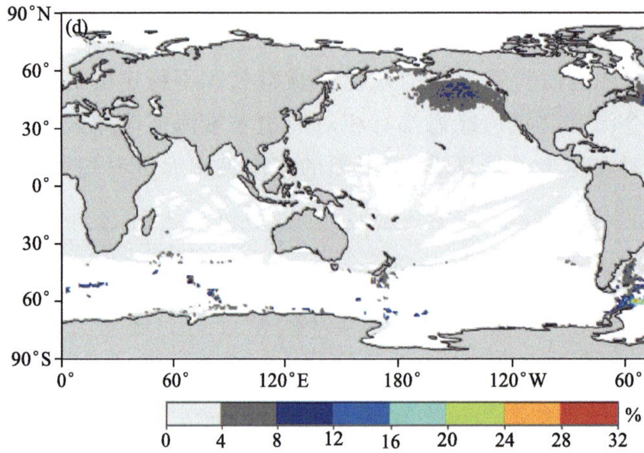

图 3.2　1960 年 1 月—2019 年 12 月不同季节海雾频率分布(空白处为观测次数不足 100 次)
(a)3—5 月;(b)6—8 月;(c)9—11 月;(d)12 月—次年 2 月

最高值,达到了 30%。新西兰东南洋面有相对多雾中心,海雾频率最大达 10%左右。这个时期,南大洋观测比较多,在 30°S 以南的洋面上,太平洋、印度洋和大西洋均有比较分散、范围较小、海雾频率较低的相对多雾区。

3.3　极区海雾

海冰限制了极地海洋的航行,使得船只无法进行大范围观测。现有观测大多在极地外围的有限范围内,这使得在极区探测到的海雾可能只是“冰山一角”。另一个限制是大部分观测只能在所在半球的夏季进行,且限制在运输船的狭窄线路上。这里讨论的极区海雾主要指极地外围高纬度海区的雾。雾多见于 6—8 月的北极和 12 月—次年 2 月的南极。两个极区的冬季海雾报告都很少。

3.3.1　北极海雾

6—8 月,冰岛以北洋面和格陵兰岛之间海雾最多且分布最广(图 3.3),海雾频率有向极增加的趋势,最大达 50%。这个多雾区向东扩展经挪威海北部到巴伦支海,构成了北极外围范围最大的多雾区。在 70°N 以北,海雾仍然频繁,多雾中心频率可超过 30%,这里也是由大西洋通向北极的重要通道,多雾对航线有直接影响。另一个多雾区在巴芬湾沿格陵兰岛的边缘(50°～60°W),雾频率为 20%～30%,最大超过 35%。

太平洋与北冰洋之间的白令海和白令海峡是多雾区,也是由太平洋通往北极的重要通道。在白令海的南部是宽阔的北太平洋,水汽充足,只要有偏南风出现,大量的暖湿空气被输送到白令海冷水面上,容易达到饱和状态,凝结形成雾或者低云。6—8 月有 3 个多雾中心出现在 60°～65°N,175°～170°W 范围洋面,海雾频率可超过 40%。

白令海北部到白令海峡海雾分布很广,全海峡都有雾。靠近俄罗斯东北部海岸,是夏季船常走的航线,海雾频率在 20%左右。另一条航线,沿着阿拉斯加北部海岸,海雾频率也在 20%

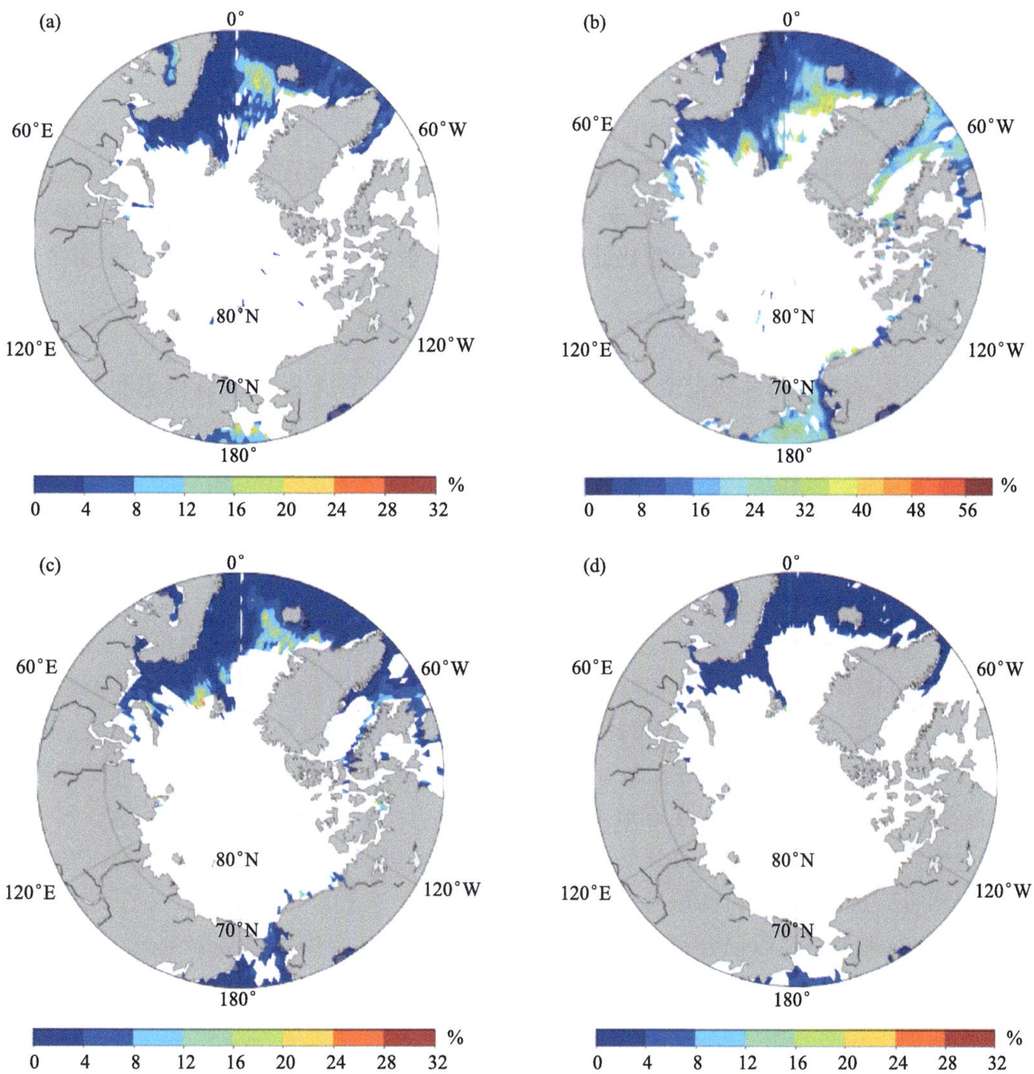

图 3.3　北极 1960 年 1 月—2019 年 12 月不同季节海雾频率分布(北极点是图的中心，远离极点的纬度圈间隔为 10°，外边界为 60°N，空白处为观测次数不足 100 次)

(a)3—5 月；(b)6—8 月；(c)9—11 月；(d)12 月—次年 2 月

左右，再向东沿着加拿大北部海岸，海雾频率有所下降。

在喀拉海(Kara Sea)、拉普捷夫海(Laptev Sea)、东西伯利亚海(East Siberian Sea)和楚科奇海(Chukchi Sea)的开阔水面上夏季特别易出现雾和低云。在夏季这些海域甚至出现每月 15～20 d 的海雾/低云。冰、水和陆地之间存在强烈水平温度梯度和湿度梯度的区域也是海雾多发区。北冰洋有些区域夏季 80%～95%的天数为云覆盖，使得北冰洋成为北半球云量最多的地区之一。

7 月白令海的雾频率可达 60%～70%，且海雾范围大、持续时间长，对船舶航行造成很大的干扰。1999 年夏季，中国的“雪龙号”科考船发现在 7 月 19 日—8 月 2 日长达 15 d 的时间里，除 26—30 日没有雾外，其余每天都有雾。这里所说的没有雾，是指船所在的局部地区观测无雾，而卫星云图显示其他海域可能仍有雾(解思梅 等，2001)。

在3—5月和9—11月，北极海雾较夏季明显减少，只有冰岛和格陵兰之间海域有相对较多的海雾发生，频率能达到20%～30%。冬季，海雾更容易出现于沿岸地区，沿岸陆地比冰覆盖的大洋更冷，会出现由极小冰晶组成的冰雾。

在北大西洋北部，沿挪威西岸到巴伦支海，无论冬夏，都是一个多雾区域，这里既有平流冷却雾也有平流蒸发雾或者蒸汽雾。夏季，巴伦支海的雾有暖季混合雾的性质（王彬华，1983）。特别是挪威沿岸，港湾峡谷很多，秋冬季节陆上冷空气流到水面上而生的蒸汽雾尤为频繁。当然从海雾频率和浓度来看，这里的雾比北太平洋的千岛群岛和北大西洋的纽芬兰的雾要逊色。

3.3.2 北极海雾类型

在北冰洋大范围被海冰覆盖或冰水相间的洋面上，能够形成平流雾、辐射雾和蒸汽雾。形成多种海雾的原因与极区独特的海洋、海冰和大气环境有关。在北冰洋的南部，由于暖湿气流充分，易形成持续时间长、浓度大的平流冷却雾。在冰盖和大浮冰块上，由于冰雪面的强辐射冷却，容易形成稳定的辐射雾。在大型浮冰和冰山边缘水域区，冷空气流向暖水面上而易形成平流蒸发雾或者蒸汽雾。由于北极气温很低，也可以形成冰雾（ice fog）和冻雾（freezing fog）。另外，还有低云下降形成的雾。

平流冷却雾在北极常见，在暖湿空气流经冷水面/冰面的条件下，空气温度降低，使大量水汽凝结而成雾；也有可能是从冷水面吹送到其邻近更冷的冰雪面上而成雾。北极不规则的海岸线为这种雾的形成提供了条件。沼泽苔原和开阔的海洋提供了水汽，海岸线提供了强烈的温度梯度，使雾可以在空气平流中形成。平流雾形成所需的大气稳定度条件与中低纬度地区相似，需要有逆温层将水汽保持在近地表，限制向上混合。在北极，当相对温暖的空气平流到冷的海水或海冰上时，空气自地表开始冷却，形成逆温。此外，高压中心周边和高压脊控制下的下沉运动也促进了逆温，而高压后部的偏南气流提供了有利的水汽条件。由于北极的海水非常凉，微弱的阳光不足以混合逆温，从而为雾的产生和维持提供了层结条件。

冰雪面的反照率高，极昼期吸收太阳辐射弱，冰又是热的不良导体，成为海气热交换的屏障。在海面水温比大气温度高的条件下，海洋被冰覆盖着时难以向大气输送热量。在浮冰区由于冰屏障的破碎，海气交换活跃，海洋以潜热和感热的形式向大气输送热量。冰间水道、冰间湖等水面蒸发和低空冷空气的混合，导致近水面空气饱和形成蒸发雾/蒸汽雾。在蒸发雾或者蒸汽雾发生的地区，海温高于气温，近地面大气不稳定或呈中性，可反映出海气热交换的程度。海气温差越大，海面蒸发越强。

1999年夏季中国首次北极科学考察，多次观测到蒸汽雾，海温平均在－1.2～0 ℃，气温在－8～－5 ℃，温差超过5 ℃。直升机观测可以看到标准的“荷叶冰”，冰水相间处有一团团好像是开锅的蒸汽。水域区有雾，没有雾的地方可以看到浮冰。如果船在雾区中航行就会感到一会是雾，一会是晴空。如果雾是直接在船所在的浮冰区中生成的，就会感到雾是从海里冒出来的，而不是从远处飘来的，这与对平流雾的感觉迥然不同。蒸汽雾被风吹到寒冷的冰盖上可转化为平流雾（解思梅 等，2001）。

辐射雾是在大的浮冰块或固定大冰盖上、稳定大气层结状态下，地面辐射冷却形成的。冰盖对太阳辐射的反照率很高，38°太阳高度角下，约80%的太阳短波辐射被反射回太空（Kondratyev et al.，1972），因此冰雪面不容易升温。相反，大气升温比冰雪面快，易形成贴地逆温层。在冰盖上由于冰面上的辐射冷却强烈，空气容易降温达到饱和，形成辐射雾。即使太阳出来了，冰雪面的反照率高不容易升温，仍能使逆温层保持，不容易使雾抬升和消散。所以，在北极冰盖上的辐射雾也能维持较长的时间。

极区由于气温很低，会出现冰雾。冰雾造成的低能见度影响极区运输，飞机表面积冰对航空也有严重影响。按照美国气象学会（AMS）气象学名词解释，冰雾由悬浮的冰晶（ice crystals）组成，冰晶直径 20～100 μm，很少发生于高于－30 ℃条件下（Glickman，2000）。水汽直接在冰核上（ice nuclei）凝华是冰雾粒子形成和增长的主要渠道。观测表明冰雾发生时，相对于水面饱和的相对湿度达不到 100％，冰晶粒子直径通常小于 200 μm，大部分为球形，其降落速度与普通雾滴相似；观测还发现气温至少低于－15 ℃冰雾才有可能发生（Gultepe et al.，2014；Koenig，1971）。冰雾可以按照能见度等级分为浓冰雾（能见度＜1 km）、中等强度冰雾（1 km≤能见度＜5 km）和轻冰雾（能见度≥5 km）。

在冰间水道和冰间湖上空，含有云凝结核（CCN）的湿空气突然降温，可导致来自广阔洋面的过冷水滴冻结。由冻结的水滴可产生冰晶，并通过贝吉龙（Bergeron）过程（同温度下，冰面饱和水汽压低于水面饱和水汽压）增长，形成冻雾雾滴。对于海洋性环境，海面气温相对冰雪盖上的气温较高，冻雾发生的条件（－10 ℃＜T＜0 ℃）相对冰雾更常见（Gultepe et al.，2017）。

3.3.3 南极海雾

南极夏季海雾最多，但海雾总体上较北极夏季少（图 3.4）。南极夏季海雾主要发生于南极大陆沿岸和南大洋较低纬度的外缘，但是海雾频率低（普遍小于 4％）。南美洲南端东海岸 50°～60°S 范围内，海雾频率为 10％～12.5％。南美洲南端东南方洋面上有南极最多海雾区，大于 20％的孤立的海雾频率大值区位于（55°S，40°W）至南极半岛的北端洋面，海雾频率最大中心可达 30％。这些孤立的海雾频率中心在其他季节也存在，但频率值小了很多。

中国南极长城站位于南极半岛南端的乔治王岛（62°12′59″S，58°57′52″W），属典型的亚南极海洋性气候，长年低温潮湿。该地区高空位于极地锋区，是绕极气旋的主要通道。夏季平均 3～4 d 就有一自西向东移动的气旋过境，气旋过境时，气旋暖区来自北—东北方向的暖空气，经过冷水面时易出现海雾。

1985—2006 年资料统计表明，长城站年均有 136 个雾日，海雾以平流冷却雾为主，也存在其他类型的雾，高频率的偏北风和南大洋极锋附近显著的经向海温梯度是长城站多海雾的根本原因。海雾可出现于 0～17 m/s 的风速中，3～11 m/s 偏北风最有利于海雾的维持；气温为－2～4 ℃、气海温差（SAT—SST）为 0～2 ℃时最易出现海雾；海雾的持续时间取决于高压在南极半岛维持时间的长短，平均有 10 h（杨清华 等，2007；许淙 等，2010）。

南极地区温度特别低，空气又常常处在过饱和状态，经常出现白霜（hoarfrost，北极也常有白霜）。白霜形成于表面足够冷（0 ℃以下）的物体上，一般呈鳞状、针状、羽状或扇状，与接近下垫面的冰雾之间具有密切的联系。两极地区的乳白景象（特别是冰雾乳白景象），是云底冰晶下降到与冰雪下垫面接触所造成的空中景象，这里面既有低云云底中的冰晶，也有飘浮在低空的冰雾冰晶，当两者与下垫面接触时，便与下垫面上的冰晶状沉积物白霜结合在一起，很难把它们区别开来。长城站所在的区是各国南极科学考察活动密集区，海雾成为该地区夏季最严重的危险性天气之一。

与南极的情况类似，在格陵兰常常看到因雾造成的乳白景象，其中有冻雾乳白景象，也有

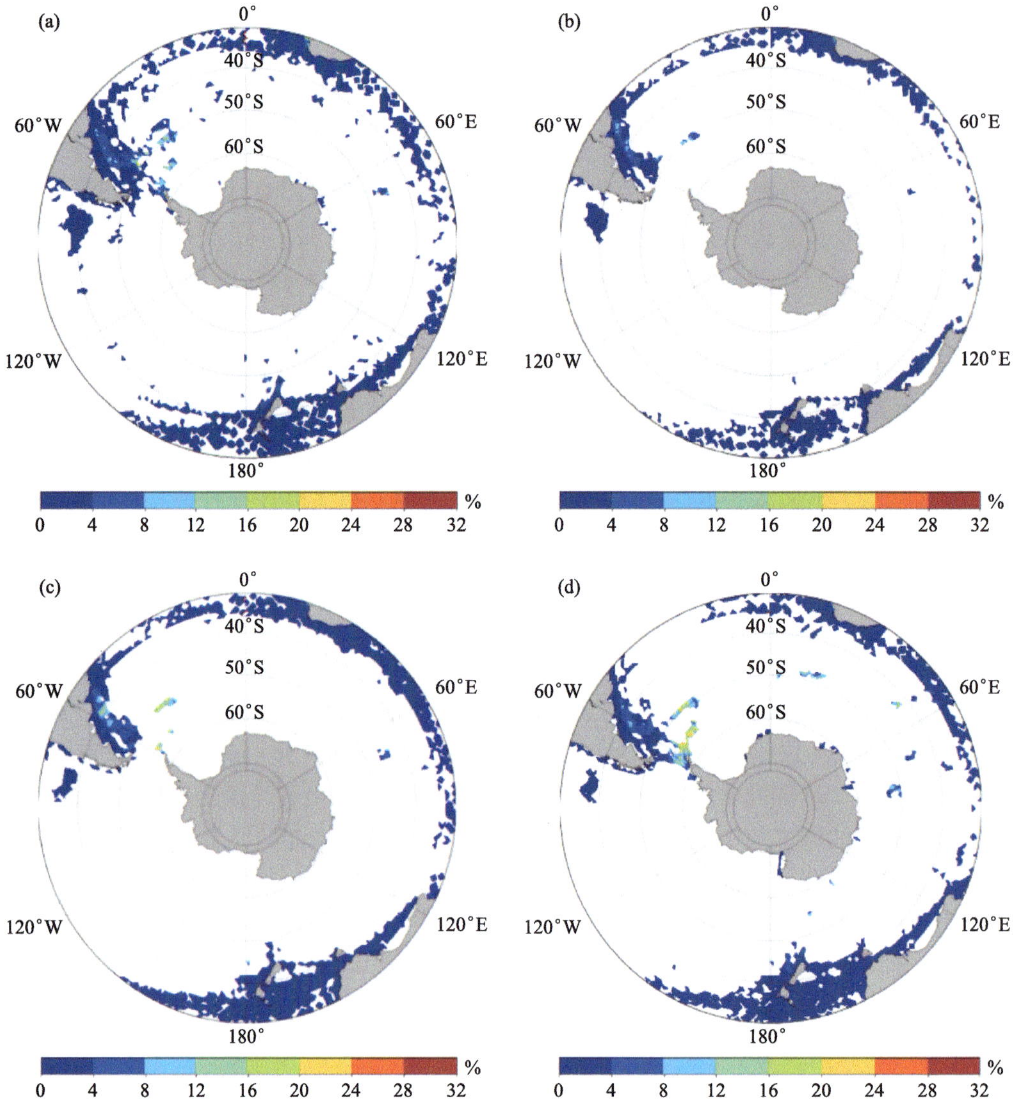

图 3.4　南极 1960 年 1 月—2019 年 12 月不同季节海雾频率分布(南极点是图的中心,远离极点的纬圈间隔为 10°,外边界为 30°S,空白处为观测次数不足 100 次)
(a)3—5 月;(b)6—8 月;(c)9—11 月;(d)12 月—次年 2 月

冰雾乳白景象。前者为云中过冷微细水滴与冰雪下垫面接触而成,后者为云中细小冰晶与冰雪下垫面接触而成。这种因雾而成的乳白景象,使得冰雪表面与天空混为一体,对船舶航行安全有严重影响。

雪龙船在南极考察期间,其前方出现海雾与海冰连为一体的乳白景象(图 3.5a),视线严重受阻,此时船上雷达信号也受海冰干扰,虽然船已经减速,但仍与前方冰山发生轻微刮擦(图 3.5b),幸好人员和船只没有任何损伤。与北极类似,在南大洋浮冰区(图 3.5c),由于冰屏障的破碎,海气交换活跃,冰间水道、冰间湖等水面蒸发和低空冷空气的混合,导致近水面空气饱和形成蒸汽雾。

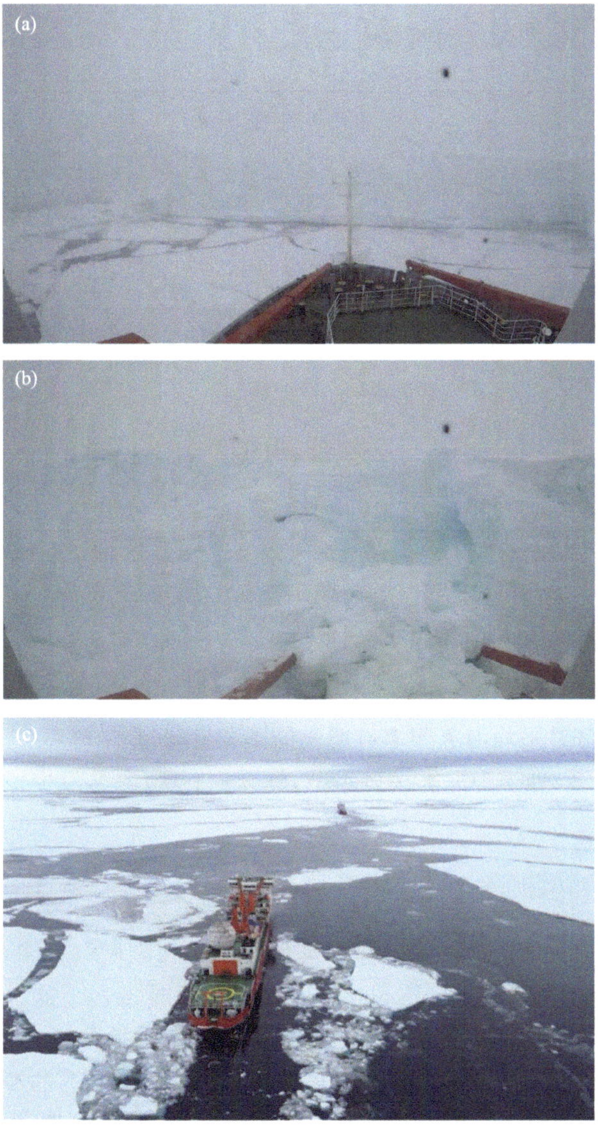

图 3.5　(a)雪龙船前方海雾与海冰连为一体，形成乳白景象；(b)雪龙船与冰山发生轻微刮擦，碎冰掉在前甲板上；(c)雪龙船在浮冰区

3.4　西北太平洋海雾

3.4.1　海雾频率及季节变化

全球海雾出现频率高且分布范围广的水域为中纬度西北太平洋。年平均海雾频率最大值在千岛群岛岛链东侧(45°N,152°E)，最大可超过 23%(图 3.6)。海雾频率大值区呈东—西带状分布，自最大值向东海雾频率逐渐下降，到 175°E 附近海雾频率下降至 15%左右，11%的海雾频率值一直延伸至 160°W 以东。多雾区南北宽度在 40°～50°N 范围内。这个纬度范围向

南，海雾频率迅速下降，30°N 以南的海雾已经很少了。50°N 以北的海雾频率一直维持在 7%～11%，基本覆盖了较高纬度的西北太平洋。

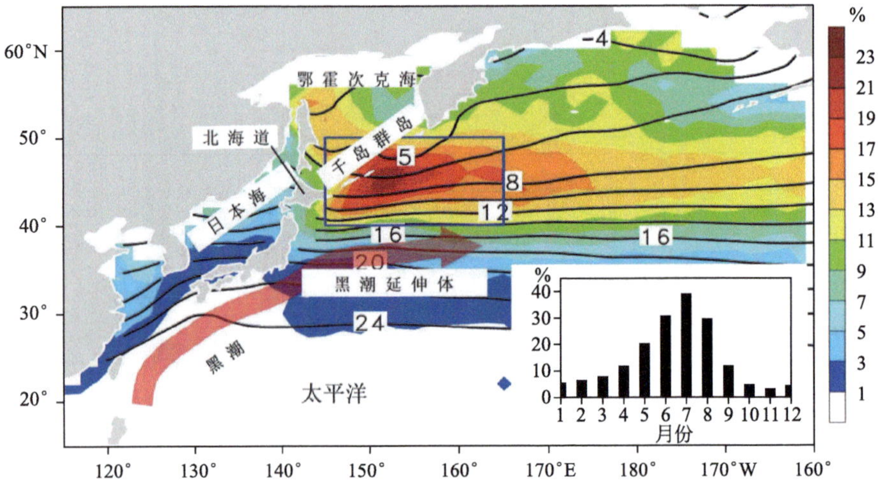

图 3.6 西北太平洋气候态年平均海雾频率（填色，%）和 SST（等值线，℃），海雾多发区（图中蓝色矩形框区）的海雾频率逐月变化（%，右下角小图）。黑潮和黑潮延伸体用红色带箭头曲线示意（Long et al.，2016）

西北太平洋多雾区月平均海雾频率有明显的季节变化，呈单峰型（图 3.6 中右下角小图）。夏季（6—8 月）海雾最多，春季为海雾次多季节，深秋（11 月）海雾最少，不足 5%，12 月海雾频率又开始有所增大。

3.4.2 海雾与海流和海面水温的关系

海雾多发生于较冷海面。西北太平洋多雾区基本是在亲潮（Oyashio）—亲潮延伸体和北太平洋副极地环流（North Pacific subpolar gyre）控制下（图 3.7）。这个副极地环流及其西侧的亲潮都是冷洋流的性质。冷洋流区的南边界与多雾区的南边界基本一致，在 40°N 左右。

由年平均 SST 等值线分布可以看出，千岛群岛恰位于海面水温的冷舌区（图 3.6），在 6—8 月围绕千岛群岛出现冷中心。Tokinaga 等（2009b）将这归因于潮汐与浅水地形的共同作用，深层的冷水进入海洋表层形成冷中心。夏季冷海面上低空大气边界层的稳定性增强，常常形成逆温层，并且冷海面上空大气垂直混合减弱，海面风速适中，这些都有利于海雾的形成和维持。海雾频率最大值与以千岛群岛为中心的海温最小值对应，但略偏在冷舌中心的东侧，即冷舌的下风方（此处盛行西风），这可能与大气的平流效应有关（Dorman et al.，2017；Jiang et al.，2019）。

冷洋流与黑潮延伸体暖水之间有明显的 SST 梯度，构成海面温度锋（海洋锋）。暖湿气流越过海洋锋到冷水上空，通过海气界面热量交换，易冷凝形成雾滴。另外，通过海气相互作用，海洋锋可在大气边界层内强迫出次级环流，暖水侧为上升运动，冷水侧为下沉运动（Liu et al.，2014）。下沉运动有助于逆温层底高度进一步降低，雾滴容易在近海面聚集形成雾层（Tanimoto et al.，2009；Li et al.，2013；Zhang et al.，2015）。冷洋流在东太平洋逐渐向北偏，SST 梯度向东减弱，海雾频率也随之减少。

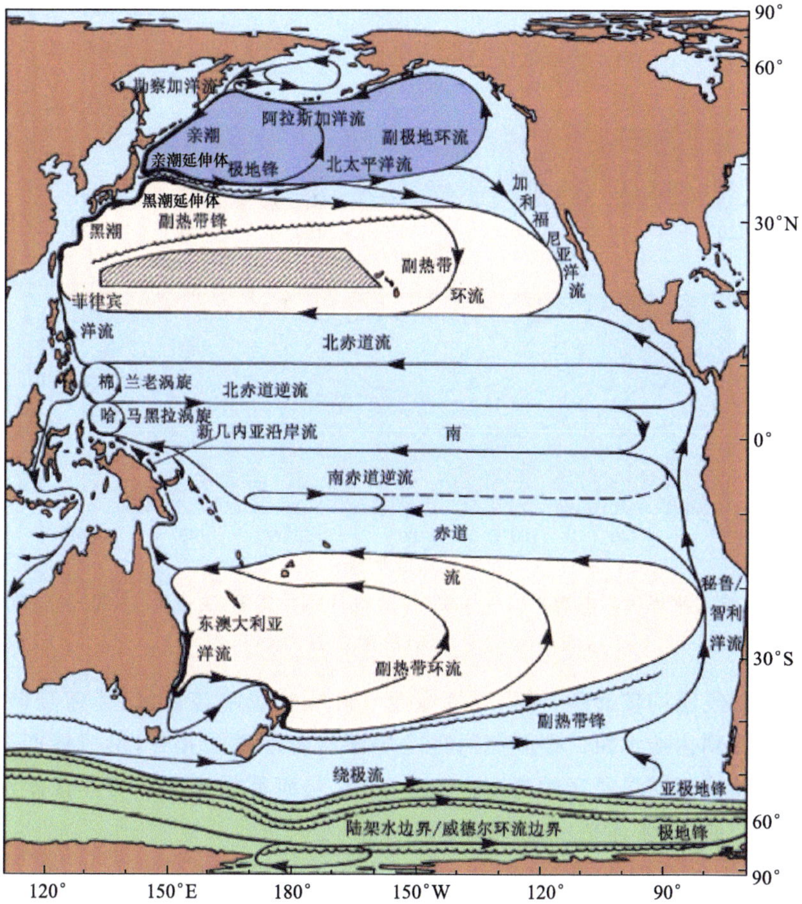

图 3.7　太平洋表面洋流(译自 Tomczak 等(2003))

3.4.3　大气环流条件

海洋的浅水地形、SST 空间分布和冷的表面洋流与气候态多雾区的边界有一致性,但是否有海雾还取决于大气的条件,比如低空风向、风速、气温、湿度、大气层结稳定度等。

夏季太平洋副热带高压几乎控制了整个中纬度北太平洋,其中心位置在(35°N,146°W)附近(图 3.8a)。副热带高压西侧的南—西南风将来自副热带的暖湿气流向北输送。在北上过程中,虽然 SST 向北逐渐下降,但气团的暖湿性质基本可以保持。气团一旦跨越海洋锋,通过海气界面热量交换,可导致气团温度迅速下降,有利于在海洋锋冷水侧凝结成雾(Zhang et al.,2015)。另外,高压下沉运动和冷水面可增加层结稳定性。这些都是西北太平洋冷水域多雾的原因。

冬季,副热带高压强度减弱,面积缩小,高压中心已经向东南移动到(28°N,130°W)附近。北太平洋最强大的气压系统是阿留申低压,西北太平洋在其上风方,来自亚洲大陆的西北气流干冷且风速大,海洋相对大气是热源,导致大气层结不稳定,这些均不利于形成海雾(图 3.8b),因此,冬季西太平洋海雾频率低。

在过渡季节,除了副热带高压、阿留申低压的影响外,源于西伯利亚高压区的干冷气团和

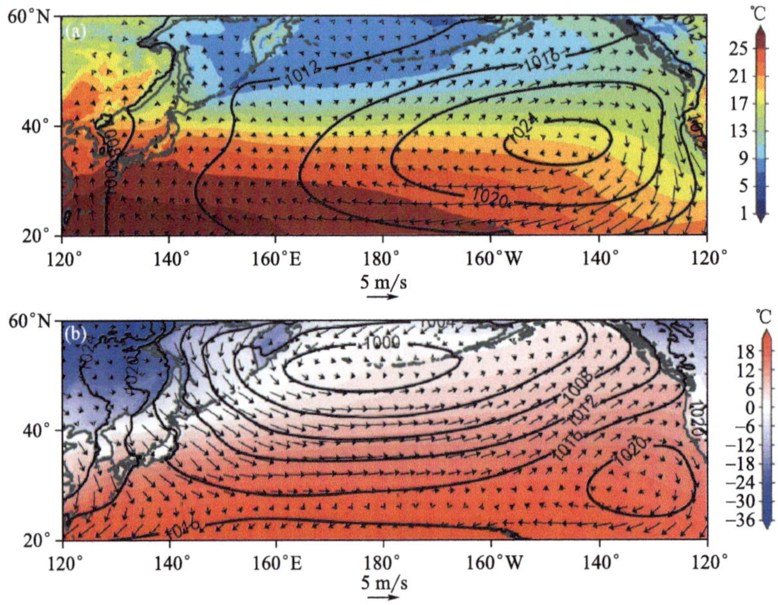

图 3.8 北太平洋气候态海平面气压场(等值线,hPa)、风场(矢量箭头)和气温(填色)

(a)夏季(6—8 月);(b)冬季(12 月—次年 2 月)

源于南方洋面暖湿气团均较活跃,导致温带锋面气旋频繁影响该海区,伴随暖锋向北推进,暖湿气流越过海洋锋到达冷水面。暖湿气团在冷海面沿着冷气团爬升,形成锋面逆温。海洋锋强迫的下沉逆温使锋面逆温层底的高度进一步下降,是海雾易出现在海洋锋冷水侧和大气暖锋锋面附近的重要原因(张苏平 等,2022)。

利用船舶观测(ICOADS)资料,统计 4—8 月有雾时的气象要素发现,约 66%的风向为西西南—南—东东南(图 3.9a),进一步表明偏南暖湿气流对成雾的重要贡献。海雾中有风向为西西北—东东北的情况,纵然频率不高(约 20%),也说明该海区 4—8 月海雾形成机理的复杂性,以平流冷却雾为主,但也有冷空气平流到较暖水面或者受降水蒸发影响而出现的雾。

有雾时海上以 3～6 级风(风速 4.4～12.3 m/s)居多,其中 4～5 级风最多。不同月份雾中风力频数的分布趋势是相同的,都以 3～6 级的风为主,这个风力区间明显比陆地辐射雾大,说明中等强度的风力适合海上平流雾的发展维持,大于 8 级风条件下海雾频率很小了(图 3.9b)。

图 3.9c 是雾中气海温差(SAT－SST)频率分布。前 4 个最大频率(－0.5 ℃＜SAT－SST＜2.5 ℃)占总频率的 72%,进一步表明大部分海雾为平流冷却雾的性质。当 SAT－SST＞4 ℃后,频率明显下降。王彬华(1983)讨论了气海温差与成雾的关系,指出温差越大,表示空气相对湿度 RH 越小,达到饱和的可能性越小。因此,气海温差不宜过大。相反,正是在平流冷却雾的形成过程中空气相对湿度继续增大条件下,气海温差应逐渐减小,以助长水汽凝结而成雾。气海温差为负值的情况可能与其他类型的海雾有关,如平流蒸发雾;但也可能与雾顶长波辐射冷却和雾层中的湍流混合导致 SAT 下降有关。海雾最初形成时,背景水文气象条件为暖空气平流至冷海面;一旦出现雾层后,雾顶长波辐射冷却导致雾层中气温下降甚至低于 SST;雾趋于消散时,雾层气温上升又恢复至 SAT＞SST。

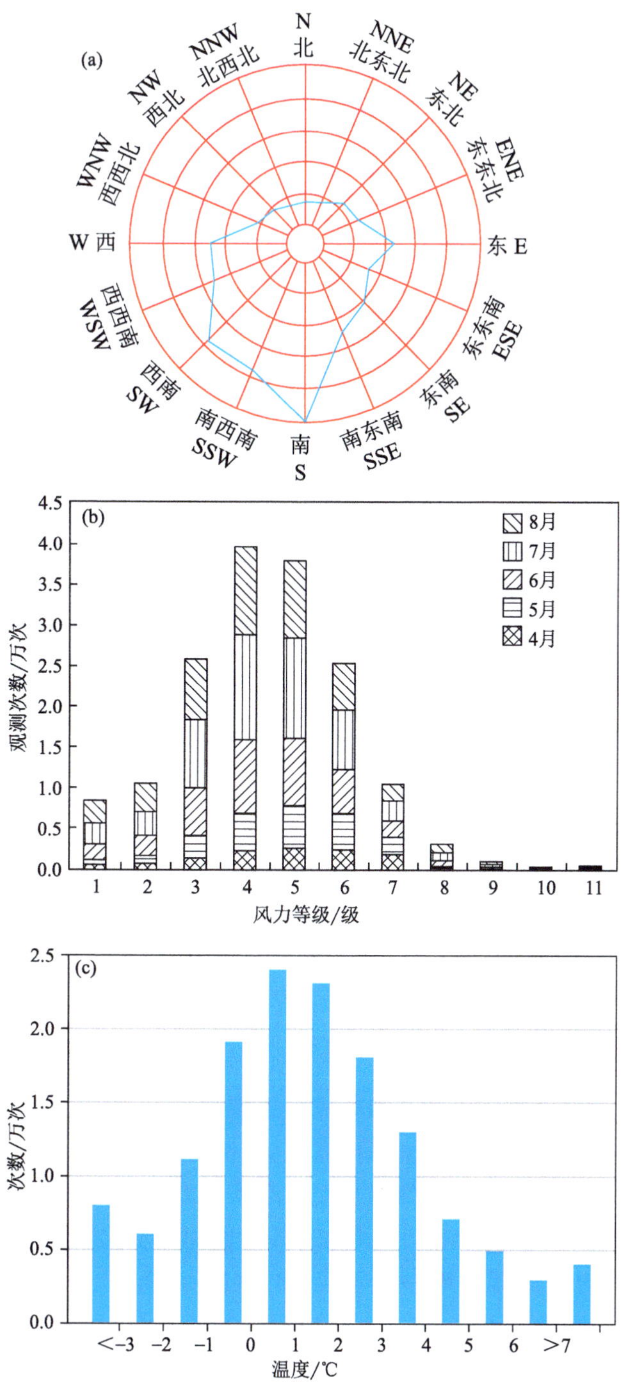

图 3.9　4—8 月西北太平洋雾中(能见度小于 1000 m,排除降水影响)水文气象条件统计(35°～50°N,145°E～180°,ICOADS,1982—2008 年)

(a)雾中风向玫瑰图(外圈 15.3%,间隔 3%);(b)风力等级频数分布

(c)SAT－SST(℃)在不同数值区间的频次分布

(根据傅刚等(2014)绘制)

3.5 东北太平洋海雾

3.5.1 海雾频率及季节变化

中纬度北太平洋海雾频率自西向东下降(冬季除外),较低的海雾频率区可以一直延伸到东北太平洋(图 3.2)。冬季东北太平洋有太平洋最大范围的雾区,海雾频率在 8%~12%,较周围海区明显偏多,而西北太平洋海雾很少,没有明显的多雾区(图 3.2d)。

东北太平洋海雾频率的季节变化趋势与西北太平洋类似,呈现单峰型,即夏季最多(图 3.10)。但是季节变化幅度不及西北太平洋明显。比如西北太平洋 7 月与 1 月的海雾频率分别在 40%与 5%左右(图 3.6),频率差为 35%;而东北太平洋海雾频率 7 月与 1 月分别在 27%和 14%左右,频率差为 13%。与西北太平洋对比,可以说东北太平洋夏季海雾不多,冬季海雾不少。

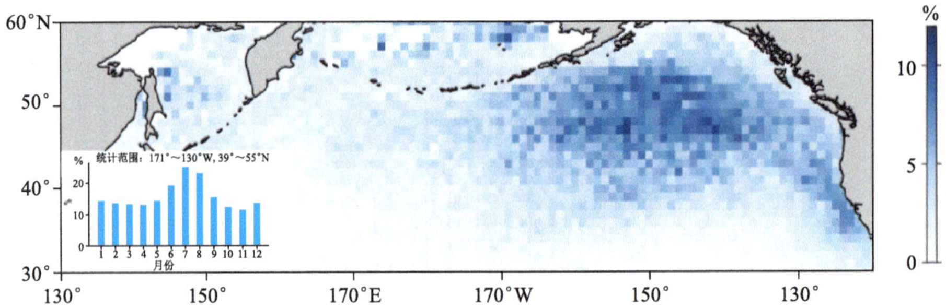

图 3.10 北太平洋冬季(12 月—次年 2 月)海雾频率(填色,%)和东北太平洋(171°~130°W,39°~55°N)逐月海雾频率(%,左下小图)(ICOADS,1979—2019 年)

3.5.2 海雾与海流和海面水温的关系

北太平洋西岸从白令海峡南下的亲潮冷流沿堪察加半岛向日本流去,但其有一支在白令海内做反时针方向旋转沿阿留申群岛北岸向东流去,使得白令海东岸(阿拉斯加西岸)受到冷海流的冲刷,出现了低海温区,有利于海雾形成。在阿拉斯加湾南岸,是一支顺北太平洋海流而来的阿拉斯加暖流(图 3.7),因此,阿拉斯加西岸比南岸的雾多,特别是夏季,西岸的雾比较频繁,频率超过 30%,南岸海雾频率一般不足 16%(图 3.2b)。因此,冷海流是多雾的前提条件。

自阿拉斯加湾沿美国西海岸向南为北太平洋流,温度、盐度和降水都在增加,海雾减少;再向南,是加利福尼亚洋流(图 3.7),这支冷洋流所在区域的水温低(与其同纬度的外海相比)。这里夏季盛行偏西北风导致强的沿岸上升流和 SST 冷中心,再加上南下的加利福尼亚洋流,俄勒冈—加利福尼亚沿岸的冷海面上降水少,而海雾多(图 3.11)。最冷的海水出现在 38°~43°N 的陆架内,与最频繁的雾区(约 14%)吻合。9—11 月,上升流减弱,海雾频率有所下降。12 月—次年 2 月,上升流和沿岸的冷水中心消失,海雾频率进一步下降,但多雾区范围扩大,可一直伸展到加利福尼亚南部,而且最高海雾频率出现在离岸一定距离的洋面上,这一点与夏季最大海雾频率出现在近岸不同(图 3.11)。

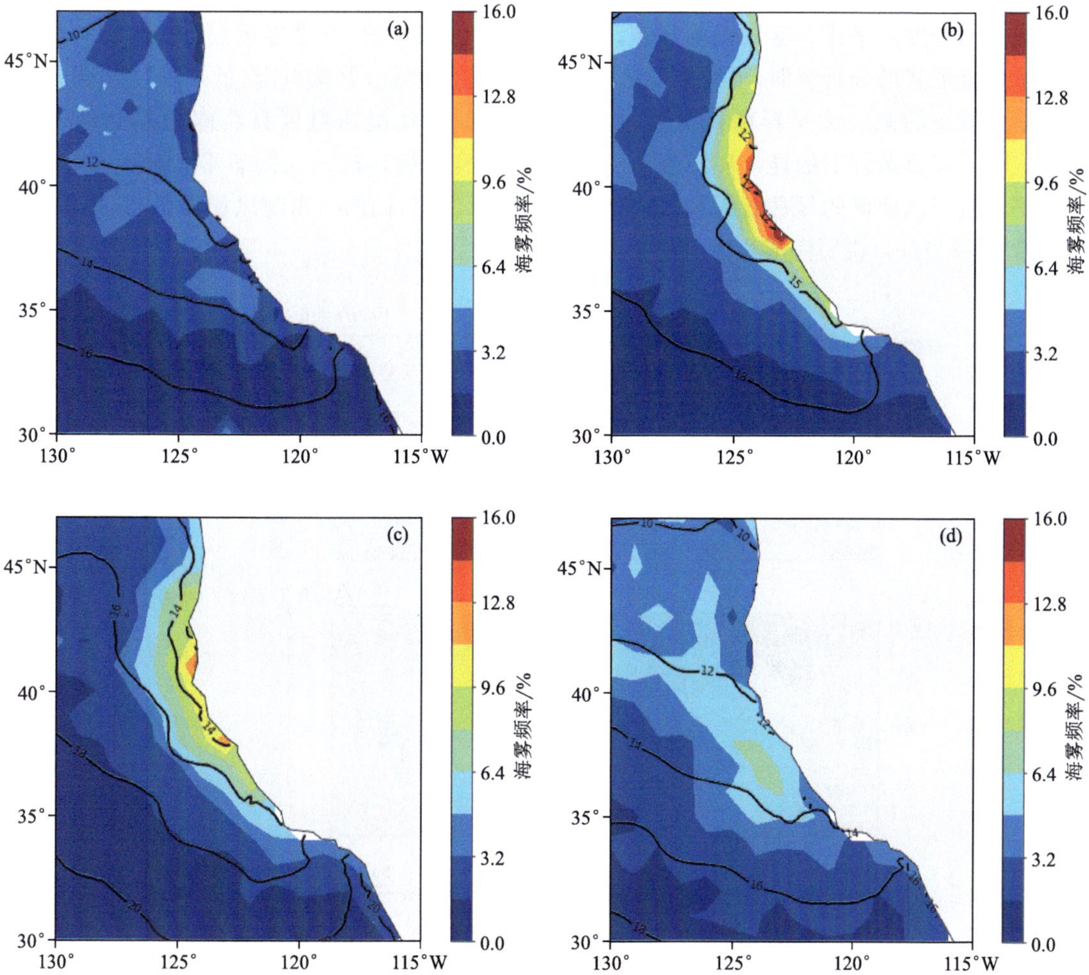

图 3.11　俄勒冈—加利福尼亚沿岸海雾频率(填色)和 SST(等值线,℃)

(a)3—5 月;(b)6—8 月;(c)9—11 月;(d)12 月—次年 2 月

加利福尼亚南部的圣迭戈(San Diego)近海冬季海雾比较多,往往是比较冷的空气平流到暖海面形成平流蒸发雾,也有低云云底高度下降至海面成雾的情况(Petterssen,1939;Pilié et al.,1979)。由于是较冷空气在较暖海面上成雾,也称为暖海雾,这与加利福尼亚北部冷水面上的海雾有所不同。俄勒冈—加利福尼亚沿岸春季海雾最少,最高海雾频率也是出现在离岸一定距离的洋面上。这里海雾的形成原因已经有不少研究,读者可参考 Leipper(1994)、Lewis 等(2004)和 Koračin 等(2014)。再向南去便是北赤道流和赤道逆流,属于暖海流控制区,高温多雨,极少有雾。

3.5.3　大气环流条件

夏季,东北太平洋雾区位于太平洋副热带高压北侧,盛行西西南—西风(图 3.8a),自 180°向东,南风分量越来越小。纵然天气尺度的高低压活动会给该海区带来水汽,但在总体上海雾频率远小于西北太平洋。

冬季，受阿留申低压和副热带高压的共同影响，东北太平洋盛行偏西南风（图 3.8b），带来暖湿空气，使这里海雾频率明显高于同期西北风控制下西北太平洋。阿拉斯加湾南部至 40°N 以北成为同纬度太平洋海雾最多的区域，雾区东西范围横跨约 40 个经度（图 3.10）。对有雾条件下环流形势的分析表明，阿留申低压中心位置（较气候态）更偏东南，低压强度加强；在该低压中心以东的东北太平洋南风分量增加，有明显的高比湿通量区自西南向东北伸展（图 3.12a、b）。有雾条件下的异常环流形势（有雾条件下合成的环流－气候态平均环流）表明，东北太平洋位于其西侧的异常低压和其东侧的异常高压之间，偏南—东南风加强，气温存在明显正异常（图 3.12c），说明海雾总体上受暖湿气流影响。

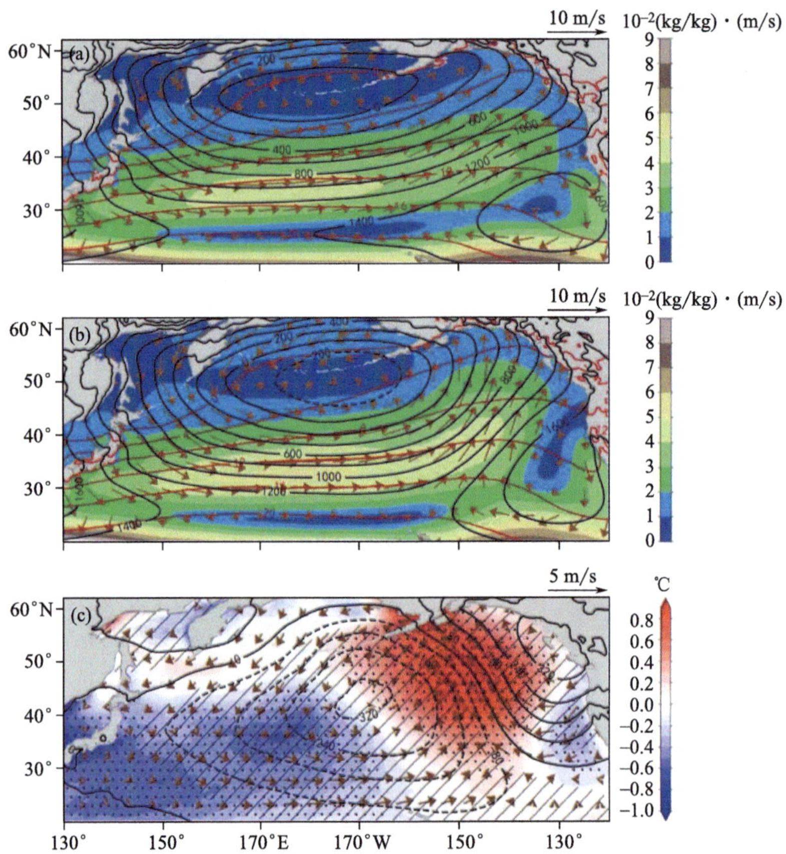

图 3.12 (a)北太平洋冬季 1000 hPa 平均环流形势（位势高度：黑色等值线，gpm；气温：红色等值线，℃；比湿通量：填色，10^{-2}(kg/kg)·(m/s)；水平风：矢量箭头，m/s）；(b)冬季东北太平洋有雾时环流形势合成（说明同图 a）；(c)冬季东北太平洋有雾时环流形势与气候平均的差异（位势高度：黑色等值线，gpm；气温：填色，℃；水平风矢量：m/s。黑点区代表气温差异超过 95% t 检验置信水平，斜线区代表位势高度差异超过 95% t 检验置信水平）(Li et al.,2022)

冬季，东北太平洋气候平均的气海温差为负值，即水温高于气温（SAT－SST＜0）。但在有雾条件下，出现 SAT＞SST，即气温比水温高（图 3.13a）。计算有雾条件下 SAT－SST 值频率分布表明，SAT－SST≥0 的情况占 68%，SAT－SST＜0 的情况占 32%（图 3.13b）。SAT－SST≥0 时，以南风为主（图 3.13c），海雾基本属于平流冷却雾的性质；SAT－SST＜0 时，偏北风占了一定的比例，反映了存在平流蒸发雾等其他类型的海雾。

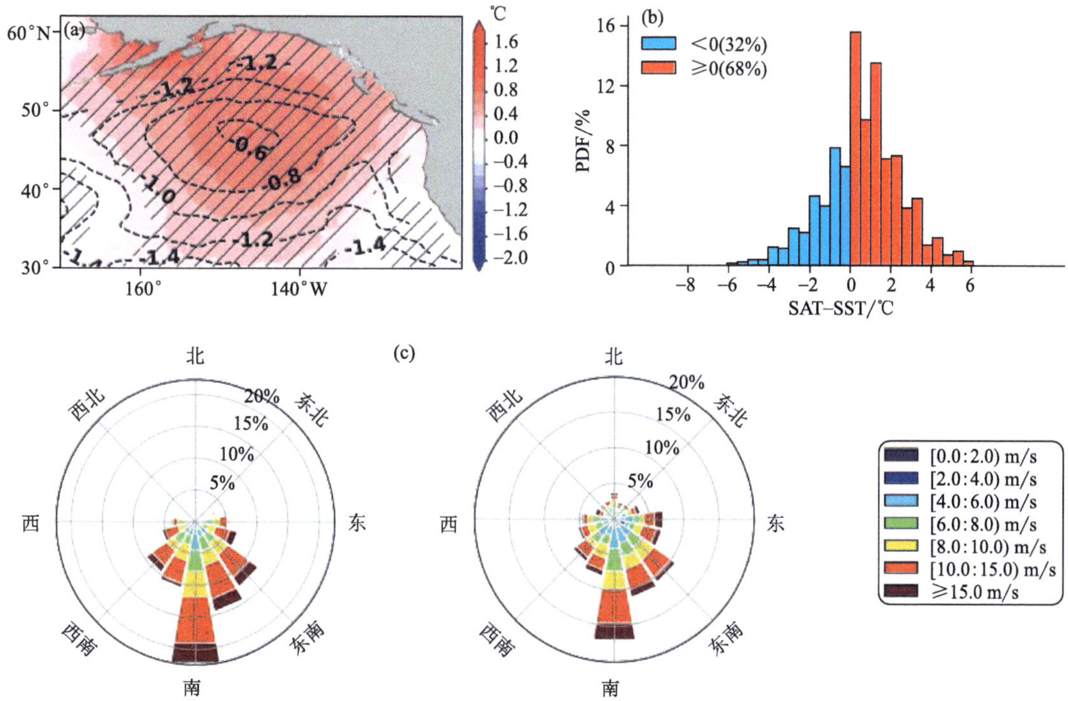

图 3.13　冬季东北太平洋有雾条件下海表面水文气象特征

(a)气候态平均 SAT－SST(黑色虚线,℃),SAT－SST 异常值(有雾条件下与气候平均的差值,填色,℃),斜线影区为 SAT－SST 异常值超过 95%置信水平;(b)SAT－SST 在不同数值区间的频率分布;(c)表面风玫瑰图(%),其中左图为 SAT－SST≥0 时,右图为 SAT－SST<0 时

3.5.4　美国西海岸上升流区海雾

当风平行于海岸吹时,由于风驱动的艾克曼输运效应(北半球背对风的方向,离岸流向右手侧流去;南半球背对风的方向,离岸流向左手侧流去),补偿性的上升流将深层冷水带到大陆架表面和离开陆地不到 1 km 的地方,形成沿岸的 SST 冷中心(Smith,1968)。

风驱动的沿岸上升流主要发生在全球 5 个地方。其中 4 个(俄勒冈—加利福尼亚、秘鲁和智利、非洲西北部和非洲西南部)位于副热带大洋反气旋东侧海洋东边界流区(oceanographic eastern boundary currents)(Bakun et al.,1991;Chavez et al.,2009),第 5 个位于夏季风期间阿拉伯半岛东南岸水域(Tomczak et al.,2003)。

以俄勒冈—加利福尼亚为例。夏季太平洋副热带高压(较冬季)位置偏北,范围大,强度强。俄勒冈—加利福尼亚沿岸正位于副热带高压和北美大陆低压之间,盛行西北—北风,风向基本平行于海岸线(图 3.8 和图 3.14),驱动离岸流和补偿性的上升流,形成 SST 冷中心。冷水上空气压加强和水平气压梯度作用加速了沿着海岸的偏北风,又进一步增加了上升流及其影响(Koračin et al.,2004;Winant et al.,1988)。如果太平洋高压深入大陆,干暖的离岸风导致近海逆温层加强。低空天气尺度的暖湿气流出现后,在冷水面形成海雾。

冬季副热带高压中心向东南移动,强度减弱,俄勒冈—加利福尼亚沿岸偏北风风速减小,上升流减弱,冷水中心基本消失(图 3.8、图 3.11、图 3.14)。

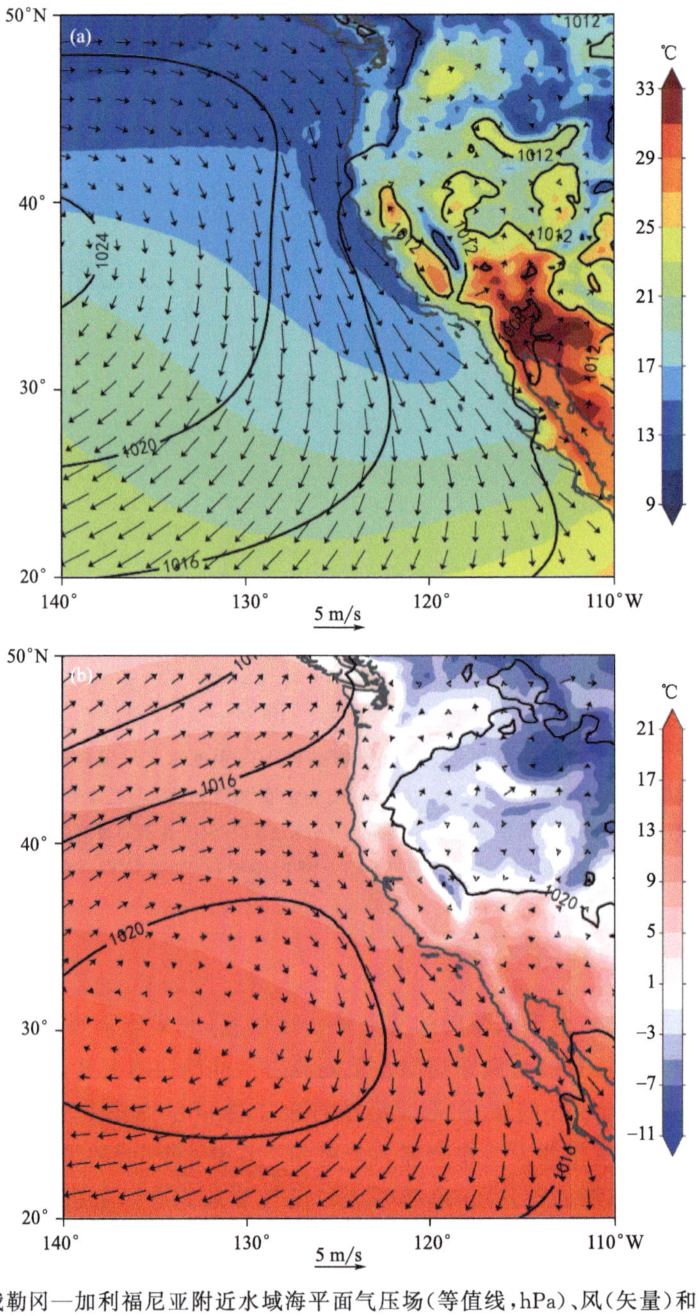

图 3.14 俄勒冈—加利福尼亚附近水域海平面气压场(等值线,hPa)、风(矢量)和气温(填色)

(a)6—8 月;(b)12 月—次年 2 月

3.6 北大西洋海雾

3.6.1 西北大西洋海雾频率

西北大西洋是全球海雾第二高发区,海雾频率最大值在加拿大纽芬兰岛大浅滩(Grand

Banks,45°N,50°W)附近海域,夏季海雾频率最大,超过45%(图3.15)。从最大值中心沿着拉布拉多海岸向西北海雾频率减小至25%,形成东南—西北的带状多雾区。另一个多雾区从大浅滩最大值中心向西伸展至(40°N,70°W)附近,海雾频率在30%~35%。在新斯科舍半岛西南端海上有另一个多雾中心,海雾频率最大达50%,但范围比大浅滩海雾区小。西北大西洋海雾频率的季节变化与西北太平洋类似,夏季最多,其次是春季(最多30%左右)和秋季(最多18%左右),冬季最少,但仍有14%~16%,而此时西北太平洋海雾频率不足10%。西北大西洋多雾区也与浅水地形有关,多雾中心的空间分布与纽芬兰外海大浅滩的浅水范围基本一致(Dorman et al.,2017)。

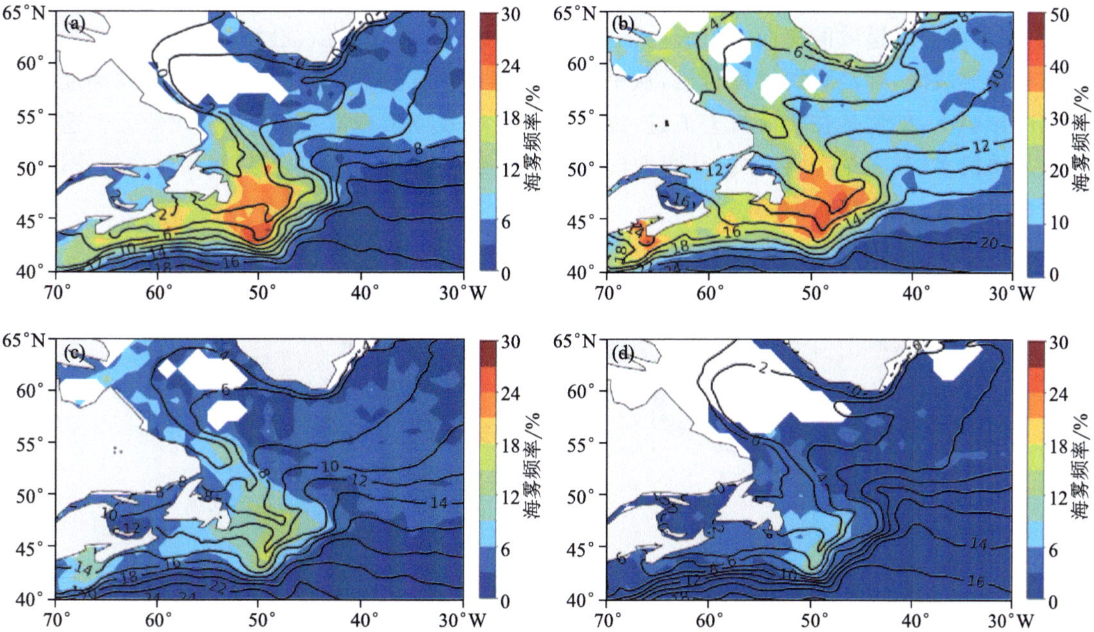

图3.15 1960年1月—2019年12月北大西洋海雾频率分布(黑线为SST等温线,℃,空白处为观测次数不足100次)

(a)3—5月;(b)6—8月;(c)9—11月;(d)12月—次年2月

3.6.2 拉布拉多海海雾

拉布拉多海位于北大西洋西北部,加拿大东岸和格陵兰岛之间,在47°~60°N。来自北冰洋南部的拉布拉多冷海流沿巴芬岛东岸—加拿大东岸南流至纽芬兰岛。大浅滩位于拉布拉多海南部、纽芬兰岛东南部,拉布拉多冷流向南经过大浅滩,再转向西南流向新斯科舍。冬、春季大部分海区为海冰覆盖,出现大片观测空白区(图3.15a、d)。仲夏至秋末可通航,观测也比较多。

夏季海雾最多,位于大浅滩的多雾区沿拉布拉多海岸向西北伸入拉布拉多海,海雾频率在25%左右的多雾区一直伸展到拉布拉多海西北部(图3.15b)。春季海雾频率仅次于夏季,但受海冰的影响,拉布拉多海西部的雾限于55°N以南。

秋、冬季海雾频率分布形态基本与夏季相同,但海雾频率值均明显减小(图3.15c、d)。总之,每个季节都有一个最大值区,均出现在大浅滩浅水区。此外,还有向两翼减少的"臂"向西北和西伸展。在大浅滩多雾区 40°N 以南，海雾频率明显减小。

3.6.3 海雾与海流和海面水温的关系

加拿大东海岸直到纽芬兰岛大浅滩，受拉布拉多冷洋流影响，海水温度低，且有冰山漂至，明显的气候特征是寒冷多雾，著名的泰坦尼克号游轮就沉没在大浅滩附近海域。由于拉布拉多冷流与湾流在附近交汇，这里有明显的海洋锋，也是世界四大著名渔场之一。

北大西洋西部加拿大东海岸直到纽芬兰岛，在拉布拉多冷洋流影响下（图 3.16），夏季盛行平流冷却雾，冬季也有平流蒸发雾。40°N 以南，是墨西哥湾流所在海区，夏季水温高，不利于平流冷却雾的形成，其他季节虽无冷海流足供其上暖空气的冷却，但从低纬度向北平流的暖空气，在自南向北递减的海面水温影响下，仍然可以发生冷却效应。沿湾流东去，接北大西洋漂流直达挪威海，都是暖海流盛行区，从中低纬度北上的暖湿空气，在表层海水温度梯度向北递减的影响下，即使是在暖海流上流过，也会产生冷却效应形成海雾，或者出现低云。这种海雾以夏季最多，其次是春、秋季。从海面向东进入西欧沿岸地区，再加上陆面辐射冷却作用，雾的频率更大些（王彬华，1983）。

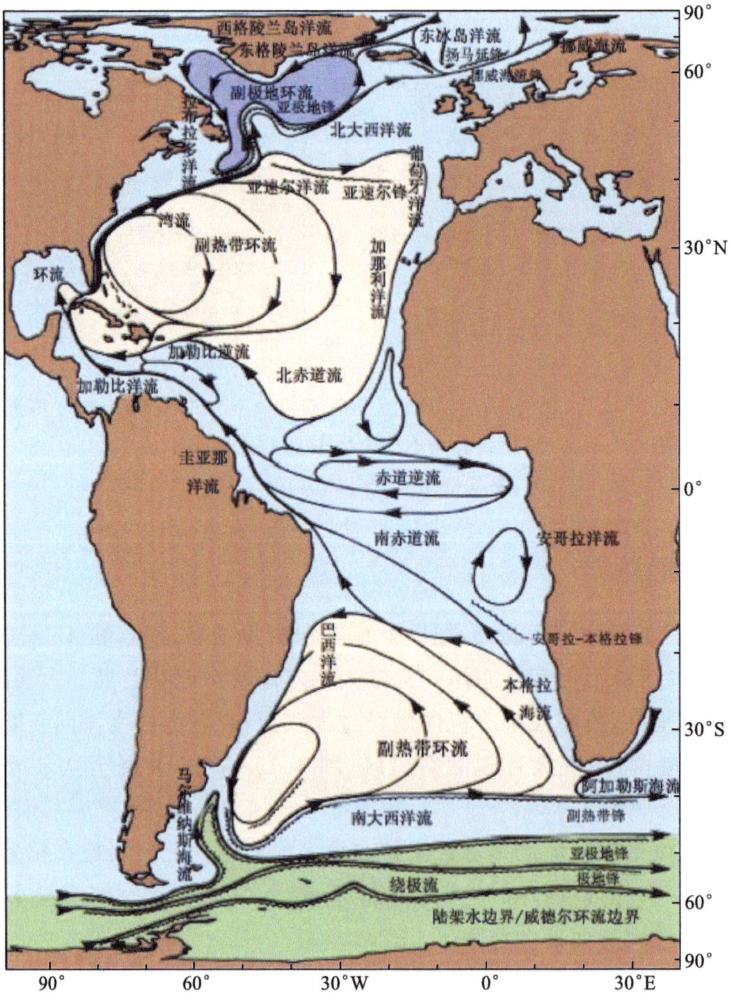

图 3.16 大西洋表面洋流（译自 Tomczak 等(2003)）

与西北太平洋类似，西北大西洋海雾高发区与海温冷舌位置一致。6—8 月，从拉布拉多—大浅滩沿着 50°W 为一明显的 SST 冷舌(图 3.15)。16 ℃等温线向西延伸，两个海雾频率高值中心分布于两个低于 16 ℃的冷舌中。

SST 场进一步表明海洋锋与雾的重要关系。夏季沿着拉布拉多大陆架，最冷的 SST 是 4～5 ℃，海温明显低于大浅滩水域(大浅滩 SST 为 10～15 ℃)。但最大海雾频率区并不是在这个最寒冷的水域。大浅滩附近最明显的特点是存在海洋锋，从大陆架南缘，垂直于大陆架向大洋延伸，在离开大陆架 100 km 内 SST 梯度最强，在接下来的 200～300 km 强度变弱，海雾频率也迅速下降。大浅滩边缘这种强海温梯度，加上浅水的强烈潮汐混合，是造成大浅滩东南部海雾频发的重要原因。西北大西洋海雾频率的空间分布也部分地受副极地环流(Subpolar Gyre)影响。副极地环流向墨西哥湾流的东北方延伸进入拉布拉多海，呈现气旋式回旋洋流(图 3.16)，多雾区基本局限在副极地环流圈内。

3.6.4 东北大西洋海雾频率

北大西洋东部有加那利(Canary)冷洋流(图 3.16)。加上非洲西北沿岸 6—8 月上升流的影响，导致 28°～32°N 有 SST 冷中心，该冷中心秋季减弱，冬季消失(图 3.17)。与冷中心配

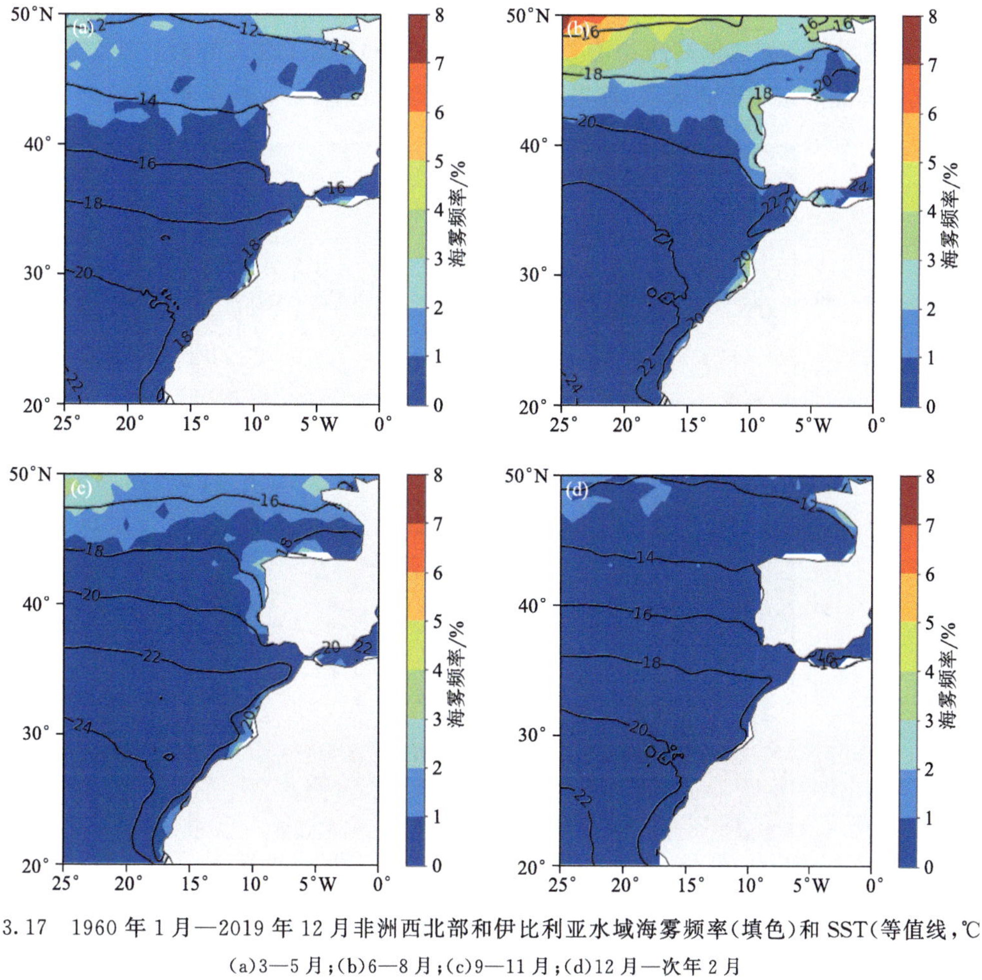

图 3.17 1960 年 1 月—2019 年 12 月非洲西北部和伊比利亚水域海雾频率(填色)和 SST(等值线,℃)

(a)3—5 月;(b)6—8 月;(c)9—11 月;(d)12 月—次年 2 月

合，摩洛哥沿岸(29°～31°N)有非洲西北部最明显的海雾区，但是海雾频率比北美洲太平洋沿岸的俄勒冈—加利福尼亚小很多。在海雾最多的6—8月，海雾频率最大为4.7%，在(29°N，11°W)，其次是秋季，海雾频率最大为3.1%，在(30°N，10°W)。冬季和春季也有零散雾区，但海雾频率更小。

夏季在加那利冷洋流影响下，从直布罗陀海峡以南到15°N附近水温比较低，在离开海岸的大洋上空，或多或少也有海雾发生。在伊比利亚半岛西岸和直布罗陀海峡，有频率3%～4%的雾区(图3.17b)。

摩洛哥海岸陆地站观测的雾比最邻近的ICOADS船舶观测的雾多。在穆罕默德五世(Mohammed V)国际机场(33.4°N，7.6°W，海拔200 m，距海岸26 km)，平均每年有73 d雾(20%发生率)。对2008年1月21—22日摩洛哥卡萨布兰卡沿海雾事件的数值研究发现，雾最初形成于内陆，作为抬升的辐射雾以层云的形式延伸到海岸上空，在最冷的海水之上云底下降成为海雾。海雾的范围仅限于最冷海面的一个狭窄范围。雾最初在陆地上形成可以部分地解释为什么海面上的雾会大大减少。此外，上涌的海水通常导致离海岸1 km范围内SST最低，这可能是雾限制在距离海岸10 km范围内的一个重要因素(Bari et al.，2015)。

3.6.5 大气环流条件

6—8月北大西洋副热带高压中心位于(33°N，36°W)附近(图3.18a)。在该反气旋西北部，海面气流向北—东北方向运动，首先经过墨西哥湾流上空，获取热量和水汽，然后流经由于

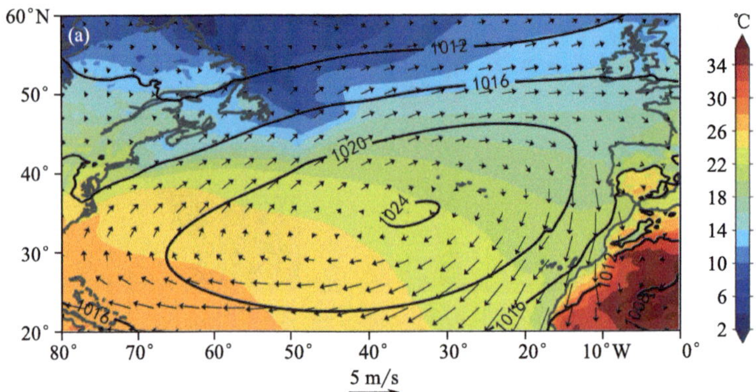

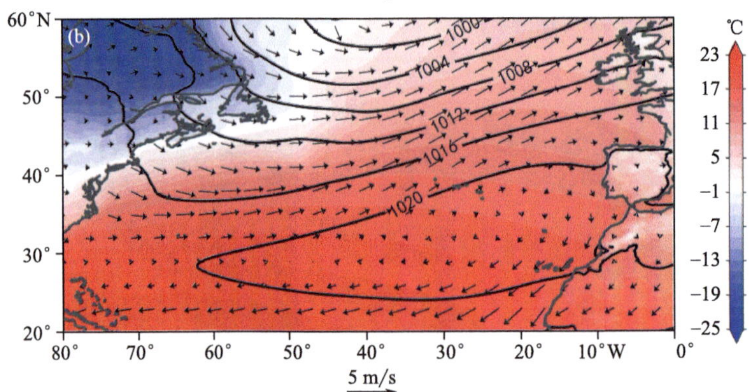

图3.18 北大西洋海平面气压场(等值线，hPa)、风(矢量)和气温(填色)

(a)6—8月；(b)12月—次年2月

拉布拉多寒流影响导致的负 SST 梯度区，在纽芬兰—大浅滩附近 SST 进一步降低，暖湿气流在迅速降温的海面上空冷却凝结，形成海雾频率最大值中心。

12 月—次年 2 月，副热带高压中心较夏季偏东南，大洋西北部受冰岛低压（中心在（62°N，35°W）附近）的影响，盛行西北—西气流。大浅滩附近洋面受来自北美洲大陆寒冷、干燥的西北风控制，从而抑制雾的形成（图 3.18b）。

拉布拉多海和大浅滩的多雾区与冷水位置基本一致，各个季节没有例外，表明该海区主要盛行平流冷却雾。夏季暖湿空气在强 SST 梯度区的冷水一侧易形成平流冷却雾；在其他季节，受天气尺度的气旋、反气旋影响，也有平流冷却雾形成。另外，冬季在来自极地、副极地冷空气的影响下，也可在相对较暖的水面形成平流蒸发雾。在大浅滩—新斯科舍多雾区以南，海洋锋的暖水侧为湾流暖水控制，少有海雾发生。

利用 ICOADS 船舶观测资料，对西北大西洋（35°～55°N，70°～35°W）4—8 月有海雾时的气象要素统计表明，70.45%的风向为西西南—西—东东南（WSE—S—ESE），说明来自南方海洋的暖湿气流对成雾的重要贡献。风向为西西北—东东北（WNW—ENE）的情况占 16.55%。有海雾时，海上以 3～6 级风居多，其中 4～5 级风最多。不同月份风力频数的分布趋势是相同的，都以 3～6 级的风为主。雾中气海温差（SAT－SST）前 4 个最大频率出现在－0.5 ℃＜SAT－SST＜2.5 ℃，SAT－SST＞4 ℃的频率和 SAT－SST＜－2 ℃的频率均明显下降（图 3.19a～c）。

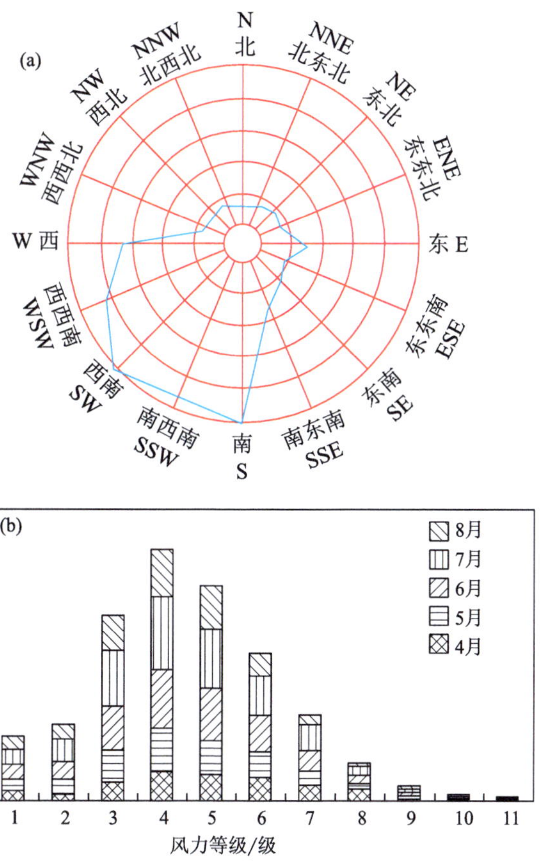

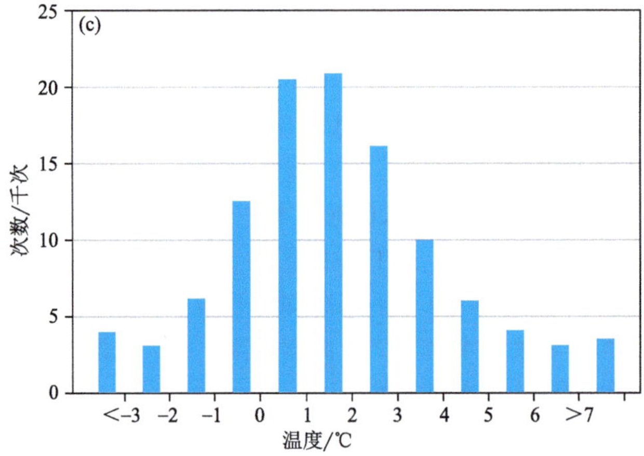

图 3.19　4—8 月西北大西洋(35°～55°N,70°～35°W)有海雾时气象要素特征

(a)风向玫瑰图,最外圈风向频率 15.62%,间隔 4%;(b)风力等级频数分布;

(c)气海温差在不同数值区间的分布(根据王冠岚(2010)绘制)

3.7　南太平洋海雾

南半球海雾主要出现在南半球夏季(12 月—次年 2 月)。整体上看,30°S 以北海雾很少,没有明显的相对多雾中心。30°S 以南,有几个相对多雾中心,但海雾频率较北半球明显小很多(图 3.2)。南半球观测少,有大片空白区。

在太平洋上,自北太平洋副极地环流向南,黑潮、北赤道流、南赤道流、东澳大利亚洋流(东澳洋流)等都是暖洋流(图 3.7)。由于缺少冷洋流提供水汽冷却条件,澳大利亚东岸及其附近海区,没有明显成片的海雾区域。东澳洋流以南,水温降低,降水减少,海雾又会出现。12 月—次年 2 月,新西兰东南侧有一个多雾区,海雾频率为 10%左右(图 3.2d)。顺东澳洋流继续南去,由于水温向南递减,从澳大利亚东部海区向中高纬度流去的暖湿空气,通过新西兰与塔斯马尼亚(Tasmania)之间的塔斯曼海及新西兰以东海区,在其南面绕极流影响下冷却,在 60°S 及其以南形成若干离散的雾区,最大频率达 16%(图 3.2d、图 3.4d),形成了南太平洋西部中高纬度海区盛夏的多雾区。

南美洲是一个南北走向的狭长大陆,纬度愈高,陆地愈狭,这与北美或欧亚大陆纬度愈高陆地愈宽的形状恰恰相反,因此,海洋对于陆上气候的影响比较显著,而且愈向高纬度影响愈大,冬暖夏凉的海洋气候特色,在大陆南部尤为突出。智利北部和秘鲁沿岸及其附近海区的雾,虽雾区范围不大,却反映了南太平洋东部海雾与海流之间明显的对应关系。在秘鲁海岸,一年四季均有成片雾区(图 3.2、图 3.4),大部分海雾发生在 5°～16°S。12 月—次年 2 月海雾最多,海雾频率最大可超过 7%,多雾区与沿岸上升流导致的 SST 冷中心基本一致(图 3.20a)。其次是 3—5 月,6—8 月海雾频率最低,最大值为 1.8%。

智利近岸也是一年四季均有雾区(图 3.2、图 3.4),3—5 月海雾最多,海雾频率大值区(最大达 8%)出现在(35°S,73°W),与冷水面相配合(图 3.20b)。另一个多雾区离开智利中部沿岸,在(35°～45°S,80°～90°W),而且各季节都有,3—5 月雾区面积最大(图 3.4)。这里有海洋副热带锋(图 3.7),SST 梯度大,有利于形成海雾。但该洋区船舶观测少(图 3.1),对海雾的了解很有限。

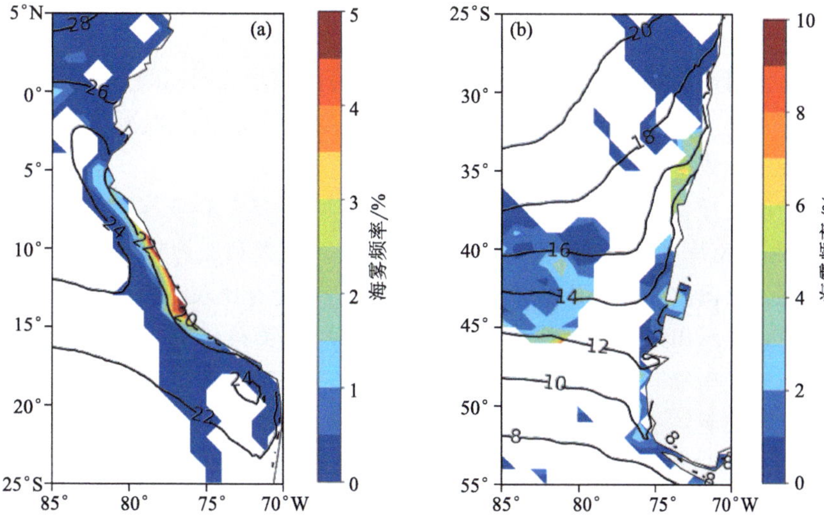

图 3.20　秘鲁和智利近海海雾频率(填色)和 SST(等值线,℃)(空白区为观测次数小于 100 次)
(a)12 月—次年 2 月秘鲁近海;(b)3—5 月智利近海

南太平洋东岸为秘鲁智利冷海流,这里水温低,雨量奇缺,但云雾多,构成了这一地带潮湿少雨的气候特色。王彬华(1983)在《海雾》一书中形象地描绘了这里的气候:“不论冬夏,每月平均雨量不足 30 毫米,个别地带甚至几年未曾降雨。在这样缺雨的情况下,空气却又非常潮湿,整日密云四布,甚至是细雨蒙蒙,只是没有雨量,或者有很少雨量。”达尔文(Darwin)在这儿旅行时,曾经有这样一段记述:“……在秘鲁某些低洼地区,人人都说从未降过雨,这句话的意义,很难理解;因我在这儿旅行时,几乎天天都有浓密的细雾,致令道路泥泞,衣帽尽湿;当地人喜爱这种细雾,称为秘鲁甘露(Peruvain dew)……”。所谓秘鲁甘露,实际上就是秘鲁沿岸的海雾,这种雾只限于安第斯山以西的海岸地带及其附近海区,从大约 5°S 到 15°S 的狭长区域。

沿智利海岸的 24 个观测站长期资料表明,每年的雾日从 3 d 到 59 d 不等(为 1%～16%)。35°～40°S 是最大海雾频率带,每年有 37 d(约 10%)的雾(Cereceda et al.,1992)。由于地形的影响,有些雾是低云与山坡接触而形成,山上云雾频率要比岸滨多 3～15 倍。智利北部的伊基克(Iguique,70°W,20.5°S),由于降水少,云雾多,人们用特殊的材料制成网,收集雾水,是当地重要的人畜饮用水来源,甚至用来浇灌蔬菜(图 3.21)。一些植物靠它们的叶子吸收空气中的水分而存活。

图 3.21　雾水收集网

3.8 印度洋海雾

印度洋横跨赤道南北，北部的阿拉伯海和孟加拉湾约位于北回归线，南部的南非大陆和澳大利亚大陆也都不到 40°S。赤道以北的印度洋，没有冷海流足以产生平流冷却雾，也没有温度很低的冷空气以形成平流蒸发雾。

赤道以南的印度洋，澳大利亚西岸虽然有一支冷的西澳大利亚洋流(以下简称“西澳洋流”)，但从澳大利亚南岸到西岸有一支暖的沿岸流，所以澳大利亚西岸气温并不比其东岸低，甚至还要高一些。离澳大利亚西岸比较远的印度洋上，可能有比较分散的零星雾区，但难以在全球地图上清楚地显示出来。印度洋西部有沿南非东岸的莫桑比克海流，这支暖海流从莫桑比克海峡直达非洲最南端。12 月—次年 2 月从暖海面上向南流去的暖湿空气，在表层海水温度梯度和西风漂流或者绕极流的冷却作用下，在远离南非南端以东和东南的南印度洋形成若干成片雾区(图 3.2)，范围在(50°～100°E，35°～60°S)，海雾频率为 8%～14%。

除了广袤大洋中的雾区以外，6—8 月沿东南阿拉伯半岛存在一个西南风驱动的海洋上升流带。此时沿阿拉伯半岛东南部海岸有海雾，频率大多较低，在 1.8%左右。在(19°N，57°E)附近有 3.5%的海雾频率最高值(图 3.22)。值得一提的是，同期这里的轻雾(mist)出现频率

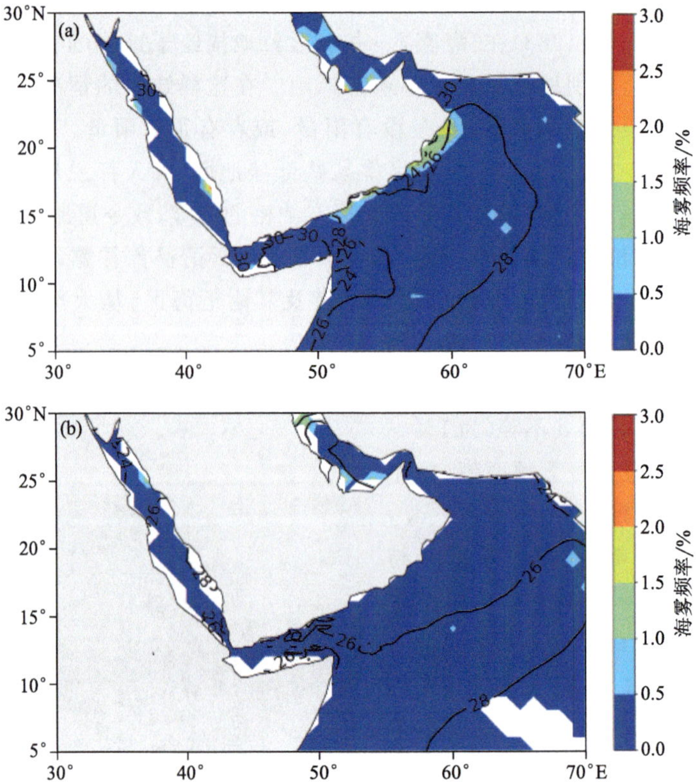

图 3.22 西北印度洋海雾频率分布(填色)和 SST(等值线，℃)

(a)6—8 月；(b)12 月—次年 2 月

明显比雾多，一般大于 7%，最大可达 15%(Dorman et al.，2017)。这也许与该海区风速大有关，没等海雾发展起来，就被吹散了。在 12 月—次年 2 月东北季风期间，阿拉伯半岛海岸或印度洋西北部没有明显的雾出现。3—5 月和 9—11 月是过渡季节，在阿拉伯半岛东南部，雾的发生率也很低并且分散，没有明显的较大范围海雾区。夏季在波斯湾和红海有海雾，频率很低(大部分都小于 2%)，这两个水域其他季节也或多或少有海雾出现，比西北印度洋海雾多一些。

3.9 南大洋其他水域的海雾

12 月—次年 2 月，船舶观测到的南半球海雾最频繁区域为(50°～60°S，60°～40°W)，位于南美洲和南极洲之间德雷克海峡(Drake Passage)的东侧(图 3.2、图 3.4)，海雾频率在 20%以上，最大可达 30%。前文讨论过这个多雾区。这里与北半球广袤大洋上空多雾区的主要区别是存在向东的绕极流和表面风。这个区域的西风驱动了向东的表面流，构成绕极流的一部分。表面流在通过南美洲南端与南极半岛之间的德雷克海峡时，流轴最窄，位置最偏南。这就迫使绕极流在过了德雷克海峡后顺流侧转向东北，形成"鳍"状冷水区(图 3.16、图 3.23)。风和风暴中心也更趋于东东北(ENE)方向，海雾经常形成于这段冷的绕极流上空。

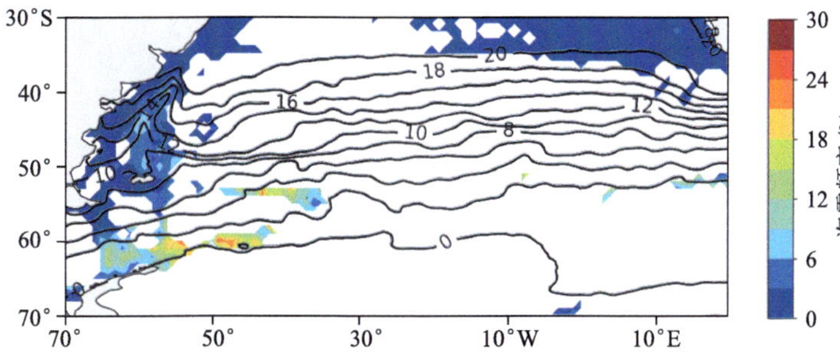

图 3.23　西南大西洋—南大洋 12 月—次年 2 月海雾频率(填色)和 SST(等值线，℃)
(空白处为观测次数不足 100 次)

沿阿根廷海岸从(45°S，60°W)到(38°S，55°W)，有一西南—东北走向的较弱的相对多雾区(图 3.23)。海雾频率最大值在马尔维纳斯流上空，该流从绕极流沿阿根廷海岸向北急转，然后反向向南流动，形成向赤道方向突出、狭窄的"鳍"状马尔维纳斯流。与北大西洋类似，一个反气旋的副热带海洋环流在南大西洋西侧形成向极地的温暖的巴西洋流(图 3.16)。该暖洋流与向赤道方向突出的马尔维纳斯洋流"鳍"相向而行。巴西边界流并没有北大西洋的边界流——湾流那么强，马尔维纳斯海流也比拉布拉多洋流更弱、更温暖。因此，与北大西洋相比，南美洲东侧的海温梯度大大减弱(Rayner et al.，2003；Dorman et al.，2017)。马尔维纳斯流"鳍"上空的多海雾区一年四季均存在(图 3.4)，海雾频率平均在 6%～10%，12 月—次年 2 月、3—5 月多雾区范围较大，6—8 月、9—11 月多雾区范围较小。

在南大西洋东岸，受本格拉(Benguela)冷海流影响(图 3.16)，在南非—纳米比亚沿岸多雾，这里的海雾比北非西岸多一些。西南非洲沿岸及其附近海区雨水奇缺，很多地区年雨量不足 100 mm，但海雾浓重，不少植物赖以生存，从而也说明海雾对生态的重要影响。雾最多发生在 3—5 月的过渡季节，其次是 12 月—次年 2 月（图 3.24）。

这里除了冷洋流之外，西南非洲海岸也有风驱动的上升流。这里的特点是无论冬夏均有两个最强上升流区，并导致两个冷中心（Rayner et al.，2003）。与之相应的有两个海雾频率大值中心，而且四季皆存在。而其他沿岸上升流区一般只有一个大值中心，而且只有夏季明显（图 3.24）。

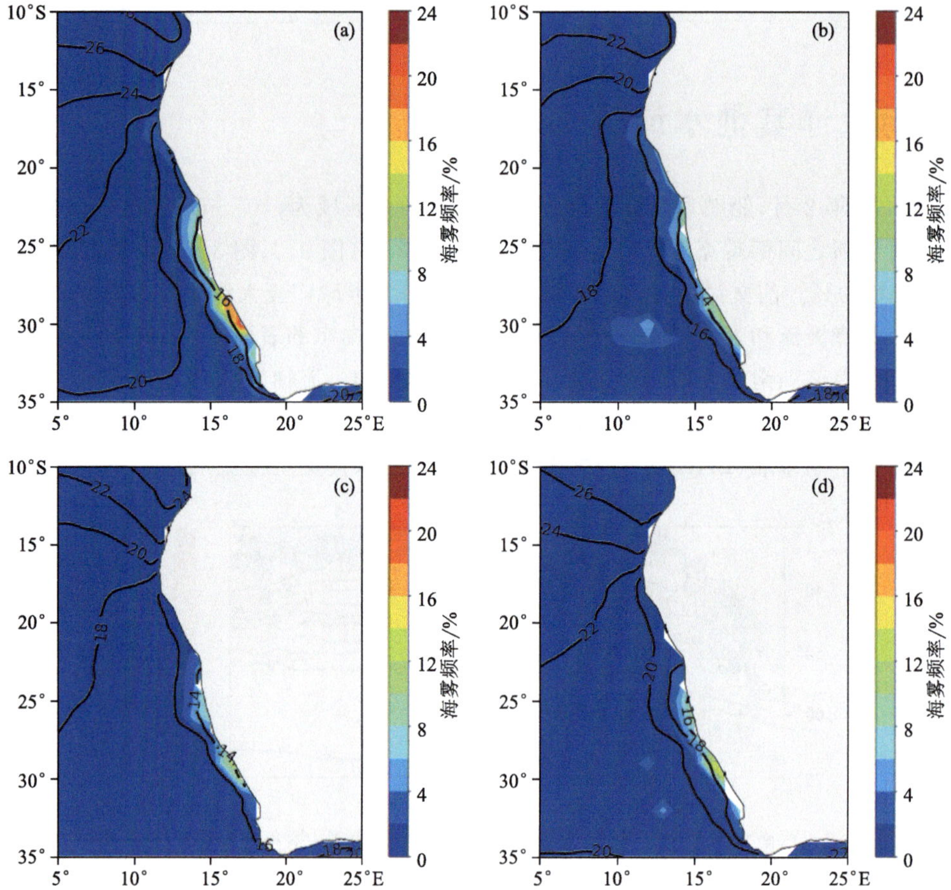

图 3.24 非洲西南部海雾频率（填色）和 SST（等值线，℃）

（a）3—5 月；（b）6—8 月；（c）9—11 月；（d）12 月—次年 2 月

Cermak（2012）利用 2004—2009 年所有可用的 Meteosat 卫星数据，建立了从 1°S 到 35°S 南非西海岸低云/雾的区域分布。船舶在所有季节观测到的雾高频率区域为 23°～26°/30°S，卫星反演得到的低云/雾最大频率区为 21°～25°S。

3.10 小结

总的来讲，全球大洋上海雾频率的分布与洋流、上升流、SST 和 SST 梯度密切相关。在暖季，大洋上空海雾最容易发生于与冷洋流相联系的冷水域、SST 梯度大值区的冷水侧，纬度在 40°～50°N。由于上升流影响的冷水中心靠近海岸，雾区范围较窄，往往难以在全球地图上显示出来，但是在局部海区还是有所表现。

北半球洋面的雾远远多于南半球。西北太平洋是全球海雾最多的区域，第二大多雾区在西北大西洋，海雾主要出现于强 SST 锋面的冷水侧。南半球开阔大洋上的海雾频率大值区在阿根廷大陆架以东的大西洋西南部，主要发生于冷的马尔维纳斯洋流之上，但其海雾频率远低于西北大西洋。马尔维纳斯冷海流在某种程度上类似于西北大西洋的拉布拉多海流，但比拉布拉多洋流更弱、更温暖。西南大西洋的主要特征在于绕极流取代了西北大西洋闭合的副极地环流，而且 SST 梯度要弱得多。

大气环流对海雾发生有重要作用。无论是西北太平洋还是西北大西洋，暖湿空气流经冷水面是海雾多发区的共同特征。在北半球中纬度冷水面（40°～50°N），夏季风或者温带气旋活动为这里带来暖湿气流。而在南半球中纬度，平均风更多来自西方。如在南大西洋，偏西风不能将温暖潮湿的空气从巴西洋流区输送到冷的马尔维纳斯海流上空，结果是在暖季马尔维纳斯海流上空的最大雾频也不足 10%。

极地海洋似乎拥有世界上最大的中等强度海雾频率区，海雾主要发生在暖季，冷季海雾频率最低。但是，该结论受到冷季观测极度缺乏的限制。

思考题

1. 根据船舶观测，海雾很少出现在热带、副热带地区，为什么？

2. 在世界大洋西北部有两个海雾频率极大值区，一个在西北太平洋的千岛群岛，另一个在西北大西洋的大浅滩。这两个区的气象水文条件有哪些共同点和不同点？

3. 有些海雾频率大值区的分布形状与浅水地形一致，如千岛群岛和大浅滩，大于最大海雾频率值0.9倍的网格点集中于水深小于200 m的水域上空。浅水上空多雾的原因是什么？

4. 平流蒸发雾/蒸汽雾往往出现在冷季。在大气条件相同的情况下，是不是水越浅其上空平流蒸发雾/蒸汽雾越多？为什么？

5. 稳定的大气层结（逆温层）覆盖于海洋大气边界层之上，抑制近海面水汽向上混合，进入自由大气，水汽在逆温层下方聚集，有利于形成雾/低云。试画图分析全球海洋（可任意选择某个水域）主要多雾区上空大气层结的稳定性和逆温层产生的原因。

6. 西北太平洋和西北大西洋海雾频率的季节变化趋势基本一致，都是夏季海雾最多、冬季最少。夏季海雾频率最大值西北太平洋大于西北大西洋；冬季相反，西北太平洋几乎看不到成片的海雾频率大值区，而北大西洋的海雾频率大值区仍然存在。试讨论上述两个西北大洋海雾频率季节变化振幅不尽相同的原因。

7. 风驱动的上升流在沿海形成狭窄的海面水温极小值中心，一般海雾频率峰值与冷中心位置一致。最大的海雾频率和最冷中心出现在离岸几千米的地方。离岸更远一点的第二或第三大海雾频率往往不到最大海雾频率的一半。试从大气和海洋两方面的条件，讨论加利福尼亚州北部——俄勒冈南部海岸暖季多海雾的原因。

8. 试解释为什么南半球海雾较北半球少很多？

9. 两极区的海雾类型有哪些？不同类型的海雾与极地的特殊下垫面有何关系？

第 4 章 边缘海和近岸水域海雾

在边缘海和近岸水域,陆地和海洋相互交错,不同尺度的海洋、陆地、大气相互影响,使海雾的局地性特征更加明显。本章从气候学角度讨论全球主要多雾边缘海和近岸水域的海雾频率变化及水文气象条件。除介绍中国近海、日本海、鄂霍次克海、美国东部和加拿大沿海,以及北海和波罗的海等水域的海雾以外,对于黄海海雾季节变化的机理做了比较细致的讨论。台湾海峡的雾有中国南方海雾的特征,也重点加以阐述。

4.1 中国近海海雾频率时空分布特征

利用 ICOADS 观测数据,计算每个 1°×1°格点年平均海雾频率(有雾次数/观测次数,%)[①]。定义年平均海雾频率≥2%的网格为有雾海区(图 4.1 中黄色区域),从图中可以看出,雾区主要分布在黄海、东海北部和西部、台湾海峡、粤东沿海、北部湾西部、琼州海峡、渤海和渤海海峡。

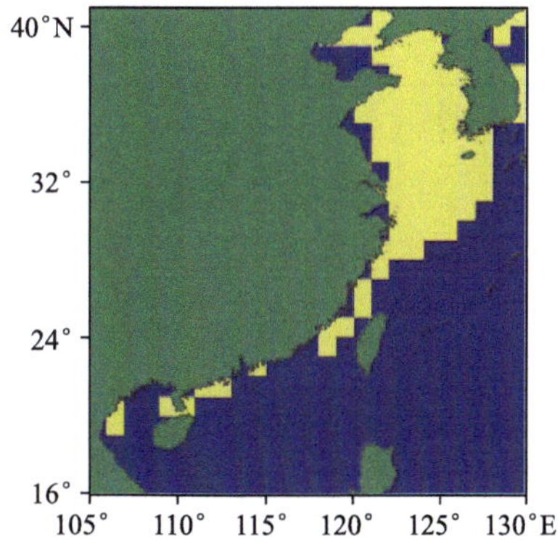

图 4.1 中国近海年平均海雾频率≥2%的区域(ICOADS 1960—2020 年)

表 4.1 为海区面积、雾区面积以及两者的比率,可以看出,黄海雾区面积最大,几乎全海区有雾,其次为东海和渤海。南海虽然雾区占海区面积的比率低,但海雾主要集中于南海北岸,对沿岸社会、经济的影响不容忽视。另外,海雾的季节变化大。在多雾季节,海雾会更加频繁出现。

表 4.1 中国近海海区海雾面积分布(年平均海雾频率≥2%) 单位:km^2

	海区			
	渤海	黄海	东海	南海
海区面积	77284	380000	770000	3500000
雾区面积	22010	338656	245861	73850
雾区占海区面积的比率/%	28.48	89.12	31.93	2.11

4.1.1 海雾频率的季节变化

春季(3—5 月)黄海多雾。10%以上的海雾频率几乎覆盖了整个黄海,海盆西部海雾较东

① 仅统计观测次数>100 次的格点。

部多。16%～20%的峰值海雾频率出现于山东半岛南部近海和黄海西南部。杭州湾(约 30°N)向南雾区迅速缩小,局限于沿海岸的带状区,经台湾海峡、粤东沿海一直到北部湾。台湾海峡西部的海雾多于海峡东部。北部湾和琼州海峡存在局部多雾区。渤海海峡有 10%～12%的多雾中心(图 4.2a)。整体上看,中国近海雾区分布形态像"逗号","逗号"的"头部"在黄海,"尾部"自约 28°N 一直到南海、北部湾。

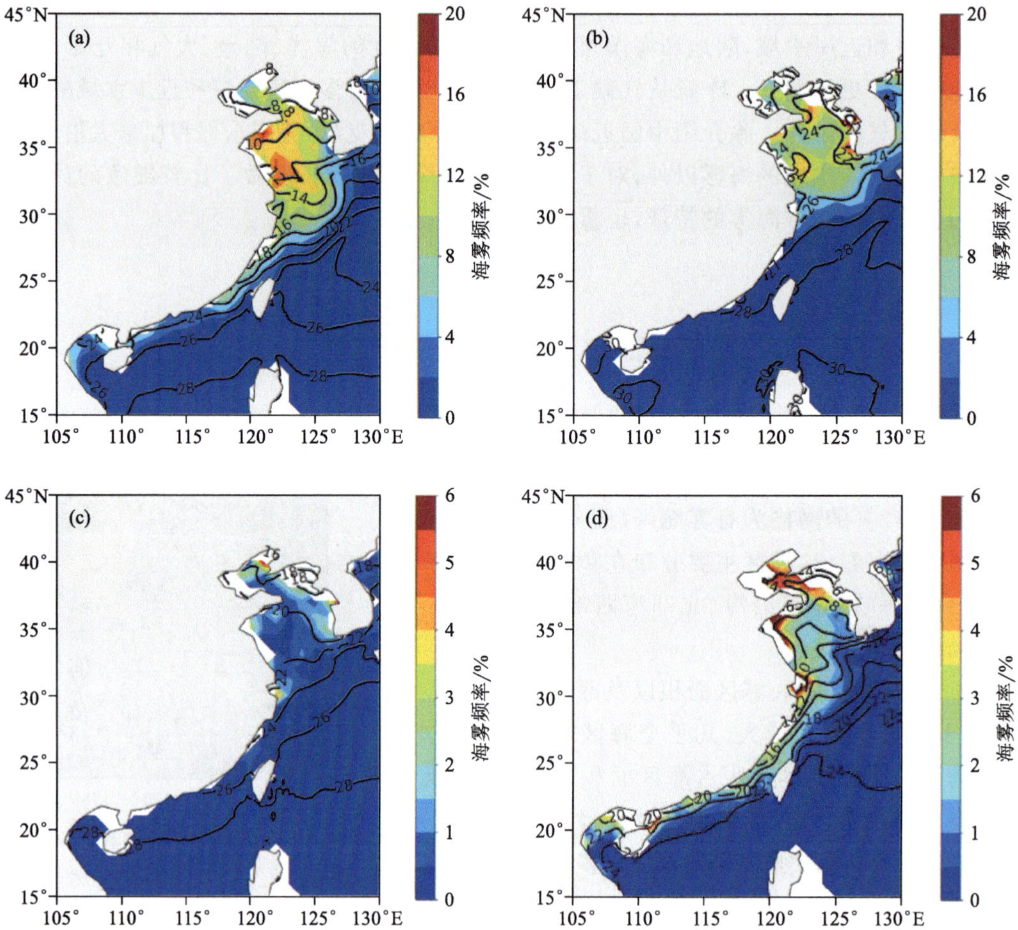

图 4.2　中国近海各季节平均海雾频率(填色)和 SST(等值线,℃)(白色代表观测次数小于 100 次)

(a)3—5 月;(b)6—8 月;(c)9—11 月;(d)12 月—次年 2 月

夏季(6—8 月)海雾主要出现于黄海—东海北部,30°N 以南直到北部湾海雾很少。5 个海雾频率大值中心(15%左右)分别位于黄海西南部、山东半岛南部近海、山东半岛东端成山头近海、朝鲜半岛西岸江华湾和朝鲜半岛西南沿海。渤海海峡有 10%～12%的多雾中心(图 4.2b)。

秋季(9—11 月)是海雾最少的季节,海雾频率下降到全年最低(图 4.2c)。

冬季(12 月—次年 2 月)海雾分布形态也是"逗号"状,但频率较春季减小,2%～4%的海雾频率基本覆盖了整个中国沿海(图 4.2d)。在渤海海峡、北黄海、黄海西部、杭州湾外海、琼州海峡有频率为 4%～6%的多海雾中心。

4.1.2 海雾频率与海面水温的关系

中国近海大陆架地形复杂，纵跨温带、副热带和热带三个气候带，季节变化明显，沿岸径流多变，具有浅水陆架锋、河口羽状锋、沿岸流锋、上升流锋和强西边界流锋等多种海洋锋区，在山东半岛东部沿海、浙江沿岸、舟山群岛、台湾海峡、广东沿岸等水域存在上升流区，冬季在渤海、北黄海存在海冰区(冯士筰 等，1999)，这些因素均对局地云雾有影响。

黄海为大陆架浅海，水深一般在60～80 m。冬半年在冬季风吹掠下，海面感热交换和蒸发强烈，使海洋失热加剧，涡动和对流混合增强，垂直方向混合可直达海底，整层水温比较低。另外，由对马暖流—黄海暖流携运的高温高盐水体自济州岛西南方进入黄海形成暖水舌(冯士筰 等，1999)，暖水舌与东、西侧向南流的冷水相遇，从而形成复杂的海洋锋面。这种SST分布形态一直维持到春季(图4.2)。冬季海雾主要出现在海盆东、西两侧冷水区。春季海雾频率大值区(＞14％)多出现于海盆西部冷水上空，东部海雾频率大值区范围较西部小很多。

冬季，中国沿海存在冷的沿岸流。沿岸流从渤海海峡南部出渤海进入黄海，沿着山东半岛北岸东流，到山东半岛东端成山头转向南及西南，经长江口、台湾海峡绵延可进入南海，影响粤东北沿岸、琼州海峡、北部湾(冯士筰 等，1999)。冬、春季，中国南方沿海的雾主要出现于沿岸流之上，靠近大陆SST低，海雾频率高。如台湾海峡西部的海雾多于海峡东部；粤东近海，离岸1～2个纬度SST迅速升高，因而雾区宽度一般在离岸100～200 km。夏、秋季沿岸流减弱或者消失，沿岸的多雾区随之消失(图4.2)。

流经东海的黑潮，是一支著名的强西边界流。在台湾岛和黄海口之间，黄海冷水南缘与东海黑潮暖水之间形成明显的海洋锋。冬、春季，该海洋锋的强度最强，雾区主要出现在海洋锋冷水侧及其以北水域，形成“逗号”状雾区的“头部”，东海黑潮及其以南水域海雾很少。

东海沿海海雾的地理分布主要受台湾暖流和东海沿岸流影响。台湾暖流来自台湾东部海域和台湾海峡的黑潮分支，沿闽、浙海域北上直至长江口外海；冬、春季，东海沿岸流有长江、钱塘江等径流汇入，沿浙、闽沿岸南下。冷暖海流过渡区形成海洋锋面，在适宜的风场配合下，在海洋锋的冷水侧(沿岸流)上空常形成海雾，而在海洋锋的暖水侧少雾，从而导致中国沿海雾区在长江口以南向岸收缩变窄，形成“逗号”状雾区“尾部”的一部分。

夏季(6—8月)黄海西南部的多雾中心与SST冷中心位置(33°N，122.5°E)相配合，此处有叶绿素浓度高值中心，表明有上升流的影响(孟宪贵 等，2012)。山东半岛东端的成山头外海和朝鲜半岛西岸的江华湾由于强烈的潮汐混合作用，近岸有冷水区，与海雾频率大值(16％～20％)中心对应。朝鲜半岛东岸SST比同纬度的西岸高2～4 ℃，海雾比西岸明显少(Cho et al.，2000)(图4.2b)。

不同海区不同季节成雾的最高SST阈值不尽相同。如夏季风影响下，水汽供应充分，成雾的最高SST阈值比较高(25～26 ℃)。根据克拉珀龙-克劳修斯方程可知，在25 ℃的条件下，比湿需要达到19.67 g/kg才能饱和，而这一数值在中国近海除了夏季以外的其他季节，在自然条件下难以达到。冬季黄、东海成雾的SST阈值在20 ℃左右，而台湾海峡到北部湾成雾SST阈值在22 ℃。但是无论何种情况下，在SST＞26 ℃的条件下海雾频率已经很低了。因为SST＞26 ℃时，海表空气的温度一般还要高于水温，中国近海实际大气中的水汽压很难达到在如此高的气温下的饱和水汽压，而且还要能够连续维持十几个小时，甚至更长时间。

4.1.3 海雾季节进程

根据中国气象局1971—2000年整编资料，选择代表性较好的滨海气象站、海洋站、海拔高度较低的岛屿站52个，并定义海雾季节(简称“雾季”)为：月平均雾日数/年总雾日数>10%的月份。按照此定义，中国近海海雾一个最显著的气候学特征是：自冬至夏，雾季逐渐北移。南海雾季为1—4月，2—3月最多；台湾海峡雾季为2—5月，3—4月最多；东海的雾季为3—6月，4—5月为峰值；黄海的雾季为4—7月，6—7月雾最盛，山东半岛东端的成山头沿岸由于强烈的潮汐混合导致低SST中心，8月仍然有10 d左右的雾(图4.3)①。

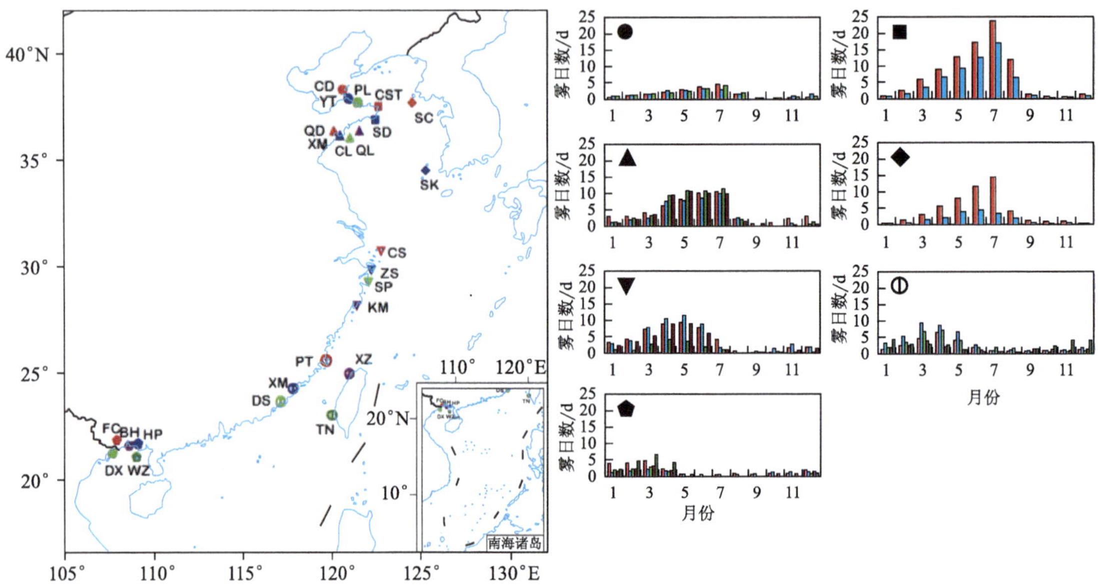

图4.3 中国沿海观测站1—12月逐月雾日数(1971—2000年)，形状符号代表区域，颜色代表站点。渤海(●，CD长岛，YT烟台，PL蓬莱)；黄海北部(■，CST成山头，SD石岛)；黄海西部(▲，QD青岛，XM小麦岛，CL潮连岛，QL千里岩)；黄海东部(◆，SC小青岛，SK小黑山岛)；东海(▼，CS嵊泗，ZS舟山，SP石浦，KM坎门)；台湾海峡两岸(Φ，PT平潭，XM厦门，DS东山，XZ新竹，TN台南)；北部湾(⬟，FC防城港，HP合浦，DX东兴，BH北海，WZ涠洲岛)

自冬至夏，雾季逐渐北移的一个原因是大气环流季节变化的影响。如黄海雾季带有季风的性质(王鑫 等，2006；周发琇 等，2004)，6—7月夏季风将水汽自副热带洋面输向黄海冷水面，形成海雾最多时期。在华南沿海，1—4月盛行偏东风(东北、东、东南风)，暖湿空气在冷的沿岸流上空冷凝成雾，海雾多为平流冷却雾的性质(Huang et al.，2011；屈凤秋 等，2008；何云开 等，2008；黄健 等，2010；徐峰 等，2012)。

雾季北移的另一个原因是随着季节进程，SST不断升高。比如7月东海的SST达26～28 ℃(春季SST不到24 ℃)，海面实际水汽压难以达到此温度条件下的饱和水汽压，海雾难以形成，雾季结束(图4.2a、b)。9—11月，中国近海海雾很少，主要原因是海水温度高，而海面气流逐渐以来自北方的干冷空气为主，近海面空气属性不稳定，不利于雾的形成。

① 按照此统一标准得出的雾季起始月份与不同作者对不同海区多雾月份确定结果基本一致。但利用有限数量的沿岸观测站代表中国近海海域海雾季节变化，不排除有局限性。

4.2 黄海海雾季节变化

黄海是位于大陆架上的一个半封闭的浅海，是中国近海海雾最多的区域。这里的海雾既受海洋影响，也有陆地的作用。根据沿海观测站逐月海雾日数统计，4—5月黄海西部雾日多于东部(图4.3)，这与春季船舶观测结果一致(图4.2a)。由图4.3可知，黄海海雾季节变化有两个特点：一是雾季开始月(4月)，黄海西部(青岛、潮连岛等)雾日数迅速增加，而黄海东部(小青岛、小黑山岛等)雾日数是逐渐增加的；二是雾季结束时间全海盆同步，从7月海雾最多到8月雾季结束非常迅速(8月只有山东半岛东端的成山头外海、朝鲜半岛西海岸等潮混合引起的上升流区还有较多雾)。显然这两个特点用太阳辐射逐渐变化难以解释。本节从气候学角度讨论这两个特点形成的原因，重点理解其中海陆热力差异的作用。

4.2.1 雾季开始的环流形势

进入春季，陆地升温快于海洋，海洋相对陆地是冷源。4月在黄海冷水面影响下，西风带移动性高压自大陆东移入海后，往往移动减慢且强度维持甚至加强。在月平均海平面气压场上，整个黄海受反气旋环流控制(图4.4a)，并与冷槽相配合，具有浅薄冷高压的性质。反气旋西部为东南风，将来自黄海南部—东海北部的暖湿空气向黄海西部输送；同纬度的黄海东部为偏西—西北气流，因而缺乏水汽输送。

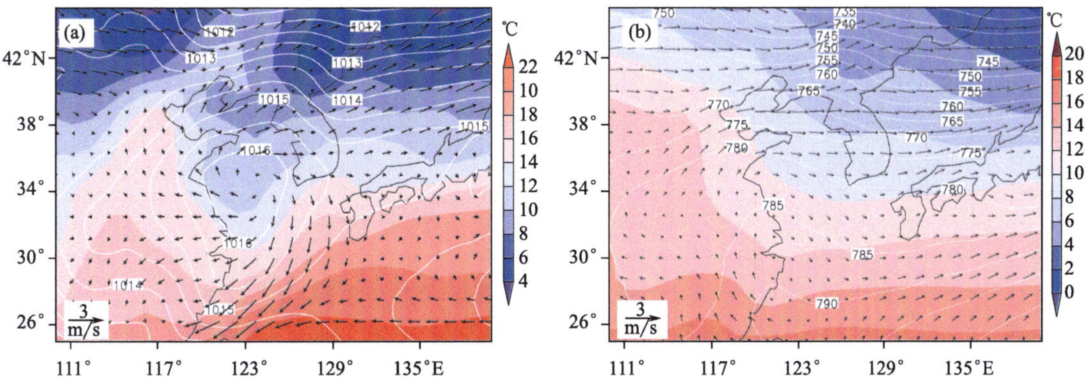

图4.4 4月长期平均的黄海低空环流形势

(a)海表面风场(m/s)，气温(填色，℃)和海平面气压(等值线，hPa)；(b)925 hPa风场(m/s)，气温(填色，℃)和位势高度(等值线，gpm)

在925 hPa，上述反气旋环流已经消失。黄海西部为离岸的偏西气流(图4.4b)，将陆地的干暖空气带到海洋上空，形成暖平流。暖平流叠加在冷海面的冷空气上，形成逆温层。2005年4月平均的探空曲线表明，逆温层底的高度在黄海西部低，青岛的逆温层几乎接近海面(图4.5)。气流自西向东越过黄海，通过湍流交换，逆温层底的高度升高。黄海东部白翎岛逆温层底在200 m左右，济州岛由于暖海流的影响，层结曲线中没有明显的逆温结构。

较强的暖湿空气在黄海西部冷水面上冷凝形成雾滴，而较低的逆温层使雾滴限制在近海面，从而导致黄海西部4月海雾频率明显增加。黄海东部较少的水汽供应和较高的逆温层，均不利于海雾形成。这是黄海4月海雾频率西部明显大于东部的主要原因。

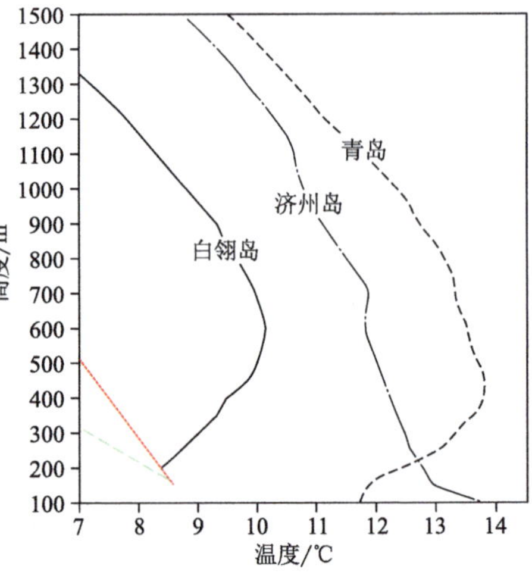

图4.5　2005年4月平均温度廓线
（绿色虚线：干绝热线，紫色点线：近似的湿绝热线）

4.2.2　低空大气层结的季节变化特征

青岛探空数据表明，低空（1000 m以下）大气层结有明显的季节变化特征。3月逆温日数开始增加，4月逆温日数可达20 d，并且逆温层高度低，有利于雾滴在近海面聚集成雾。7月逆温层出现的天数减少，层结稳定度有所减弱，逆温层底高度升高，但由于夏季风带来充沛的水汽，雾季进入最盛阶段。8月层结稳定度进一步减弱，150 m以下基本没有逆温层。10—12月有浅薄的贴地辐射逆温，有利于出现辐射雾。3月虽然有逆温结构，但由于黄海仍然受冬季风控制，水汽输送匮乏，不易出现海雾（图4.6）。

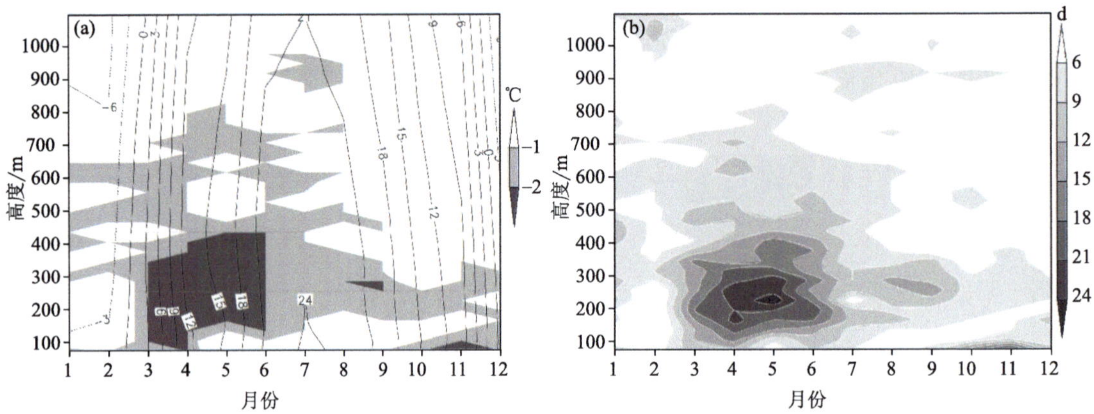

图4.6　2005年青岛上空温度垂直结构特征（资料来自逐日青岛探空）

(a)逐月平均温度（等值线，℃）随高度的变化，深色阴影代表逆温层，浅色阴影代表稳定层结（$\partial T/\partial z > -4$ K/km，近似的湿绝热直减率）；(b)各月逆温层出现的天数随高度的变化，等值线间隔为3 d

青岛气象台探空气球施放时段，地面观测有雾（能见度<1000 m），即被定为一个雾中探空样本。2006—2012年4—7月共160个样本。6—7月的雾层（相对湿度大于92%）经常延伸到200 m以上，但是4—5月雾层多在150 m以下。反映了夏季风影响下，水汽供应充沛，可以维持比较厚的雾层。有时高湿层扩展到700 m以上可能与低云/降水有关，但这种情况不常发生。由于探空站海拔高度为75 m，如果雾顶高度较低（80 m以下），大相对湿度区在图中难以反映出来（图4.7）。

4.2.3　海气温差的季节变化

SST−SAT（海面水温减海面气温，简称“海气温差”）为负值是形成平流冷却雾的重要条

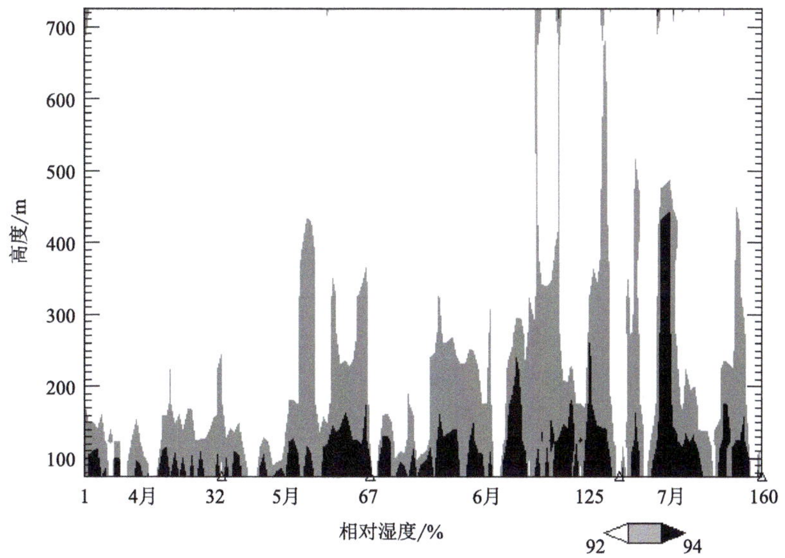

图 4.7　4—7 月有雾时青岛气象台探空气球探测的相对湿度垂直变化(总共选取 2006—2012 年的 160 个有雾样本。探空站海拔高度为 75 m,雷达天线为 5 m。横坐标轴上的三角符号用来区分月份)

件。4 月,黄海开始出现 SST－SAT＜0 的情况,表明海洋对大气有冷却作用,有利于低空相对湿度增大和海雾形成。9 月—次年 3 月,海洋相对于大气变为热源,海洋对大气起加热作用,易导致海洋大气边界层不稳定,不利于海雾形成和维持(图 4.8)。理论上,暖海面蒸发加强,当增湿作用大于加热作用时,利于生成平流蒸发雾/蒸汽雾。在黄海,这类雾发生频率低、持续时间短、雾区范围小,远远无法与平流冷却雾相比。

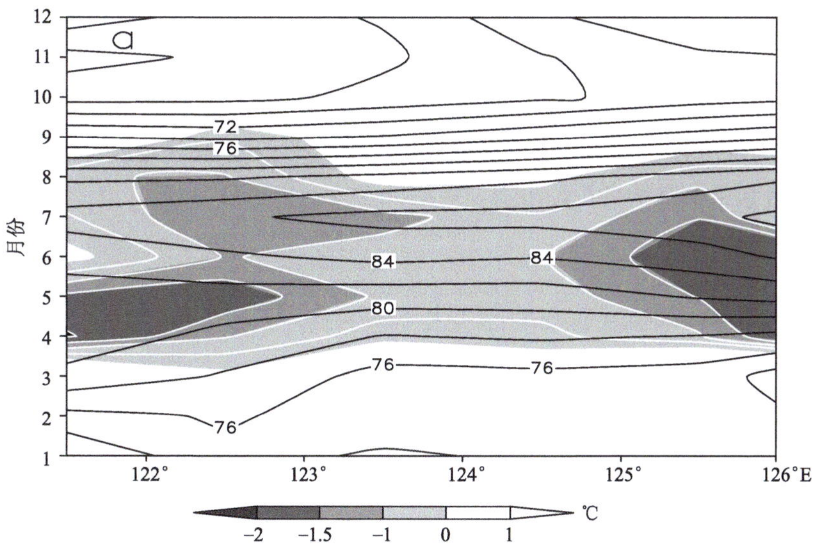

图 4.8　长期平均的黄海海气温差(填色和白色等值线代表 SST－SAT＜0)和相对湿度(%)沿 35.5°N 剖面

海气温差的季节变化与海陆热力差异的季节变化有关。青岛小麦岛海洋观测站 30 年平均逐月气温(SAT)和海温(SST)表明,海温的变化滞后于气温的变化。2—4 月,气温上升快于海温,导致 4 月海温明显低于气温(图 4.9a)。内陆城市济南与同纬度的沿海城市青岛的气温变化也反映了这一点(图 4.9b)。随着太阳辐射的加强,内陆升温明显快于沿海,2—7 月,济南气温明显高于青岛。7 月,济南的气温达到最大值,而青岛受海洋的影响,气温在 8 月达到最高。9 月,随着太阳辐射的减少,陆地降温快于海洋,导致 SST－SAT＞0,海洋对大气起加热作用。

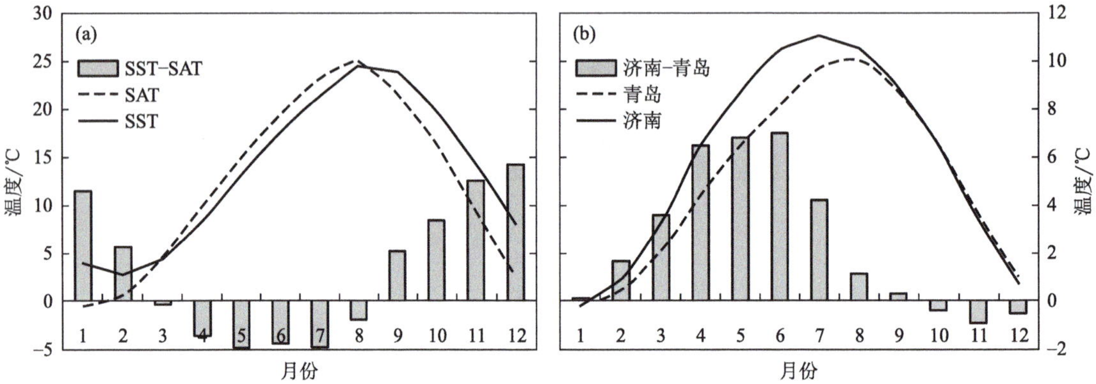

图 4.9 (a)青岛小麦岛海洋观测站 1960—1989 年逐月的平均 SAT 和 SST;
(b)位于同一纬度上,内陆济南观测站和沿海青岛观测站的 SAT

综上,4 月黄海为冷源,海洋对大气有冷却作用。黄海海面反气旋西部为东南风,为黄海西部带来暖湿空气;而黄海东部为偏西风,水汽供应较少。在黄海西部,925 hPa 为离岸的偏西风,来自陆地的暖气团在冷海面上空形成近海面的逆温层;通过湍流热量交换,离岸的暖气团向东逐渐变性,导致黄海东部逆温层高度升高,在水汽不够充沛的条件下,难以成雾。这些是 4 月海雾频率在黄海西部较东部增加迅速的主要原因。

在候尺度上,黄海反气旋和黄海西部强逆温层建立的时间有明显的年际变化,该年际变化直接影响雾季开始的早晚(丁做尉 等,2011)。4 月,黄海反气旋西部的暖湿气流主要来自黄海南部—东海北部,水汽含量并不是十分充沛(相对于夏季太平洋反气旋西部的气流而言),但更低的逆温层更有利于水汽聚集在近海面。雾层的厚度在春季较薄,而在夏季较厚。

4.2.4 雾季结束迅速的原因

7 月,在太平洋副热带高压影响下,黄海海面盛行南—东南风(图 4.10)。太平洋高压不同于春季黄海局地浅薄的高压(图 4.4a),它尺度大而深厚。在这种环流形势下,更多水汽从热带、副热带洋面输送到黄海。夏季 SST 升高,海水层结加强,但黄海的冷却作用依然存在,在向北 SST 逐渐降低的冷海面上,7 月成为黄海海雾最盛时期。

从 7 月海雾最盛到 8 月海雾日数显著减少,雾季结束,具有突然性(没有过渡期)和全海盆一致性。但 7 月和 8 月在海气温差、人体感觉等方面似乎没有本质差别。海雾季节迅速结束的原因可以从以下几个方面考虑。

(1)8 月大气层结稳定性减弱。陆地(济南)气温最高值出现在 7 月,8 月气温已经开始下降,而海温 8 月较 7 月仍有上升(图 4.9)。海陆气温的不同步变化,导致黄海上空 8 月与 7 月

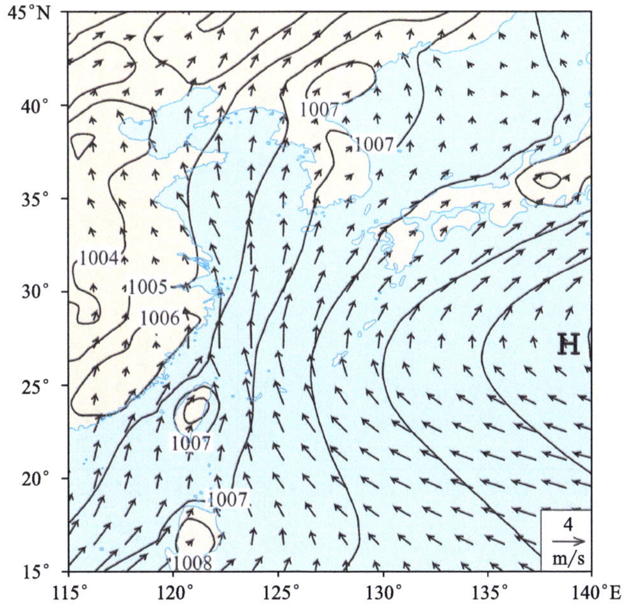

图 4.10　气候态 7 月表面风场(m/s)和海平面气压(hPa)

温度差($T_{8月}-T_{7月}$)在垂直方向呈现偶极变化：在 950 hPa 以下，受暖海面的影响气温为正增量，离海面越近升温幅度越大；而 950 hPa 以上为负增量(图 4.11a)。垂直方向气温的偶极变化导致大气层结稳定度下降。

(2)8 月海面平均风向转为偏东风，水汽供应量减少。海面平均风由 7 月的南—东南风转为 8 月的偏东风，山东半岛—朝鲜半岛甚至出现东北风(图 4.11b)，减少了水汽输送，并易导致不稳定的海洋大气边界层。青岛气象台探空表明，距离地面 60 m 高度上，7 月风向频率最大为偏南—东南风，8 月北—东北—东风频率显著增多(图 4.11c、d)。偏东—东北风多与冷空气活动有关，具有天气尺度上的突变性。往往 8 月中旬一次冷锋影响后海雾就很少出现了，因此雾季从 7 月最盛到 8 月结束，非常迅速。

(3)8 月黄海海面风转为东风是季节进程的一部分。7—8 月，副热带西北太平洋海温升高，大气对流加强，激发向北传播的正压波列(P-J 波列)(Nitta，1987；Huang et al.，1988)。8 月与 7 月的位势高度差和降水量差表明，低压异常及降水量正异常出现在菲律宾以东的副热带太平洋，而高压异常和降水量负异常出现在日本岛及其以东的中纬度太平洋(图 4.12)，构成 P-J 波列。黄海位于异常低压和高压之间，盛行偏东风。所以，黄海雾季结束不是局部的，而是具有全海盆一致性，是从东亚到西北太平洋的大尺度海气系统季节变化的一部分。

(4)8 月黄海 SST 较 7 月进一步升高。在年循环中，黄海 SST 最高值出现在 8 月，达到 25～26 ℃。在如此高的温度下，实际大气中的水汽含量很难达到该温度下的饱和水汽压。

综上，虽然 8 月仍有 SST－SAT＜0，但上述大气海洋基本条件的变化已经极大限制了海雾形成，导致在海盆尺度上雾季结束。

从以上讨论可以看出，无论春季还是夏季，在黄海的多雾季节(雾季)，多为暖空气平流到冷海面，形成海雾，即平流冷却雾。更多关于黄海海雾季节变化的内容可参见 Zhang 等(2009，2017)。

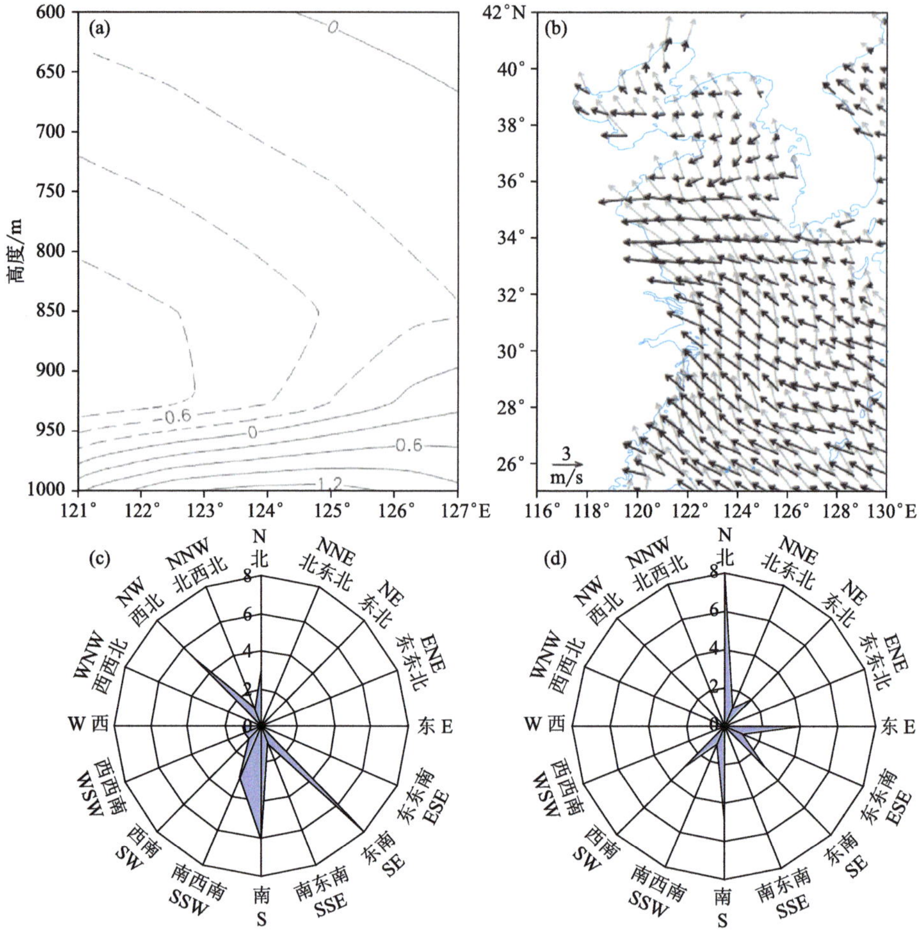

图 4.11　(a)沿 35°N 气候态 8 月与 7 月的温差(℃,资料来自 JRA-25);(b)海面风矢量(m/s,7 月浅色,8 月深色,资料来自 QuikSCAT 2000—2007 年平均);2005 年 7 月(c)和 8 月(d)青岛上空 60 m 风向频率(青岛气象台 08:00 LST 探空)

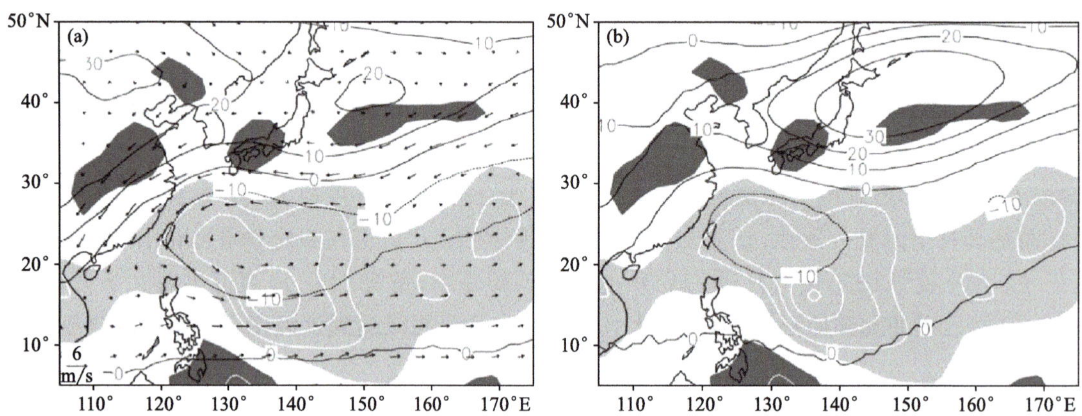

图 4.12　位势高度和降水 8 月与 7 月的差(阴影表示降水,mm/d;黑色等值线表示位势高度,gpm;图 a 中叠加了 850 hPa 风(m/s),浅色(深色)阴影代表正(负)降水差值,白色等值线间隔为 2 mm/d,资料来自 JRA-25 和 CMAP(Climate Prediction Center Merged Analysis of Prediction)气候资料)

(a)850 hPa;(b)500 hPa

4.3　台湾海峡海雾

台湾海峡连通南海和东海，长约 400 km，南宽北窄，南口宽约 400 km，北口宽约 200 km，北部最窄处为 130 km，平均水深约 60 m，是贯穿中国南北海运的要道。海峡西部受沿岸流的影响，SST 较低。海峡东部的表层水受黑潮影响，水温较高，盐度和透明度较大，特别是冬春季，与低温低盐的沿岸流恰成强烈对比，东西向 SST 梯度大，形成海表面温度锋（海洋锋）。这一突出的水文现象对海峡的雾有明显影响。雾区主要集中于海峡西部沿岸冷流上空，自西向东海雾频率明显减少（图 4.2、图 4.3）。

位于台湾海峡西部的福建省沿海岛屿和半岛成雾机会较多，全年雾日可超过 20 d。位于闽东北沿海的岛及半岛，如台山、北艾、三沙等年雾日更多一些。澎湖列岛由于黑潮和强风的影响，雾日较少。海峡东部沿岸和南端处在黑潮暖流北上的主道附近，水温高造成空气柱下暖上冷的不稳定状态，同时南来气流的露点难以达到饱和而不利于雾的形成，故终年少雾（陈千盛，1986）。

福建沿海的雾主要发生在 1—5 月，2—4 月的雾占到全年雾发生总次数的 70.3%，夏秋季节雾很少发生。海雾日变化明显，一般形成于半夜，清晨达到高峰，10:00 以后雾气逐渐消散（马治国 等，2011）。

4.3.1　海峡海雾分类方法

台湾海峡地处副热带，具有中国南方的气候特点。这里的海雾多出现于东北季风盛行季后期和阴雨季（郭婷婷 等，2010），冷暖空气交汇频繁，水汽充沛，雾常与低云和弱降水等相伴（交替）出现。地面冷高压、冷锋、低压倒槽、温带气旋或准静止锋等是台湾海峡形成雾的主要天气系统（吴滨 等，2007；马治国 等，2011）。偏北风和偏南风条件下均常有海雾出现，有学者将这里的海雾分为冷平流主导型和暖平流主导型（李昀英 等，2000）。王彬华（1983）依据海雾形成的机理，提出利用变温和变湿对雾进行分类，无论何种天气型，只要变温和变湿有利于空气饱和，都可能导致海雾形成。

利用福建沿海 2016—2017 年自动气象站、浮标站逐小时资料，参照王彬华（1983）提出的分类原则，对福建沿海海雾进行分类，结果如图 4.13 所示。第一象限，$\Delta T_a>0$，$\Delta T_d>0$，增温增湿，表现为平流蒸发雾/冷季混合雾（S1 类）；第二象限，$\Delta T_a<0$，$\Delta T_d>0$，降温增湿，表现为暖季混合雾（S2 类）；第三象限，$\Delta T_a<0$，$\Delta T_d<0$，降温减湿，表现为平流冷却雾（S3 类）；第四象限，$\Delta T_a>0$，$\Delta T_d<0$，增温减湿，该条件下很难出现雾。鉴于气温与露点温度都在海雾发生前 3 h 变化最大，ΔT_a 和 ΔT_d 分别取海雾发生前 3 h 改变量（霍志丽，2019）。

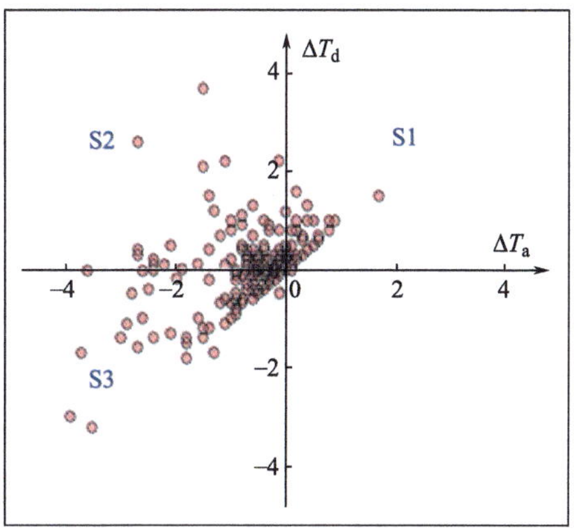

图 4.13　福建沿海海雾分类结果
（T_a 为气温，T_d 为露点温度）

S1、S2 和 S3 类基本各占总样本的三分之一，可见南方沿海的海雾类型并非以平流冷却雾为主。将这三类海雾按照发生时间进行统计，发现 S1 类海雾主要发生在 1—3 月，S2 类海雾主要发生在 4—6 月，S3 类海雾主要发生在 3—5 月，这种结果也印证了平流蒸发雾/冷季混合雾、暖季混合雾、平流冷却雾分类方法的合理性。

4.3.2 平流蒸发雾

平流蒸发雾/冷季混合雾（S1 类）为暖海面上的雾。冷季冷空气平流到暖海面上，既受其下水面的感热增温，又因水面蒸发加强而增加水汽含量，当水汽压的增加超过其因增温而提高的饱和水汽压增值时，即增湿效应大于增温效应时，便可能发生凝结而形成平流蒸发雾。如果因低压倒槽等低值系统影响，雾形成之前有降水，雨滴蒸发会增加近海面层空气湿度，同时流入低压区的冷空气因暖海面而增温，两部空气混合，也有可能形成冷季混合雾。

对 S1 类海雾的水文气象条件进行合成分析表明，福建近海 SST 在 14～16 ℃（图 4.14a），SST 等值线基本与大陆海岸线走向平行，越远离海岸，海温越高，海雾频率越低，反映了大陆沿岸冷流和黑潮的影响。台湾海峡位于大陆冷高压前部，受东北气流影响，风速在 2～5 m/s，气海温差（2 m 气温减海面水温）为－1.0～－0.5 ℃（图 4.14b）。潜热通量为 30～60 W/m^2，感热通量为 3～8 W/m^2，前者比后者大一个量级，表明此类海雾发生时，海面蒸发对大气有明显的增湿作用，而暖海面对空气的加热作用较小。海面蒸发是冷季蒸发雾的特征。除了冷高压影响外，冬春季节，冷锋、准静止锋均可以在台湾海峡造成偏北风，形成平流蒸发雾/冷季混合雾。

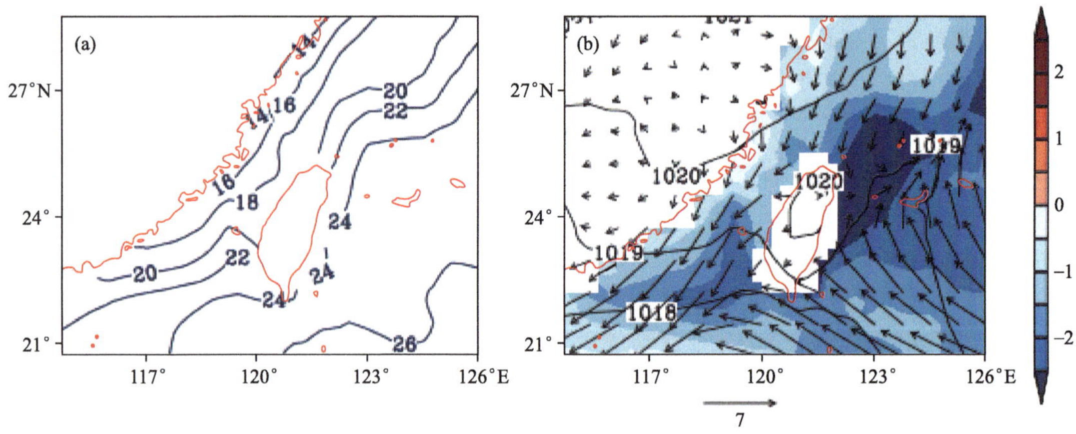

图 4.14 平流蒸发雾/冷季混合雾水文气象条件合成分析（资料来自 ERA-INTERM）
(a)海温（等值线，℃）；(b)气海温差（填色，℃），海平面气压（黑色等值线，hPa），风场（矢量箭头，m/s）

利用福州和厦门气象台探空资料，对 S1 类海雾发生时的大气边界层垂直结构进行分析。归一化探空曲线①表明，逆温层顶在 600 m 左右，海雾出现于逆温层下方。逆温层以下为偏西北风，符合冷季平流蒸发雾特征。由于海洋相对较暖，低空层结稳定性弱，湍流混合强。600 m 以下温度垂直递减率（$-\partial T/\partial z$）约为 0.17 ℃/100 m，为湿绝热湍流混合层（图 4.15a）。

① 归一化探空曲线：大气逆温层归一化采用 Norris(1998)的方法，既保留了每个探空的大气逆温层特征，又可以进行合成分析，得到所有探空曲线的整体层结特征，同时避免了直接求平均对大气逆温层结构的削弱和平滑。

600 m 左右风向转为偏南风,气温升高,出现逆温层。

海面蒸发的水汽通过湍流混合向上输送,水汽在逆温层下方聚集,如果逆温层高度较高,低空出现有组织的上升运动,可形成低云。而天气尺度的下沉运动可导致低云云底下降贴近海面形成海雾,这也是暖海面上成雾的一种途径(Koračin et al.,2001)。雾层上方 2000 m 左右,相对湿度增加至 85%左右,说明雾层之上没有明显的干层。

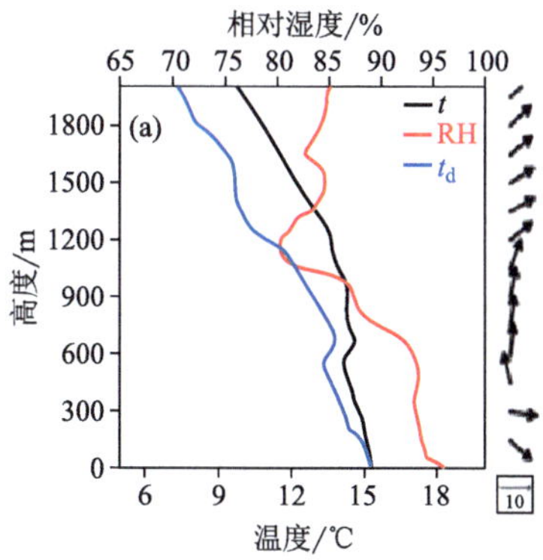

图 4.15 归一化探空曲线合成图(温度:黑色实线,℃;露点温度:蓝色实线,℃;相对湿度:红色实线,%;水平风:箭头,m/s)

(a)平流蒸发雾/冷季混合雾;(b)暖季混合雾;(c)平流冷却雾

4.3.3 暖季混合雾

暖季台湾海峡西南部 SST 最高为 27～29 ℃,西北部 SST 在 24～25 ℃,气海温差在 0.5～1.0 ℃(图 4.16),海洋对大气起冷却作用。台湾海峡位于大陆低压前部,海面以西南风为主,风速为 4～6 m/s。潜热通量为 10～20 W/m^2,远小于 S1 类海雾。

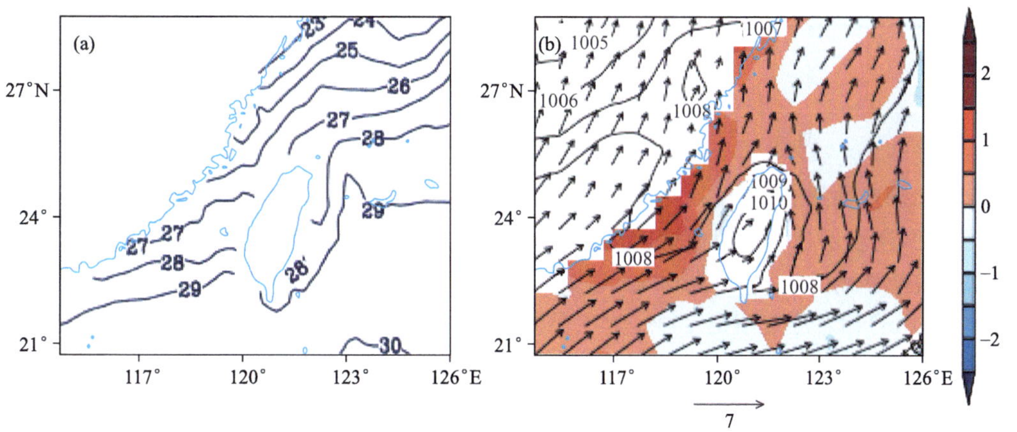

图 4.16 暖季混合雾水文气象条件合成分析(其他同图 4.14)

雨滴蒸发增湿是暖季混合雾的特征。S2 类样本中,超过 70%的海雾发生前有降水,雨滴的蒸发加大了近海面层的空气湿度。低空西南风带来的暖空气向北平流过程中受较冷水面影响而降温,也就相应增加了相对湿度。待与低压区内因雨滴蒸发增加了湿度的空气混合,可能形成混合雾。感热通量为−10～−2 W/m^2,说明暖气团因向海洋输送热量而降温,降温和增湿都有利于产生雾。

归一化探空曲线的合成结果(图 4.15b)表明,S2 类雾的逆温层在 300 m 左右。200 m 以下里查森数均小于 0,说明大气具有静力不稳定性,而且温度垂直递减率明显大于 S1 与 S3 类。由于低压前部西南暖湿气流的影响,很可能出现低云和降水,相对湿度在 1000 m 和 2000 m 高度都有接近 90%的大值区,明显大于 S1 类海雾上方的湿度。此类雾中的逆温层在三类雾中最弱,而且超过 55%的样本没有明显的逆温结构,云和雾有时连为一体,或者雾层上面有云层。若云底离开地面一定高度则为云,云底贴近地面则为雾。这些特征与低压前部影响密切相关。

4.3.4 平流冷却雾

该类海雾(S3 类)发生的海洋气象条件①为:靠近大陆一侧的海温为 14～16 ℃(图 4.17a),SAT－SST>2 ℃,比 S2 类海雾的气海温差更大(图 4.17b),SAT－SST<0 的情况出现于台湾岛西部水域。S3 类海雾发生时,潜热通量在 10 W/m^2 左右,感热通量为－10～－2 W/m^2,与 S2 类海雾相当。S3 类海雾与 S2 类海雾虽然都是在西南风影响下,但前者受海上高压的影响,在海洋的冷却作用下,产生平流冷却雾;而后者的西南风是受陆地低压前部的影响,因而往往与降水和低云相伴,产生暖季混合雾。

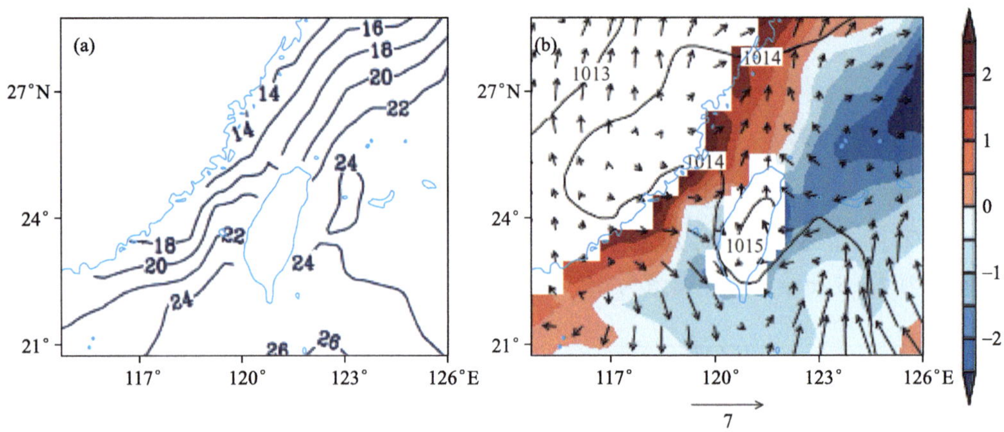

图 4.17 平流冷却雾水文气象条件合成分析(其他同图 4.14)

归一化探空曲线合成分析(图 4.15c)表明,平流冷却雾与其他两种类型的海雾相比,大气逆温层强度(逆温层顶与逆温层底温度之差)最强。逆温层底高度在 450 m 左右,450 m 以下温度垂直递减率约为 0.2 ℃/(100 m)。逆温层下方,相对湿度在 90%以上。大气逆温层上方(600～1200 m)相对湿度不足 85%,为三类海雾中最干的,加之气温较高,形成“干暖盖”。微波辐射计也探测到平流冷却雾上方存在类似的温湿层结,为下方海雾的形成和发展提供有利条件(黄惠镕 等,2019)。该“干暖盖”是相对于其他两类雾而言。如果与黄海海雾特别是春季海雾相比,台湾海峡雾层之上的“干暖盖”在强度、持续时间以及空间尺度上均远不及前者。此类海雾的厚度在 450 m 左右。大气逆温层所在位置风向随高度呈顺时针旋转,证明有准地转暖平流存在。暖平流和高压控制下的下沉运动对逆温层均有贡献。

综上,台湾海峡海雾雾层厚度多在 300～600 m,雾层上方湿度仍然比较大,暖季混合雾往

① 海洋气象条件主要指与海雾有关的海洋和气象条件,如海温、气温、海气温差、风向风速、露点温度等。

往与弱降水、低云相关联。这些特征与中国南方水汽多、降水多、海面水温较高等气候条件相对应。三类海雾及其对应的环流形势都是统计的结果，体现统计特征，实际情况要复杂得多，不同类型的雾有时难以区分。比如冷季在中国南方沿海常有海雾、低云和弱降水间或出现的情况。低空水汽主要来自海面蒸发，但可能也存在雨滴蒸发，因此，将平流蒸发雾和冷季混合雾划为一类(S1 类)。通过海雾类型的划分，可以更好地理解海雾形成的机理，为预报提供思路。

4.4 日本海海雾

日本海西部为面积广袤的东北亚大陆，东部为辽阔的太平洋，东北部经由鞑靼和宗谷两海峡与鄂霍次克海相通，西南面在朝鲜海峡和对马海峡的沟通下与东海相连。在这种地理环境中，冬季极地大陆气团和夏季温暖潮湿的海洋气团在一定天气形势影响下，都会给日本海上的空气属性带来影响，并产生一系列的天气现象。

从对马海峡沿日本海东部北上的对马海流(暖海流)和从鞑靼海峡沿日本海西部南下的里曼海流(冷海流)，影响着日本海东部、西部的水温分布，从而加大了东西方向的 SST 梯度。日本海北部一般 11 月开始有结冰，次年 4—5 月才全部解冻。下垫面温度的变化也会影响大气边界层的垂直结构。在海洋与大气的共同作用下，日本海为海雾多发水域。暖季多为平流冷却雾，冷季可出现平流蒸发雾或者蒸汽雾，日本海北部也会出现冰雾。

4.4.1 海雾频率的时空分布特征

船舶观测资料(ICOADS)的统计表明，海雾主要出现于日本海西北部俄罗斯近海。在季节变化上与其他中纬度水域相似，春夏季节多雾，秋冬两季少雾，以夏季海雾最多(图 4.18)。

夏季最多雾区出现在俄罗斯近海，从符拉迪沃斯托克(海参崴)向北到鞑靼海峡，海雾频率在 25%～30%。离开海岸向东南方向，海雾频率逐渐降低，沿日本本州海岸的海雾频率已不足 4%。图们江口—波谢特湾以东海域海雾也比较多(图 4.18)。春季多雾区分布形态与夏季类似，但海雾频率整体上较夏季少。日本海北端的鞑靼海峡，夏季和春季均有多雾中心，出现在海峡南部，海雾频率分别达 28%～30%和 14%～16%。

秋冬季节海雾明显减少。受里曼寒流的影响，日本海西部有雾，频率一般不足 4%。俄罗斯符拉迪沃斯托克近海有向南伸的冷水舌，冷水舌上空的多雾中心在(42°N，132°E)附近，海雾频率为 3%～4%。这里冬季有结冰，但不严重(海参崴内港金角湾为不冻港)，海雾频率在 2%左右，而周围水域海雾频率在 1%左右。冬季最大海雾频率(4%～5%)在萨哈林岛(库页岛)西岸。

总之，日本海西北海岸雾最多，夏季海雾频率最大，春季次之。一年四季都是日本海东南部雾最少，朝鲜半岛东部沿海雾也很少。无论哪个季节，日本海大范围的多雾区总出现在 40°N 以北海域。

4.4.2 海雾形成的海洋气象条件

春夏季节，海雾最多的区域从鞑靼海峡一直到图们江口和波谢特湾以东海域，这里在里曼

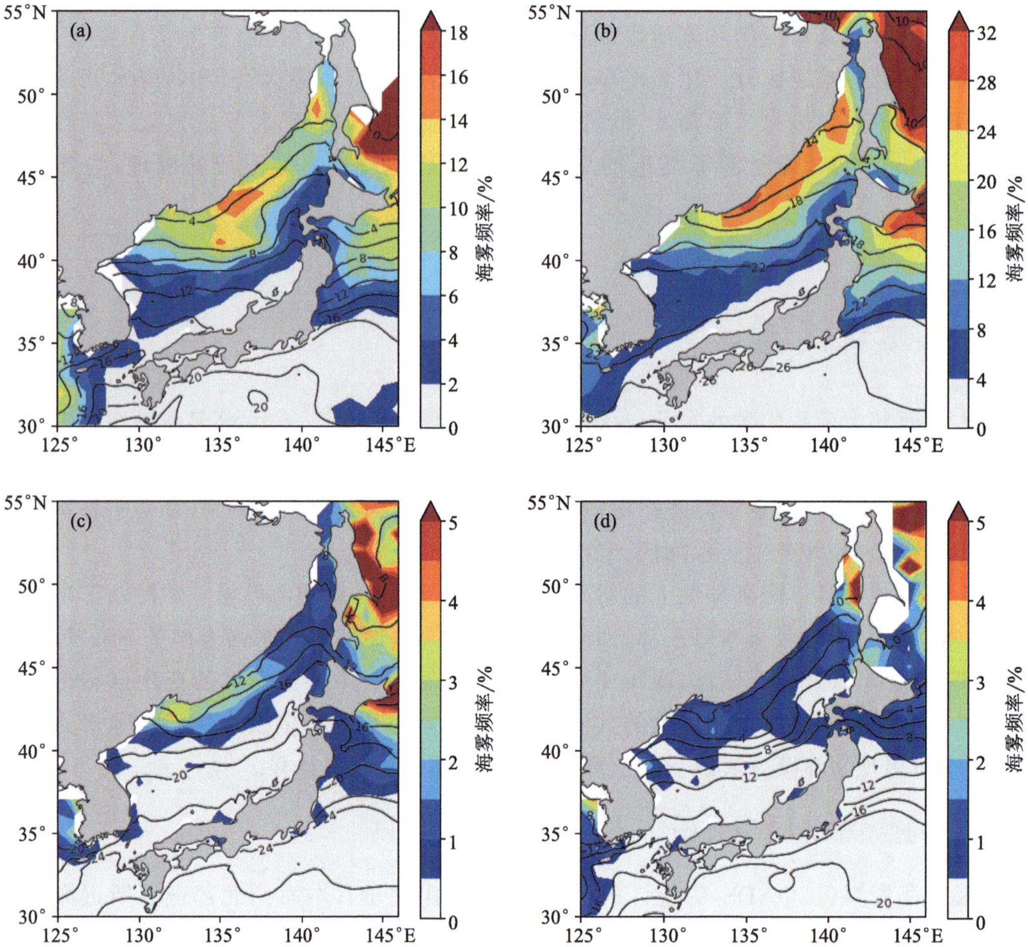

图 4.18　日本海海雾频率(填色)和 SST(等值线,℃)(ICOADS 1960—2019 年)

(a)3—5 月;(b)6—8 月;(c)9—11 月;(d)12 月—次年 2 月

冷海流影响下有最低的 SST。从对马海峡沿日本海东岸北上的对马海流,导致最小海雾频率出现在日本海东南部(图 4.18)。日本海上空的大多数雾都是平流冷却雾性质,即较暖的空气移动到较冷的水面上而形成。夏季暖湿的海洋气团沿着太平洋反气旋的西北边缘移动到日本海的南部(图 4.19a)。暖湿气流从日本海南部北移过程中,经过逐渐变冷的海面(图 4.18),海表面空气冷却,稳定性增加,有利于形成海雾。符拉迪沃斯托克 4 月进入雾季,7 月最盛,平均可达 20 d,这就是由南风带来的平流冷却雾。

初夏,日本海的天气特点是层云、毛毛雨和浓雾,这类天气往往可持续几天(Dashko et al.,1998,2003)。在南风和东南风控制下,层云、毛毛雨和雾被输送到西北海岸,并侵入内陆 10～50 km(称为“夏季入侵”,summer intrusion)。夏季后半段,日本海、鄂霍次克海与太平洋之间的热力对比减弱,日本海上空极锋北移,相对干燥的天气盛行,减少了雾的发生(Dorman et al.,2017)。

冬季,受来自西伯利亚西北气流的影响,日本海上空空气干冷、风速大(图 4.19b)。这个季节,活跃的温带气旋向东移动越过日本海,将来自太平洋的潮湿温暖空气带到冷的日本海海面,形成稳定层结。如果水汽含量足够大,则层云和降水发展,间或有海雾发生。在对马岛周

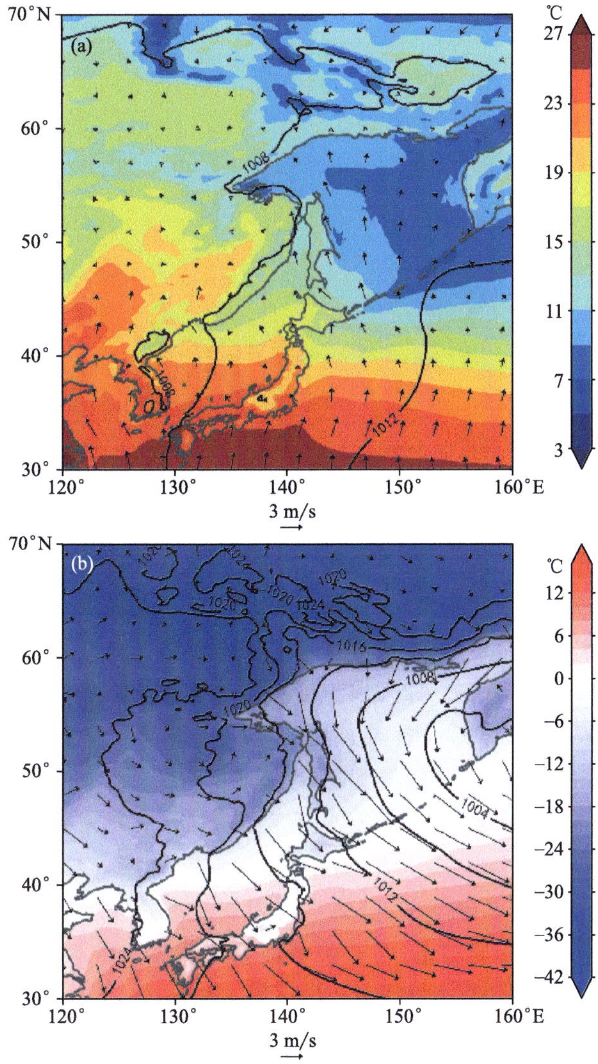

图 4.19　日本海、鄂霍次克海 2 m 气温(填色),海平面气压(等值线,hPa)和风场(矢量箭头,m/s)

(a)夏季(6—8 月);(b)冬季(12 月—次年 2 月)

围,当严寒的冷风吹到暖湿海面,常有雾发生,当地称之为“寒烟”,其中有些具有平流蒸发雾或者蒸汽雾的性质(王彬华,1983)。日本海北部一些雾与海冰有关。在海面反气旋环流影响下,可形成由冰晶组成的冰雾,冰晶是空气在冰覆盖的海面上冷却而形成的。在寒冷的季节,较温暖的海表面空气在较冷的水面上移动,常会形成海雾。当冷空气从冰覆盖区域移动到相对温暖的开阔水域时,有时也会形成蒸发雾。在寒冷季节末期,雾可以与来自鞑靼海峡的海冰断裂和移动相联系(Dashko et al. ,1998,2003)。

4.4.3　北海道四周三个海峡的雾

日本的北海道四周是个多雾的水域,特别是津轻、宗谷和根室三个海峡的雾,频繁而浓重。海雾区内的盛行风向有北风和东南风(图 4.20),说明两种类型的平流雾(平流冷却雾与平流蒸发雾)都可以出现(王彬华,1983)。

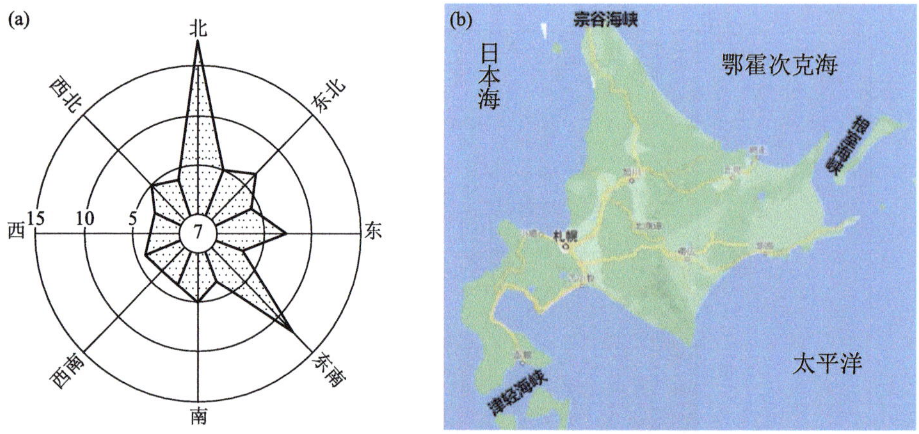

图 4.20　北海道近海海雾中的风向频率(a,%,王彬华,1983)和北海道及三个海峡的地理位置(b)

(1)津轻海峡:津轻海峡为日本北海道南部与本州之间的一个海峡,是沟通太平洋与日本海的水道。海峡为西南—东北方向,长约 130 km,宽 18～75 km,平均水深 200 m 左右。津轻暖流(对马暖流的一部分)自西向东流经海峡。这里夏季多东南风,冬季多西风和风暴。这些气候特征使得津轻海峡海雾较多,雾季始于 4 月,终于 8 月,以 6—7 月最多,特别是 7 月,海雾多而浓,持续时间也长,海雾频率在 12%以上。在海峡东端的尻屋崎岬以东海面与亲潮冷流相遇,SST 下降,海雾频率明显升高(图 4.18)。

(2)宗谷海峡:宗谷海峡为日本海与鄂霍次克海之间的水上通道,北为库页岛,南为北海道,平均水深 44 m,最窄距离为 42 km。这里有两股海流,一是宗谷海流(对马暖流的分支),从海峡南岸流出,一是从鄂霍次克海南下的冷流沿海峡北岸流入日本海。这里一年四季均有雾,海雾频率较津轻海峡多。冬春季节,鄂霍次克海的流冰常常侵入海峡,海面和流冰隙间常出现雾。冬季海峡南岸海雾相对较多,与较暖海面和流冰之间的热力差异有关。最频繁的雾仍出现在夏季,而且海峡北部海雾频率多于南部(图 4.18)。

(3)根室海峡:根室海峡在千岛群岛与北海道之间,南—北走向,为鄂霍次克海与太平洋相连的水道。宽约 35 km,最窄处 16 km,海峡南口水深 20～30 m,中部水深 5～10 m,北口水深达 2000 m 以上。1—2 月沿岸结冰,2 月以后有流冰。受亲潮寒流的影响,水温比同纬度的北海道西岸偏低 4～6 ℃。海雾是三个海峡中最多的。冬季海雾频率在 1%～2%,春季突然增加到 12%～14%,夏季副热带高压西北部的暖湿气流到达海峡冷水面,导致海雾频率最高超过 32%(图 4.18),与千岛群岛的多雾区相连(图 4.21)。

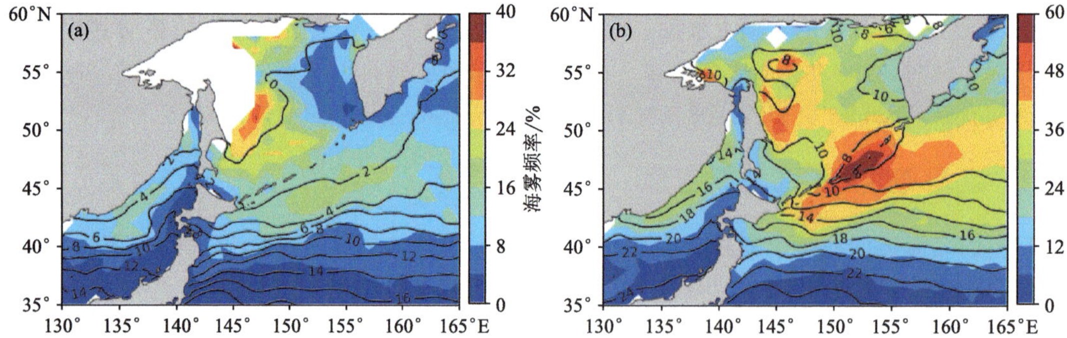

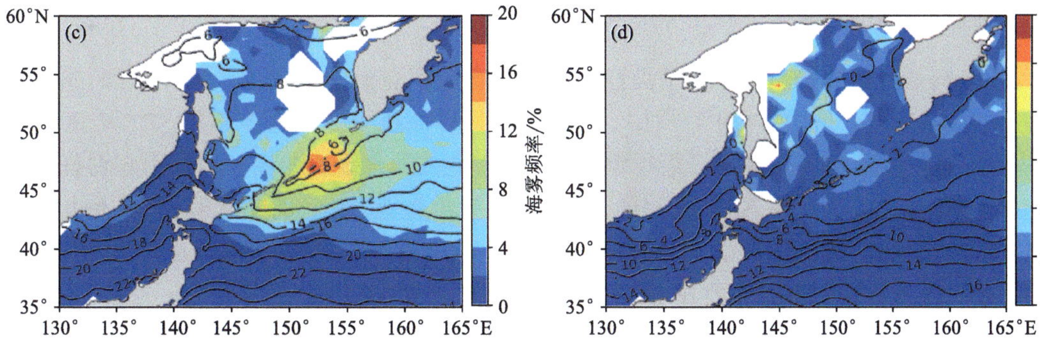

图 4.21 鄂霍次克海—千岛群岛海雾频率(填色)和 SST(等值线,℃)(ICOADS 1960—2019 年)

(a)3—5 月;(b)6—8 月;(c)9—11 月;(d)12 月—次年 2 月

4.5 鄂霍次克海海雾

鄂霍次克海是太平洋西北部半封闭的边缘海。西边是库页岛(萨哈林岛),西南是北海道岛,北—西北边是俄罗斯西伯利亚海岸,东—东南边以堪察加半岛和千岛群岛为界。鄂霍次克海南北气候差异明显。北部处于高纬度区,冬季严寒而漫长,夏季温暖而短促。南部、东部受太平洋调节,属温带海洋性气候。西北部 12 月—次年 2 月平均气温为−16～−10 ℃,大部分区域为海冰覆盖,11 月开始结冰,次年 5 月以后西北部开始融冰,6 月下旬全部解冻。海区结冰或有浮冰,不利于航行,存在大量船舶观测空白(图 4.21)。南部冰期大多不超过三个月。夏季一般没有海冰,而且是捕鱼旺季,船只活动和天气报告数量较多。

4.5.1 海雾频率的时空分布特征

鄂霍次克海夏季(6—8 月)是一年中海雾最多的时期,全海区基本都有雾,中西部雾比东部雾多,海雾频率大值出现在库页岛东部外海,有南、北两个多雾中心,最大频率超过 50%。另一个多雾区在千岛群岛以西海域,与千岛群岛的多雾区相连(图 4.21)。这个多雾区在第 3 章讨论过,7—8 月海雾频率最大超过 70%,与浅水地形有关(Tokinaga et al.,2009b)。

3—5 月的海雾频率和雾区范围仅次于夏季。频率大值中心为 32%～36%,在鄂霍次克海中部(52°N,147°E)附近,峰值达到 40%。从此处向东南海雾逐渐减少,但有海雾频率在 20% 左右的大片水域。另外,鄂霍次克海北部也有大片雾区,最大频率超过 24%。

9—11 月,海雾较春、夏季明显减少。雾区主要出现于库页岛东部海域,海雾频率最大值为 10%～12%。千岛群岛的多雾中心仍然存在,但频率已不足 20%。12 月—次年 2 月,海雾最少,鄂霍次克海西部有零散的多雾区,海雾频率在 8%～12%。

在鄂霍次克海,冰层从破裂到完全解冻的过渡时间,破冰之间开裂的水面上可出现海雾,随着冰面减少,水面增加,海雾频率和范围增加。冰面上可以形成辐射雾,但这种雾总是比较单薄,持续时间也短。

4.5.2 海雾形成的海洋气象条件

夏季范围最大最频繁的雾围绕千岛群岛中心和鄂霍次克海东南口的大陆架边缘，这里有不足 8 ℃的 SST 最低值中心(图 4.21b)。库页岛东岸外海孤立的多雾中心与 SST 冷斑(cold SST patches)在位置上基本重合。这些冷中心是由于在较浅水附近的潮汐引起上层海洋强烈的垂直混合而导致。夏季是 SST 冷斑的成熟期，其强度最强，秋季进入衰弱期，冬季基本消失，春季开始增强(Tokinaga et al.，2009b)。与 SST 分布相对应，夏季千岛群岛周围水域海雾最多，秋季海雾减少但仍然是多雾中心，冬、春季多雾中心消失。

在冬、春季，来自鄂霍次克海北部的冷水在库页岛以东海域向南流，SST 的 0 ℃等值线从库页岛东北海面向西南伸(图 4.21)，海雾频率大值区(约 10%)位于该 0 ℃等值线的西北侧(冷水侧)。沿着库页岛东海岸向南的冷海流在秋季也存在，海雾多出现在低于 8 ℃的 SST 等值线冷水侧。这里 6 月以前为冰层或者流冰区，容易出现蒸发雾、辐射雾。

鄂霍次克海的季风气候十分显著，冬季风从陆地吹向海洋，风速大，空气干而寒冷；夏季盛行偏南风，将太平洋暖湿空气向北输送，成雾的大气环流条件与日本海相似。夏季太平洋反气旋环流西北边缘的南—东南风将暖湿气流向冷水区输送，是海雾多发的主要因素。来自西伯利亚干冷的冬季风是冷季海雾少发的主要原因(图 4.19)。两个海区的一个显著差异是日本海北部有很强的 SST 梯度，而鄂霍次克海有浅水和潮汐混合导致的 SST 极小区。对鄂霍次克海 7—8 月的海雾研究表明，海雾主要发生在偏南风控制下，风速为 5～7 m/s，SAT－SST>0，说明这里以平流冷却雾为主。雾层覆盖的海洋大气边界层中存在正反馈，雾导致 SST 降低，低 SST 反过来又会加强海雾(Tokinaga et al.，2009b)。

7 月，鄂霍次克海高压的异常加强和北太平洋高压的向南收缩，导致鄂霍次克海东南口、北海道岛的太平洋一侧南—西南风异常减弱，大气的稳定性减弱，海雾频率减少。气候变化导致夏季雾的频率有下降趋势(Sugimoto et al.，2013)。

4.6 美国东部—加拿大东部沿海海雾

作为近岸水域，美国东部—加拿大东部海岸线蜿蜒曲折，多海岬海岛，有墨西哥湾流和拉布拉多寒流，海雾频率的分布表现出多中心特征。

4.6.1 海雾频率的时空分布特征

3—5 月，海雾较冬季明显增加，仅次于夏季(图 4.22)。新斯科舍(Nova Scotia)东南(44°N，58°W)、南(43°N，62°W)和西南(43°N，66°W)水域均有多雾中心，海雾频率为 18%～24%。大浅滩(Grand Banks)东南方有北大西洋海雾频率最大、雾区范围最广的水域(大浅滩海雾在第 3 章中已有讨论)。科德角(Cape Cod，41°N，70°W)和哈特拉斯角(Cape Hatteras，35°N，75°W)之间，海雾频率在 4%～12%。自哈特拉斯角向东北方向，雾区范围越来越广，海雾频率越来越大，这与沿着海岸向西南流的冷陆架水对应，SST 等值线为西南—东北走向，在 SST 为 16 ℃等值线以南，海雾很少。

6—8 月是海雾最多的季节，在新斯科舍西南端最大频率接近 50%。这里是浅水区，SST

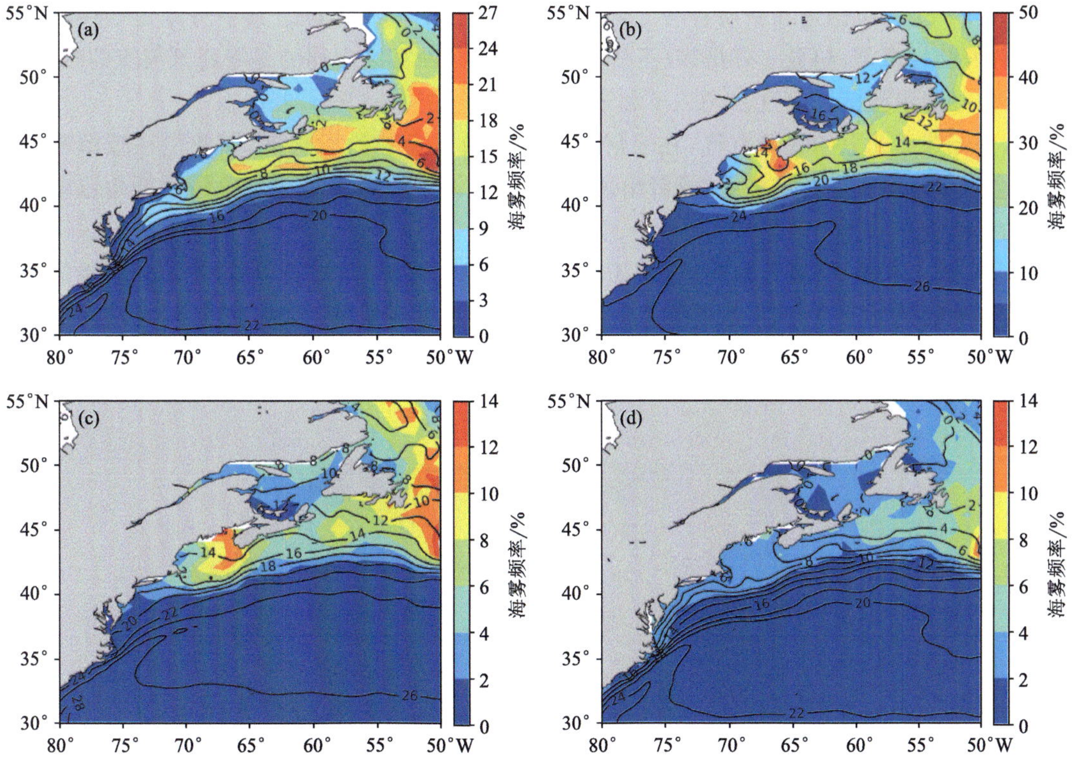

图 4.22 美国东部—加拿大东部沿海 1960—2014 年海雾频率(填色)和 SST 等值线(℃)(ICOADS 1960—2019 年)

(a)3—5 月;(b)6—8 月;(c)9—11 月;(d)12 月—次年 2 月

最小值中心对应这个最大海雾频率中心。从这里向东北到纽芬兰岛的西南端(47°N,60°W),海雾频率下降至 20%左右。从这一点再向东,海雾开始增加,到大浅滩出现大值中心。SST 比春季明显升高,且更趋于纬向分布。SST 大于 22 ℃水面,海雾较少发生。

9—11 月,总体上海雾频率少于春季和夏季,但空间分布形态与这两个季节类似。位于新斯科舍省西南端的多雾中心仍然存在,频率下降至 12%～14%。纽芬兰岛的西南端海雾频率在 4%～6%。

12 月—次年 2 月,该区域海雾最少,但是有些分散的高于背景海雾频率值的水域,沿着海岸向西南方向伸展,直到佛罗里达(Dorman et al.,2017)。

4.6.2 海雾形成的海洋气象条件

美国东部—加拿大东部最主要的海洋水文特征是墨西哥湾流向北流动,擦着大陆架从佛罗里达到哈特拉斯角,再向北随着纬度的增加湾流越来越远离海岸。在哈特拉斯角以北,在沿岸流和墨西哥湾流之间,是从拉布拉多流中分出来的寒冷的陆架水,在 SST 分布图上有明显的冷舌沿着新斯科舍海岸自东北向西南伸展,而且在夏季最明显(图 4.22)。冷的陆架水沿着海岸向西南方向流去并逐渐变弱。陆坡水是陆架水和墨西哥湾流之间的一种过渡,具有弱且多变的水流(Tchernia,1980)。该区域的沿岸地形和海面水物理性质、分布特征对海雾都有影响。

海流分布影响这些海区的表层水温,也影响其上空空气的属性、云和降水,从而影响海雾的生成与分布。夏季北大西洋副热带高压西侧的偏西南风将暖湿空气向北输送(图 4.23a),

在冷水影响下，在科德角和新斯科舍之间，6—8 月盛行平流冷却雾。其中海岸地区盛行岸滨雾，亦称海陆轻风雾，初夏 6 月最多（王彬华，1983）。阻断雾区南伸的是墨西哥湾流的暖水，哈特拉斯角以南水温已经超过 25 ℃，不利于平流冷却雾的形成（图 4.22b）。

从中低纬度北上的暖湿空气，在表层海水温度向北递减的影响下，即使是在暖海流上流过，也会产生冷却效应形成海雾，或者出现低云，这种海雾以冬季最多。哈特拉斯角以南海区冬季的雾就有这种作用的影响。

冷季（秋末和冬季）盛行偏西风（图 4.23b），在佛罗里达—佐治亚近海，在不断有冷锋短时间连续影响的情况下，形成平流蒸发雾/冷季混合雾，雾区会持续存在或推进到海温等于或几乎等于露点温度的区域（Ricks，1981）。纽约地区常出现雨雾（precipitation fog，Tardif et al.，2007）。

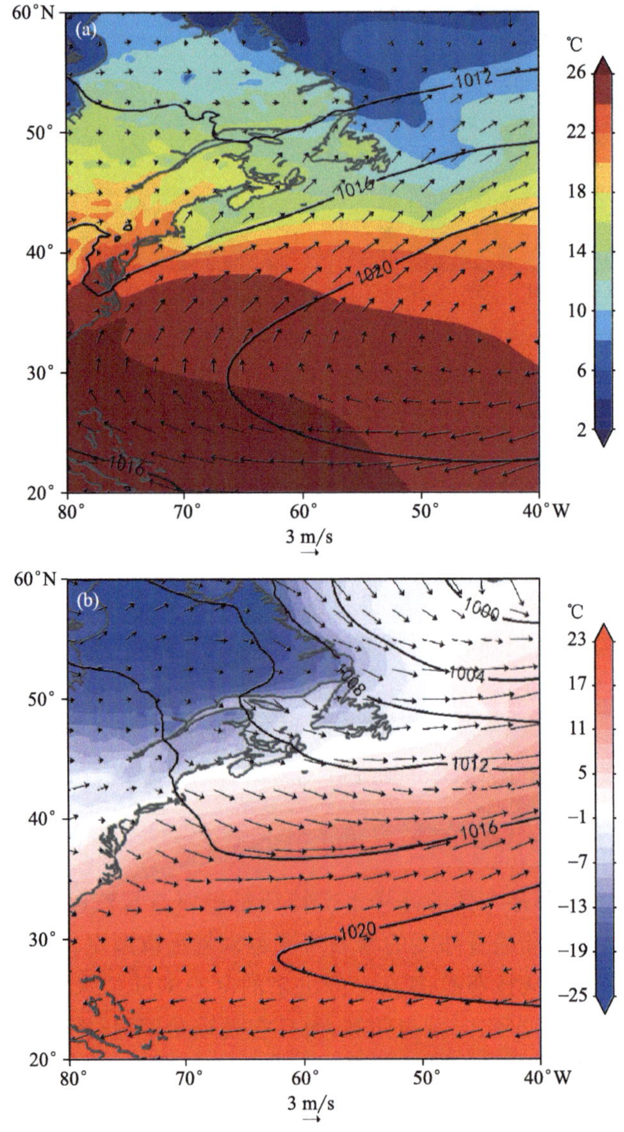

图 4.23　美国东部—加拿大东部沿岸 2 m 气温（填色）、海平面气压（等值线，hPa）和风场（矢量箭头，m/s）

（a）夏季（6—8 月）；（b）冬季（12 月—次年 2 月）

西北大西洋与西北太平洋的环流特征有明显不同。后者属于典型的季风气候，夏季暖湿的偏南风北上可达 60°N 的鄂霍次克海，冬季干冷的偏北风向南直达南海；而西北大西洋的气候受海洋的影响更多，盛行偏西风（西西北、西西南）。这也是美国东部—加拿大东部海雾频率季节变化振幅（相对西北太平洋）较小的一个原因，这里冬季仍然有范围比较大的多雾区（大浅滩南—东南水域），而冬季西北太平洋千岛群岛多雾区基本消失。

4.7　北海和波罗的海海雾

中纬度欧亚大陆西部濒临大西洋的边缘海主要是北海和波罗的海，纬度范围在 55°～65°N（与鄂霍次克海相当）。设得兰群岛（Shetland Islands，60°N，1°W）和奥克尼群岛（Orkney Islands，59°N，3°W）被认为是北海和大西洋之间的分界线，丹麦将北海与波罗的海隔开。波罗的海西部通过斯卡格拉克海峡与北海相连。这两个海域是沿岸各国相互来往和通往北大西洋及世界各大港口的交通要道，也是雾比较多的海区。

4.7.1　海雾频率的时空分布特征

春季和夏季是北海和波罗的海海雾频率最多的季节。3—5 月，雾频率分布较其他季节更均匀（图 4.24a）。北海东部海雾多于西部，最大值为 10%（55°N，4°E）。波罗的海全海区有雾，北部海雾多于南部，最大海雾频率可达 18%。

6—8 月，最频繁的雾出现在苏格兰东北方海上（7%～9%，59°N，2°W），这实际上是北大西洋北部多雾区的一部分（图 4.24b）。自北向南到北海中部，海雾频率下降至北部大值的一

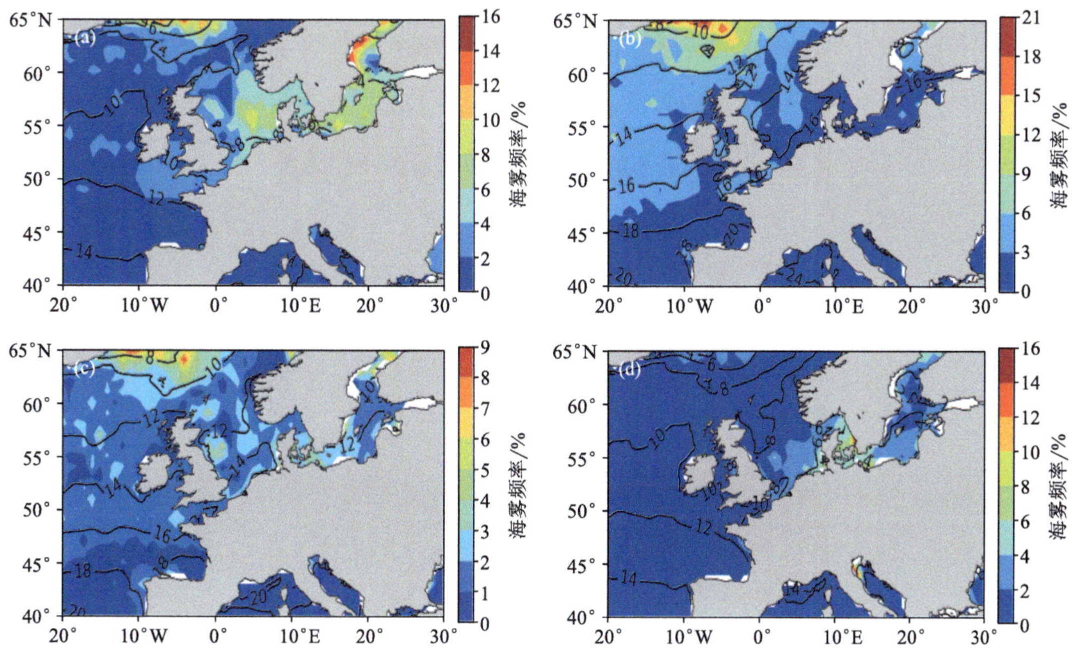

图 4.24　欧洲边缘海海雾频率（填色）和 SST（等值线，间隔 2 ℃）

(a)3—5 月；(b)6—8 月；(c)9—11 月；(d)12 月—次年 2 月

半左右。波罗的海最大海雾频率(约 14%)出现于海的北端——波的尼亚湾西部,60°N 以北海雾明显多于 60°N 以南。春、夏季在苏格兰—英格兰北部以东的水域均有多雾区,夏季海雾可入侵沿岸陆地,雾中气温很低,甚至低于海面水温,当地人称为哈雾(haar)。关于哈雾可参见本书 1.5 节。

9—11 月,两个海域的雾都减少了。北海的最大海雾频率出现在苏格兰以东水域(约 4%,59°N,1°W),波罗的海仍然是波的尼亚湾雾较多,最大频率为 6%～7%(图 4.24c)。12 月—次年 2 月,丹麦沿海多雾。波罗的海南部和北部都有高于背景值的多雾中心,最大可达 12%(图 4.24d)。

英吉利海峡除了冬季以外,其他季节也有相对多雾区,海雾频率在 3%～5%。8—9 月,海峡的雾频率达到 10%。泰晤士河口附近水域的雾更多些,甚至与潮汐涨落有一定关系。河的两岸气温比较高,涨潮时把外海冷水带到河口,两岸暖空气吹送到高潮带来的冷水面上,为雾提供了有利的生成条件;落潮时内河的水流出,温度较高,雾转淡或消失(王彬华,1983)。

4.7.2 海雾形成的海洋气象条件

西北欧常年受西风带控制(图 4.25),又受湾流影响,是温带海洋性气候,一年四季云多、降水多。因此,海雾频率的季节变化不像鄂霍次克海、日本海等边缘海那样明显。当暖湿气流流经冷海面时,容易形成平流冷却雾。利用卫星资料研究表明,波罗的海沿岸的雾具有典型的平流雾性质(Bendix,2002)。

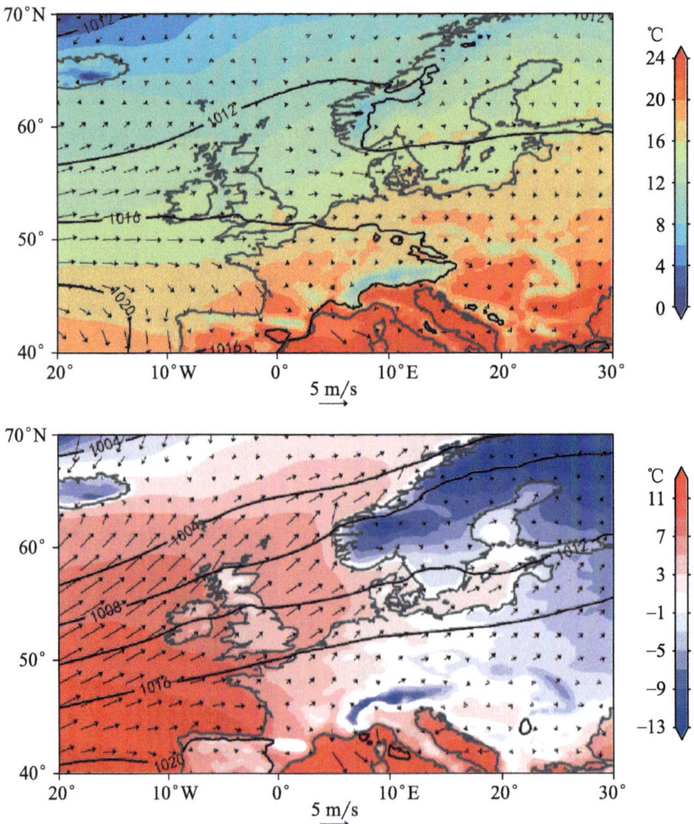

图 4.25 气候态北海、波罗的海 2 m 气温(填色),海平面气压(等值线,hPa)和风场(矢量箭头,m/s)
(a)夏季(6—8 月);(b)冬季(12 月—次年 2 月)

春夏季节海雾较多，多雾区 SST 比周边同纬度水温低。例如，春季北海东部和波罗的海多雾区的 SST 不足 8 ℃，而同纬度的北大西洋 SST 在 10 ℃以上(图 4.24a)。夏季大不列颠岛东岸也有冷水区与多雾区配合。夏季，海雾常常入侵苏格兰和英格兰北部的东部沿海地区，其形成机理与平流冷却雾相同，即暖空气平流到冷海面形成雾，其维持与反气旋有关(Lamb，1943)，在反气旋控制下，内陆白天的温度可超过多雾的海岸温度 10～15 ℃，海陆热力差异产生局地海陆风环流，在海风影响下可导致雾区向海岸伸展。夏季早晨，海岸地区能见度低于 1 km 的频率为 5%～10%，极端情况下甚至小于 25 m(Findlater et al.，1989)。

4.8 小结

由于边缘海海陆分布的复杂性和边缘海地理纬度的变化，海雾频率的时空分布特征相对于开阔大洋更加复杂多变。海雾多发生于冷水面上，春夏季多雾是共性。

通过对黄海海雾和福建沿海海雾的讨论可知，前者以平流冷却雾为主，后者包括三类海雾，频率各占三分之一，进一步说明地理纬度、海陆热力差异、冷海面、大气环流和大气边界层稳定性的季节变化等因素对海雾气候学特征的影响。季风区的边缘海，如鄂霍次克海、日本海海雾频率季节变化大；西北欧的北海和波罗的海，四季均有海雾，季节变化相对较小。

虽然基于 ICOADS 的海雾频率统计并未分类，但海雾形成的海洋气象条件大都与平流冷却雾形成机理一致。

思考题

1. 黄海海雾季节变化的特征是什么？大气和海洋对海雾季节变化的贡献是什么？

2. 为什么春季(4 月)黄海西部海雾频率有明显增加，而黄海东部没有如此明显的增加？

3. 利用观测数据(或者再分析资料、模式数据、卫星数据等)，分析近海面实际比湿、饱和比湿、风向风速、大气层结稳定度等，讨论各月成雾的可能性。可自行确定区域和年份。

4. 试从海陆热力差异角度分析黄海雾季开始和结束的原因。

5. 根据海雾发生的机理，讨论中国东海、南海雾季开始和结束的原因。

6. 试从海陆热力差异、水汽供应量、层结稳定性、海气温差等方面对比分析青岛近海海雾与福建沿海海雾特征。

7. 冬季，美国—加拿大东部近海是否有平流冷却雾和平流蒸发雾，请解释原因。

8. 对于中国沿海海雾气候学，本章重点讨论了黄海海雾和台湾海峡海雾，前者对北方海雾、后者对南方海雾分别具有一定代表性。请查阅资料，讨论北方和南方其他水域海雾的气候特征，并结合本章的内容，归纳不同水域海雾特征的异同(可自行确定区域)。

第 5 章　海雾天气过程

本书第 3、4 章讨论了海雾气候学特征，但是每一次具体的海雾天气过程，都受到天气尺度的环流形势、大气边界层稳定性、湍流、海气界面热通量、雾顶长波辐射、海陆热力差异等诸多因素的影响。本章讨论不同水域具有代表性的海雾天气个例，理解海雾形成过程中诸多影响因素的差异，可以为海雾预报提供思路；同时对如何综合利用观测资料，分析研究海雾形成、消散物理过程亦有借鉴作用。

5.1　春季黄海海雾过程

5.1.1　观测事实

2008 年 5 月 1—3 日，黄海出现大雾天气。利用卫星多通道资料和动态阈值算法(Zhang et al.，2013)反演的雾区结果表明，在 5 月 1 日 04:30 UTC 黄海西部已经出现雾区，5 月 2 日雾区范围扩大，5 月 3 日 02:40 UTC 雾区面积北缩，并出现云，海雾趋于消散(图 5.1)。

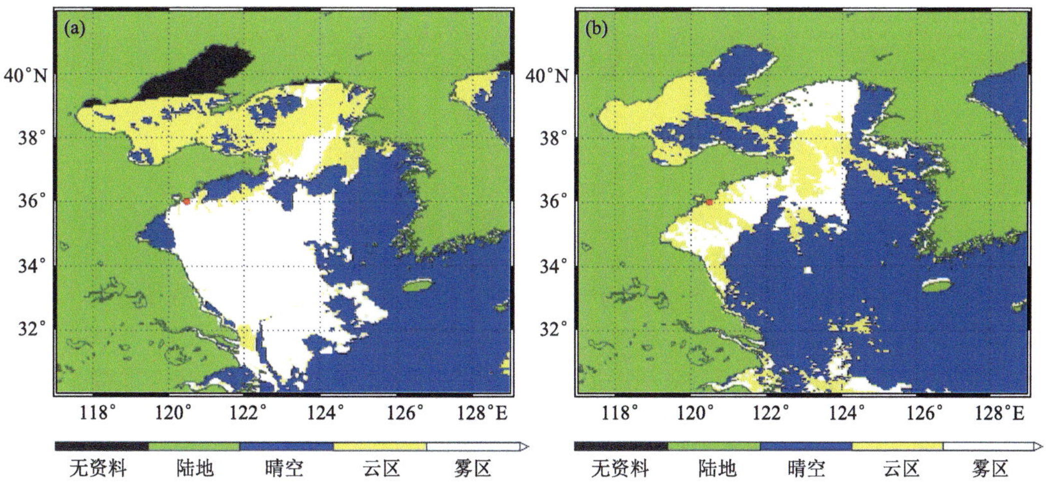

图 5.1　MODIS 多通道数据反演的雾区(红点表示浮标站位置)

(a)5 月 2 日 05:10 UTC；(b)5 月 3 日 02:04 UTC

5 月 2 日 06:00 UTC 青岛气象台的浮标站(图 5.1 中红色圆点)观测到能见度快速下降，2 日 12:00 UTC 到 3 日 03:00 UTC 期间能见度基本低于 1000 m，甚至不足 500 m(图 5.2a)。

3 日 07:00 UTC 之后,能见度回升。青岛气象台岸基自动气象站[①](岸基站)观测的相对湿度(RH>97%)与浮标站的低能见度相吻合(图 5.2)。卫星反演结果与浮标站、岸基站观测结合,证实了这是一次黄海大范围海雾过程。

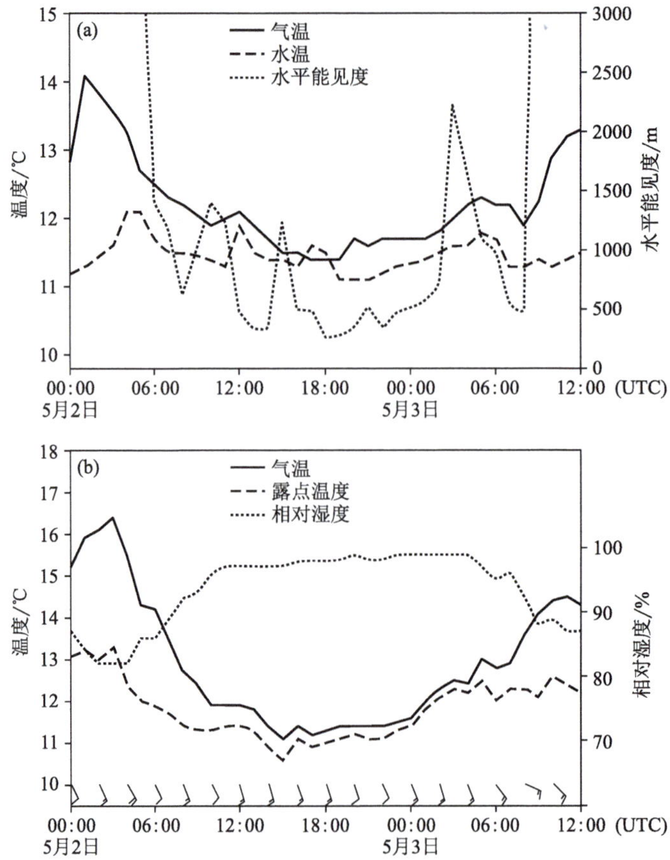

图 5.2　2008 年 5 月 2—3 日青岛浮标站(a)和岸基站(b)观测结果

5.1.2　天气形势

2008 年 5 月 1 日 00:00 UTC,500 hPa 等压面上有一移动性高压脊,脊线位置在 110°E 附近,5 月 2 日 00:00 UTC 时该高压脊横跨黄海南部到朝鲜半岛南部(图 5.3a)。与该高压脊相对应,地面大陆高压东移进入黄海。在黄海冷水面[②]上空,高压强度加强,移速减慢。受其影响,黄海西部海面出现比较稳定的东南风(图 5.3b),将来自黄海南部—东海北部的水汽向北输送。该海平面气压场、风场与图 4.4 类似,反映了春季黄海低空大气环流的主要特征。

925 hPa 等压面上,黄海西部为离岸的西南风,从较暖的陆地吹向冷海面,从而产生暖平流,即$-\left(u\dfrac{\partial T}{\partial x}+v\dfrac{\partial T}{\partial y}\right)>0$(图 5.3c),在低空形成逆温层,为海雾生成提供了有利的层结条件。高压控制下的下沉运动亦有助于逆温层的维持和加强。

① 青岛气象台岸基自动气象站距离海岸约 2 km,高度约 75 m。

② 冷水面指海面水温(SST)低于其邻近的空气温度(SAT)。

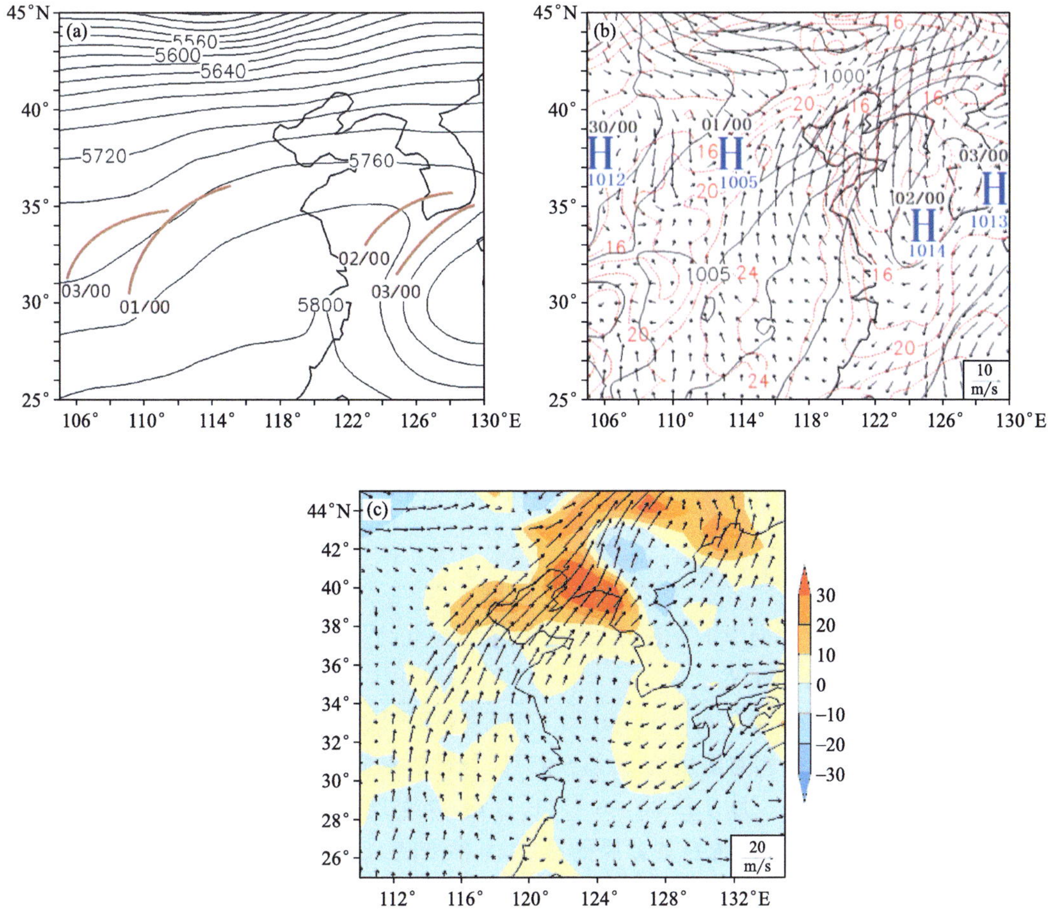

图 5.3　(a)2008 年 5 月 2 日 00:00 UTC 500 hPa 位势高度(等值线,gpm)以及 4 月 30 日 00:00 UTC 至 5 月 3 日 00:00 UTC 高压脊线位置(棕色短曲线,日/时);(b)2008 年 5 月 2 日 00:00 UTC 海平面气压(黑色等值线,hPa)、温度(红色等值线,℃)、水平风矢量(m/s)、高压中心位置(H)和强度(日/时);(c)2008 年 5 月 2 日 00:00 UTC 925 hPa 温度平流(填色,10^{-5} K/s)和水平风矢量(数据来自 ERA-Interim)

5.1.3　海气界面海洋气象条件

5 月 2 日 00:00 UTC 黄海大部分海域 2 m 露点温度高于海面水温(T_d－SST>0),在冷海面影响下,若气温下降,容易达到饱和发生凝结(图 5.4a)。海面气温高于海面水温(SAT－SST>0),表明通过湍流感热交换,海洋对大气有冷却作用,属于典型的平流冷却雾(图 5.4b)。T_d－SST>0 和 SAT－SST>0 区域均与黄海冷水面及其南伸的冷舌在空间上相匹配,反映了冷海面对成雾的重要性。

另外,东海为暖海面,有 T_d－SST<0 和 SAT－SST<0。这种条件下大气中的实际水汽压小于海面饱和水汽压($e_a-e_s<0$),海水不断蒸发,空气中水汽含量增加;水温高于气温,感热交换促使空气变暖,从而在海面形成暖湿空气,被东南风带到黄海冷海面,冷凝成雾。

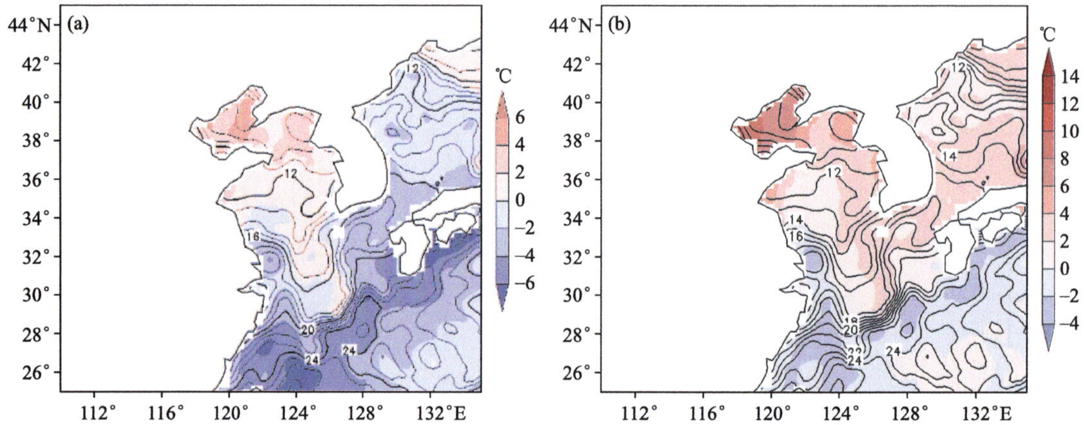

图 5.4 (a)2008 年 5 月 2 日 00:00 UTC SST(等值线,℃)和 T_d－SST(阴影,℃);(b)SST(等值线,℃)和 SAT－SST(填色,℃)(SST 来自 AVHRR,其他数据来自 ERA-Interim)

5.1.4 大气边界层垂直结构特征

此次海雾过程低空为向岸的东南风,青岛气象台探空结果可以基本代表附近海洋大气边界层(MABL)垂直结构特征①。

5 月 1 日 00:00 UTC 至 5 月 3 日 00:00 UTC 存在明显逆温层,逆温层底($\theta \approx 292$ K)的高度在 100～250 m,其下方相对湿度为 90%～92%,与雾层对应。雾层上方相对湿度明显下降,形成比较清楚的"雾顶"。5 月 3 日 00:00 UTC 以后,逆温层底升高至 300 m 以上,在水汽供应量保持不变的条件下,难以维持如此厚的雾层,雾性变淡。5 月 3 日 12:00 UTC 以后,混合层($\partial\theta/\partial z \approx 0$)的厚度继续加深,形成低云(图 5.5a)。

图 5.5b～d 展示了从轻雾(能见度≥1000 m)到浓雾(能见度<1000 m)到雾性转淡趋于消散的边界层温湿结构和风矢量变化。5 月 2 日 00:00 UTC,低空存在明显的逆温层。风向在 200 m 以上随高度顺转,由南风转为西南风,对应准地转的暖平流。对于青岛近海,西南风更偏向来自陆地,有利于逆温层形成和维持。水汽聚集于逆温层下方,呈现逆湿结构(图 5.5b),此时青岛海面为轻雾。

5 月 2 日 12:00 UTC 正值海雾盛期,雾层上方相对湿度急剧下降,400 m 高度以上相对湿度不足 40%(图 5.5c),形成干层。这与来自陆地的干暖平流以及高压导致的绝热下沉运动有关,同时强逆温层阻挡了海面水汽向上扩散(图 5.6)。由于干层的存在,雾顶辐射冷却效应强,并通过湍流混合向下传递,在雾顶辐射冷却和海面冷却作用的共同影响下,近海面降温更加明显。5 月 2 日 12:00 UTC,相比于 12 h 前,雾层顶部气温下降 2 ℃左右,近海面气层降温约 3 ℃。可以推论,近海面气层的降温幅度更大,其中 2 ℃来自雾顶辐射冷却效应向下传递,1 ℃来自海气界面湍流热量交换。雾顶附近逆温结构进一步增强(图 5.5c),其主要原因是雾顶因长波辐射而降温,反映了雾层与层结的相互作用(任兆鹏 等, 2011;Zhang et al., 2017)。

① 青岛气象台探空站距离黄海约 2 km,海拔高度 75 m。

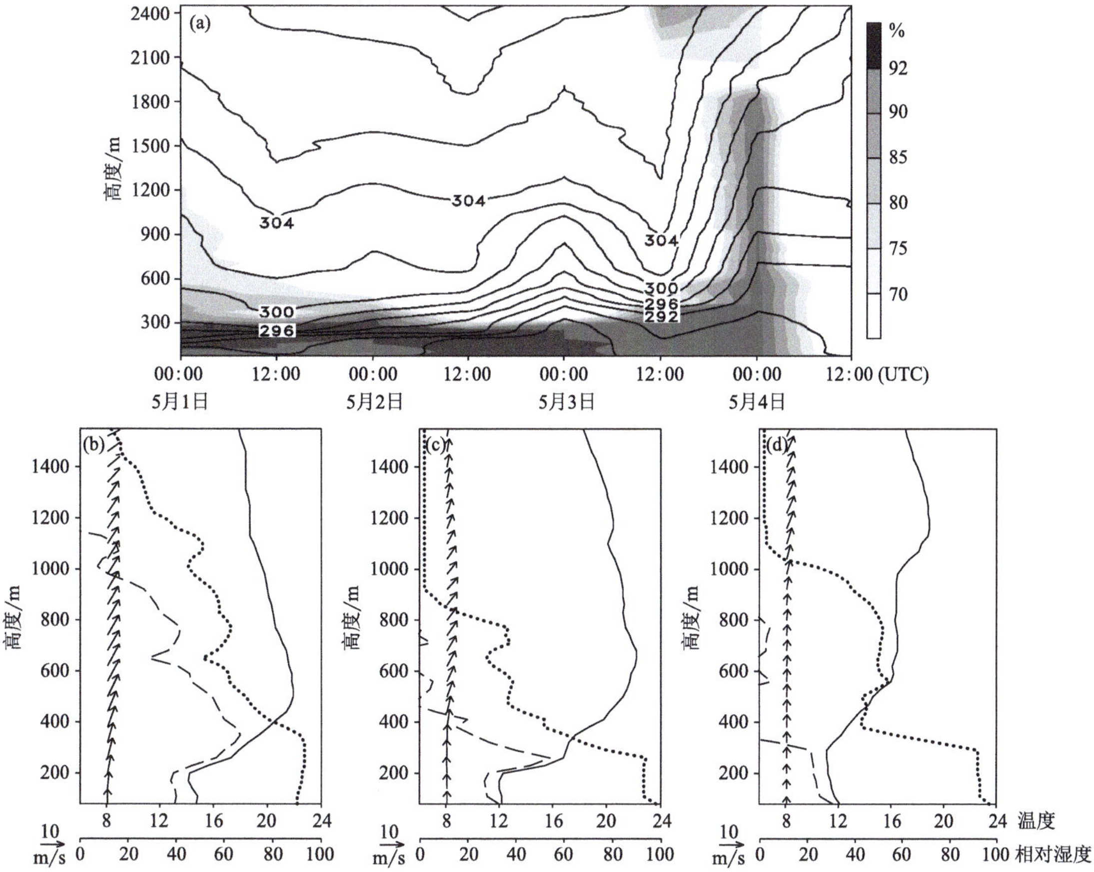

图 5.5 青岛气象台探空结果

(a)2008 年 5 月 1 日 00:00 UTC—4 日 12:00 UTC 位温(等值线,K)和相对湿度(阴影,%)的垂直—时间剖面;(b)(c)(d)分别为 2008 年 5 月 2 日 00:00 UTC、5 月 2 日 12:00 UTC 和 5 月 3 日 00:00 UTC 温度(实线,℃)、露点温度(虚线,℃)、相对湿度(点线,%)和水平风(m/s)随高度的变化

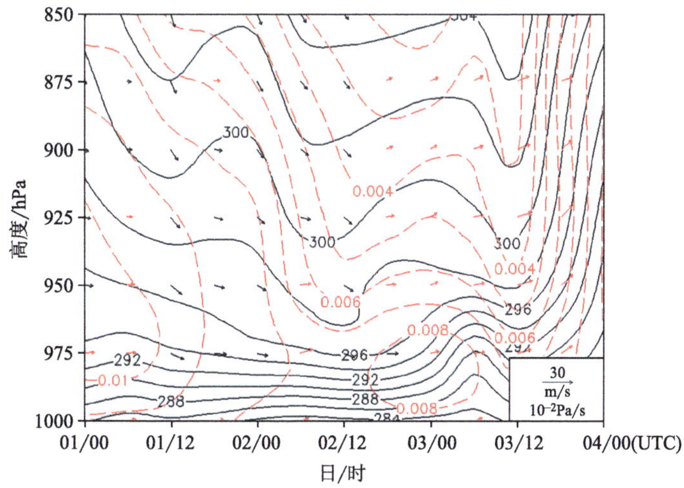

图 5.6 2008 年 5 月 1 日 00:00 UTC 至 4 日 00:00 UTC 位温(黑色等值线,间隔 2 K)、子午向水平风与垂直风的合成(v 与 $-\omega$ 的合成,单位 m/s、10^{-2} Pa/s,红色/黑色箭头分别代表上升/下降运动)和比湿(红色虚线,等值线间隔 0.002 kg/kg)时间—高度剖面图。位置:122°E,36°N(数据来自 ERA-Interim)

5 月 3 日 00:00 UTC,逆温层底高度升高至 300 m,低空逆湿结构消失(图 5.5d),海雾天气趋于结束。自地面至 1000 m 为一致的比较深厚的南风,由于逆温层仍然存在,偏南风带来的暖湿空气在逆温层下方聚集,可出现低云。5 月 4 日 00:00 UTC 逆温结构已经被破坏,85%～90%的高相对湿度区发展到 1800 m(图 5.5a)。

5.1.5 海雾生成和消散的机理

5.1.5.1 海雾生成阶段

本书第 2 章指出,水汽由未饱和到达饱和而生成雾通过两个途径,一是增加空气中的水汽含量(增湿),二是空气降温。在海雾生成过程中,有的以增湿为主,有的以降温为主,也有的是增湿和降温共同影响的结果。

根据浮标站观测,5 月 2 日 01:30 UTC 至 07:30 UTC 可以认为是青岛近岸海雾的生成发展时段,能见度从大于 3000 m 降至 1000 m 左右。该时段气温下降 2 ℃(图 5.2a)。岸基站气温开始下降时间为 03:00 UTC,落后于浮标站约 1.5 h。气温下降的同时,露点温度也下降。可见,此次海雾生成发展阶段是降温和降湿并存。

在海雾生成阶段,有 T_d－SST＞0。在冷海面影响下,空气的饱和水汽压下降,当实际水汽压(与 T_d 对应)大于饱和水汽压(与 SST 对应)发生凝结后,在水汽供应量(水汽平流输送量)不充裕的条件下,局地水汽含量会减少。露点温度高于 SST 的气团(因而气温也高于 SST),由于海气界面热量交换失去热量,也失去水汽含量,但只要空气露点温度高于 SST,在气温与露点温度同时降低的情况下,当露点温度尚未达到海温(SST)之前,凝结将不断发生。这种过程不仅可以发生在水面上,也可以发生在水面以上的薄空气层中,这便是海雾的生成过程。由图 5.2 可以看出,当露点温度下降接近 SST(约 11 ℃)时,气团接近饱和,能见度已不足 500 m。虽然 T_d 是岸基站测得,与浮标站上的露点可能有差异,但仍然能反映这一海雾生成过程。

由于气温比露点温度下降更快,导致温度露点差逐渐接近,相对湿度保持上升趋势(图 5.2b)。至 08:30 UTC,相对湿度已经超过 95%,能见度下降至不足 1500 m。因此,降温是此次平流冷却雾形成的主导因素。

利用模式进行气块后向追踪的结果表明,在海面气块温度加速下降的时段(6 h 下降 3 ℃),路径上 SST 向北下降约 1 ℃(Zhang et al.,2017)。进一步验证了雾顶辐射冷却对降温和雾层发展有重要贡献。

5.1.5.2 海雾维持阶段

5 月 2 日 10:00 UTC 至 5 月 3 日 02:00 UTC,高相对湿度(＞95%)和低能见度(＜1000 m)一直维持,气温和露点温度均少变,温度露点差维持在 0.5 ℃以下,说明气团达到热力学准平衡状态(准饱和状态,图 5.2),海面东南风稳定少变,此为海雾维持时段。对比浮标站和岸基站气温的变化可以看出,在海雾维持阶段,浮标站和岸基站的气温以及露点温度均接近海面水温,海陆热力差基本消失,体现了均一下垫面特征。

另外,虽然在海雾发生之前气温高于海温达 2 ℃,但随着气温下降,气温与海温的差越来越小,在海雾盛期甚至出现 SAT＜SST 的情况。

5.1.5.3 海雾消散的原因

海雾消散的原因有风向转变导致水汽供应量减少、风速过大将雾“吹散”等。如在青岛近海，春、夏季节风力超过 6 级，近海面机械湍流过强，海雾易转为低云或者趋于消散（王彬华，1983）。岸基站观测表明，此次海雾消散过程中海面一直维持稳定东南风，风速亦少变（图 5.2b）。是什么因素导致海雾消散呢？

自 5 月 3 日 00:00 UTC 以后，无论是浮标站还是岸基站，气温均出现上升趋势，岸基站（浮标站）气温在 11:00 UTC 已经上升至 14.5 ℃（13.2 ℃）。但露点温度没有上升趋势，仅在 12～12.5 ℃波动，导致温度露点差增大，能见度出现波动，在 3 日 09:00 UTC 能见度已经大于 3000 m（图 5.2）。这个时段正值白天，相对湿度一旦减小，雾性变淡，入射至地面的太阳辐射加强，气温上升，进一步使相对湿度下降，这个正反馈过程最终导致雾消散。

由以上分析可知，气温上升是海雾消散的关键因素。但是，气温上升的原因是什么？由观测可知，5 月 2 日的相同时间段中气温是下降的，所以不能简单用太阳辐射增加来解释。

5 月 3 日 00:00 UTC，500 hPa 上原来在黄海上空的高压脊东移至朝鲜半岛，西风带移动性低压槽东移，黄海西部逐渐处于槽前（图 5.7a）。与高空槽相对应，黄海西部处于陆上地面低压的前部，虽然海面维持东南风，但天气系统已经由高压转为低压（图 5.7b）。受高空槽和地面低压系统的影响，低空出现上升运动（图 5.6）。上升运动虽然比较弱，却削弱了大气边界层的稳定性。2008 年 5 月 3 日 00:00 UTC，逆温层底部抬升，混合层厚度增加至 300 m（图 5.5d）。虽然海面东南风维持，但混合层厚度增加，原有的水汽输送量不足以支持如此厚度的雾层，雾性变淡，能见度开始回升，入射至地面的太阳辐射增强，气温上升，雾性进一步变淡，直至海雾消散。

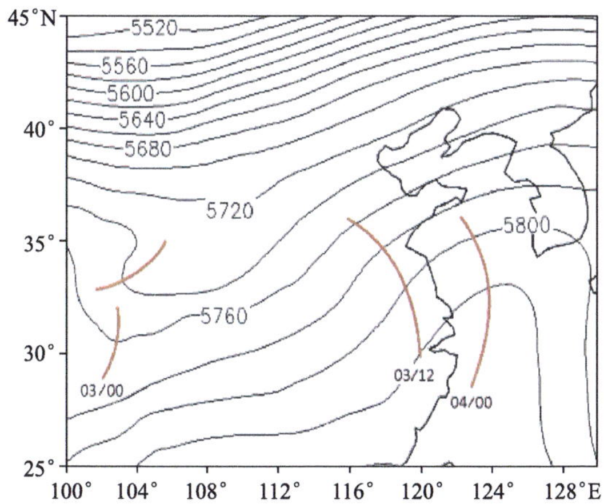

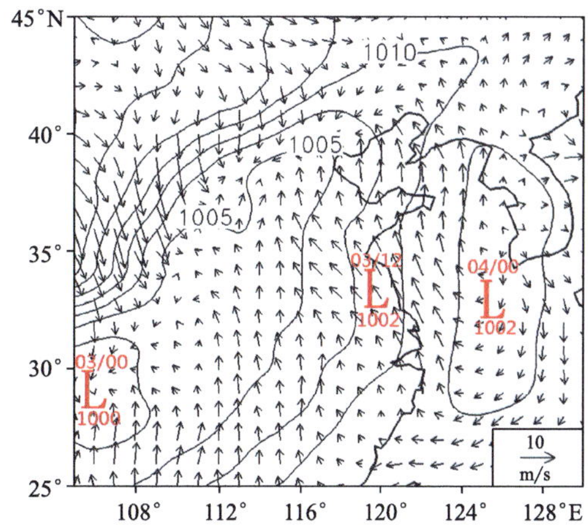

图 5.7 (a)2008 年 5 月 3 日 00:00 UTC 500 hPa 位势高度（黑色等值线，gpm）和 5 月 3 日 00:00 UTC 至 4 日 00:00 UTC 槽线位置（棕色短曲线，日/时）；(b)00:00 UTC 海平面气压（黑色等值线，hPa）、水平风矢（m/s）及与 500 hPa 低压槽对应的地面低压中心位置和强度（日/时）（数据来自 ERA-Interim）

伴随高空槽前西南气流向黄海输送水汽，上升运动加强，云系发展。受水汽增加和云层影响，雾顶的净长波辐射减弱，也会有助于雾层升温。图 5.8 表明，有海雾时（用云中液态水含量 clwc 表示，简称“云水含量”），云水含量最大值贴近海面，与 288 K 的冷气团相匹配，其上方有明显逆温层。低空比湿由海雾生成前的 11 g/kg 下降至海雾生成后的 9 g/kg，与观测的露点温度下降一致。3 日 00:00 UTC 以后，云中液态水含量大值区已经离开海面，气温上升至 292 K，逆温层强度减弱。3 日 18:00 UTC，逆温结构已经被破坏。

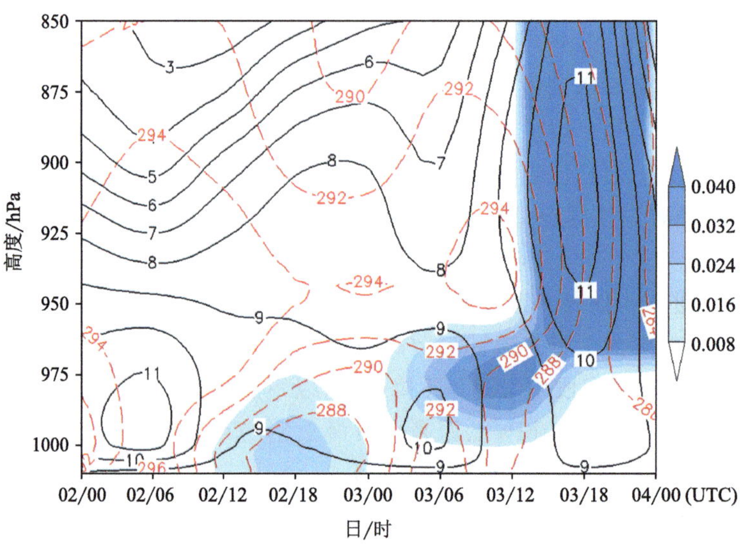

图 5.8 2008 年 5 月 2 日 00:00 UTC 至 2008 年 5 月 4 日 00:00 UTC 物理量的气压(hPa)—时间(日/时)剖面(122°E,36°N)(温度:K,红色虚线;比湿:g/kg,黑色实线;液态水含量:g/kg,填色。数据来自 ERA-Interim)

因此,天气系统的变化导致混合层加深,水汽供应不足以支撑更深厚的雾层,是海雾雾性变淡的原因。雾性变淡—太阳辐射加强—气温上升的正反馈过程使海雾最终消散。

5.2 夏季黄海海雾过程

7 月,黄海仍然有 SAT>SST,夏季风带来充沛水汽,在冷海面形成平流冷却雾,但夏季的雾层一般比春季雾层深厚。本节分析 2008 年 7 月一次海雾的产生、维持和消散过程,并且讨论夏季与春季海雾过程的异同。

5.2.1 观测事实

此次海雾从 2008 年 7 月 7 日到 7 月 11 日,持续 5 d(有短时转轻雾的情况)。7 日 00:00—12:00 UTC,青岛浮标站记录到能见度由 2000 m 左右下降至不足 500 m,岸基站相对湿度在 12:00 UTC 后不久达到 100%(图 5.9)。利用卫星多通道资料反演(Zhang et al.,2013)的雾区表明,7 日 05:00 UTC 雾区覆盖了黄海的 2/3(图 5.10)。以上各种独立观测表明,青岛近岸海雾生成发展阶段为 7 日 12:00 UTC 之前的一段时间,12:00 UTC 已经由能见度大于 1000 m 的轻雾发展为能见度不足 500 m 的浓雾。该期间,岸基站东南风风速为 4~6 m/s,气温由 27 ℃左右下降至 23 ℃左右,露点温度由 20 ℃左右上升至 23 ℃左右,增湿和降温均利于相对湿度增加,两者共同作用导致了雾的形成(图 5.9b)。这个过程显然与春季海雾形成期间降温减湿不同。

海雾持续期间(7 日 12:00 UTC 至接近 12 日 00:00 UTC),海上能见度基本保持在几十米至百米的低值。岸基站相对湿度大都在 100%左右,但有短时下降,这与白天陆地温度升高相吻合(图 5.9b)。7 月 10 日 00:00—12:00 UTC,能见度上下剧烈起伏,地面观测到降水。此

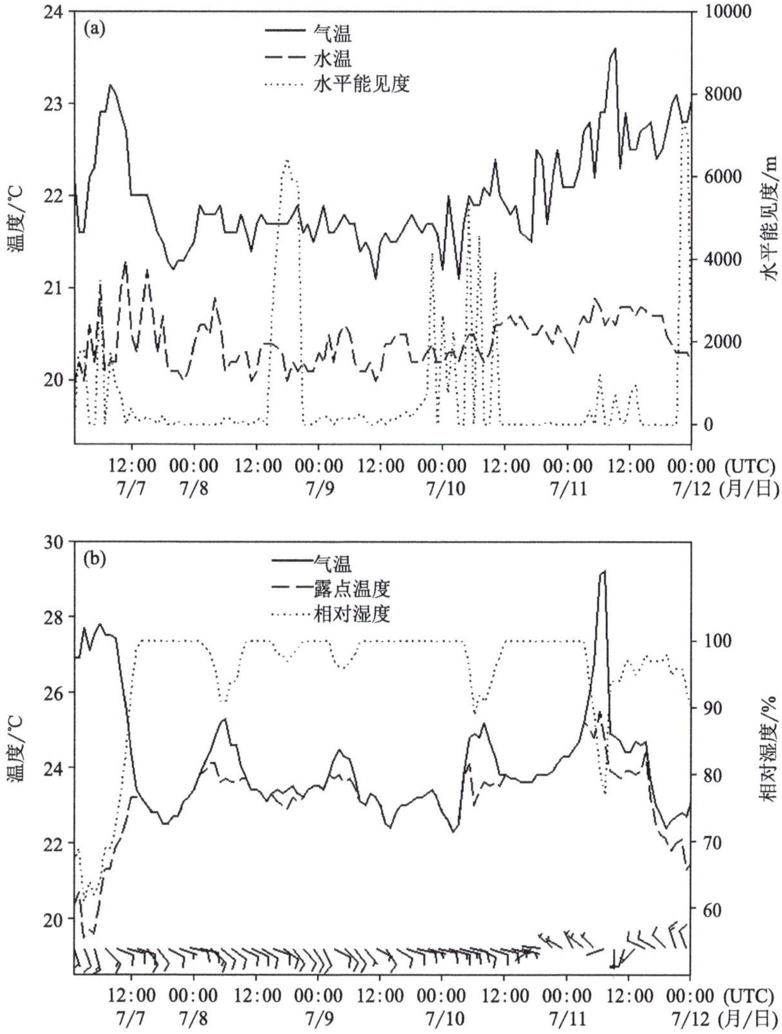

图 5.9 2008 年 7 月 7—12 日青岛浮标站(a)和岸基站(b)观测结果

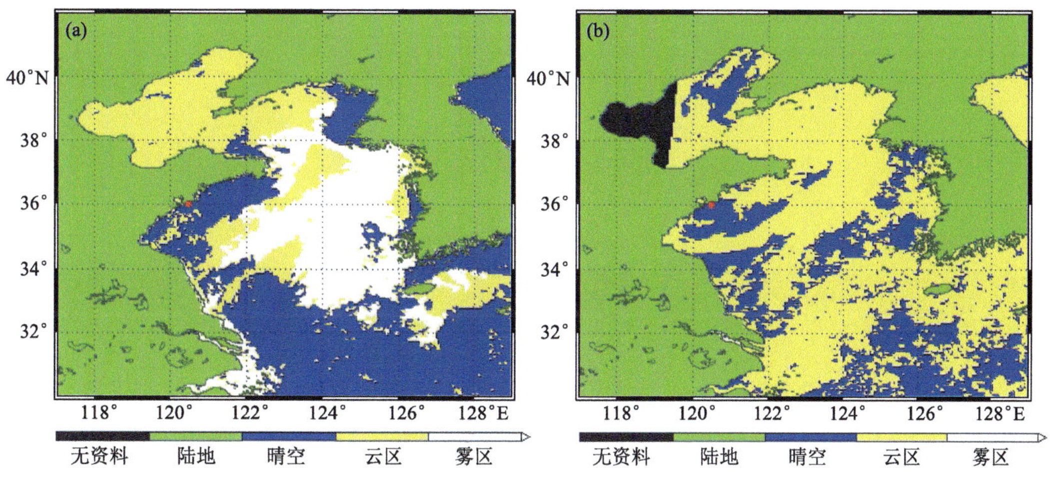

图 5.10 MODIS 多通道数据反演的雾区(红点表示浮标站位置)

(a)7 月 7 日 05:00 UTC;(b)7 月 12 日 02:00 UTC

后，能见度又下降至百米左右的低值，海雾仍然维持。

7 月 11 日 12:00 UTC 之后，岸基站观测到风向转为西北风，气温与露点温度同时迅速下降，至接近 12 日 00:00 UTC，气温有所上升，露点温度继续下降，温度露点差增大，相对湿度下降至 90%；浮标站能见度由几十米上升至几千米，海上雾性转为轻雾。7 月 12 日 02:00 UTC 黄海大部为云覆盖(图 5.10)。

5.2.2 天气形势

2008 年 7 月 7 日 06:00 UTC，黄海为太平洋副热带高压控制，500 hPa 等压面上闭合的高压中心在九州岛至朝鲜半岛南部海面，5880 gpm 等值线基本覆盖了南黄海至东海北部(图 5.11a)。海平面气压场上的高压中心位置基本与 500 hPa 一致，在济州岛附近。高压西侧的黄、东海海域为南—东南风(图 5.11b)。这种准正压的气压场分布以及海面风场与气候态类似(图 4.10)，反映了典型的夏季风天气形势。南—东南风将来自副热带洋面的水汽向北输送，为黄海平流冷却雾的生成和维持提供了充沛水汽。

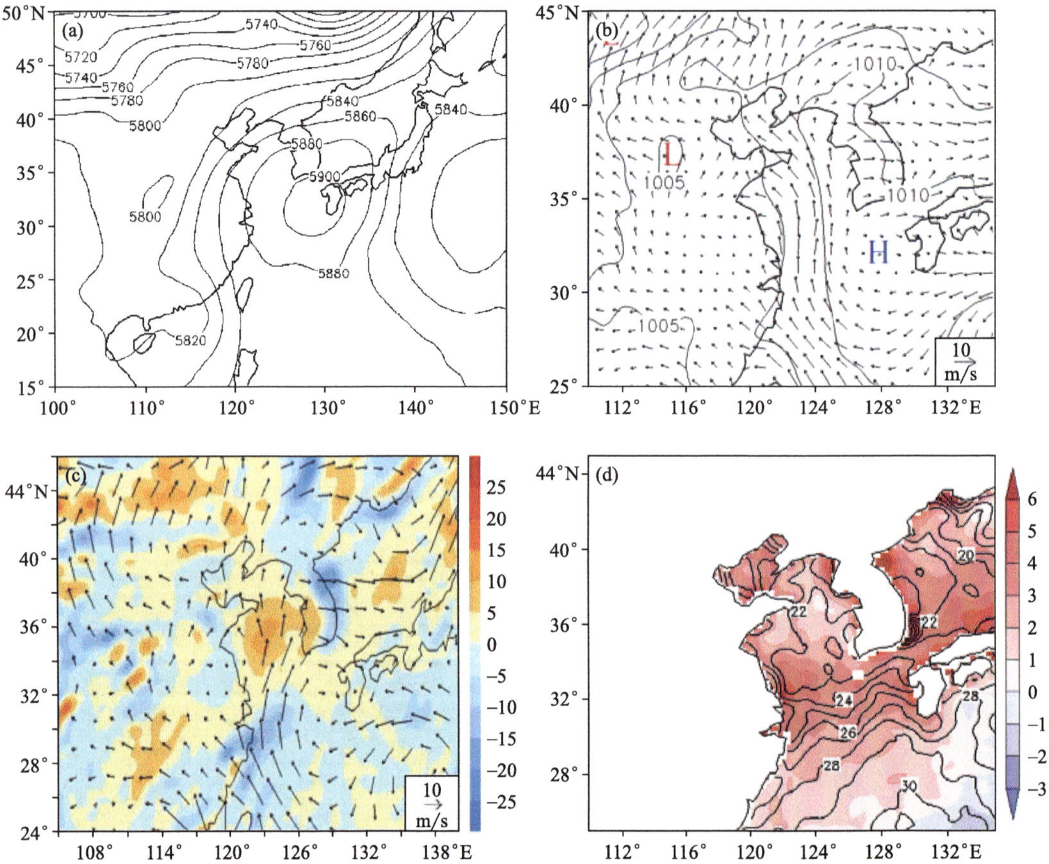

图 5.11　2008 年 7 月 7 日 0600 UTC 环流形势

(a)500 hPa 位势高度(等值线，gpm)；(b)海平面气压(等值线，hPa)和水平风(m/s)；(c)925 hPa 温度平流(填色，10^{-5} K/s)和水平风(m/s)；(d)2008 年 7 月 7 日 06:00 UTC SST(等值线)和 SAT−SST(填色，℃)

(SST 来自 AVHRR，其他数据来自 ERA-Interim)

在 925 hPa 等压面上，海上高压西侧的偏南风将来自副热带的暖空气向北输送，黄海上空呈现暖平流(图 5.11c)，可导致局地气温升高，形成逆温层。海面至 925 hPa(直至 500 hPa)均为来自南方海洋性气团控制，这一点与春季不同(春季 925 hPa 以上为来自陆地的偏西气流)。

5.2.3　海气界面海洋气象条件

2008 年 7 月 6 日在东海至黄海过渡区，SST 等温线仍然比较密集，SST 自南向北下降，黄海海面气温高于 SST 2～3 ℃(图 5.11d)。青岛浮标站的气温高于 SST 约 2 ℃。来自副热带的暖湿空气至黄海冷海面冷凝成雾，其平流冷却雾的性质与春季海雾是相同的。

青岛岸基站和浮标站的观测表明，海雾形成期间，露点温度明显上升，由最初的接近甚至低于 SST(SST 为 20～21 ℃)上升至 23 ℃以上，明显高于 SST。在海面气块中的水汽冷凝不断发生的同时，露点仍呈现上升态势，反映了夏季风带来非常充沛的水汽，这是夏季海雾生成的一个特点，与春季海雾明显不同。

5.2.4　大气边界层垂直结构特征

与春季海雾相比，夏季海雾的边界层垂直结构特征是较厚的湿层和较弱的温度层结，海雾过程中边界层内一直或有或无地出现弱上升运动(图 5.12a、图 5.13)。7 日 12:00 UTC，300 m 以下的相对湿度在 92%～94%(图 5.12a)，结合能见度观测，可以认为该湿层为雾层，其厚度基本维持在 300～500 m。7 月 10 日 00:00—12:00 UTC，湿层超过 2500 m，地面观测到弱降水和轻雾，反映了有弱低压扰动。但扰动过后，海雾仍然维持。12 日 00:00 UTC 海面湿层抬升，黄海上空为低云覆盖。

图 5.12b～d 展示了海雾从开始发展到盛期的边界层温湿结构和水平风的变化。7 月 7 日 00:00 UTC，600 m 以下为东南风，主逆温层底的高度在 200 m 左右(图 5.12b)。浮标站能见度在 100～2000 m 波动，是为海雾发展阶段。

7 月 7 日 12:00 UTC 低空东南风风速增大，水汽输送加强，露点温度上升至 23 ℃以上，能见度低至几十米，300 m 以下相对湿度升至 95%左右，主逆温层底升高至 300 m，反映了雾层向上发展(图 5.12c)。

7 月 9 日 00:00 UTC 雾层进一步向上发展，雾顶大约在 400 m(图 5.12d)。700 m 以下为一致的偏南风。与春季海雾个例相比，夏季逆温层底高度高，雾层更深厚。

探空结果还表明，雾层上方湿度仍然比较大，故大气逆辐射较强，从而削弱了雾顶的长波辐射冷却效应；较深厚雾层也使雾顶冷却效应难以影响至海面。海雾过程中气海温差保持在 1.5 ℃左右(图 5.9a)，这与春季海雾出现气温下降接近 SST，甚至出现 SAT－SST<0 不同。夏季黄海海雾层结与中国南方沿海海雾有些类似，即湿层厚，层结弱，或有弱降水。春季和夏季海雾雾顶辐射冷却对海面气温影响的差异得到数值试验结果的支持(张苏平 等，2010；任兆鹏 等，2011)。夏季海雾的含水量要高于春季海雾，水汽在凝结成雾的过程中放出更多的凝结潜热，对雾区内的气块也有加热作用。

5.2.5　海雾消散的机理

此次海雾自 7 月 7 日开始，直至接近 7 月 11 日 12:00 UTC 才开始消散，持续 5 d，能见度曾几度暂时好转，随即又回落。最明显的扰动出现于 7 月 10 日 00:00—12:00 UTC，一个弱

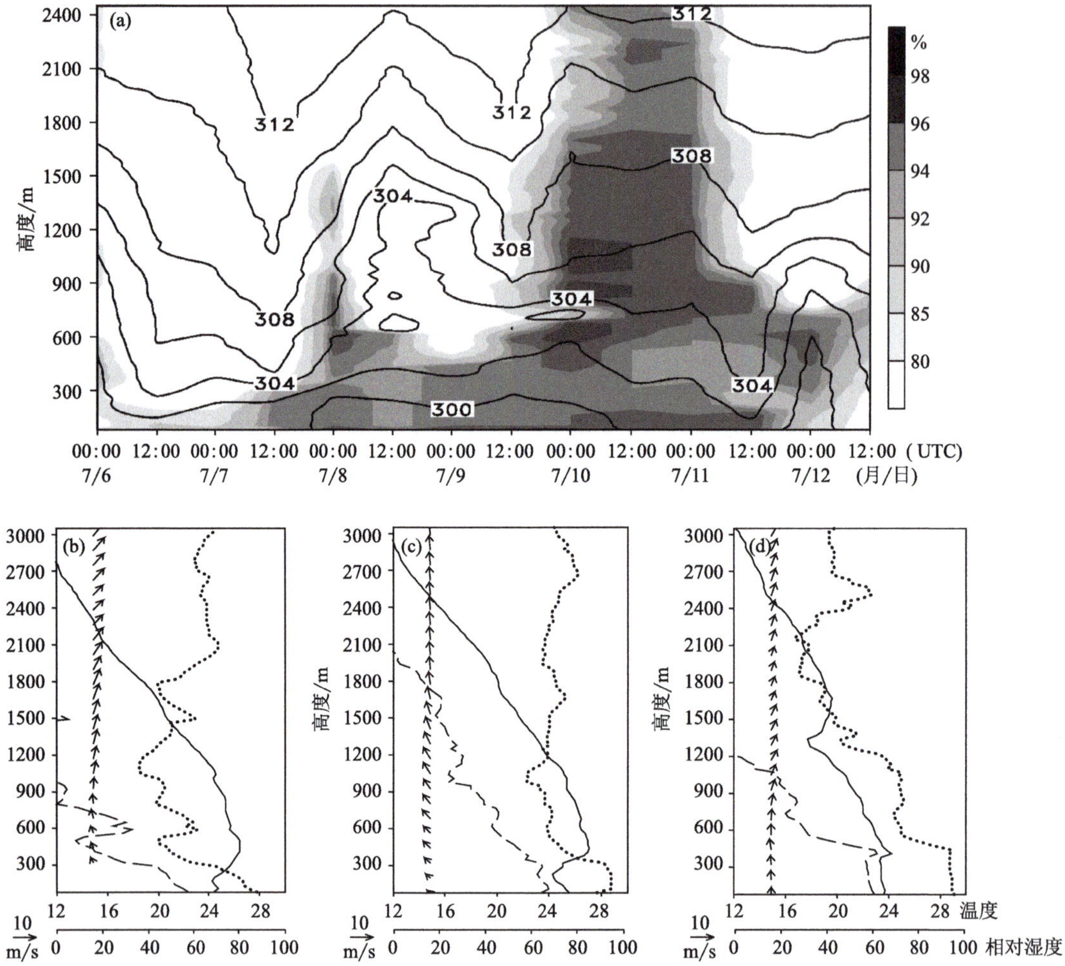

图 5.12 青岛气象观测站探空结果

(a)2008 年 7 月 6 日 00:00 UTC 至 12 日 12:00 UTC 位温(等值线,K)和相对湿度(填色,%)的垂向—时间剖面;(b)(c)(d)分别为 2008 年 7 月 7 日 00:00 UTC、7 月 7 日 12:00 UTC、7 月 9 日 00:00 UTC 温度(实线,℃)、露点温度(虚线,℃)、相对湿度(点线,%)和水平风(m/s)随高度的变化

低压槽接近黄海;受其影响,低空出现比较明显的上升运动,层结稳定性减弱(图 5.13);相对湿度大于 95%的湿层从地面发展至 2400 m 以上(图 5.12a),能见度大幅度上下波动(图 5.9a),地面观测到间歇性降水。扰动过后,大的环流形势没有发生根本性改变,海面仍然是偏东南风,气层仍然稳定,能见度稳定在几十米至百米。

第二次扰动受到山东半岛局地地面低压环流的影响,11 日 00:00 UTC 前后,青岛转为偏西北风(图 5.9b)。西北风来自半岛内陆,而陆地相对海洋为热源,导致 11 日气温升高(岸基站观测表明 10 日最高气温为 25.1 ℃,11 日最高气温为 29.1 ℃)。这两次扰动期间,低空出现上升运动,层结稳定性减弱,湿层增厚,但海上一直维持低能见度。

2008 年 7 月 11 日 06:00 UTC,岸基站气温达到 29.1 ℃(气压 991.7 hPa),浮标站气温为 22.9 ℃(气压 1000.9 hPa)。在海陆之间气压梯度力影响下,11 日 08:00 UTC 前后,出现了海风环流,海面风向又转为南风,气温下降,能见度稳定在 50 m 左右。

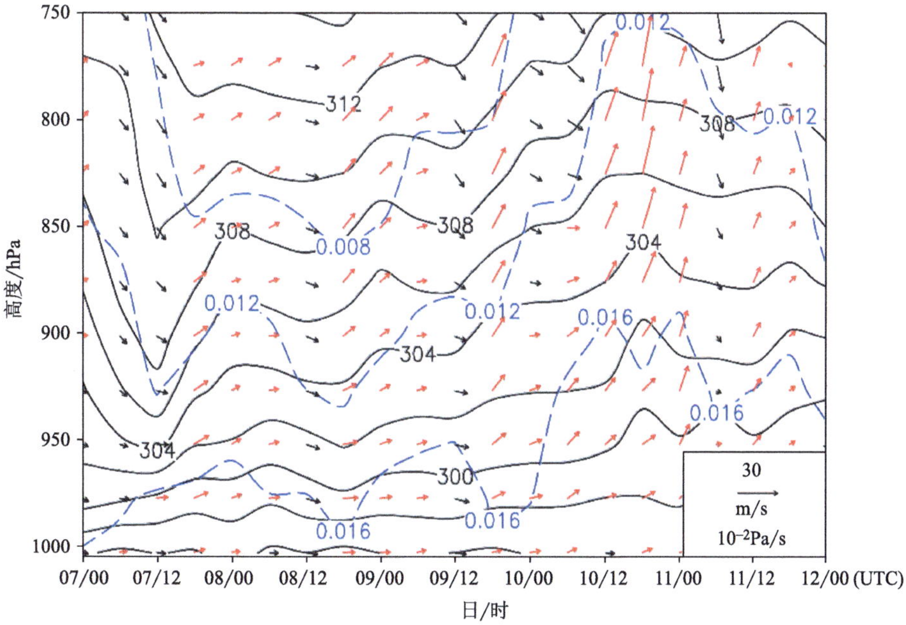

图 5.13　2008 年 7 月 7 日 00:00 UTC 至 12 日 00:00 UTC 比湿(蓝色虚线,间隔为 0.004 kg/kg),位温(黑色等值线,间隔 2 K),子午向风与垂直风合成(v 与 $-\omega$ 的合成,m/s、10^{-2} Pa/s,红色/黑色箭头分别代表上升/下降运动),位置:122°E,36°N(SST 来自 AVHRR,其他资料来自 ERA-Interim)

11 日 00:00 UTC,500 hPa 上西风带较深的低压槽(主槽)东移至 110°E。海平面气压场上,中国近海的高压脊逐渐被低压取代(图 5.14)。在该主槽的影响下,低空层结稳定性进一步减弱,地表到 3000 m 已经转为偏西风(图 5.15a)。湿不稳定层($\partial\theta_e/\partial z<0$,$\theta_e$ 为相当位温)出现在 200 m 以下,其上方至 2100 m 为近中性层结($\partial\theta_e/\partial z\approx0$)和准饱和层,说明天气形势发生了变化,持续几天的海雾过程进入尾声。

2008 年 7 月 11 日 12:00 UTC,主槽已经进入黄海,黄海西部转为高空槽后(图 5.14)。槽后的西北风将干冷空气从较高纬度输送到黄海,青岛低空气温和露点温度均明显下降,且后者比前者下降幅度更大,温度露点差增大。2008 年 7 月 12 日 00:00 UTC 的探空展示出 900 m 深的层积云边界层和 3000 m 以下一致的西北风(图 5.15b),黄海上空逐渐被云覆盖(图 5.10b)。能见度在 2008 年 7 月 12 日 00:00 UTC 之后上升至 10 km。

由以上分析可知,此次海雾形成过程中增湿和降温均有重要贡献。海雾消散的过程比较复杂。当一个快速移动的弱槽接近黄海时,边界层垂直结构和雾层一度受到扰动,甚至出现弱降水。由于大的背景环流形势没有发生根本变化,扰动后海雾仍然维持。另一个扰动出现于西风带主槽移至 110°E 附近,太平洋高压开始东撤的条件下。该时段受山东半岛局地低压环流影响,低空风由半岛内陆吹向黄海,导致气温明显升高,大气边界层由稳定转为湿不稳定或中性。但扰动之后雾层仍然维持。直至主槽进入黄海,大气边界层中为一致的西北风,黄海为层积云覆盖。除了环流形势以外,夏季海雾比春季海雾更抗扰动,可能与夏季雾层更深厚有关。根据平衡理论,深厚雾层比浅雾层更能抵抗湍流强迫的作用(Zhou et al.,2008),因而夏季雾消散预报需要考虑更多的因素。

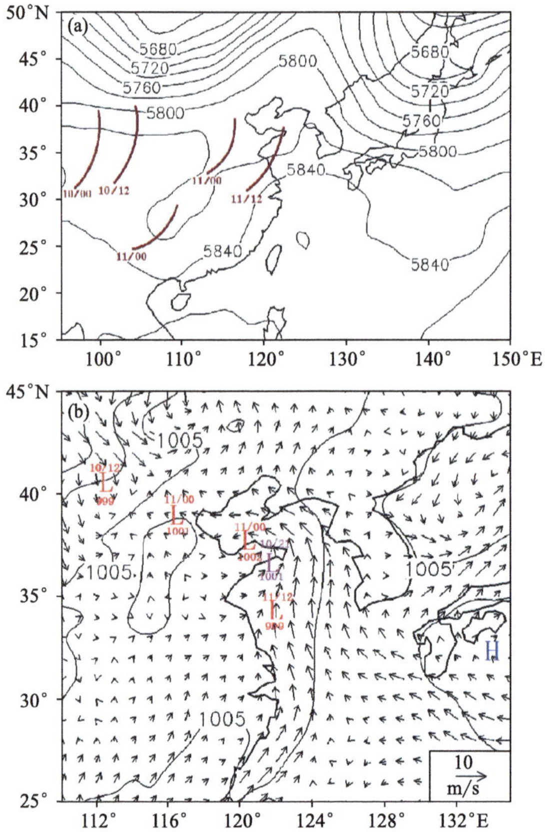

图 5.14 (a)2008 年 7 月 11 日 00:00 UTC 500 hPa 位势高度(等值线,gpm),7 月 10 日 00:00 UTC 至 7 月 11 日 12:00 UTC 主槽线的位置用棕色短曲线标出(日/时);(b)2008 年 7 月 11 日 00:00 UTC 海平面气压(等值线,hPa)和水平风(m/s)及 7 月 10 日 12:00 UTC 至 7 月 11 日 12:00 UTC 主低压中心位置和强度(日/时),7 月 10 日 21:00 UTC 的一个局地性低压中心用紫色标出

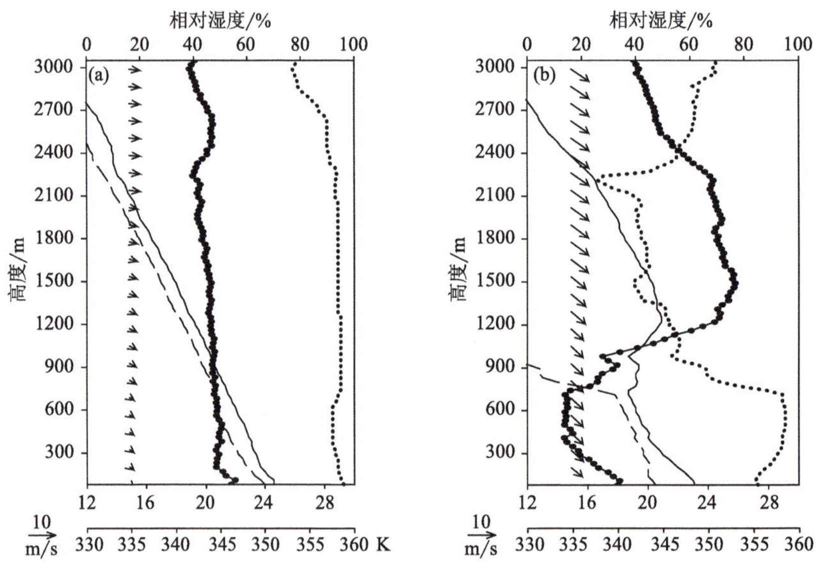

图 5.15 2008 年 7 月 11 日 00:00 UTC(a)和 2008 年 7 月 12 日 00:00 UTC(b)青岛气象观测站探空结果(温度:实线,℃;露点温度:虚线,℃;相对湿度:点线,%;相当位温:带黑点的实线,K)

5.3　春季和夏季黄海海雾对比

5.1 和 5.2 节比较详细地讨论了春季和夏季黄海海雾天气过程。虽然两者都是平流冷却雾，但其生成和消散的天气条件与物理过程存在诸多不同。

5.3.1　雾顶辐射冷却

由于缺乏对雾顶辐射的观测，这里利用 WRF 模式对以上两个海雾过程进行数值模拟（控制试验）和数值试验，验证雾顶长波辐射冷却的效应。

控制试验（CTL）表明，WRF 模式除了能比较好地模拟出海雾的宏观天气形势以外，还能再现春季雾顶上方的强逆温和海雾盛期气温低于海温（SAT－SST＜0）的情况，也能够再现夏季较弱的雾顶逆温和气海温差（SAT－SST）始终保持较大正值（Zhang et al.，2017）。关闭模式中长波辐射选项（夜间没有短波辐射的干扰）的数值试验（EXP）结果表明，雾层中气温明显升高。春季雾层中气温差（关闭长波辐射试验的气温与控制试验的气温之差，T_EXP－T_CTL）高达 9 ℃（图 5.16a）；而夏季雾层中气温差最大在 3 ℃左右（图 5.16b），说明春季海雾的雾顶长波辐射冷却效应明显大于夏季海雾。春季雾顶辐射效应通过湍流影响近海面气温，降温达 4 ℃；而夏季雾顶辐射冷却效应对海面气温影响较小。

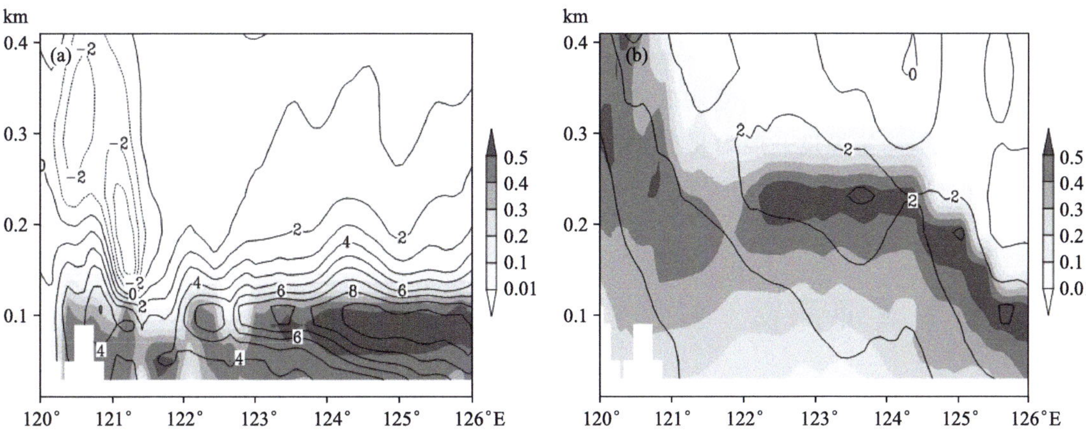

图 5.16　沿 36°N 线 WRF 模式 EXP 和 CTL 之间的温度差（T_EXP－T_CTL，等值线，1 ℃间隔），CTL 中的云水混合比（阴影，g/kg）
(a)春季海雾；(b)夏季海雾

春季海雾的 EXP 结果还表明，如果没有长波辐射冷却效应，雾区范围明显缩小；而夏季海雾的 EXP 结果中雾区范围变化不大（图略）。Yang 等（2018）用多年海雾资料和卫星遥感资料的统计分析表明，春季雾顶长波辐射冷却效应强，雾层中出现 SAT－SST＜0 的现象明显多于夏季，而且在出现 SAT－SST＜0 条件下，海雾雾区面积更大。

5.3.2 综合对比

在同样的平流冷却雾框架下，春季和夏季黄海海雾形成过程有不少差异，这些差异与春季和夏季的气候背景条件有关，因而具有代表性。表 5.1 是一个简要对比。

表 5.1 黄海春季与夏季海雾的对比

	春季海雾	夏季海雾
天气系统	大陆移动性入海高压	太平洋副热带高压
天气系统尺度	局地，浅薄系统	大尺度，深厚系统
925 hPa 气流	来自陆地的干暖气流	来自南方海洋的暖湿气流
海面气流	南—东南风，来自黄海南部—东海北部	南—东南风，来自副热带—热带海洋
雾层之上	湿度迅速减小(有干层)	湿度比较大(或有云层)
雾顶辐射冷却	强	弱
边界层特征	逆温层强且高度较低	逆温层弱且高度较高
低空垂直运动	比较一致的下沉运动	弱下沉与弱上升运动相间出现
达到饱和的主要途径	降温	增湿和降温
雾层厚度	比较浅薄，雾顶辐射冷却效应易影响 SAT	比较深厚，雾顶辐射冷却效应不易影响 SAT
持续时间	受到扰动后即消散	受到扰动后或持续一段时间再消散
海气界面	雾发生前 SAT－SST＞0；雾盛期 SAT－SST＜0	雾发生前 SAT－SST＞0；雾盛期 SAT－SST＞0

除了高压以外，暖锋沿着中国沿海向北推进、低压倒槽前部等天气过程也可能导致海雾发生。黄海夏季海雾中有 1/3 是受弱低值系统影响，有时表现出雾层与云层连为一体(王凯悦 等，2018)。黄海海雾厚度一般为几十米至上百米，如果湿层厚度(相对湿度大于或等于 92%)大于 300 m，则可能出现毛毛雨等弱降水(高荣珍 等，2015)。

5.4 冬季黄海海雾

气候平均状态下，冬季黄海海面气温低于海面水温，海洋大气边界层(MABL)不稳定，不易出现海雾。然而在天气尺度的海上高压影响下，冬季仍然会有大范围的平流冷却雾出现，但其发生的概率远小于春季和夏季。冬季海雾可持续 2～3 d 甚至更长时间，由于地面冷却效应影响，夜间容易入侵陆地，出现几十米的极低能见度。

2010 年 2 月 22—25 日，青岛气象台记录到能见度小于 300 m 最低不足 100 m 的海雾过程(图 5.17a)。卫星可见光图像和卫星遥感反演结果显示，雾区从杭州湾外海向北延伸达上千千米直至北黄海(图 5.17b、c)。从天气形势可以看出，虽然时值冬季，但海上高压西进，黄海位于高压西部，海面出现大范围偏东南风(图 5.17d)和气温高于水温的情况(图 5.17e)，海洋对大气有冷却作用，有利于平流冷却雾发生。海雾一直持续至 2 月 25 日，该日凌晨受入海冷高压的影响，风向转为偏北风，能见度上升至 3000 m 以上(图 5.17a)。

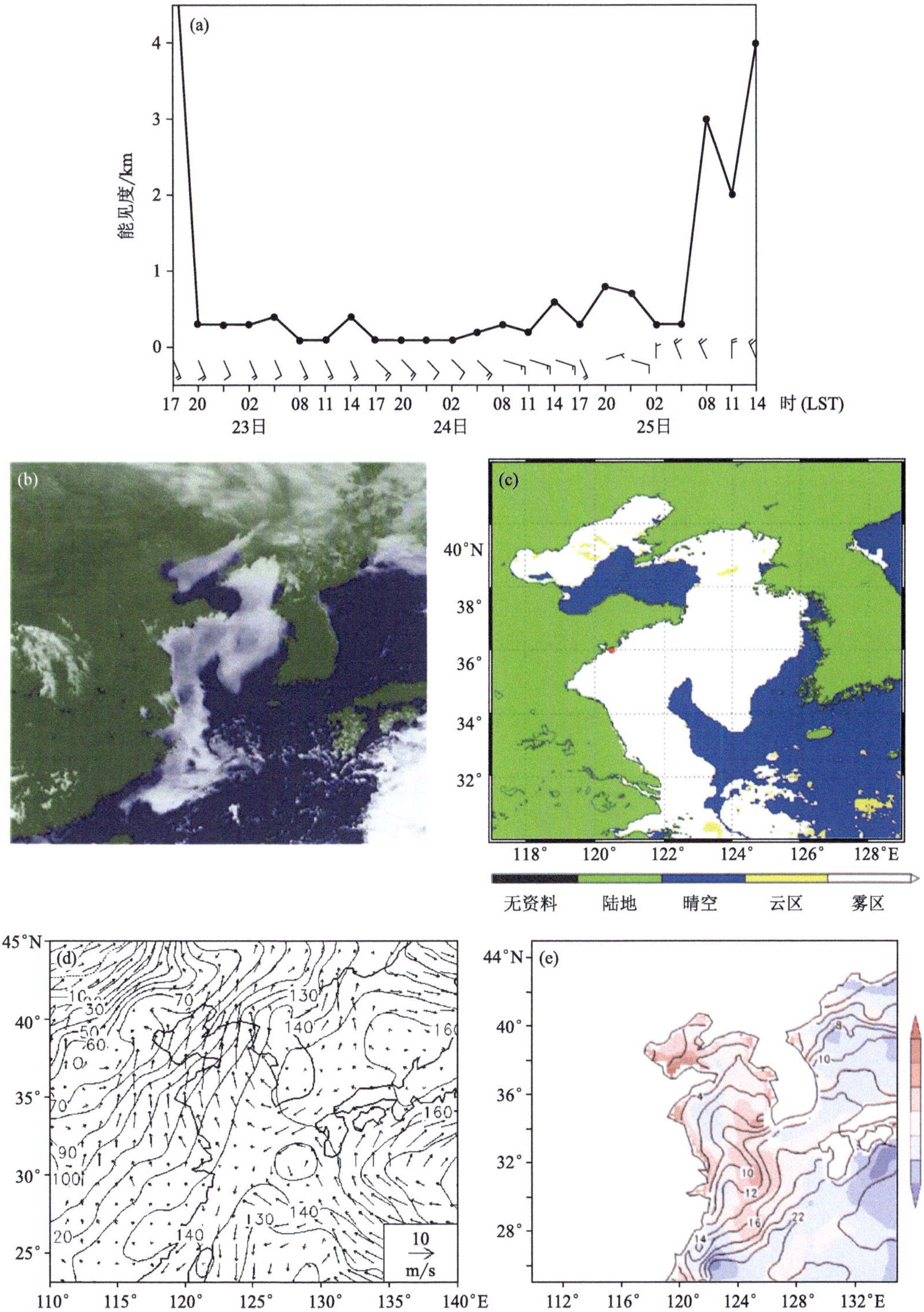

图 5.17 (a)2010 年 2 月 22—25 日青岛气象台观测的能见度和风矢量随时间的变化(LST);(b)2010 年 2 月 24 日 12:00 LST 的 MTSAT(日本的向日葵系列卫星之第二代多用途运输卫星)可见光图像;(c)2010 年 2 月 23 日 12:35 LST 的 MODIS 卫星海雾反演图像,图中红点表示青岛的位置;(d)2010 年 2 月 23 日 08:00 LST 1000 hPa 位势高度(等高线,gpm)和风(m/s);(e)2010 年 2 月 23 日 14:00 LST SST(等值线,℃)和 SAT-SST(填色,℃)(SST 来自 AVHRR,其他资料来源于 ERA-Interim)

对比 SST 分布和雾区分布可以发现，黄海中部的无雾区空间上基本与自东海向黄海北伸的暖水舌相匹配，雾区在暖水舌两侧的冷水面上空发展。雾层上方几乎没有云层覆盖，这与前面讨论过的春季海雾个例类似。研究还发现，2010 年 2 月黄海的 SST 比常年偏低，有利于海雾形成（杨伟波 等，2012）。

冬季在冷空气影响下，黄海可能会有蒸发雾/蒸汽雾。这类海雾往往持续时间比较短，影响范围也比较小。

5.5 南海海雾

南海海雾多出现于 1—4 月。这个时期入海变性高压、弱冷锋、准静止锋和均压场等天气型较多出现，导致向岸的偏东风从更暖的海面带来暖湿空气，到华南冷沿岸流上空形成海雾，或者海雾伴随低云出现（屈凤秋 等，2008；黄健 等，2010；Huang et al.，2011；徐峰 等，2012；Zhao et al.，2013；岳岩裕 等，2013）。

2011 年 3 月 21 日 06:00 UTC，一个入海变性高压与太平洋高压合并，海上高压脊西伸至台湾岛东部洋面。另一个大陆高压从中高纬度移到中国东南部，在两个高压系统之间存在来自中纬度的冷锋（图 5.18a）。受海上高压的阻挡，冷锋移动缓慢，华南沿海位于冷锋前部，持续的东南风输送暖湿气流至沿海冷水区上空，形成平流冷却雾。2011 年 3 月 22 日 03:00 UTC，太平洋高压东撤，冷锋入海，受锋后西北气流影响，海雾消散。

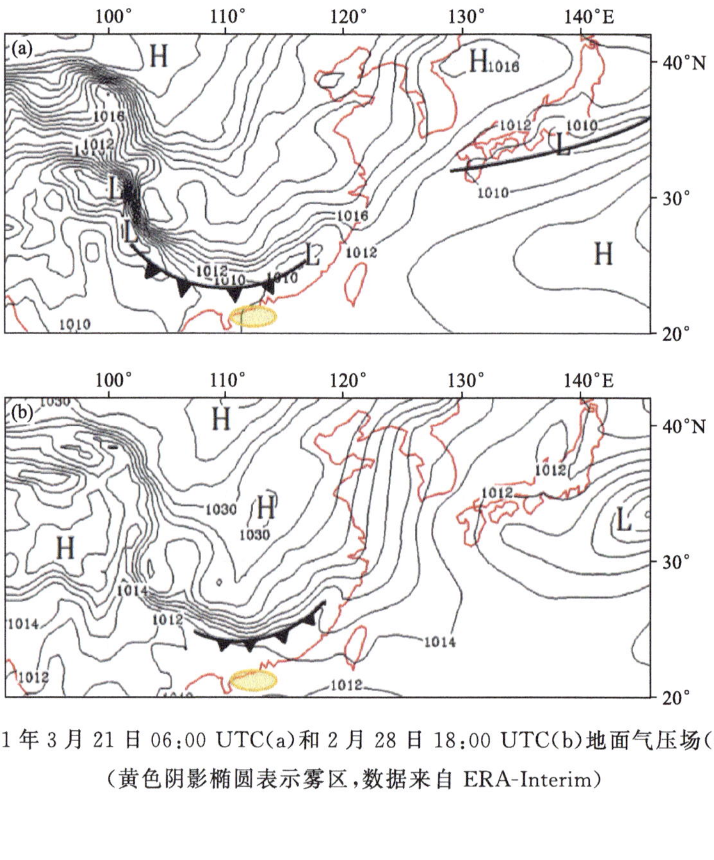

图 5.18 2011 年 3 月 21 日 06:00 UTC(a)和 2 月 28 日 18:00 UTC(b)地面气压场（等值线，hPa）（黄色阴影椭圆表示雾区，数据来自 ERA-Interim）

如果海面吹东北风且几乎平行于海岸线，则可能发生平流蒸发雾。2011 年 2 月 28 日太平洋高压偏东，热带低压在菲律宾附近发展(图 5.18b)。受其影响，华南沿海为东北风。东北风将来自更冷水面的空气输送至粤东沿海，有 SST>SAT。潜热通量表明，海面蒸发作用增强，且增湿效应大于增温效应，导致平流蒸发雾(Huang et al.，2015)。这一过程与福建沿海的冷季平流蒸发雾类似。

平流冷却雾过程中，20～300 m 高度上气块均来自暖海面，在华南沿海冷水上空形成稳定层结(图 5.19a)。蒸发雾过程中，虽然海气界面不稳定，但 300 m 高度为偏东南风，气块来自远海暖水面(图 5.19b)，在大气边界层内形成稳定层结(Huang et al.，2015)。

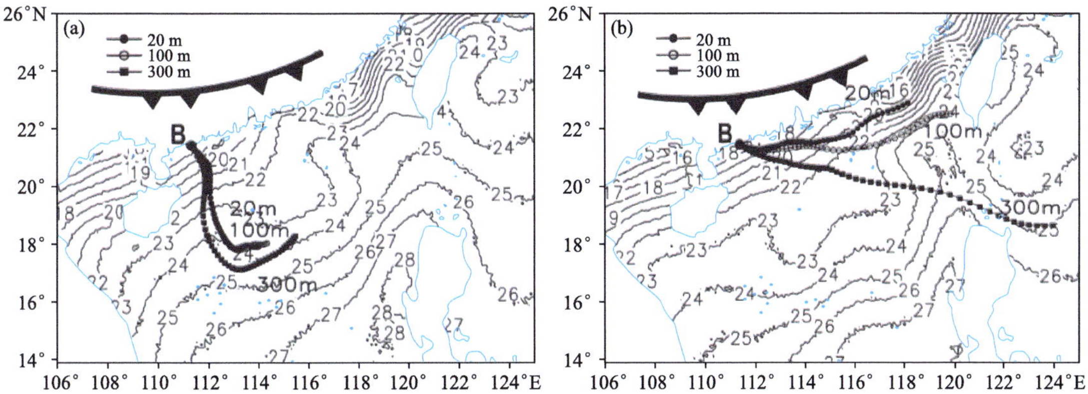

图 5.19 不同高度气块轨迹和日平均 SST(℃)

(a)2011 年 3 月 21 日 SST 和 12:00 UTC 的冷锋位置，不同类型点线表示 20 m、100 m 和 300 m 高度上 48 h 气块后向追踪轨迹；(b)同 a，但为 2011 年 2 月 28 日 SST 和 16:00 UTC 的冷锋位置及气块轨迹(Huang et al.，2015)

华南沿海海雾形成和消散的关键取决于冷锋或准静止锋相对于中国海岸的位置。当锋面在内陆停滞时，向岸的东—东南气流有助于雾的形成。锋面入海并远离海岸，则不会形成雾。如果太平洋高压西进，往往通过与变性的大陆高压合并，东南风的盛行有利于海雾的形成。如果海上高压东撤，菲律宾附近的热带低压向北发展，华南沿岸出现东北风，有利于平流蒸发雾形成。

5.6 福建沿海海雾

第 4 章讨论了福建沿海海雾的统计特征，并归纳了三类海雾出现的环流背景、大气边界层和海气界面热量交换条件。本节讨论冷季平流蒸发雾和暖季混合雾两类海雾天气过程。

5.6.1 冷季平流蒸发雾

2016 年 3 月 16—17 日，受大陆东移南下的冷高压影响，台湾海峡北部为东北风，厦门气象台自动站记录为西北风(图 5.20 和图 5.21)。在持续的偏北风影响下，福建沿海海面水温高于气温，海气温差(SST－SAT)在 2.5 ℃左右，导致海面蒸发加强，露点温度上升。根据自动站观测，3 月 16 日 08 时(LST)开始，露点温度上升更快，但暖海面影响下气温仅略有上升。因而温度露点差逐渐减小，能见度出现明显下降，地面为轻雾。此后，随着露点温度不断上升，能见度进一步下降。至 3 月 16 日 20 时(LST),能见度已经不足 1000 m,海上形成大雾。在海雾维持过程中,温度和露点温度随着时间基本不变,温度露点差接近 0,近海面空气处于热力学准平衡状态。

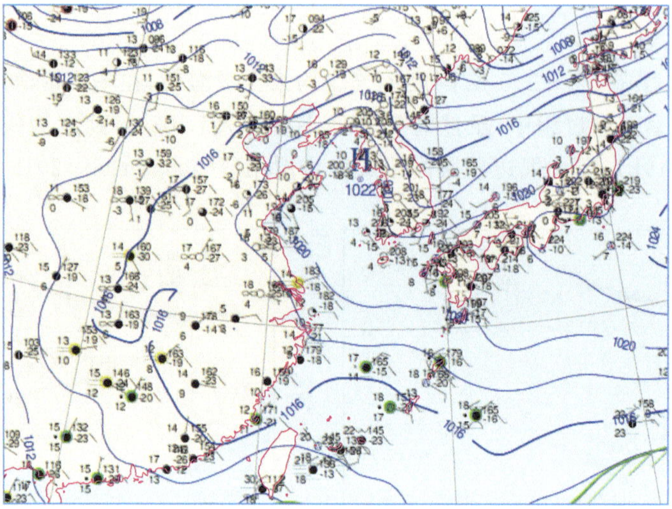

图 5.20　2016 年 3 月 16 日 14 时(LST)地面天气形势图(等值线:气压,hPa,H 代表高压)

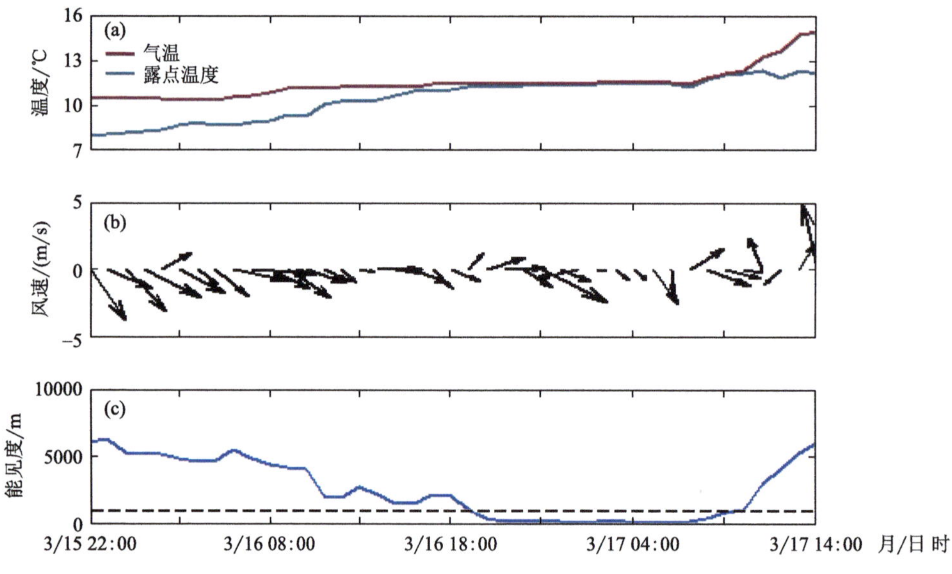

图 5.21　2016 年 3 月 15—17 日(LST)厦门自动气象站观测结果

(a)气温和露点温度;(b)风矢量;(c)能见度(蓝色实线),黑色虚线代表能见度为 1000 m

此次海雾生成过程中,来自大陆的偏西北风是干冷的,观测到露点温度上升主要因为海面蒸发,从而形成平流蒸发雾。3 月 17 日 08 时以后,随着海面出现偏南风和太阳辐射加强,海面气温有明显上升,由于水温变化不大,导致海气温差减小,蒸发减弱。至 17 日 12 时(LST),气温已经较 16 日 12 时(LST)上升 3 ℃以上,出现 SAT>SST,蒸发难以持续,能见度上升至 5000 m 以上,海雾消散(图 5.21)。

3 月 16 日 07 时(LST,海雾发生前)厦门探空(图 5.22a)表明,冷的西北风和暖的下垫面使低空(250 m 以下)出现不稳定温度层结，湍流加强，层结曲线已经接近干绝热温度递减率，形成湍流混合层和逆温层(参见 2.1.2.4 节)。该逆温层高度较低，有利于海面蒸发的水汽在低空聚集，此时海面为轻雾(图 5.21c、图 5.22a)。另一个更明显的逆温层(主逆温层)在 1000～1500 m 高度，与天气尺度的高压下沉运动有关。主逆温层下方(500～1000 m)和 1500 m 以上相对湿度均在 90%～93%，卫星云图显示福建沿海有云覆盖，反映了雾层上方存在低云。

3 月 16 日 19 时(LST，图 5.22b)，湍流混合层中温度和露点温度均上升，但露点温度上升更快，增湿效应大于增温效应，相对湿度增加至 96%以上。主逆温层下方(1000 m 以下)基本为比较干冷的偏东北风，使得湿度的垂直梯度加大，有利于水汽向上扩散和海面持续不断蒸发，形成比较深厚的湿绝热湍流混合层，雾区和低云区有连接的趋势。低空温度露点差减小，海面出现大雾天气(能见度小于 1000 m)。

3 月 17 日 07 时(LST，图 5.22c)，主逆温层高度上出现明显的地转暖平流，气温升高至 14 ℃，逆温层强度加强。主逆温层以下整层相对湿度达到 93%～96%，海面相对湿度已经接近 99%，雾层和云层基本连接在一起，其中存在若干弱的逆温结构，可能与云/雾层中的湍流、夹卷等过程有关。

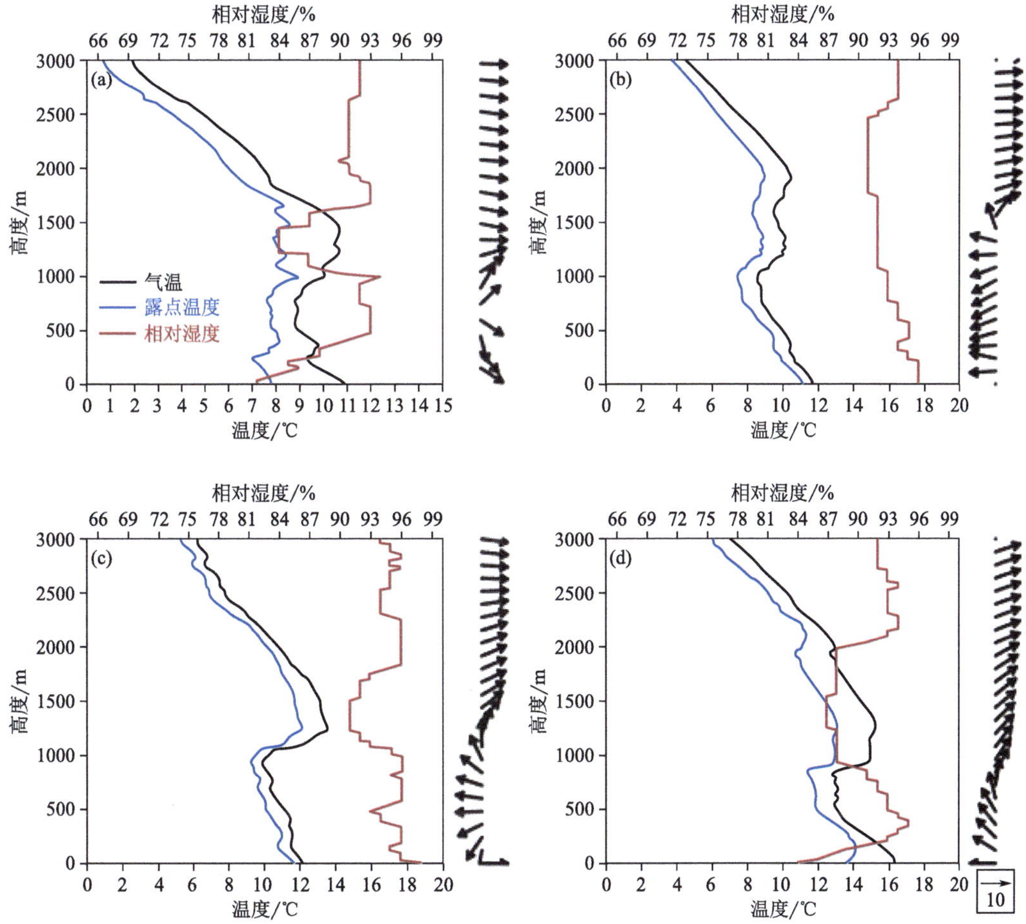

图 5.22　厦门探空结果(水平风，箭头)

(a)3 月 16 日 07 时；(b)3 月 16 日 19 时；(b)3 月 17 日 07 时；(d)3 月 17 日 19 时(LST)

3 月 17 日 19 时(LST,图 5.22d),主逆温层以下转为东南风,近海面气温从 12 h 前的 12 ℃上升至 16 ℃以上。由于气温高于水温,不利于蒸发,温度露点差增大到 2 ℃以上,海雾消散或抬升变为低云(93%的相对湿度大值区约在 400 m 高度)。

该个例表明,此次平流蒸发雾是受大陆高压和冷空气影响,有 SAT<SST,海面蒸发加强,水汽在逆温层下方聚集,形成平流蒸发雾。比较充分的湍流混合导致在混合层顶出现湍流逆温,该逆温层虽然较弱,但却是水汽得以在低空聚集成雾的一个重要条件,在海雾过程中低空逆温层一直存在。天气尺度的高压下沉运动导致主逆温层在 1000 m 左右,在其下方出现东—东北风,有利于海面蒸发持续,海面水汽增加,使得海雾发展并呈现与低云相连接的趋势,云/雾层厚度可达 1000 m,亦雾亦云。边界层内风向转变为东南风后,且正值上午太阳辐射增加,气温明显升高,出现 SAT>SST,海面蒸发难以维持,海雾消散。

5.6.2 暖季混合雾

2016 年 6 月 17 日,受低压及西南气流影响,17 日 08—17 时(LST),福建沿海一直有弱降水,此期间能见度下降,出现轻雾(图 5.23、图 5.24)。随着低压减弱,降水逐渐停止,能见度继续下降,6 月 17 日 17 时(LST),能见度已经接近 1000 m。6 月 18 日 02 时—18 日 06 时(LST),海雾发展到最盛。日出后气温上升,08 时(LST)左右雾消散。在降水过程中,偏南风将暖空气输送到台湾海峡(图 5.24b),雨滴在暖气团中蒸发。从图中可以看出,露点温度在降水期间(6 月 17 日 17 时(LST)之前)明显上升(图 5.24a)。气海温差(SAT−SST)在 1.5 ℃左右,通过感热交换,暖空气在冷水面上温度有所下降。受降温和增湿的共同影响,轻雾向大雾发展,17 日 17 时(LST),温度露点差接近 0,形成暖季混合雾(图 5.24c)。

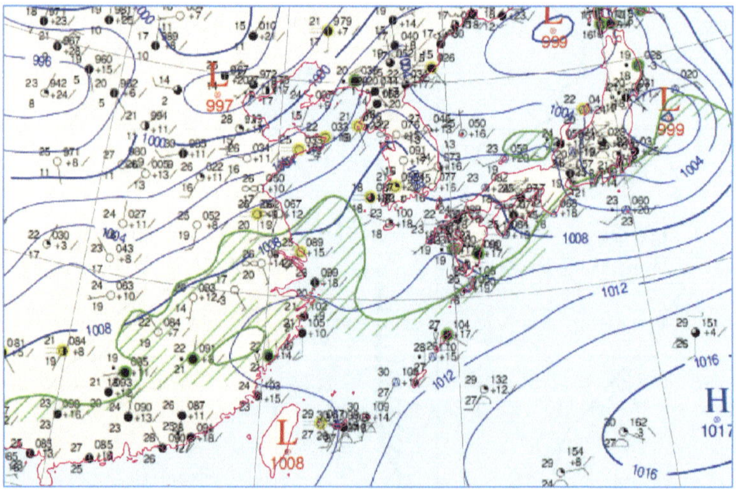

图 5.23 2016 年 6 月 17 日 08 时(LST)地面天气形势图(等值线:气压,hPa,H 代表高压,L 代表低压)

厦门探空(图 5.25a)表明,6 月 17 日 07 时(LST)1000 m 左右的高度上有逆温层,其上方有相对湿度大于 95%的湿区与西南风相配合,反映较厚的云层和降水。逆温层以下至近海面亦基本为西南风,带来上游的暖空气。由于低空气温高,雨滴落入暖气团中蒸发,进一步增加了低空水汽,近海面相对湿度已经接近 100%。

6 月 18 日 07 时(LST)雾处于即将消散阶段,探空曲线仍然能基本反映有雾时的层结状

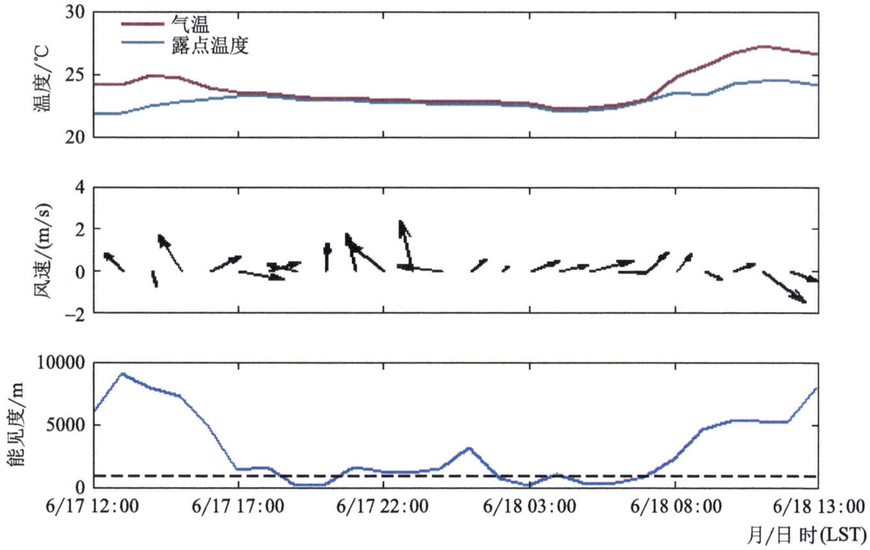

图 5.24 2016 年 6 月 17—18 日(LST)厦门自动气象站观测结果

(a)气温和露点温度;(b)风矢量;(c)能见度(蓝色实线),黑色虚线表示能见度为 1000 m

态。贴近海面存在一弱逆温层,反映了冷海面对其上方暖空气的冷却作用。雾层的相对湿度在 96%以上。300～700 m 高度上温度和湿度均增加,湿度增加更多,形成相对湿度大于 95%的湿层(低云)。该低云层与雾层之间有一相对湿度略减小的区域,但总体上相对湿度均在 95%以上(图 5.25b)。主逆温层维持在 1000 m 高度,其上方的相对湿度较降水时段已经明显减小,说明天气形势发生了变化。

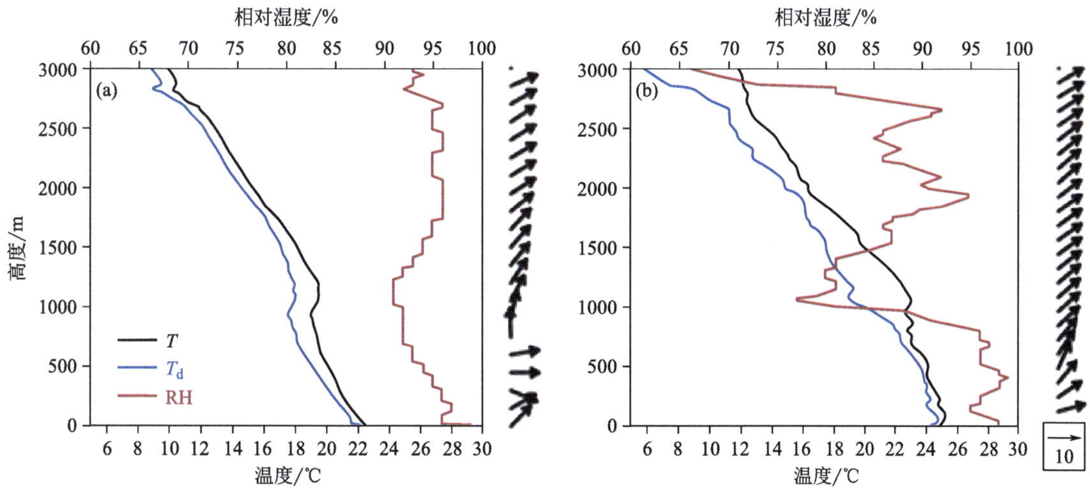

图 5.25 厦门探空结果(水平风,箭头)

(a)6 月 17 日 07 时;(b)6 月 18 日 07 时(LST)

由这两个海雾个例可以看出,无论是冷季还是暖季,福建沿海的主逆温层以下常存在多个弱逆温结构,海雾或与低云和降水相伴,反映出南方海洋水温高、空气中水汽含量多的特征。雾层厚度往往有几百米,若与低云相连接,可达上千米或形成多层云。多层云情况(最下层为雾)在台湾海峡经常出现(张春桂 等,2009)。

5.7 杭州湾岸滨雾

受局地海陆热力差异影响，岸滨雾常出现于海岸或海湾水域，范围较小，持续时间较短。2013 年 6 月 24 日东方红 2 号科考船在舟山锚地停泊，观测到了当天夜里至次日早晨的一次梅雨锋影响下的杭州湾岸滨雾过程。

6 月 24 日 20 时(LST)，杭州湾外海处于沿梅雨锋东移的低压前部，受低压外围影响，风向以偏南风为主(图 5.26a)，卫星可见光云图上有比较清楚的梅雨锋(准静止锋)云带(图 5.26b)。科考船及岸基站点的观测显示，雾区主要在杭州湾附近水域，而且低云、雾和弱降水间或出现，反映出梅雨期间比较常见的一种天气(图 5.26d)。

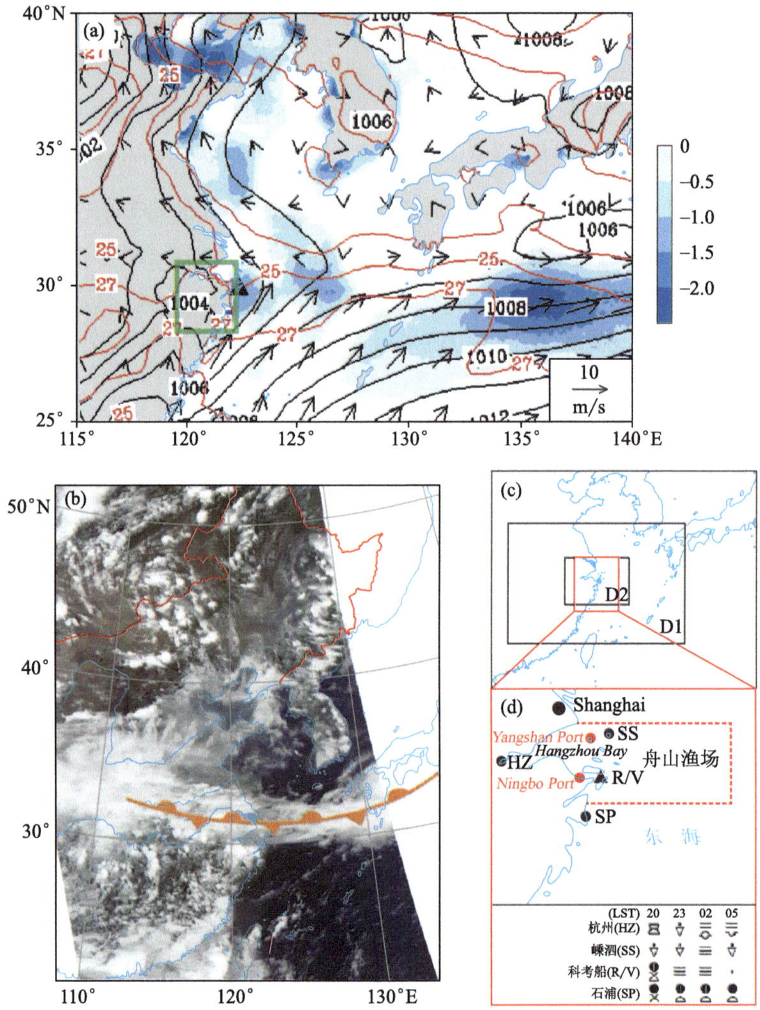

图 5.26 (a)2013 年 6 月 24 日 20 时(LST，下同)海平面气压(SLP，hPa，黑色实线)、海表面水平风(黑色箭头)、海面气温(SAT，℃，红色实线)和海气温差(SST－SAT，℃，填色)；(b)2013 年 6 月 24 日 13 时 15 分 MODIS 卫星可见光云图，梅雨锋以橙色锋线标注；(c)WRF 模式模拟区域；(d)嵊泗(SS)、石浦(SP)、杭州(HZ)气象台和东方红 2 号科考船(R/V)的位置及所观测到的天气现象(图右下表格所示)

船载自动气象站观测表明(图 5.27),空气湿度大,温度露点差在 1～2 ℃。若气温下降,容易达到饱和。6 月 24 日 20 时(LST)以后,风向基本为偏东风(东东北—东—东东南),气温和露点温度均呈下降趋势,但气温下降更快,导致相对湿度增加,能见度下降,24 日 22 时能见度已不足 100 m。船载云高仪探测显示,雾生成之初云底高度明显下降,雾持续期间云底高度多在 100～300 m。

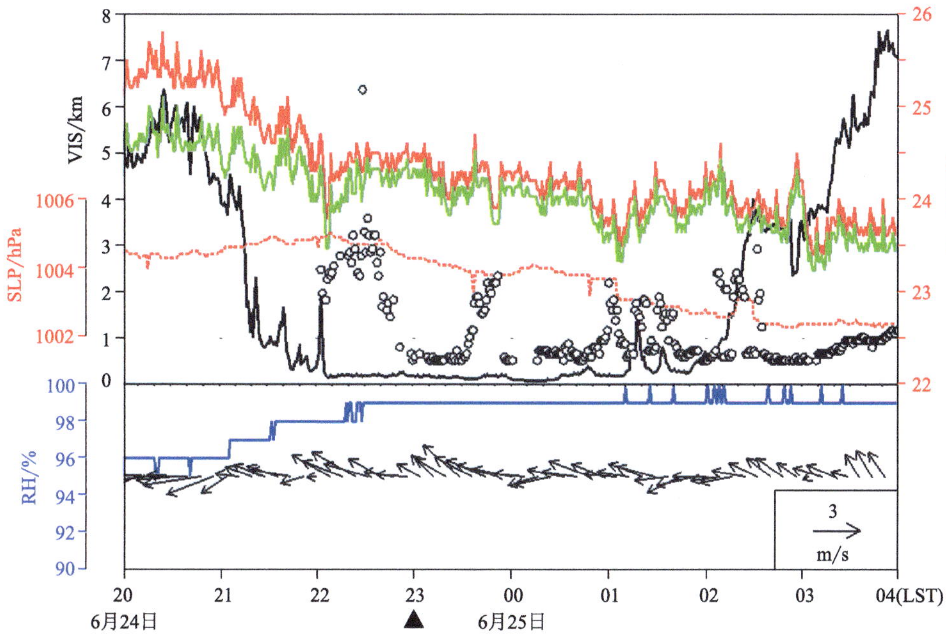

图 5.27　2013 年 6 月 24—25 日东方红 2 号船载设备监测结果。能见度(VIS,黑色实线)、气温(SAT,红色实线)、露点温度(T_d,绿色实线)、海平面气压(SLP,红色虚线)、相对湿度(RH,蓝色实线)、水平风(m/s,箭头)、云底高度(CBH,黑色空心圆圈)。黑色三角形代表施放 GPS 探空气球的时间

24 日 23 时(有雾)的探空(图 5.28)表明,主逆温层的底在 300 m 左右,其上方至 1500 m 以上为一致的偏南风,该偏南风带来暖空气,在低空形成逆温层。温度露点差维持在 2 ℃左右,相对湿度在 85%左右,体现了准静止锋暖区的暖湿气团特征,与天气形势相对应。

逆温层下方,海面至 200 m 高度为向岸的偏东风(图 5.28)。由于杭州湾口以东有大范围的冷水面,SST－SAT 为负值(－1.5～－1 ℃)(图 5.26a),该偏东风流经冷水面上空,通过感热交换,气温下降,与船载自动气象站观测一致。综上,此次岸滨雾的生成以降温为主导,与来自冷水面的偏东风有关,而且偏东风仅局限于近海面,是局地性的。

由于海陆热力差异的影响,杭州气象站与科考船之间存在明显的气温差,最高气温差出现在 17 时,达 3.5 ℃;两地的气压差最大出现于 20 时(LST),达 2.5 hPa(图 5.29a,b)。在该气压梯度力作用下,海面出现向岸的偏东风和局地垂直环流,海洋上空为下沉气流,内陆上空为上升气流。梅雨期间,大气水汽含量高,来自冷海面的向岸气流使气温下降,增大相对湿度;同时,局地垂直环流的下沉支使逆温层高度和云底高度下降,海雾最终在逆温层下方生成(图 5.30a)。因此,此次杭州湾海雾形成的根本原因是海陆热力差异。去除沿岸部分陆地的数值试验结果表明,如果没有陆地,局地垂直环流、偏东风和雾区均消失(图 5.30b)(Wang et al.,2018)。

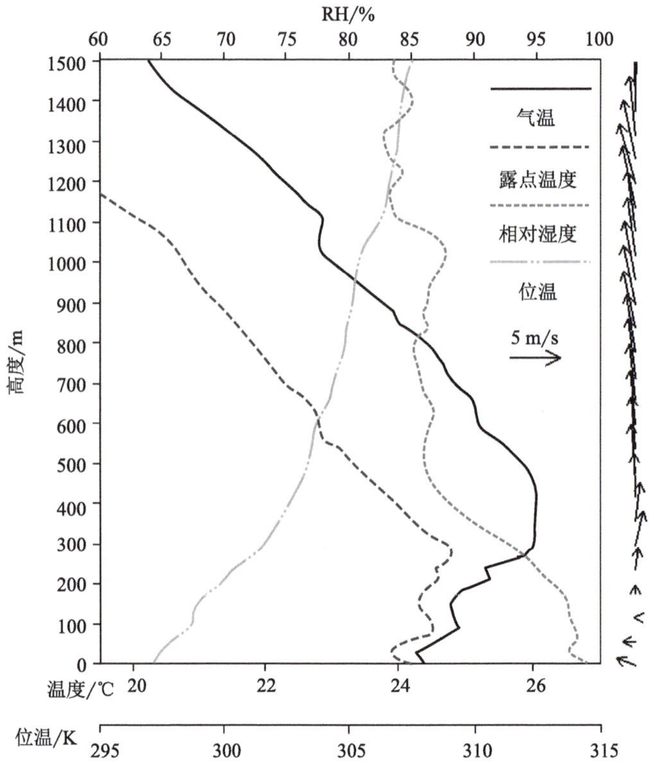

图 5.28　2013 年 6 月 24 日 23 时(LST)GPS 探空曲线

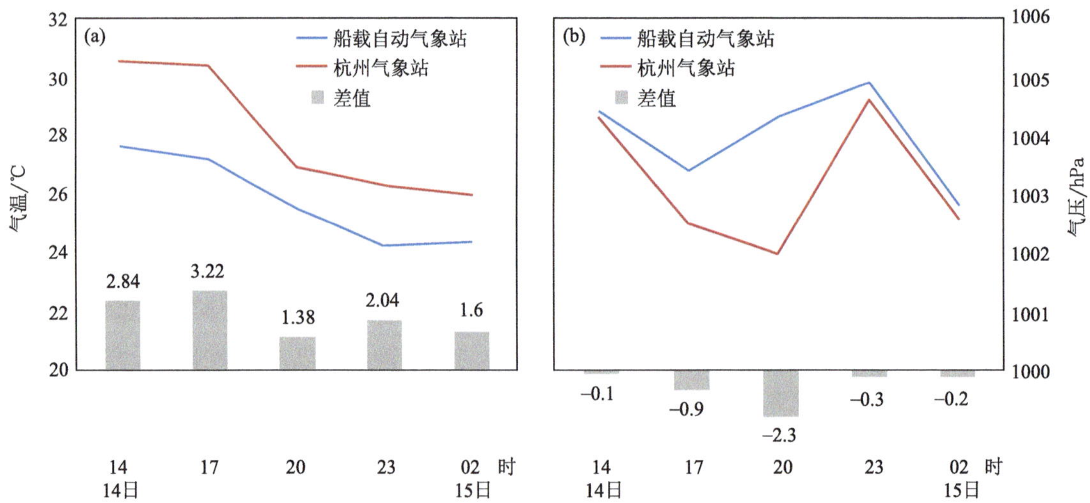

图 5.29　24 日 14 时—25 日 02 时(LST)杭州气象站和船载自动气象站观测的气温(a,TMP)和气压(b,SLP),直方图表示两个站点观测值的差值(杭州气象站－船载气象站)

观测表明,海雾发生以后至第二天凌晨,海平面气压不断下降,低压系统向科考船锚地移近。25 日 02 时(LST)之后,能见度明显增大,云底高度上升(图 5.27)。25 日 05 时船上和附近站点观测到了毛毛雨等弱降水和低云,说明低空扰动加强,海雾消散,或者抬升为低云。

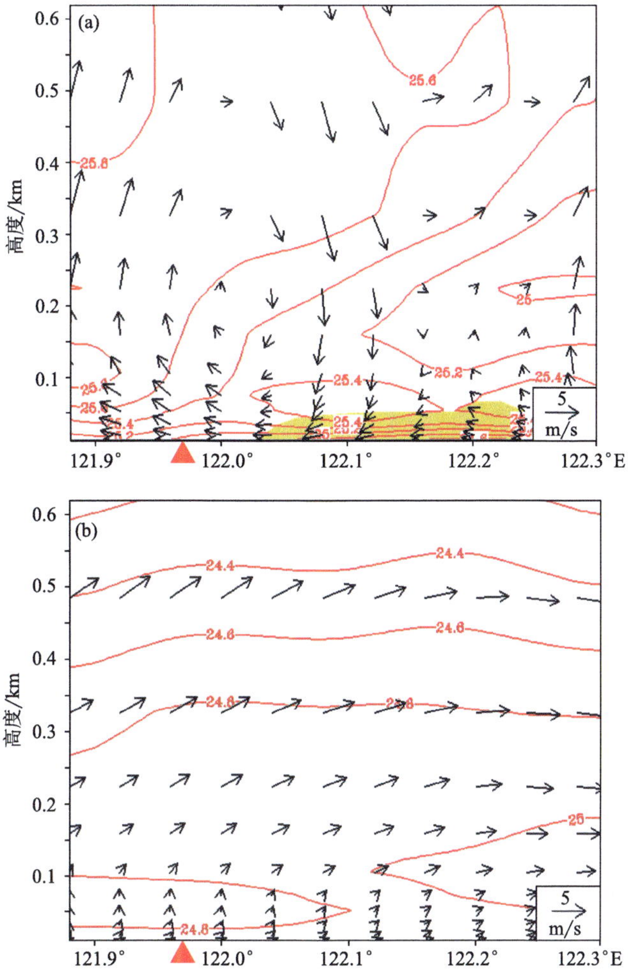

图 5.30 2013 年 6 月 24 日 20 时(LST)WRF 模式计算结果垂直剖面(温度:℃,红色实线;风矢量:水平风单位 m/s、垂直风单位 10^{-2} m/s,箭头;云水混合比:填色区域值<0.016 g/kg。科考船位置以红色三角形标注)

(a)控制试验;(b)去除陆地试验

5.8 西北太平洋锋面雾

西北太平洋是全球海雾最多、雾区分布最广的海域。8—10 月,源于西伯利亚高压区的干冷气团和源于南方洋面的暖湿气团均较活跃,导致温带锋面气旋频繁影响该海区(范隆,1990),海雾多出现于气旋暖区附近。这种在大洋上空的锋面雾虽然受天气系统的影响,但是作为下垫面的海洋同样对雾的形成有重要作用。2019 年 9 月 12—14 日,向阳红 01 号科考船在亲潮延伸体海区捕捉到一次温带气旋暖锋影响下的海雾事件。通过分析此个例,有助于理解广袤大洋上空锋面雾过程中海洋和大气的贡献是什么。

5.8.1 航线与天气形势

2019 年 9 月 12—14 日(UTC),科考船在西北太平洋亲潮延伸体水域沿东北—西南方向航行(图 5.31a)。12 日 22 时(UTC),在(42°N,176°E)附近,船载能见度仪记录水平能见度由 1 h 前的近 4 km 迅速下降到 1 km 以下(图 5.32a),船载照相机拍摄的照片显示 21 时(UTC)海天分界线比较清楚,但在 22 时(UTC)已经模糊不清(图 5.31e~f),说明船从无雾区驶入雾区。14 h 之后,在(41°N,173°E)附近,能见度开始转好,船驶离雾区。

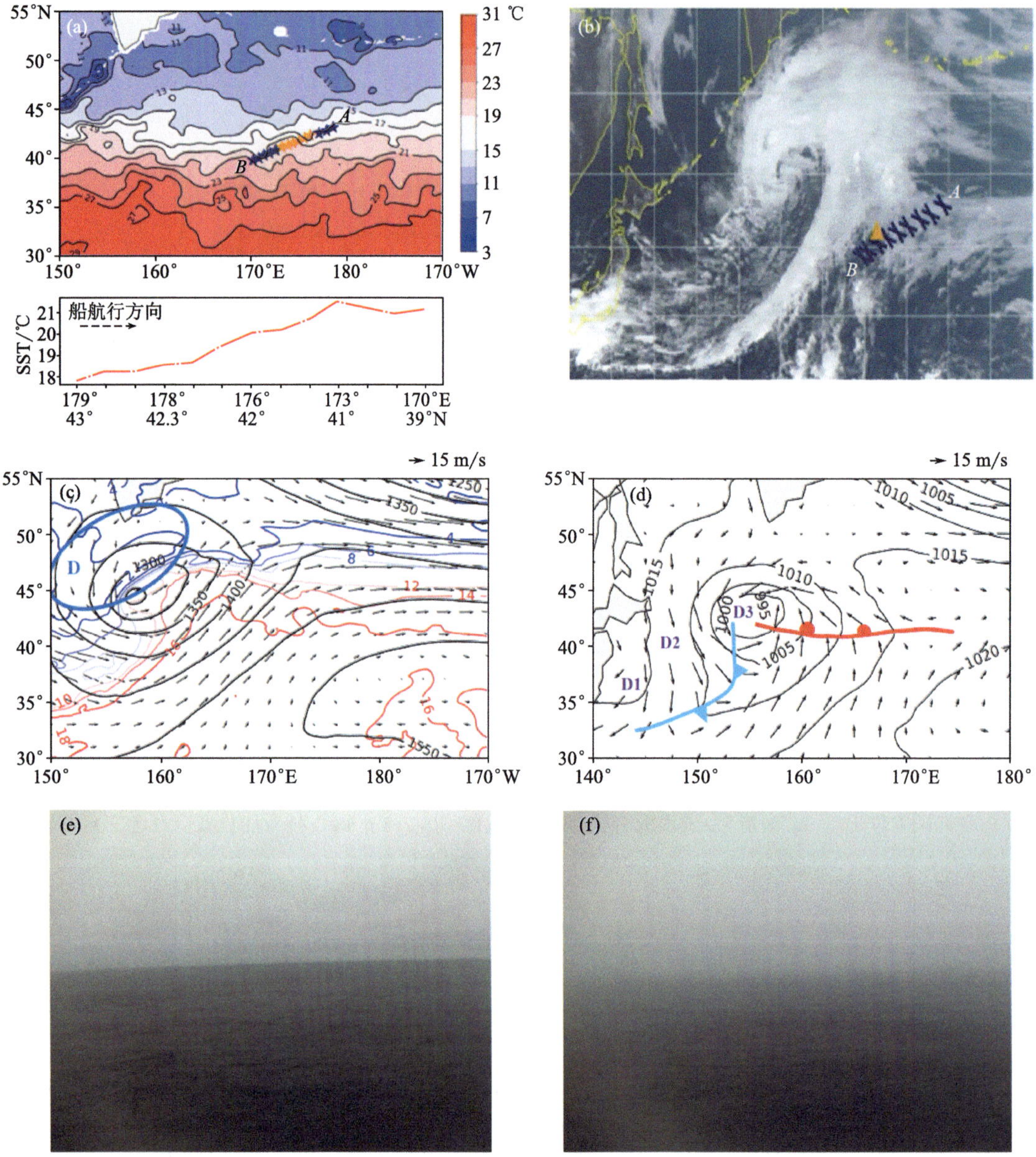

图 5.31 (a)2019 年 9 月 13 日 SST(等值线和填色),*AB* 线(蓝/黄色五角星)代表 12 日 12 时—14 日 06 时(UTC,下同)的科考船航线,其中黄色五角星代表船载能见度低于 1 km 的区域,蓝色五角星代表低云区;下方为沿 *AB* 线 SST 变化;(b)9 月 13 日 00 时 Himawari-8(葵花-8)卫星可见光云图,*AB* 线同图 a;(c)9 月 12 日 20 时 850 hPa 位势高度(实线,gpm)、温度(℃,红色虚线代表高温,蓝色虚线代表低温)和风场(m/s)(蓝色实线椭圆代表 500 hPa 低涡位置,蓝色“D”代表低涡中心);(d)9 月 12 日 20 时海平面气压场(hPa,实线)和风场(风矢量,m/s)(暖锋/冷锋用红色/蓝色实线表示;紫色“D”代表气旋中心位置,从左往右 D1—D3 分别为 11 日 12 时、12 日 03 时、12 日 20 时);(e)(f)船载照相机拍摄的海面实况,分别对应 12 日 21 时和 12 日 22 时

2019 年 9 月 12 日 20 时(UTC)，西北太平洋高空存在低涡。850 hPa 等压面上，低压中心在(45°N，158°E)，温度场有明显的锋面结构。海平面气压场上，与低涡配合有锋面气旋(图 5.31c、d)，卫星云图显示出典型的锋面气旋云系(图 5.31b)。雾区位于温带气旋暖锋附近，西南风将暖湿空气向北输送，为云雾形成提供了有利的水汽条件。

5.8.2　船载观测资料分析

5.8.2.1　海面气象要素的变化

图 5.32 为走航观测到的气象要素随时间的变化。自 9 月 12 日 21 时(UTC)开始，能见度出现断崖式下降，22 时(UTC)下降到 1 km 以下，相对湿度上升至 100%左右，该时段船是逆风从雾区外驶入雾区(海雾形成，或者从轻雾转为大雾)。此后能见度始终在 1 km 以下(海雾维持)，直至 13 日 12 时(UTC)能见度开始上升，表明船逐渐驶离雾区(海雾消散)。

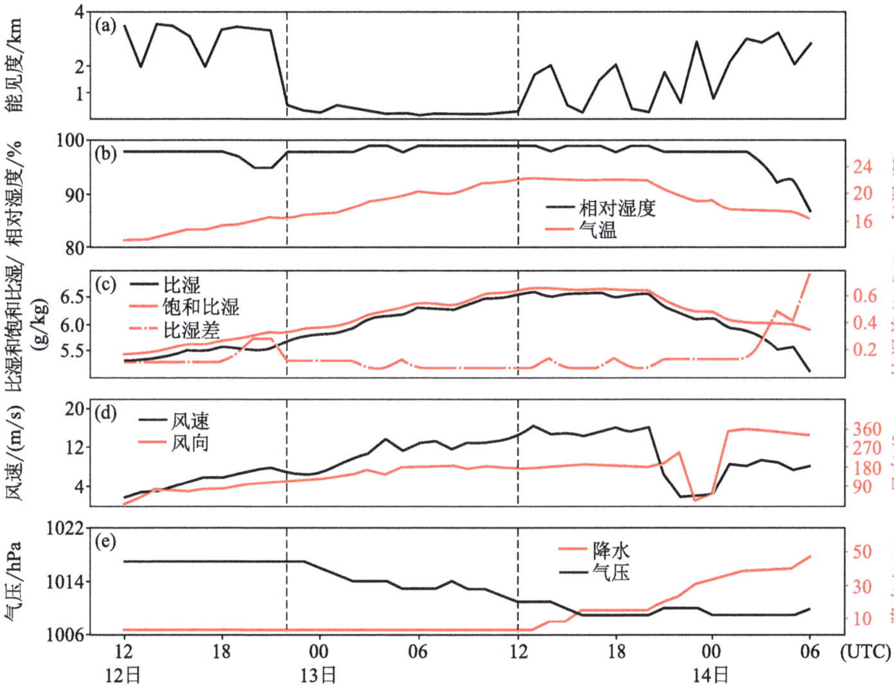

图 5.32　2019 年 9 月 12 日 12 时—14 日 06 时(UTC)向阳红 01 号沿航线(图 5.31a 中 *AB* 线)自动气象站观测结果

(a)能见度；(b)相对湿度和气温；(c)比湿、饱和比湿和饱和比湿与比湿差；(d)风速、风向；(e)气压、降水(虚线之间区域为有海雾时段)

海雾维持过程中，比湿、气温和风速均呈增加趋势。气温从 13 ℃上升至 20 ℃(图 5.32b)，比湿从 5.3 g/kg 上升至 6.5 g/kg(图 5.32c)，风速从 4 m/s 增至 15 m/s(图 5.32d)。这些要素的变化与近海，如黄海、台湾海峡、杭州湾等，雾中各要素变化不大的特征明显不同，反映了大洋上空气旋暖区存在更强盛的暖湿气流，而且在 6 级(>12 m/s)以上的风力下，海雾仍然维持。大洋上空雾区水汽供应更充分，雾层更深厚，抗风扰动能力更强。在黑潮延伸体区的一次雾中探空表明，雾层厚度为 900 m 左右(Tanimoto et al.，2009)。

12 日 20 时—13 日 12 时(UTC)，随着温度和比湿的增加，饱和水汽压从 8.879 hPa 上升至 10.061 hPa，增长 1.182 hPa；而水汽压从 8.719 hPa 上升至 9.961 hPa，增长 1.242 hPa，水汽压的增长幅度大于饱和水汽压的增长，说明增湿效应大于增温效应。此次海雾的形成呈现增温增湿特征，与黄海春季（降温降湿）和夏季海雾（降温增湿）不同①。

随着船向西南航行，距离气旋中心更近，气压下降，出现降水，海面有轻雾（图 5.32）。云高仪探测显示，云底高度离开海面（图 5.33）。

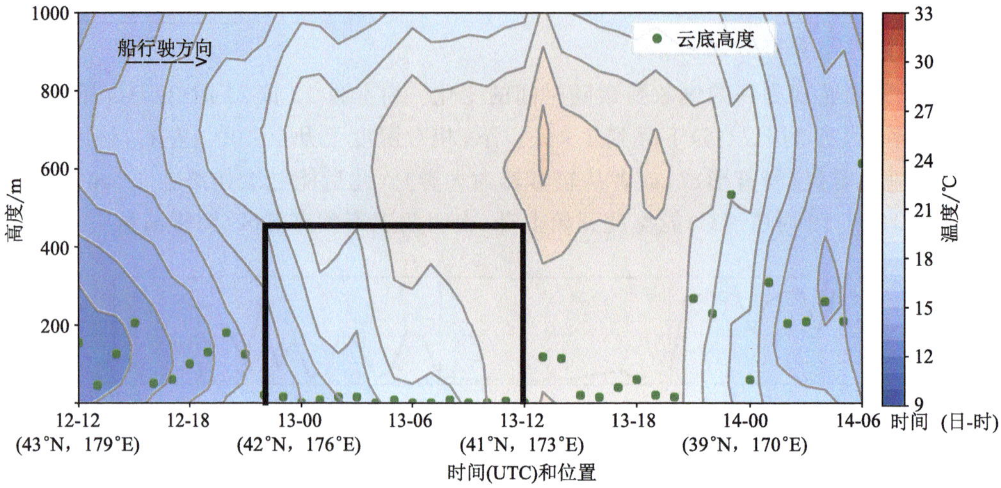

图 5.33　9 月 12 日 12 时—14 日 06 时（UTC）航线上云高仪探测的云底高度（绿色圆点）和微波辐射计探测的温度垂直廓线随时间的变化（填色）（黑色方框标记出来的区域为逆温层“向下伸展”——下沉逆温）

5.8.2.2 温度垂直廓线和锋面逆温

在气旋和太平洋副热带高压之间的广袤洋面上盛行偏南风（图 5.31）。源于副热带洋面上的暖气团随着暖锋向北移动，在亲潮延伸体上空遇到冷气团，则向上爬升，形成锋面逆温。微波辐射计提供的温度垂直廓线连续断面清楚地反映出锋面逆温的结构（图 5.33），冷暖气团交界处等温线比较密集（图 5.33 中（42°N，176°E）附近），暖锋在垂直方向上向冷海面一侧倾斜。该天气尺度的大范围锋面逆温为海雾/低云的形成提供了先决条件。云高仪探测进一步确定逆温层下方存在低云（图 5.33）。

12 日 22 时—13 日 12 时（UTC），锋面逆温中在 400 m 以下出现逆温层明显向下伸展的现象（图 5.33 中黑色方框标记区域），反映了逆温层底的高度进一步降低。更低的逆温层利于水汽聚集于近海面凝结成雾。云高仪观测证实，在该“向下伸展”的逆温层结构下方，云底迅速下降至近海面，能见度下降到 1 km 以下，形成雾区，与能见度仪观测结果一致；而只有锋面逆温没有“向下伸展”结构的地方则为低云（图 5.33）。

5.8.3 海雾形成机理讨论

5.8.3.1 海洋锋的影响

亲潮延伸体冷水与黑潮延伸体暖水的过渡区 SST 等值线密集，形成海洋锋（海面温度

① 近岸海雾观测一般是固定地点的气象要素随时间变化，而科考船走航观测时间和空间都在变。用模式模拟的结果可以得到固定格点气象要素随时间的变化。对于该海雾个例，利用模式模拟结果分析定点气象要素随时间变化，结论与走航观测是一致的，即海雾形成过程中增温增湿。

锋),科考船在 41°～42°N 跨越局地 SST 锋面(图 5.31a)。海洋锋冷水侧为下沉运动,暖水侧为上升运动(图 5.34a),从而构成边界层内的次级环流。这是局地大气对海洋锋的响应(Liu et al.,2016;Wang et al.,2019;Jiang et al.,2019)。

上述逆温层“向下伸展”的现象在空间上与海洋锋强迫产生的次级环流的下沉支对应。在稳定层结(锋面逆温)条件下,下沉运动造成某层大气增温,从而形成下沉逆温。局地海洋锋强迫的下沉逆温与锋面逆温叠加,使逆温层高度进一步降低。与天气尺度的锋面逆温相比,下沉逆温高度低、范围小。在有下沉逆温的时段,任意取一条温度垂直廓线,则会呈现“双逆温”结构(图 5.36)。

海洋锋冷水侧雾区(云中液态水含量 CLWC>0.016 g/kg),与下沉运动和较低的逆温层相对应(图 5.34)。在海洋锋暖水侧和离开海洋锋冷水侧更远的冷水面,雾区离开海面,与锋面逆温层下方的低云相匹配。由图 5.34b 可知,当暖锋(等相当位温线密集区)向北越过海洋锋后,雾区位于海洋锋冷水一侧暖锋后部的偏南气流中。

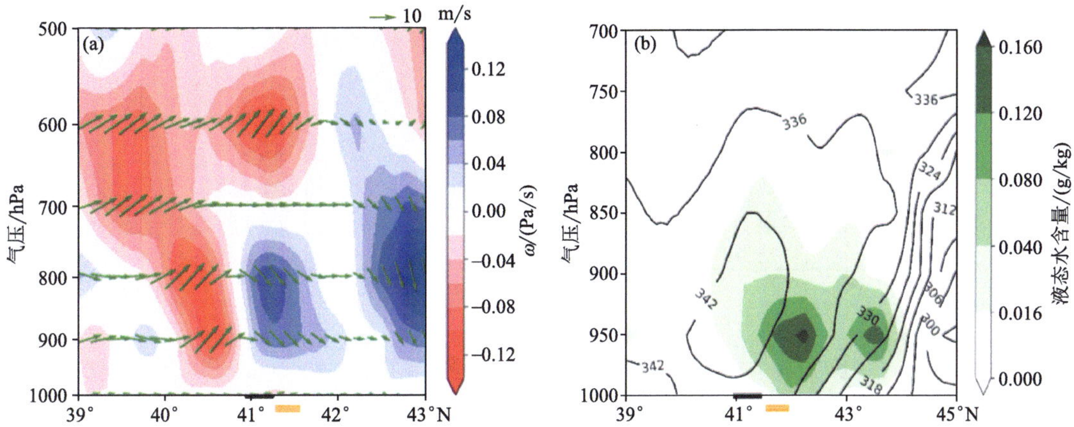

图 5.34 9 月 13 日 00 时(UTC)沿图 5.30 中 *AB* 的垂直剖面

(a 中填色表示垂直速度,绿色风矢量表示 v 和 $-\omega\times100$ 合成,v 单位为 m/s,ω 单位为 Pa/s;b 中填色表示液态水含量,实线为相当位温,单位为 K;横坐标上的黑色粗实线代表海洋锋位置,黄色实线代表海雾区域,数据来自 ERA5 再分析资料)

5.8.3.2 暖锋的作用

此次海雾形成维持阶段,水汽供应十分充足。雾区的纬度已经在 40°N 以北,其附近洋面潜热通量值很小(图 5.35a),形成海雾的主要水汽来源显然不是局地蒸发。

水汽通量反映出副热带洋面的水汽向北输送(图 5.35b),在(30°～41°N,160°E～180°)的大洋上空,露点温度在 20～24 ℃,梯度很小,形成大范围高湿空气(高露点温度)区;在暖锋前缘,43°～45°N 附近,露点温度迅速下降至 10 ℃左右,形成明显的露点温度锋,足以表明暖锋对水汽输送的重要作用。中纬度洋面的 2 m 温度露点差基本在 1 ℃左右,说明空气中的饱和度已经很大,接近饱和。卫星资料和船舶观测显示,暖锋后部有降水,雨滴蒸发也可增加低空水汽含量。如此充足的水汽含量,即使在温度升高的条件下,仍然导致相对湿度不断增加,形成海雾。

在暖锋影响区有气温暖舌和正的气海温差(图 5.35c),虽然海洋对大气有冷却作用,但在强大的暖平流影响下,海雾形成维持过程中气温持续上升。这一点与中国近海的平流冷却雾不同。

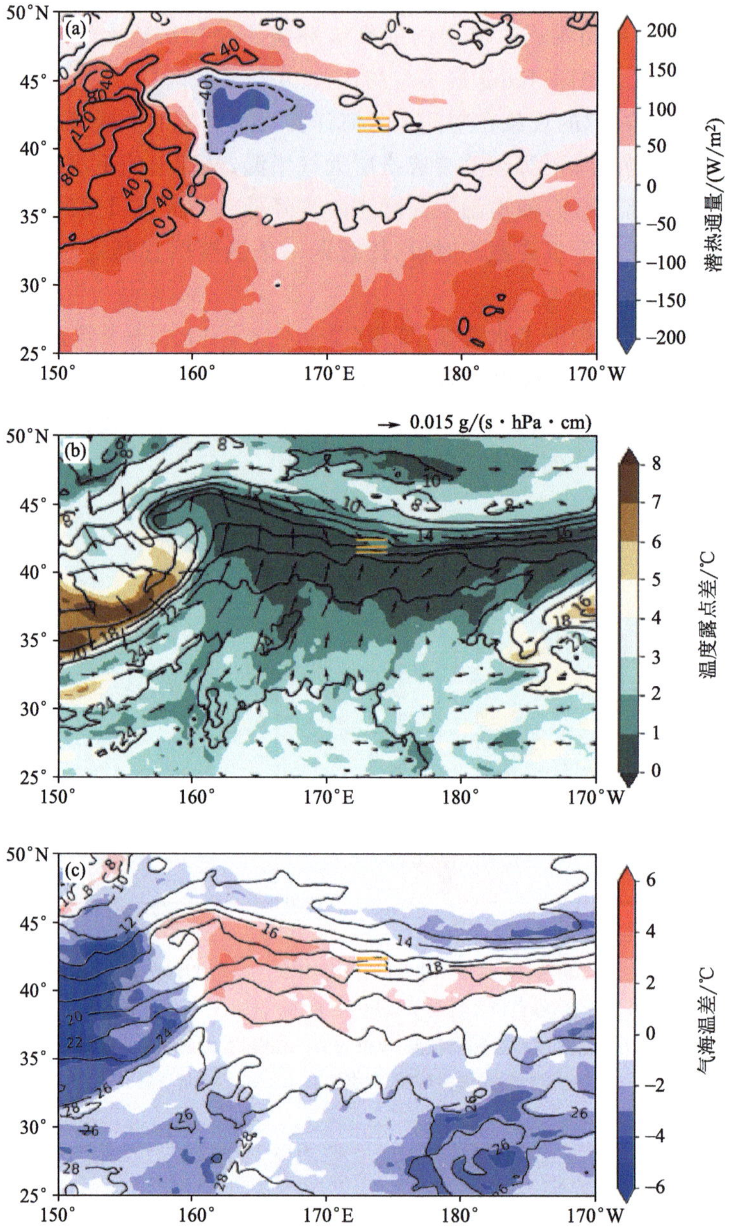

图 5.35　9 月 12 日 20 时(a,UTC)海气界面感热通量(W/m²,实线为正,虚线为负,正值代表海洋向大气输送热量,负值反之)和潜热通量(填色,W/m²,正值代表海洋向大气输送热量);(b)海平面 2 m 露点温度(实线,℃),2 m 温度露点差(填色,℃)和海平面水汽通量(黑色矢量箭头,g/(s·hPa·cm));(c)2 m 气温(实线,℃)和气海温差(填色,℃);黄色实线代表海雾区域

5.8.3.3　温带气旋暖锋影响下海雾形成概念模型

海洋和大气在此次海雾形成过程中都扮演了不可或缺的角色。暖锋影响下,海雾形成过程中增湿效应大于增温效应,最终达到饱和。暖湿气流北上和锋面逆温是海雾形成的大尺度天气背景。局地海洋锋强迫的下沉逆温与锋面逆温叠加,使锋面逆温层下部进一步向下伸展,形成"双逆温"结构,使水汽聚集在近海面,最终在海洋锋的冷水侧形成海雾。归纳概念模型如

图 5.36 所示，海雾形成于暖锋锋面后部，海洋锋冷水侧（张苏平 等，2022）。海洋锋强迫的下沉逆温已经被数值试验证实，在一定程度上解释了海洋锋冷水侧多雾的原因。另外，随着暖锋继续北上，在冷洋面上空可形成平流冷却雾，如果上升气流增强（气旋移近）则形成云雨。

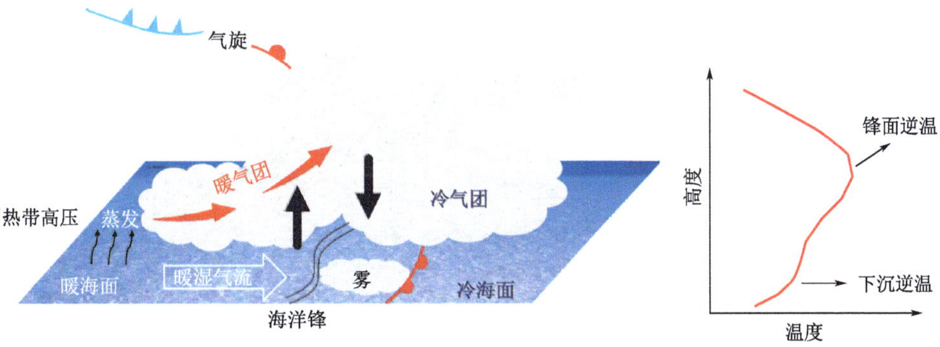

图 5.36　西北太平洋上温带气旋暖锋影响下海雾形成的概念模型
（左图中黑色箭头代表海洋锋强迫产生的次级环流；右图为海雾形成时段温度廓线）

5.9　小结

本章讨论了具有代表性的海雾天气过程，包括黄海春季和夏季平流冷却雾、南方沿海平流蒸发雾和暖季混合雾、杭州湾岸滨雾、西北太平洋锋面雾等。从而可知不同的海雾类型，物理过程不同，即使同样的海雾类型在不同季节物理过程也不尽相同，南方与北方海雾、近海与开阔大洋上的海雾都有诸多不同。

实际上，海雾形成的天气过程和机理远远不止这些，海雾形成和消散的物理过程复杂，涉及天气尺度（如平流运动、下沉运动、云等）、次天气尺度/中尺度（如海陆风、海面水温及其水平梯度、海洋上升流等）、小尺度（如辐射、海表面热通量、边界层湍流等）到更微小尺度（如雾滴和气溶胶等）。从凝结核（10^{-7} m）到天气过程（10^{6} m），差异达 10^{13} m（Koračin et al.，2014）。

从热力学角度讲，海雾反映的是近海面大气的一种热力学动态平衡状态（饱和状态），这种平衡一旦被破坏，会导致雾性变淡（消散）。这种平衡态对环境气象水文条件高度敏感，这是海雾难以准确预报的一个重要原因。

特别要指出的是，这些分析和揭示的机理都是建立在观测基础上，没有观测则没有新认识。极地海雾/低云过程由于观测少，对其形成和消散机理尚缺乏了解。随着科学技术的进步，海上观测会越来越多，对海雾的认识会不断加深。

思考题

1. 我国近海北方海域与南方海域海雾形成的天气过程中边界层垂直结构都有什么特点？请举例说明。

2. 近海海雾与开阔大洋上空的海雾在预报思路上有何异同？

3. 海雾中一般相对湿度接近或者达到100%。对于黄海春季与夏季海雾，雾中水汽(如比湿、水汽压等)含量和液态水含量的大小是否有差异？(请自行设定条件，定量计算说明)

4. 如前面指出的，降温和增湿涉及多种物理过程，如福建沿海暖季混合雾，水汽来源除了降水蒸发以外，还有什么过程？降温除了海面冷却外，还有什么过程？

5. 通过本章学习，你认为在海雾的形成和消散预报工作中，应该着重考虑哪些方面？请针对某个确定海区、确定季节进行讨论。

第6章 海雾微物理及雾中能见度

当近海面大气中水汽增加、温度降低时，相对湿度逐渐增加，直到约100%时空气中凝结出液态水滴，即海雾雾滴。雾滴谱、雾中含水量、雾滴数浓度等称为海雾的微物理特征量。本章介绍海雾微物理基本概念以及雾中能见度计算方法，在此基础上讨论北极海雾的微物理观测实例。

6.1 海雾雾滴的凝结过程

从微物理意义上，水汽需要依附于凝结核而形成云/雾滴（因云滴与雾滴的凝结过程类似，后文统一称为雾滴）。通常意义下的凝结核指所有可能形成云滴的气溶胶粒子（也称为凝结核），但要求过饱和度可能高达400%以上（盛裴轩 等，2003）。这里将自然界近海面过饱和条件下能够活化的粒子称为雾凝结核。因此，雾凝结核仅是凝结核中的一部分。

海洋环境中，海盐凝结核（如氯化钠NaCl）的供应较为充足，而海盐凝结核有可溶性，粒子吸湿并活化，形成NaCl粒子溶液滴。依据拉乌尔（Raoult）定律（式6.1），有

$$E_P = \frac{N}{n+N} E_\infty \tag{6.1}$$

式中：E_P 和 E_∞ 分别为溶液面上的饱和水汽压和纯水（蒸馏水）面上的饱和水汽压；n 为溶质的克分子数；N 为溶剂的克分子数（即 $N+n$ 为溶液的克分子数），溶液滴上的饱和水汽压要小于纯水面上的饱和水汽压。如凝结核为氯化钠时，实验室条件下求得 $E_P/E_\infty = 0.78$，可见对于氯化钠凝结核来说，饱和水汽压比纯水平面上的饱和水汽压小，相对湿度不需要达到100%（饱和），就可以发生凝结现象。考虑到海雾雾滴的凝结核总会含有氯化钠，海雾的形成与近海面空气中的含盐量有关。

凝结过程中，水汽在凝结核上附着形成胚点（液滴），胚点外表是曲面，弯曲液面上平衡水汽压（饱和水汽压）与平面上的不同。半径 r 的水滴表面（曲面，曲率半径 $\frac{1}{r}>0$）的平衡水汽压为 e，平水面上的饱和水汽压为 e_s，根据汤姆孙（Thomson）关系式，有

$$\ln \frac{e}{e_s} = \frac{2\sigma}{\rho_w R_W T r} \tag{6.2}$$

式中：T 为平液面的温度；R_W 为水汽气体常数；ρ_w 为液滴的密度；σ 为雾滴表面张力系数。当温度不变时，ρ_w 和 σ 为常数，则饱和相对湿度（饱和比）的对数（$\ln \frac{e}{e_s}$）随雾滴半径 r 的倒数而变化，雾滴越小，饱和相对湿度越大，相比于平水面的饱和水汽压的过饱和度越大。也就是说当雾滴很小时，达到相当于平水面（纯水）相对湿度100%时，并不能发生凝结，而必须具有大

于100%的一定的过饱和度才能达到饱和，发生凝结（盛裴轩 等，2013）。e_s(T)可由克拉珀龙-克劳修斯方程得到。

因此，曲率对凝结的影响是要求增加过饱和度，而盐粒子（或溶质）则是降低对过饱和度的要求。两者之间的相互抵消作用导致在寇拉曲线（Mason，1971）中存在一个过饱和度的临界值（参见1.1.3节，图1.6），当环境过饱和度大于该临界值时雾滴会继续增长，即所谓核的"活化"。实际海雾过程中，常常相对湿度不需要达到100%，就可以发生凝结而成雾。

6.2 海雾微物理特征量

海雾微物理特征量，包括滴谱、液态水含量、数浓度等，对于研究海雾的生消机制和改善模式中微物理参数化方案具有重要意义。海雾浓度与雾滴大小、多少和液态水含量等诸多因素有关，很难用简单的关系式表达出来。常以雾中能见度大小表示雾的浓度。但影响能见度的因素很多，除直接障碍视线的一些作用外，视野背景、目标物颜色等也都有影响。但海雾的微物理特征量与雾中能见度总是有关系的，通过对前者的观测和研究，可以统计得到能见度计算方案。

6.2.1 雾滴谱

雾滴谱指单位空气体积中雾滴数量随雾滴大小的分布，是粒子大小和数浓度的综合表现。

雾滴谱具有很强的局地性。海雾和陆地雾的滴谱有差异，不同水域的海雾雾滴谱也有所不同（表6.1）。如湛江、茂名、厦门等水域的海雾雾滴谱分布符合Junge分布，而舟山海雾符合Deirmendjian分布，青岛不同时期不同设备观测的海雾符合Junge和高斯（Gauss）分布，南京陆地雾滴谱符合Gamma分布。

表6.1 不同地区海雾微物理量对比

观测地点	观测时间	观测仪器	平均数浓度/cm^{-3}	平均含水量/(g/m^3)	平均半径/μm
美国马萨诸塞州科德角[a]	1980年7月	FSSP-100	415.0	0.079	4.70
广东茂名[b]	2007年3月16日—4月29日	FM-100	56.1	0.018	2.35
广东湛江[c]	2011年2月23—24日	FM-100	248.0	0.102	2.60
广东湛江[d]	2011年3月20—21日	FM-100	231.0	0.114	3.30
青岛沿海[e]	2017年4月6日	FM-120	64.4	0.057	4.0
闽南沿海[f]	2019年4月7日	FM-120	100.0	0.170	—

注："—"表示不确定；a～f分别引自Kunkel(1984)、黄辉军等(2009)、吕晶晶等(2014)、岳岩裕等(2013)、Wang等(2020)、张伟等(2021)。

不同型号的雾滴谱仪观测结果差异明显。如2007年和2008年在茂名分别使用三用滴谱仪和FM-100型雾滴谱仪观测的雾滴算术平均直径、质量平均直径、质量峰值直径等微物理量存在明显差异（黄辉军 等，2009，2010）；1993年和2017年在青岛分别使用三用滴谱仪和FM-120型雾滴谱仪观测的雾滴大小也差异明显（徐静琦 等，1994；Wang et al.，2020）。另外，雾

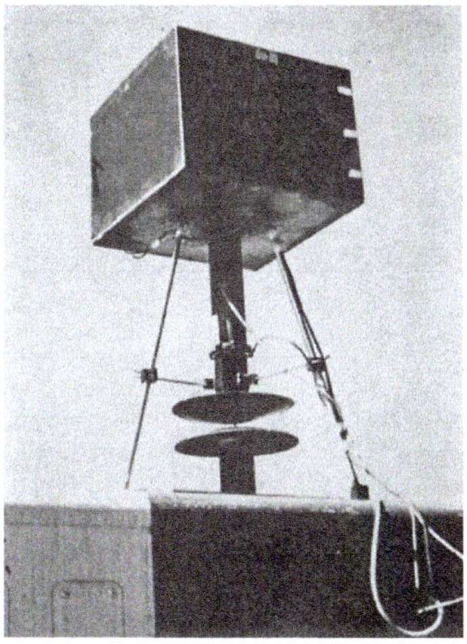

图 6.1　激光全息照相机。该观测系统的设计使激光器和相关的电子设备安装在建筑物或拖车内，而采样部分和记录单元安装在屋顶上。垂直定向的激光束通过位于两个空气动力学形状圆盘之间的采样体积，并且在胶片上记录采样体积中雾滴的全息图。由于样品体积的边界是光学定义的，因此可以设计采样部分，使对被采样空气体积的干扰最小，然后可以从全息图重建液滴的图像，并从重建的图像确定尺寸分布（Kunkel，1971）

滴谱仪在使用搬运过程中由于振动或其他原因造成光学设备角度偏移，会导致观测结果出现误差。因此，同一雾滴谱仪在不同时间的海雾观测中也可能有大小不同的误差。

早期雾滴谱观测多用人工。Houghton 等(1938)使用玻璃片捕获雾滴然后拍照测量，首次获得雾滴谱信息。此后雾的微物理观测手段和仪器不断改进，如激光全息照相机（图 6.1）（Kunkel，1971）、涂有氯气敏感胶薄膜的玻璃板（Kumai，1973）、光电粒子计数装置（王庚辰，1981）、MgO 载玻片（Uyeda et al.，1984）、三用滴谱仪（徐静琦 等，1994；黄辉军 等，2009）等。近年的雾滴谱观测一般使用自动探测仪器。前向散射光谱仪探头（FSSP-100）实现了雾滴谱自动观测（Kunkel，1984），FM-100 型、FM-120 型雾滴谱仪逐渐成为当前国内外雾滴谱观测的常见设备。FM-120 型滴谱仪可以连续测量雾滴粒径、雾粒子数浓度、液态水含量，测量的粒径范围为 2～50 μm（图 6.3），有关 FM-120 型雾滴谱仪的工作原理可参见 1.4.6 节。

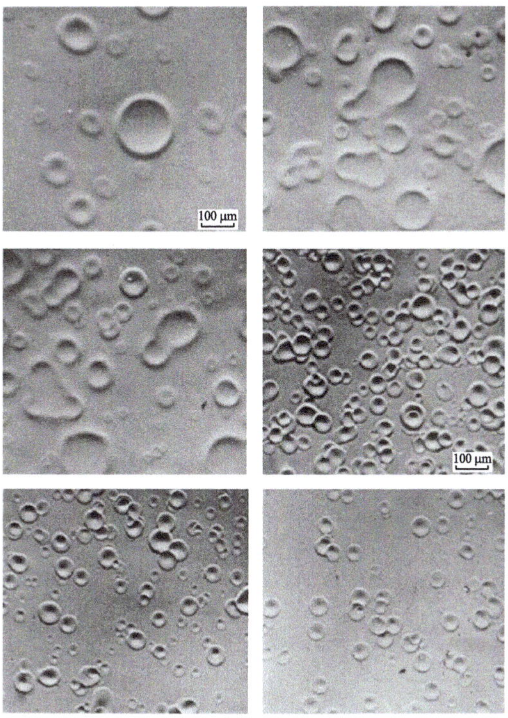

图 6.2　光学显微镜下的雾滴（Kumai，1973）

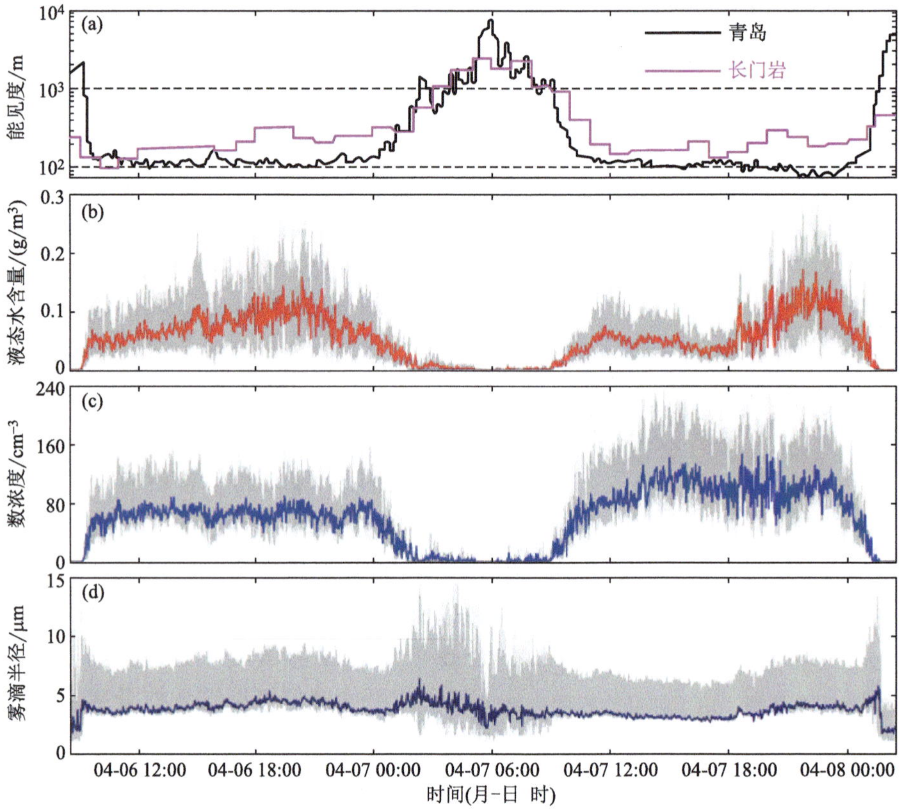

图 6.3 FM-120 型雾滴谱仪和能见度仪的观测结果

(a)能见度;(b)液态水含量;(c)数浓度;(d)雾滴半径

6.2.2 海雾数浓度和含水量

雾的数浓度,或称雾滴数密度,为单位体积内包含的雾滴数量,单位为:cm^{-3}。

一般来说,传统的工业城市中,由于人类活动排放大量气溶胶,导致雾的数浓度大,非工业城市雾的数浓度较小,海雾的数浓度最小。例如,2001 年重庆地区雾的数浓度平均值为 1746.3 cm^{-3},而福建厦门海雾的平均数浓度为 36.0 cm^{-3}。大量气溶胶排放进入大气边界层内,可使凝结核数量增多,小粒径雾滴的数浓度大,从而使得城市雾的数浓度比海上雾高 1～2 个数量级。就中国近海海雾来讲,不同海域的数浓度变化也很大,可以相差 1 个数量级(表 6.1)。

雾中液态水含量(简称"含水量")指每立方米雾中含有的液态水量,单位为 g/m^3,是影响雾中大气能见度的一个主要因素。对于大部分海雾过程,液态水含量小于 0.5 g/m^3(表 6.1)。观测显示,广东茂名海雾的平均含水量为 0.018 g/cm^3(最大为 0.181 g/cm^3),青岛沿海海雾的平均含水量为 0.057 g/cm^3(最大为 0.172 g/cm^3),闽南沿海海雾的平均含水量为 0.170 g/cm^3(最大为 0.410 g/cm^3)。

6.3 雾中能见度

本书第 1 章主要从宏观角度介绍了能见度。这里从微物理角度对雾中水平能见度(简称

“能见度”)计算方法进行讨论。

海雾的发生使得大气能见度降低(图 6.4),严重影响海上的生产生活,而雾中能见度变化具有非线性特征。柯什密得定律(Koschmieder,1924)将大气能见度和大气消光系数联系起来,是计算大气能见度的基础(见式(1.3))。理论上使用米(Mie)散射求出所有雾滴谱段的消光系数并求和,即可得到大气消光系数(Mie,1908)。但计算消光系数需要知道雾滴的半径,这在实际工作中很难办到。

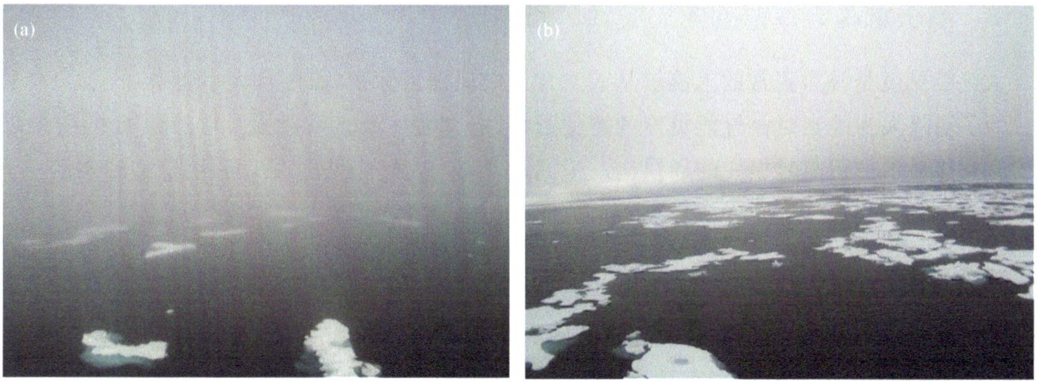

图 6.4 (a)有雾时(能见度 522 m),2018 年 9 月 3 日 23 时 27 分(UTC)北冰洋海域(169°1′19″W,74°36′50″N)照片;(b)无雾时(能见度 15000 m),2018 年 9 月 4 日 01 时 58 分(UTC)北冰洋海域(168°55′22″W,74°34′44″N)照片

6.3.1 基于雾微物理量的大气能见度计算方案

Eldridge(1966)建立了大气能见度和液态水含量的幂律关系(式(6.3)),后来学者遵循同样的方法根据野外观测给出了对应关系。Eldridge(1966)的能见度参数化方案见式(6.3),Kumai(1973)对北极雾的能见度经验公式见式(6.4)和式(6.5),Kunkel(1984)的 K84 方案(简称“K84 方案”)见式(6.6),Gultepe 等(2006)的双参数能见度计算方案见式(6.7),这些公式均反映了能见度与液态水含量的关系,但其系数各有不同。

Jiusto(1981)的实验证明,大气能见度与雾滴平均半径和数浓度直接相关,进而和含水量间接相关。Gultepe 等(1996,2006)发现当含水量固定时,数浓度的变化会导致大气能见度发生很大变化,提出了大气能见度的双参数(含水量与数浓度)计算方案。

$$\mathrm{Vis}=24(\mathrm{Qc})^{-0.65} \tag{6.3}$$

$$\mathrm{Vis}=20(\mathrm{Qc})^{-1} \tag{6.4}$$

$$\mathrm{Vis}=32(\mathrm{Qc})^{-1} \tag{6.5}$$

$$\mathrm{Vis}=27(\mathrm{Qc})^{-0.88} \tag{6.6}$$

$$\mathrm{Vis}=1002(\mathrm{Nf}\times\mathrm{Qc})^{-0.6743} \tag{6.7}$$

式中:Vis 为能见度;Qc 为含水量;Nf 为数浓度。用科考船在北冰洋的观测数据(中国 2016 年第七次和 2018 年第九次北极科学考察航次)对上述五个方案分别进行了检验。式(6.3)的均方根误差最小,表现效果最优,式(6.7)的双参数方案均方根误差最大(表 6.2)。可见影响能见度的因素是复杂的,有明显的局地性,其参数化方案的普适性还需要更多的观测进行不断改进。

表 6.2 不同能见度方案的效果检验

	Eldridge(1966) 式(6.3)	Kumai(1973) 式(6.4)	Kumai(1973) 式(6.5)	Kunkel(1984) 式(6.6)	Gultepe 等(2006) 式(6.7)
RMSE/m	240.34	3264.63	5564.46	2070.80	12744.05

利用 FM-120 雾滴谱仪观测液态水含量和数浓度计算的能见度与船载能见度仪观测值进行检验，均方根误差(RMSE)越小代表利用该能见度方案计算的能见度与观测值越接近。

6.3.2 基于雾滴谱数据的能见度计算方案

大气能见度是视力正常的人能够从天空背景中识别目标物(黑色且大小适中)的最大水平距离。为了消除人为因素对大气能见度的测量影响，定义大气消光系数 k_{ex} 为 2700 K 的白炽灯发出的光束传播单位距离时损失的通量比。根据式(1.3)，大气能见度 Vis 可用式(6.8)表示：

$$\mathrm{Vis} = -\frac{\ln\varepsilon}{k_{ex}} \tag{6.8}$$

式中：ε 为对比视感阈，Mccartney 等(1976)推荐对比视感阈的取值为 0.02。

消光系数的计算是获取雾中大气能见度的关键，米散射理论是计算大气消光系数的基础(Mie，1908)。该理论是根据麦克斯韦方程组对平面单色光照射到均匀球形粒子得到的严格数学解，能完整描述粒子的散射特性，给出球形粒子散射问题的精确解。粒子的消光现象由粒子对光的吸收作用和散射作用叠加造成，而雾滴粒子的主要成分是液态水，对光的吸收作用很弱，可以忽略不计 (Centeno，1941)，因此只考虑散射作用。大气气溶胶并不是均匀球形，但实际计算中使用米散射理论具有可行性(Kikas et al.，1998)，海雾雾滴粒径大小从几微米到几十微米，使用米散射理论可以计算所有雾滴谱段的总消光系数。

大气消光系数 k_{ex} 是对雾滴粒子所有谱段消光截面 σ_i 累加求和：

$$k_{ex} = \sum N_i \sigma_i \tag{6.9}$$

式中：N_i 为每个雾滴谱段内雾滴的个数，i 代表雾滴谱段数(例如 FM-120 型雾滴谱仪观测的雾滴谱谱段半径为 1～1.5 μm、1.5～2.0 μm、2～2.5 μm 等)。

由式(1.4)，雾滴消光截面 σ_i 可以表示为

$$\sigma_i = \pi r_i^2 Q_{sc} \tag{6.10}$$

式中：r_i 为每个粒径谱段内的粒子半径；Q_{sc} 为散射效率因子，衡量粒子的散射能力，由无量纲尺度参数 $\alpha = 2\pi r/\lambda$ 来决定，λ 为入射光的波长。米散射效率因子为

$$Q_{sc} = \frac{2}{\alpha^2}\sum_{n=1}^{\infty}(2n+1)(|a_n|^2 + |b_n|^2) \tag{6.11}$$

式中：n 为正整数；a_n 和 b_n 称为米散射系数(计算方法见附录)，散射效率因子是无穷级数之和。

给定海雾雾滴谱后，通过式(6.10)和式(6.11)可以算出单个雾滴的散射截面，再用式(6.9)得到大气消光系数，进而用式(6.8)求出大气能见度。由以上公式($\lambda = 550$ nm)计算的散射效率因子随雾滴半径变化(图 6.5)可以看出，当雾滴很小时，散射效率因子随雾滴半径 r 迅速增大，最大值接近于 4($r \approx 0.5$ μm)，其后散射效率因子又随 r 的增大上下波动，当 $r >$ 15 μm 以后，波动振幅已经很小，最终收敛于 2。海雾雾滴的尺度在 $10^0 \sim 10^1$ μm，因此，雾滴谱的变化对散射有影响，进而对能见度也有影响。

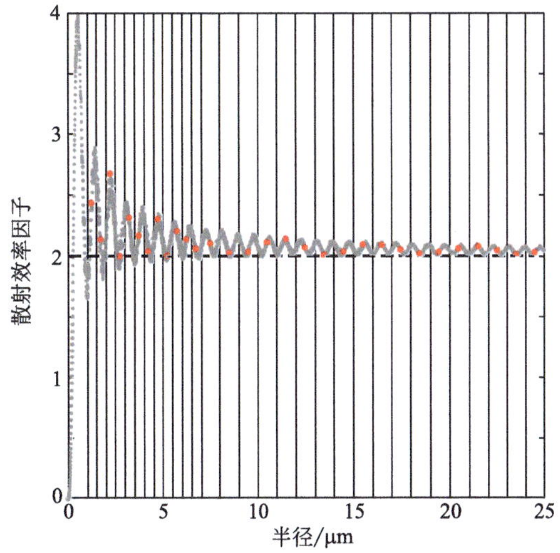

图6.5　散射效率因子随雾滴半径的变化(黑色点线)。黑色细竖线为FM-120型雾滴谱仪对应的谱段划分,红色圆点为每个谱段平均半径对应的散射效率因子,黑色虚线表示散射效率因子慢慢地收敛到2

6.4　海雾微物理特征——北冰洋观测

考虑到海水、海冰与大气的相互作用,夏季北冰洋海雾存在平流雾、蒸汽雾(蒸发雾)和辐射雾三种类型(参见3.3节)。

在北冰洋南部开阔水域,来自南方的暖湿空气被源源不断输送到冷洋面上,可产生平流冷却雾,此类海雾范围较大且持续时间较长;在海冰边缘或者冰盖附近,来自浮冰区的暖湿空气流经冰面形成的雾和已有蒸汽雾平流至冰面继续维持的雾,都有平流冷却雾的性质,但范围较小且持续时间较短。

在浮冰区海水温度高于大气温度的条件下,冰间水面与其毗邻的大气之间能量交换活跃,海水向空气释放热量并输送水汽,在冰间水道、冰间湖等水面可形成蒸汽雾。在北冰洋冰盖和浮冰区,由于冰面辐射冷却作用可产生辐射雾。

本节利用中国第七次(2016年)和第九次(2018年)北极科学考察航次的北冰洋海雾雾滴谱观测数据,分析北冰洋夏季海雾的微物理结构。

6.4.1　中国第七次北极考察北冰洋内海雾观测

第七次北极科学考察船“雪龙”号于2016年7月11日从上海出发,从白令海峡进入北冰洋,于2016年9月26日返抵上海,历时78 d累计航程约13000海里[①],浮冰区总航程逾2800海里,最北航行到82.8°N,其中,2016年7月24日—9月4日雪龙号考察船位于北冰洋内,总计43 d。

① 1海里=1.852 km,余同。

对原始数据进行必要的预处理和分类统计(数据处理方法见附录),得到表6.3。利用逐小时数据统计,有雾的日数为24 d,占总日数的57.14%;利用逐分钟数据统计,有雾的日数为26 d,占总日数的61.90%。

表6.3 中国第七次北极考察北冰洋内海雾统计(总计43 d,1032 h)

	海雾			共计
	浓雾	大雾	雾	
日数(占比)/d(%) (逐小时大气能见度数据)	1(2.33)	11(25.58)	12(27.91)	24(57.14)
日数(占比)/d(%) (分钟大气能见度数据)	2(4.65)	10(23.26)	14(32.56)	26(61.90)
分钟数(占比)/min(%)	310(0.51)	2187(3.62)	2097(3.46)	4594(7.59)

说明:浓雾(能见度小于200 m)、大雾(能见度200~500 m)和雾(能见度500~1000 m)下同。

6.4.2 中国第九次北极考察北冰洋内海雾观测

第九次北极科学考察船"雪龙"号于2018年7月20日从上海出发,从白令海峡进入北冰洋,于2018年9月26日返回上海,历时69 d航行约12500海里,浮冰区航行3815海里,最北航行至84.8°N,其中2018年7月30日—9月7日雪龙号考察船位于北冰洋内,总计40 d,观测到84个海雾时段。

利用逐小时数据统计,有雾的日数为26 d,占总日数的65.00%;利用逐分钟数据统计,有雾的日数同样为26 d。能见度仪记录的56160个分钟数据中,4127个能见度低于1000 m,占比约为7.35%(表6.4)。从84个海雾时段(不排除船速的影响)的时长可以发现,31个时段持续时间低于30 min,45个时段持续时间为30~120 min,8个时段持续时间大于120 min。

两个航次的统计结果显示,夏季北冰洋可能有一半以上的日数有雾。

表6.4 中国第九次北极考察北冰洋内海雾统计(总计40 d,960 h)

	海雾			共计
	浓雾	大雾	雾	
日数(占比)/d(%) (逐小时大气能见度数据)	0(0)	9(22.50)	17(42.50)	26(65.00)
日数(占比)/d(%) (分钟大气能见度数据)	0(0)	11(27.50)	15(37.20)	26(65.00)
分钟数(占比)/min(%)	0(0)	784(1.40)	3343(5.95)	4172(7.35)

6.4.3 微物理特征分析

通过在北冰洋两个航次观测的雾滴谱数据,计算得到雾过程的平均液态水含量、平均数浓度、平均半径分别为0.017 g/m^3、6.7 cm^{-3}、6 μm。其中,62.47%的数浓度记录小于平均数浓度(图6.6a),72.54%的含水量记录小于平均含水量(图6.6b),平均半径主要分布在3~10 μm,数浓度偏向于小粒径一侧,小于平均半径(6 μm)的雾滴数占总雾滴数的69.87%(图6.6c),且数浓度、含水量频率分布均呈现正偏态分布(图6.6d)。

北冰洋海雾的数浓度谱与常见城市雾的单峰型滴谱有很大差异。从相对数浓度谱能够看到一个对应的粒子半径为 2～3 μm 的主峰和一个粒子半径为 10～11 μm 的次峰的双峰分布特征(图 6.6d)，主峰的数浓度远大于次峰。由此可见，北冰洋地区海雾主要以小粒径雾滴为主。相对质量谱(图 6.6d)也呈双峰分布，但其主峰对应的粒子半径约为 13.5 μm，次峰对应的粒子半径约为 3 μm，分布偏向于大粒径液滴一侧，大于平均半径 (6 μm)的雾滴液态水含量占总液态水含量的 96.13%。与数浓度谱相比，含水量谱大粒径对应的峰更突出。

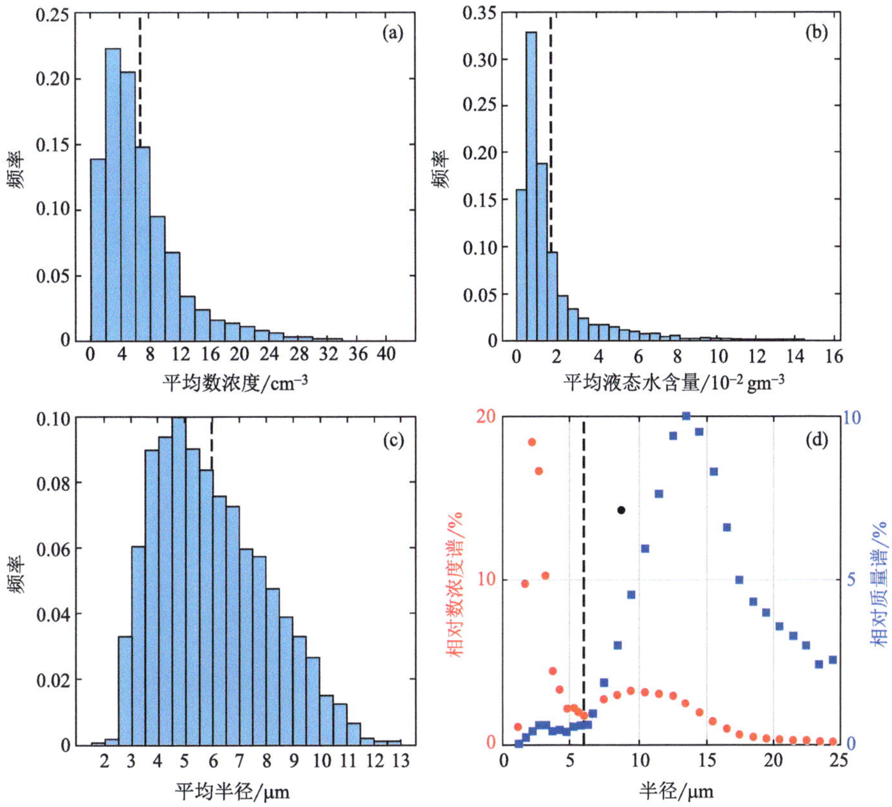

图 6.6　北冰洋海雾雾滴谱数据(其中黑色虚线表示平均值)

(a)数浓度；(b)液态水含量；(c)平均半径；(d)平均雾滴谱的相对数浓度谱和相对质量谱分布，红色圆点表示相对数浓度谱分布，蓝色方块表示相对质量谱分布

目前，许多观测中发现了雾滴谱的双峰分布，如 Eldridge(1961)观测发现处于不同阶段的云雾滴谱可能以“单峰”滴谱出现，也可能以“双峰”滴谱出现；加拿大东部沿海也发现了“双峰”结构的雾滴谱(Gultepe et al.，2009)。但对于雾滴谱呈双峰分布的原因尚未有明确的结论，湍流碰并、凝结增长、夹卷和起伏条件可能是形成双峰滴谱的主要原因(林海 等，1965；肖辉 等，1988；Devebish et al.，2012)。

6.4.4　雾滴谱分析

在云雾降水等微物理研究中，几乎所有问题都会涉及粒子尺度这个最基本的参量，具有实际意义的是粒子群，即粒子大小和数浓度的综合，需要用雾滴谱分布函数来表示(盛裴轩 等，2013)，如 Junge 分布函数、赫尔基安-马津分布函数(Хргиан-Мазин)和 Gauss 分布函数。统计学参量 SSE(残差平方和)与 R^2(R^2 为多重测定系数,值越大说明拟合效果越好,最大为 1),可被用来衡量谱分布函数对实际雾滴谱的近似程度。

6.4.4.1 Junge 谱分布函数

Junge 在对大气气溶胶的观测基础上,提出了使用负指数分布来近似描述粒子谱,称为 Junge 分布(盛裴轩 等,2013)。

$$n(r)=ar^{-b} \tag{6.12}$$

式中:r 为雾滴半径;$n(r)$为单位体积、单位尺度间隔中的粒子数;a、b 为 Junge 函数中的两个参数。

湛江和茂名等地的海雾、重庆地区陆地雾都符合 Junge 分布(黄辉军 等,2009,2010;张舒婷 等,2013)。而利用 Junge 函数拟合北冰洋海雾观测数据,得到的 R^2值为 0.2~0.4,占比为 82.85%,R^2 的平均值为 0.29,说明使用 Junge 分布并不能很好描述北冰洋海雾雾滴谱(图 6.7a、b)。图 6.8a 显示了用 Junge 函数拟合的雾滴谱数据,与实际数浓度的"双峰"结构存在较大差异,进而导致推算出的含水量与观测含水量差别较大(图 6.8b)。

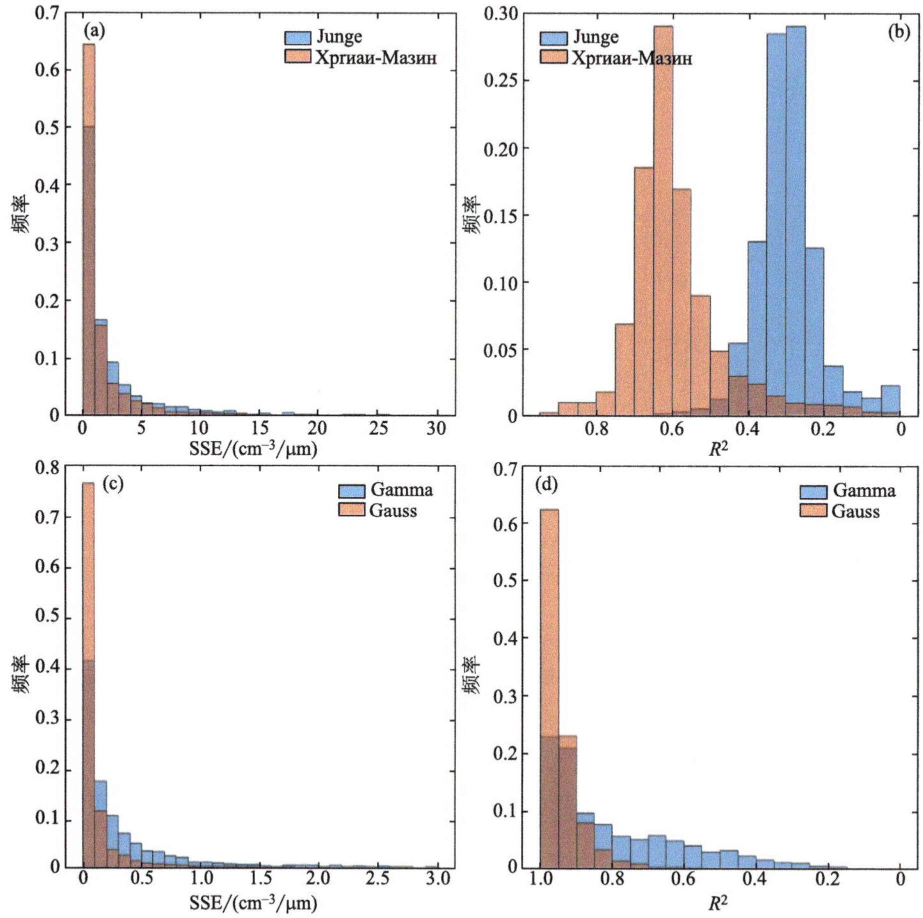

图 6.7 基于北冰洋观测的雾滴谱数据

(a)Junge 分布和 Хргиаи-Мазин 分布的 SSE 频率分布;(b)Junge 分布和 Хргиаи-Мазин 分布的 R^2 频率分布;(c)Gamma 分布和 Gauss 分布的 SSE 频率分布;(d)Gamma 分布和 Gauss 分布的 R^2 频率分布

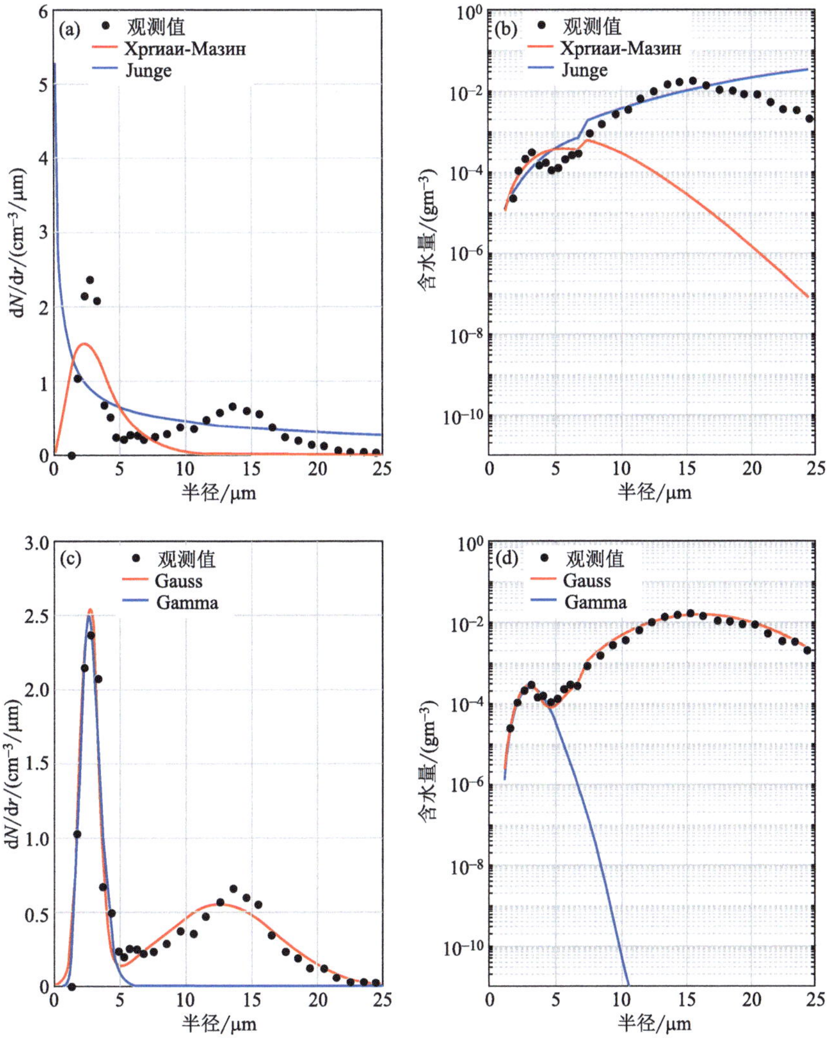

图 6.8　2016 年 7 月 26 日 18 时 16 分雾滴谱数据观测

(a)使用 Junge 和赫尔基安-马津分布拟合的雾滴谱；(b)依据 Junge 和赫尔基安-马津分布的雾滴谱拟合推算的含水量分布；(c)使用 Gamma 和 Gauss 分布拟合的雾滴谱；(d)依据 Gamma 和 Gauss 分布的雾滴谱拟合推算的含水量分布

6.4.4.2　赫尔基安-马津谱分布函数

赫尔基安-马津谱分布函数(Хргиан-Мазин)也被广泛用于描述云雾滴谱(盛裴轩 等，2013)。

$$n(r) = ar^2 e^{-br} \tag{6.13}$$

式中：r 为雾滴半径；$n(r)$为单位体积、单位尺度间隔中的粒子数；a、b 为赫尔基安-马津分布函数中的两个参数。

使用赫尔基安-马津谱分布函数拟合 2016 年和 2018 年北冰洋海雾观测数据，得到的 R^2 平均值为 0.59，说明使用赫尔基安-马津谱分布函数也不能很好地描述北冰洋海雾雾滴谱(图 6.7a、b)，基于此函数拟合的雾滴谱数据与实际观测差异很大，尤其当雾滴半径较大时，数浓度拟合值变为 0，以此推算含水量远小于观测值(图 6.8a、b)。

6.4.4.3 Gamma 分布函数

Gamma 函数常被用来描述云雾滴谱分布(Costa et al.,2000;Hsieh et al.,2009;Niu et al.,2010;Schmitt et al.,2013),Gamma 函数的数学表达式为

$$n(r)=N_0 r^{\mu} e^{-\lambda r} \tag{6.14}$$

式中:r 为雾滴半径;$n(r)$为单位体积、单位尺度间隔中的粒子数;N_0、μ、λ 为 Gamma 函数中的三个参数。

Liu(1992,1993)和 Niu 等(2010)提出用峰度、偏度可以比较准确地判断雾滴谱分布是否满足 Gamma 分布(计算过程详见附录)。利用北冰洋海雾观测数据,计算出对应的峰度偏差系数(C_k)和偏度偏差系数(C_s),如图 6.9 所示。根据最小二乘法,得到散点的经验回归方程为$Y=0.95X-3.15$,且大部分散点偏离直线 $Y=X$,说明北冰洋海雾雾滴谱不满足 Gamma 分布。对比图 6.8a 和图 6.8c,相比 Jung 分布和赫尔基安-马津分布,Gamma 分布对北冰洋海雾数浓度第一个峰值拟合较好,对第二个峰值拟合为 0,推算的含水量明显偏小(图 6.8d)。

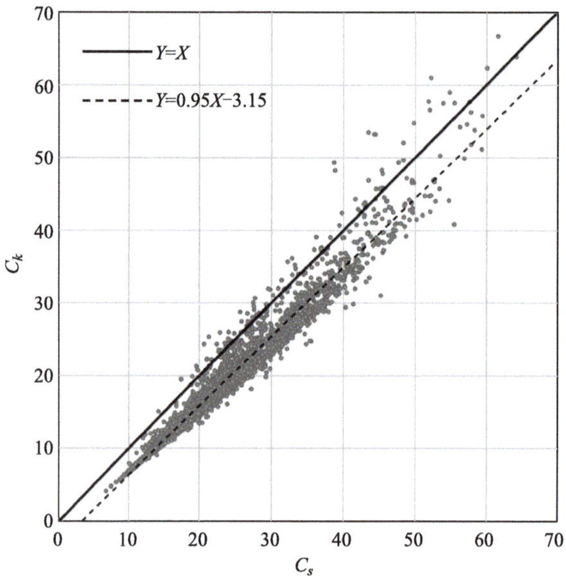

图 6.9 峰度偏差系数(C_k)和偏度偏差系数(C_s)相关图(圆点表示雾滴谱对应的峰度偏差系数和偏度偏差系数;黑色实线为 $Y=X$,表示 Gamma 分布对应的峰度偏差系数和偏度偏差系数应满足的关系;黑色虚线为 $Y = 0.95X-3.15$,是根据海雾雾滴谱数据对应的峰度偏差系数和偏度偏差系数的拟合回归函数)

6.4.4.4 Gauss 分布函数

考虑到北冰洋海雾存在"双峰"结构,引入 Gauss 分布函数:

$$n(r)=a_1 e^{-\left(\frac{r-b_1}{c_1}\right)^2}+a_2 e^{-\left(\frac{r-b_2}{c_2}\right)^2} \tag{6.15}$$

式中:r 为雾滴半径;$n(r)$为单位体积、单位尺度间隔中的粒子数;a_1、b_1、c_1、a_2、b_2、c_2 为 Gauss 函数中的参数。

相比 Junge 分布、赫尔基安-马津(Хргиаи-Мазин)分布和 Gamma 分布,Gauss 分布对数浓度两个峰值均有较好拟合(图 6.8c),推算出的含水量也与观测值相吻合。

使用 Gauss 函数拟合 2016 年和 2018 年北冰洋海雾观测数据，得到其对应的统计学参量 SSE 与 R^2。从图 6.7 和表 6.5 可以看出，Gauss 分布 SSE 更小，R^2 更接近于 1，说明使用 Gauss 分布可以更好描述“双峰”滴谱结构的北冰洋海雾雾滴谱。

表 6.5　北冰洋海雾拟合回归统计量平均值

平均	Junge	Хргиан-Мазин	Gamma	Gauss
SSE/($cm^{-3}/\mu m$)	2.6722	1.4903	0.3431	0.1249
R^2	0.2946	0.5902	0.7926	0.9445

6.4.5　不同类型海雾观测样例

根据海温、气温、大气能见度的观测分析三组海雾过程：一次平流雾、一次蒸汽雾和多次短时海雾(雾时长小于 30 min)(图 6.10)。

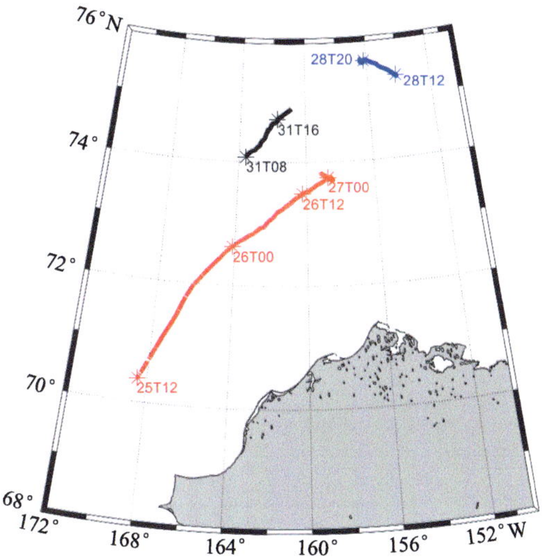

图 6.10　“雪龙”航行轨迹(红色线为平流雾时段(2016 年 7 月)，黑色线为蒸发雾时段(2018 年 7 月)，蓝色线为多次短时雾时段(2016 年 7 月))

(1)平流雾

2016 年 7 月 25—27 日，雪龙船向东北方向航行(图 6.10)，26 日 12 时大气能见度从 15 km 迅速减小，26 日 16 时降至 1 km 以下，到 26 日 22 时大气能见度迅速增加到约 20 km，海雾消散(图 6.11a)，海雾持续时间约为 360 min，海雾期间气温比海温高 1 ℃左右，为暖空气与冷洋面的配置，持续不断的偏南风将暖湿水汽输送到北侧的冷海面上，水汽凝结产生平流雾。海雾期间，相对湿度和大气能见度的变化有很好的对应关系。

(2)蒸汽雾

2018 年 7 月 31 日 08—21 时，雪龙船向东北方向行驶(图 6.10)，大气能见度多次在几分钟内从大于(小于)1 km 变为小于(大于)1 km，这与解思梅等(2001)指出船在蒸汽雾中行驶会感觉一会有雾、一会无雾类似(图 6.12)。海雾期间海水温度一直高于空气温度(海气温差最大为 2 ℃)，偏北风将冷空气不断吹到浮冰区，水汽饱和凝结产生蒸汽雾，从图 6.13 可以看出浮冰区存在大面积的冰缝。海雾过程中，相对湿度和大气能见度的变化没有明显关系，相对湿度在98%～99%浮动，并没有随着大气能见度的升高而减小。

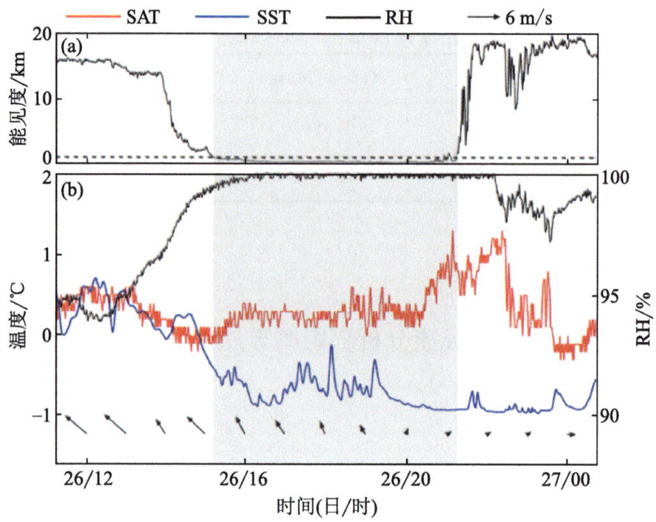

图 6.11 2016 年 7 月平流雾气象要素随时间变化

(a)能见度;(b)红色线为气温(SAT),蓝色线为海温(SST),黑色线为相对湿度(RH),

灰色阴影为能见度低于 1 km,即海雾时段

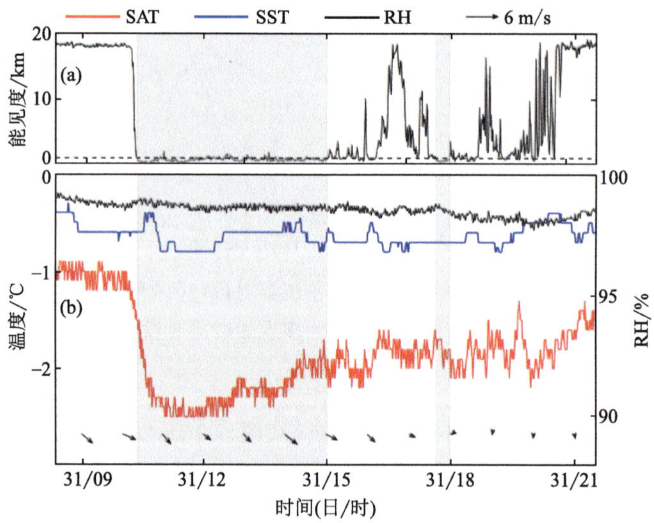

图 6.12 同图 6.11,但为 2018 年 7 月蒸发雾气象要素随时间变化

(3)多次短时海雾

2016 年 7 月 28 日雪龙船向西北方向行驶(图 6.10),经历了 5 次短时海雾过程,持续时间分别为 11 min、11 min、25 min、24 min、48 min(图 6.14),因为缺乏高时间分辨率的人工观测,无法确定这种短时雾是持续时间短还是雾区范围小,故将之合并研究。海雾发生前后,相对湿度始终大于 99.5%,相对湿度和大气能见度的变化没有明显的对应关系,说明能见度变化的复杂性。

图 6.13　2018 年 7 月 31 日 11 时 58 分(UTC)北冰洋海域(162°27′11″W,74°26′17″N)海雾观测图,此时能见度为 821 m

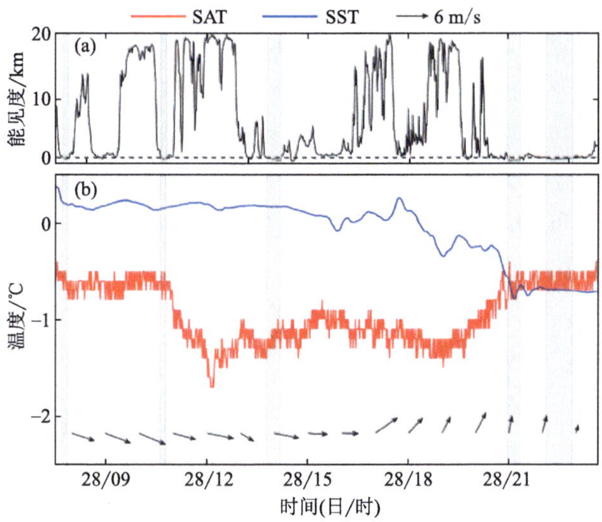

图 6.14　同图 6.11(无相对湿度 RH),但为 2016 年 7 月多次短时雾气象要素随时间变化

6.4.5.1　海雾微物理特征

如表 6.6 所示,平流雾的含水量平均值远远大于蒸汽雾和多次短时雾,且有最大的数浓度、平均半径、体积中值半径,这是因为暖湿平流背景下平流雾中水汽充足,凝结出更多液态水;蒸汽雾的雾滴数浓度最小。蒸汽雾雾滴平均半径大于多次短时雾,但中值半径小,意味着蒸汽雾比多次短时雾有更大比例的大粒径雾滴。

观测结果显示,北冰洋海雾的数浓度远小于中国近海如青岛、茂名、厦门海雾的 64.4 cm^{-3}、56.1 cm^{-3}、39.6 cm^{-3},其平均半径远大于青岛、茂名、厦门的 4.0 μm、2.1 μm、3.1 μm。这是因为北冰洋海域远离大陆,空气中凝结核较少,小雾滴不断凝结增长变为大雾滴,使海雾数浓度较小而平均半径偏大;相较而言,中国近海凝结核较多,雾体内部存在大量凝结核活化争夺水汽,从而导致数浓度增加而平均半径较小(张曦 等,2016)。平流雾、蒸汽雾、多次短时雾的体积中值半径均明显大于平均半径,说明雾中的数浓度主要受小粒子影响而含水量则由大粒子决定。

表 6.6 三组海雾过程微物理参量对比

		微物理参量			
		含水量/(g/m³)	数浓度/cm⁻³	平均半径/μm	体积中值半径/μm
平流雾	最大值	0.154	23.31	11.50	16.56
	最小值	0.005	0.94	3.81	6.72
	平均值	0.052	8.03	8.75	13.54
蒸汽雾	最大值	0.032	8.69	11.44	15.97
	最小值	0.002	0.35	3.53	8.19
	平均值	0.010	2.31	6.84	13.03
多次短时雾	最大值	0.021	15.29	8.87	16.68
	最小值	0.002	0.96	3.15	9.28
	平均值	0.010	4.61	6.15	13.23

6.4.5.2 雾滴谱分布特征

蒸汽雾和多次短时雾含水量相似，而平均数浓度和平均半径有较大差别，可见两者的滴谱分布应存在明显不同。三组海雾样例的平均雾滴谱显示(图 6.15)，平流雾平均雾滴谱为“双峰”分布，双峰对应的半径分别为 3.25 μm 和 13.5 μm；相比蒸汽雾和短时雾，平流雾的平均雾滴谱第二个峰和峰值半径更大，因此，平流雾的平均含水量远大于蒸汽雾和短时雾。短时雾的平均雾滴谱为“双峰”分布，第二个峰较弱，双峰对应的半径分别为 3.25 μm 和 9.5 μm，短时雾滴谱的第一个半径峰值比平流雾大。蒸汽雾的平均雾滴谱分布“双峰”结构并不明显，数浓度偏小，数浓度在半径 6.5～12.5 μm 变化比较平缓。

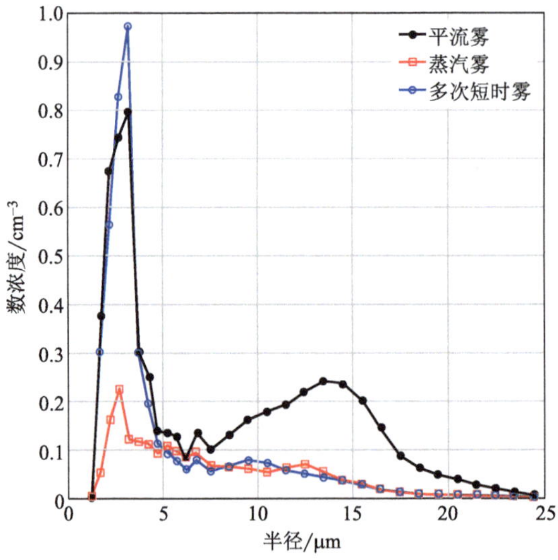

图 6.15 平均雾滴谱

以观测到海雾的平均半径 6 μm 为界，小于 6 μm 的雾滴定义为小雾滴，大于或等于 6 μm 的雾滴定义为大雾滴。分别计算小雾滴和大雾滴的数浓度与总数浓度的关系、小雾滴和大雾滴的含水量与总含水量的关系，其中拟合直线的斜率代表大/小雾滴的数浓度(含水量)对总数浓度(总含水量)的贡献，如图 6.16 所示。平流雾、蒸汽雾、短时雾的小粒径雾滴数浓度的拟合

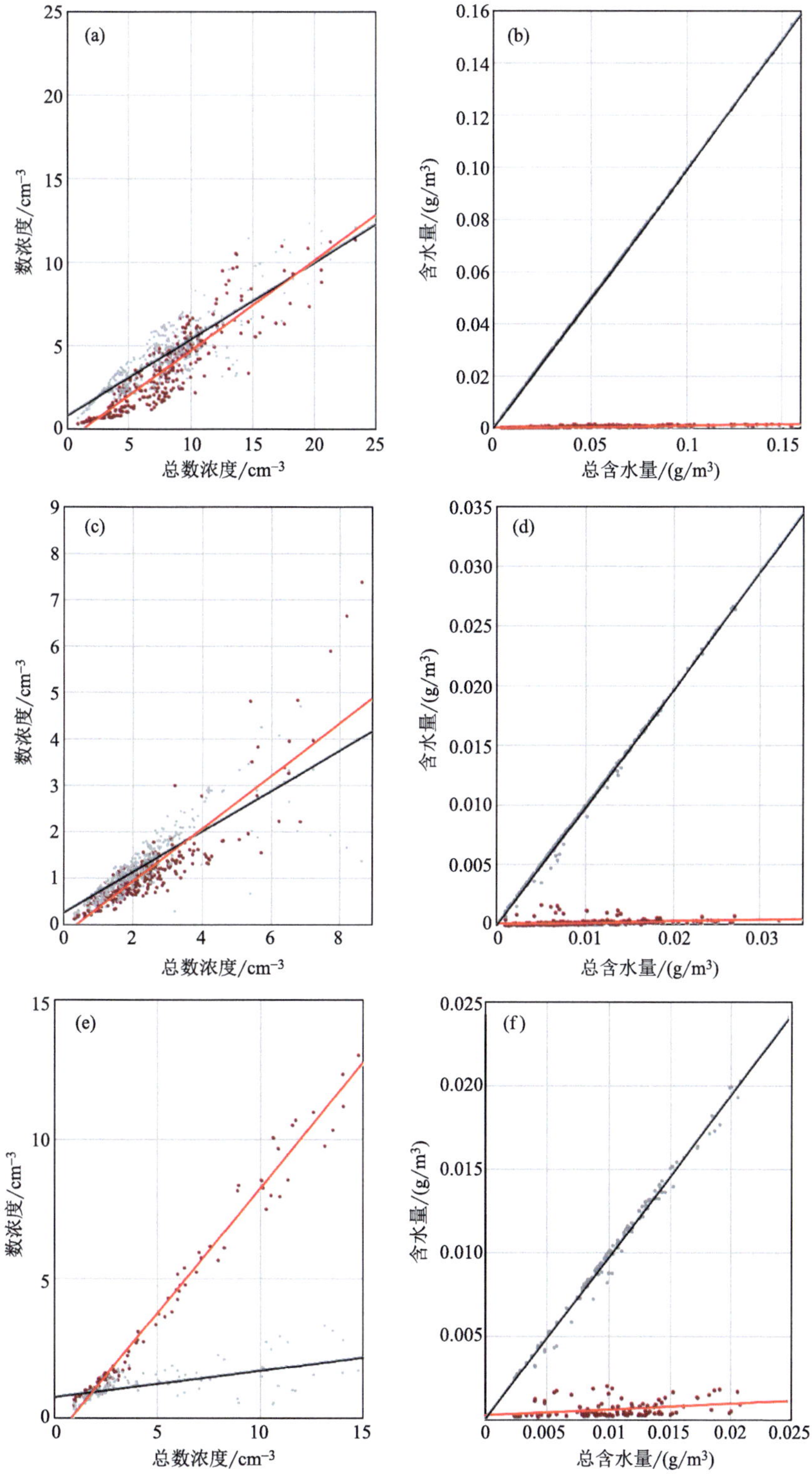

图 6.16 左侧图为小粒径雾滴(红色圆点)、大粒径雾滴(灰色圆点)与总雾滴的关系;右侧图为小粒径雾滴含水量(红色圆点)、大粒径雾滴含水量(灰色圆点)与总含水量的关系(其中拟合直线的斜率可代表大/小雾滴的数浓度(含水量)对总数浓度(总含水量)的贡献)

(a、b)平流雾;(c、d)蒸汽雾;(e、f)多次短时雾参数为0.54、0.57、0.90，平流雾、蒸汽雾、短时雾的大雾滴含水量的拟合参数分别为0.99、0.98、0.97，因此，雾中含水量主要由大雾滴决定，对于短时雾，数浓度主要由小雾滴决定，平流雾和蒸汽雾中大雾滴的贡献也不可忽略。

海上往往难以预判雾区，并及时在科考船进雾区前打开雾滴谱仪，因此，两个航次的雾滴谱仪全程开机观测。另外，船体的震动、摇摆等也会影响雾滴谱仪观测精度。

6.5 小结

雾滴谱分布是多种复杂物理过程相互作用的结果，本章中两个航次观测到的海雾样例的平均雾滴谱与多次短时雾的雾滴谱更相似，三组海雾过程的雾滴谱都存在"双峰"结构。总体来说，使用"双峰"分布描述北冰洋海雾平均滴谱更具有代表性，这与Wang等(2020)在黄海沿岸的海雾雾滴谱观测结果相似。

海雾的微物理观测可直接用于对卫星反演海雾微物理量和数值模拟海雾微物理量的评估和改进，以提高海雾卫星监测和海雾预报等的准确性。目前海雾的微物理观测依然很少，而且大多观测地点在沿岸或近海岛屿，或多或少受到来自陆地(或者城市)的气溶胶影响，并不能代表开阔海上的雾滴谱。

稀少的海雾微物理观测，制约着海雾微物理特征的研究，在北冰洋以外的其他海域，其雾滴谱是否也符合"双峰"分布、雾中不同高度上的滴谱分布规律等问题都需要观测予以回答。

思考题

1. 有哪些可用于观测海雾雾滴谱的仪器？其观测原理是什么？

2. 雾中能见度降低主要是因为发生了米散射还是瑞利散射？为何？

3. 用观测的雾滴谱计算的能见度可以与哪种能见度仪（透射式、散射式）观测的能见度进行比较？

4. 一般来讲，在分析一个数月的航次数据时，雾日频和雾频两者谁更大？为何？

5. 目前的研究中发现雾滴谱符合哪几种分布函数？

6. 海雾的微物理结构特征量在不同海域相似吗？举例说明。

第 7 章　海雾卫星遥感

海雾范围大、持续时间长，都远超过陆地雾。但海上恶劣的环境使站点的布设难度大、维护成本高，海上观测平台站点十分稀少，远少于陆地。随着科学技术进步，星载探测传感器的性能不断改进，提供的信息越来越多且越来越准，利用卫星监测海雾的技术亦得到发展。目前，利用卫星遥感手段检测海雾，是实现广袤海洋上大范围海雾监测的有效途径，也是很具潜力的发展方向。

海雾可从层云转化而来，又可以抬升后形成层云。例如，由于陆地受太阳辐射升温和城市热岛效应，海雾登陆后，底层的雾趋于消散，导致在城区为层云而海上为雾（图 7.1）；层云下降成雾会导致层云和雾并存（Lewis et al.，2003）。由于海雾和层云时常同时出现，而且海雾和层云的微物理性质相近，目前利用卫星也难以准确区分海雾和层云（主要是云底高度较低的层云），故海雾雾区的检测结果中往往混淆着层云。另外，如果雾层上空有比较厚的云层覆盖，也会对卫星检测海雾造成干扰。

图 7.1　青岛汇泉湾附近沿海照片

(a)晴空；(b)海雾（可见远处楼顶，雾层厚度约 50 m）；(c)海雾；(d)层云（可见远处楼体下部，云底高度约 30 m）

本章首先阐述海雾卫星遥感的基本原理。考虑到日间比夜间拥有更多卫星通道可用，识别海雾技术亦有不同，再分别介绍日间海雾和夜间海雾的卫星检测方法，并讨论海雾与低云区分的方法及存在的问题。

7.1 海雾卫星遥感基础

海雾是接触海面的云，因此，海雾卫星遥感属于云卫星遥感的一部分。不同在于，海雾受下垫面的影响更大，这是在卫星遥感海雾算法中需要考虑的。从遥感探测的工作方式分类，海雾探测可以分为主动遥感和被动遥感。

7.1.1 常见辐射术语

卫星上的可见光和近红外辐射计探测的是太阳自然光在下垫面上的反射或散射。卫星数据中常见反射率、辐照度、亮温等，用 E 表示辐照度（通过单位面积的辐射通量），有

$$E_i(\lambda)=E_r(\lambda)+E_a(\lambda)+E_t(\lambda) \tag{7.1}$$

式中：λ 为波长；$E_i(\lambda)$为入射光谱辐照度；$E_r(\lambda)$为反射造成的光谱辐照度；$E_a(\lambda)$为吸收造成的光谱辐照度；$E_t(\lambda)$为透射造成的光谱辐照度。

反射率(reflectance)和透射率(transmittance)的定义(刘玉光，2009)如下：

$$r(\lambda)=\frac{E_r(\lambda)}{E_i(\lambda)} \tag{7.2}$$

$$t(\lambda)=\frac{E_t(\lambda)}{E_i(\lambda)} \tag{7.3}$$

式中：$r(\lambda)$ 为反射率；$t(\lambda)$ 为透射率。另外，反照率(albedo)指的是反射辐射与入射总辐射的比值，反映全波段全方向的反射能量与入射能量的比值，而反射率指某一波段某一方向上的比值。

热红外辐射计探测的一般是来自地球表面（可以是陆面、海洋、大气）的自发辐射。假定目标物发射的辐亮度与一个黑体辐射相等时，其温度即为亮温(brightness temperature，BT)或黑体温度(blackbody temperature，BBT)。如对一个雾团来说，将卫星通过红外辐射计接收到来自雾团方向的辐射能量代入普朗克辐射定律，经过计算可以得到一个黑体温度，可将这个黑体温度称为雾顶亮温，但要注意，雾顶亮温并不等同于雾顶温度。

7.1.2 被动遥感

被动式遥感，亦称无源遥感，是指直接接收来自目标物的辐射信息，依赖于外部能源进行的遥感。被动遥感在海雾监测的应用主要分为搭载于极轨气象卫星的辐射计传感器（如AQUA/TERRA-MODIS）和搭载于静止气象卫星的辐射计传感器，如风云二号 VISSR、风云四号 AGRI 等。

早期静止气象卫星的扫描辐射计可用通道较少，如风云二号 A 星(1997 年)和 B 星(2000 年)的扫描辐射计只有 1 个可见光通道和 2 个红外通道，从 C 星(2004 年)到 H 星(2018 年)增加到 5 个通道，风云四号 A 星(2016 年)和 B 星(2021 年)都有包含 3 个可见光通道的合计 14 个通道的辐射成像仪，通道数达到风云二号系列的近 3 倍。观测时间密度逐渐增大，如风云二号 C 星的时间分辨率为 30 min，风云四号 B 星达到 15 min 以内，而且空间分辨率也有提高，从风云二号 VISSR 传感器的 1.25～5 km（可见光波段为 1.25 km，红外波段为 5 km）提高到风云四号 AGRI 传感器的 0.5～4 km（可见光/近红外波段为 0.5～1 km、红外波段为 2～4 km）。

极轨气象卫星的扫描辐射计可用通道较多，如 AQUA/TERRA 卫星搭载的 MODIS 拥有 36 个通道，包含 16 个可见光通道，水平分辨率 0.25～1 km（可见光波段 0.25～1 km，近红外/红外波段 1 km）。

7.1.3 主动遥感

主动遥感又称有源遥感，即使用卫星上搭载的发射源进行遥感探测，如激光、毫米波和微波雷达可以穿透气溶胶和云层，往往搭载在极轨卫星上，如 CALIOP（Cloud-Aerosol Lidar with Orthogonal Polarization）和毫米波雷达 CPR（Cloud Profiling Radar）等。CALIPSO 的垂向分辨率甚至高达 30 m，可以更准确地识别云顶高度，CloudSat 的垂向分辨率约 240 m，获取的云顶高度分辨率不及 CALIPSO。CALIPSO 上的激光雷达可以穿透薄云给出较高分辨率的云内垂直结构分布，但无法探测厚云的垂直结构，CloudSat 的毫米波虽可以轻易穿透并探测厚云，给出中高云覆盖下的低云垂直结构信息，但却难以识别较薄的雾层。

早期的 CALIPSO 云分类产品（CALIPSO-VFM（Vertical Feature Mask），Version 3）常将海上接地的云雾识别为下垫面，难以直接用于刻画海雾的分布（Wu et al.，2015），而较新版本的云分类产品 CALIPSO-VFM（Version 4）优化了大气近地层中云的刻画能力，可用于雾识别（图 7.2）。统计显示（Yi et al.，2023），在北冰洋楚科奇海域，基于云分类产品 CALIPSO-VFM（Version 4）获得的多年海雾经向变化与船载海雾观测结果相似（图 7.3）。因此，在海雾实地观测缺乏的北冰洋海域，基于 CALIPSO-VFM 监测的海雾在很大程度上可用于代表海雾观测真值。然而 CALIOP 的刈幅（扫幅）很窄，难以监测水平尺度达到上百千米的海雾分布。另外，其低时间分辨率（每日 2 次）不利于对于云雾的连续监测。

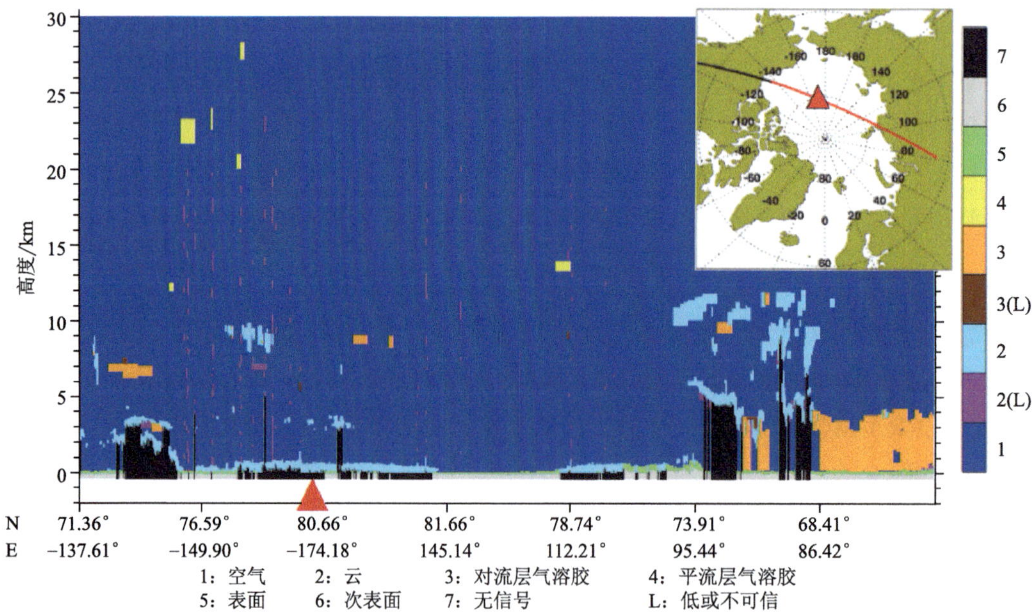

图 7.2 2020 年 8 月 20 日 21:33（UTC）的 CALIPSO-VMF（Version 4）垂直分类产品（图中浅蓝色代表云，大图和小图中的红色三角代表观测到海雾的位置，小图中红色代表 CALIPSO 的轨迹。大图中红色三角位置附近云体接地，有雾存在，图片来自 https://www-calipso.larc.nasa.gov/products/lidar/browse_images/std_v4_index.php）

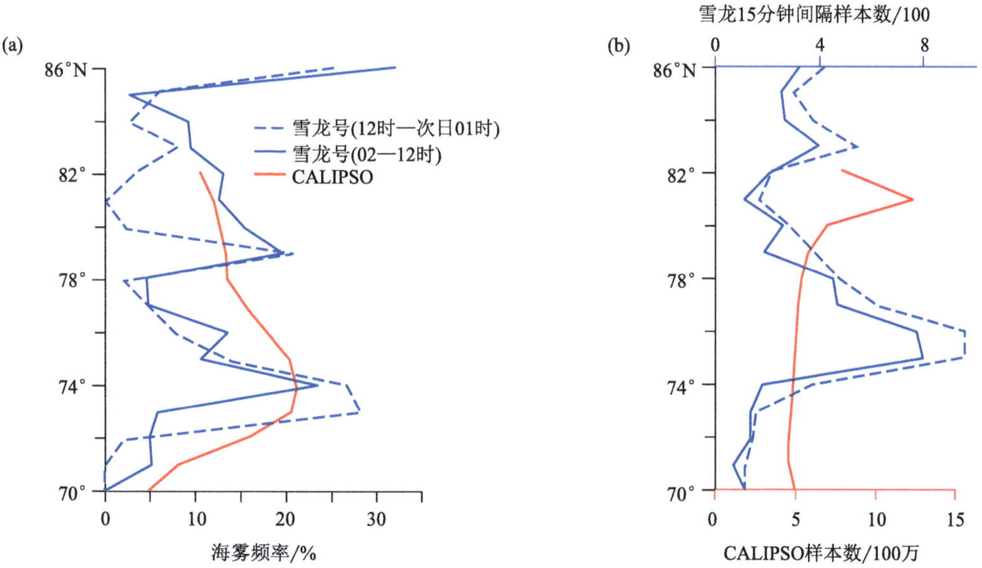

图 7.3　(a)基于雪龙号观测的经向海雾雾频(蓝虚线为局地 12 时—次日 01 时，蓝实线为局地 02—12 时)与基于 CALIPSO-VFM 提取的经向海雾雾频；(b)图 a 中计算雾频所用的观测样本数

相较于主动遥感卫星，被动遥感卫星一般拥有更大的观测范围，其中静止卫星适用于高时间分辨率的中低纬度海域的海雾监测(图 7.4)，极轨气象卫星适用于在高纬度(如南北两极)的海雾监测(图 7.5)。因此，为了满足业务中对海雾分布的近实时追踪，目前被动遥感卫星更适合海雾的监测。

图 7.4　2017 年 2 月 20 日 13:15(LST)风云四号 A 星覆盖区域

(图片来自 http://www.nsmc.org.cn/nsmc/cn/satellite/FY4A.html)

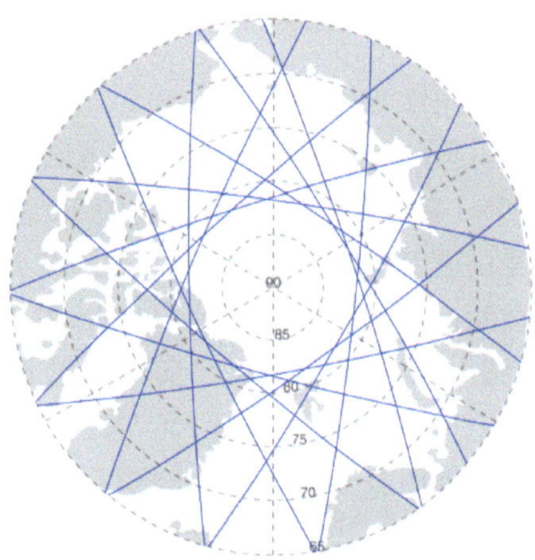

图 7.5　2018 年 6 月 1 日 AQUA-MODIS 和 CALIPSO 在北极地区的轨迹

7.2 日间海雾检测方法

通过可见光数据、纹理特征等信息，可进行日间海雾卫星检测。在可见光/近红外波段(图7.6)，卫星接收到的信号为目标物反射的太阳辐射，取决于入射到目标物的太阳辐射和目标物的反射率。云雾比晴空水体或陆表的反射率更高，光学厚度越大的云反射率越大。云滴粒径大小对反射率的影响弱于光学厚度，云底高度的变化对反射率影响很小。对于不同种类的云雾，卫星观测到的云雾顶部纹理特征也存在差异。海雾和低云云顶高度在水平方向上的变化较均匀，则在卫星图像上的纹理特征较光滑、边界清晰；中高云的云顶高度在水平方向上差异较大，纹理特征不光滑、凹凸不平(图1.5、图1.7)。

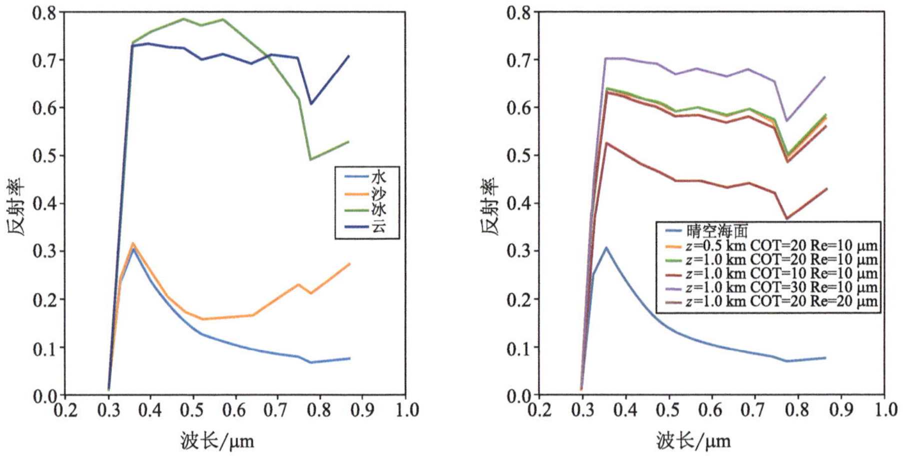

图7.6 (a)大气辐射传输模式(STREAMER)模拟的不同下垫面在不同波段的反射率；(b)不同的云在不同波段的反射率(COT为光学厚度，Re为云滴半径，z为云底高度)

在中红外波段(波长λ约3.9 μm)，卫星接收到的信号为目标物反射的太阳辐射和目标物自身发射的红外辐射，日间在该通道中云雾反射的太阳辐射强度与粒子的大小成反比(Ling，1995)。在远红外波段(波长λ约10 μm)，卫星接收到的信号主要为红外长波辐射，由目标物本身的温度和比辐射率决定。图7.7展示了不同云顶高度、云厚及粒子半径的情况下亮温的变化情况。可以发现，云顶高度(云高)的改变导致的亮温变化要大于云厚改变导致的亮温变化(图7.7a)。而云粒子尺度变化引起的亮温的变化相较于云高导致的变化小一个量级(图7.7b)。粒子大小和云厚不同导致的卫星红外通道亮温差很小，因此，难以基于微物理特征及云层厚度的差异从红外通道进行低云和海雾的识别。

自Hunt(1973)发现了利用中红外通道(约3.7 μm)的散射可以反映小粒径云如低云和雾的特性后，日间海雾卫星检测算法发展多样化。如通过卫星资料光谱分析得到区分雾与晴空、低云的固定阈值(Cermak et al.，2008)；将卫星红外通道(约11 μm)亮温与海表面温度相结合的海雾检测算法(Zhang et al.，2013)；引入归一化近红外水汽吸收区指数(Wu et al.，2014)的动态阈值法；基于FY-3A卫星的可见光红外扫描辐射计数据，使用多波段阈值法估算雾的垂直厚度、光学厚度以及能见度等参数(蒋璐璐 等，2011)；基于美国GOES卫星所搭载高级基线

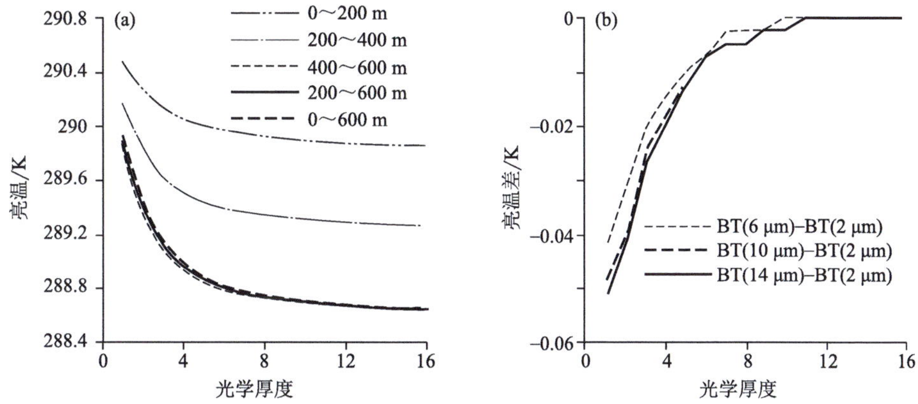

图 7.7 (a)大气辐射传输模式(SBDART)模拟的不同高度(200 m、400 m、600 m)、不同厚度(400～600 m、200～600 m、0～600 m)云顶亮温随光学厚度的变化;(b)不同有效离子半径下亮温差随光学厚度的变化(背景大气为中纬度夏季大气,下垫面设为海水)

成像仪提供的数据,匹配地面观测资料以动态确定卫星雾/低云检测使用的阈值(Pavolonis,2010)等。为了从层云区(包含雾)中检测雾区,Cermak 等(2011)利用云的微物理反演结果和假设的云内绝热垂直结构模型反演云的厚度(Bendix et al.,2005)来检测云是否接地,据此判断是否为雾。近年来,基于机器学习技术的雾检测方法也发展十分迅速(刘树霄 等,2019;Yi et al.,2023)。

7.2.1 黄海海雾检测

本小节以 MODIS 卫星数据为例,介绍黄海海雾卫星识别过程和“动态阈值海雾检测方法”的基本原理。海雾识别流程如图 7.8 所示,首先剔除无云区,再去除中高云区,最后排除低云,得到海雾分布。

7.2.1.1 低云区识别

MODIS 三个水汽通道(17、18、19 通道分别对应 0.89～0.92 μm、0.931～0.941 μm、0.915～0.965 μm)在云区的反射率要明显高于晴空区(Zhang et al.,2009),因此可以利用 17 通道探测云的存在。如图 7.9a 中,晴空区的反射率在 3%～4%,而在云区可以达到 12%～20%,于是可以利用两者的明显差距从晴空水体和云区的混合区域中分离出云区。

低云和雾在近红外通道的反射率很大,与中高云有明显区别:雾在可见光通道有较强反射率,中高云在可见光通道的反射率更高(Cermak et al.,2008;Zhang et al.,2009;Wu et al.,2010)。中纬度的中云一般由液态水、过冷水、冰晶和雪晶体组成,4—7 月黄海海面上的层云和雾都由液态水组成(图 7.9c),这些不同可以从积雪指数(NDSI)反映出来。中云的 NDSI 主要分布于 0.15～0.4(图 7.9d),明显大于雾和低云的 0.06 甚至更小的值(图 7.9b)。仅利用 NDSI 的结果中依然可能存在没有分离的中高云,但可以通过后面的步骤(SST 和 MODIS 31 通道(10.78～11.28 μm)的对比)进一步去除。

积雪指数 I_{NDSI} 的定义如下(Salomonson et al.,2004):

$$I_{NDSI}=\frac{A_{0.67\ \mu m}-A_{1.6\ \mu m}}{A_{0.67\ \mu m}+A_{1.6\ \mu m}} \tag{7.4}$$

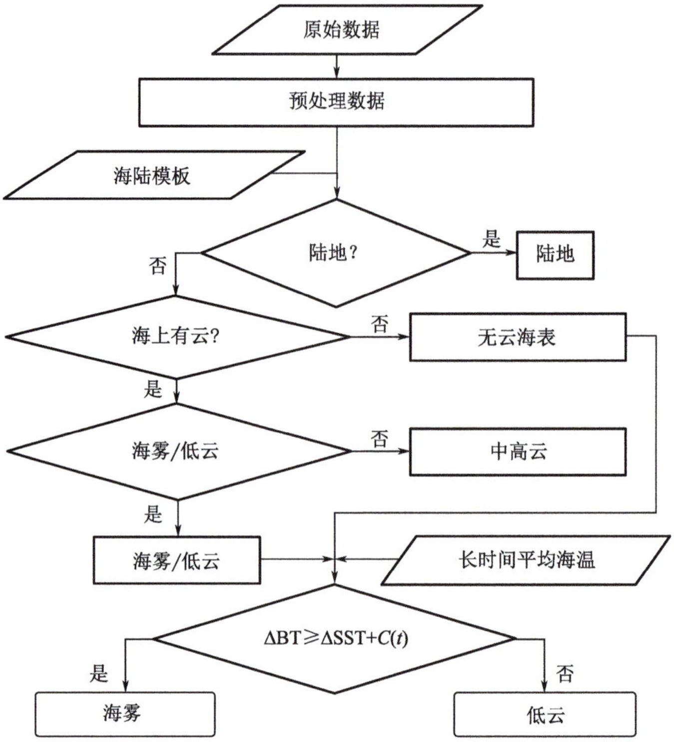

图 7.8　动态阈值海雾检测方法流程

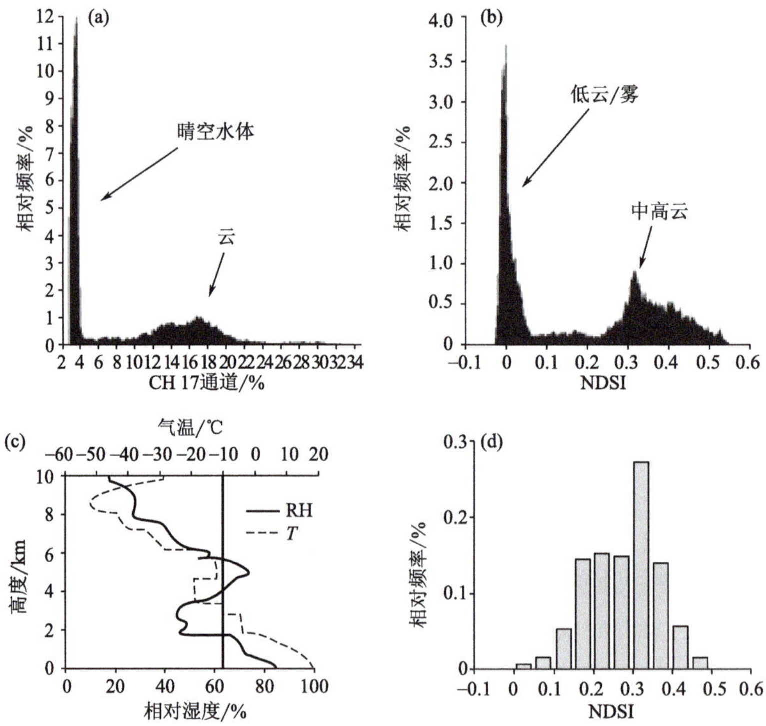

图 7.9　(a)晴空和有云情况下 MODIS 的 17 通道(约 0.9 μm)反照率;(b)低云/雾和中高云的 I_{NDSI} 分布;(c)探空资料的平均温度和相对湿度曲线(T:气温,RH:相对湿度);(d)中云的 NDSI 分布

式中：$A_{0.67\ \mu m}$ 和 $A_{1.6\ \mu m}$ 分别代表 MODIS 中 0.67 μm 和 1.6 μm 通道的反照率。由于低云（含雾）的 NDSI 值都集中于 0 附近，因此，NDSI 不具备区分低云和雾的能力。

7.2.1.2 海雾和低云的区分

统计显示，低云和海雾亮温频率的高值区都分布在 277～281 K（图 7.10a），仅利用 MODIS 31 通道的亮温无法将两者区分，但如果将亮温与海面温度做差（图 7.10b），低云和海雾就存在明显差异。

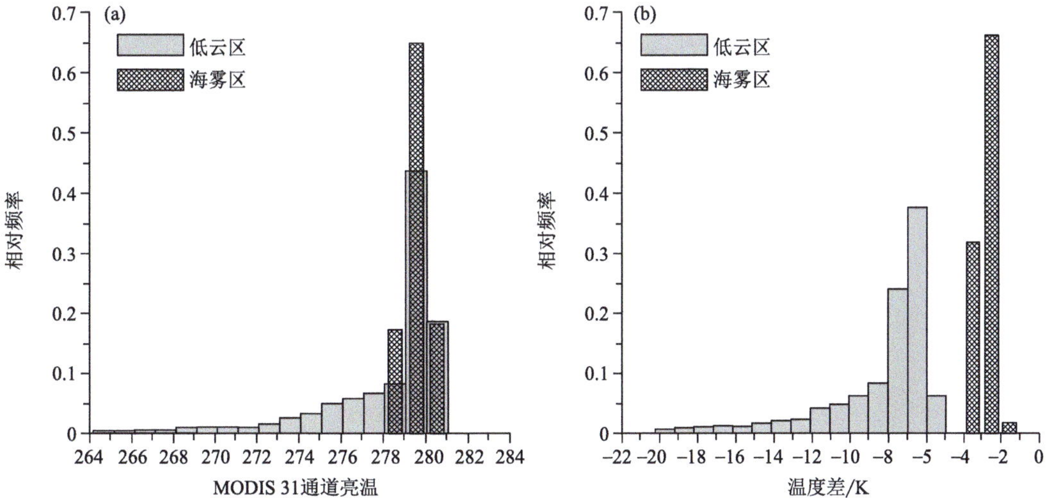

图 7.10 (a)2008 年 4 月 7 日 02:03 UTC，即 10:03 LST 日间海雾和低云区的 MODIS31 通道亮温（T_{BB}）的直方分布图；(b)为与(a)图中相同点的 $T_{BB}-T_s$ 的直方分布图。T_s 为海表面温度

探空结果显示（图 7.11），70%的雾顶高度低于 500 m，70%的低云云底高度高于 500 m，考虑到低云有一定厚度，大部分的低云云顶高度要高于雾顶高度，这现象可能有利于区分低云和海雾。

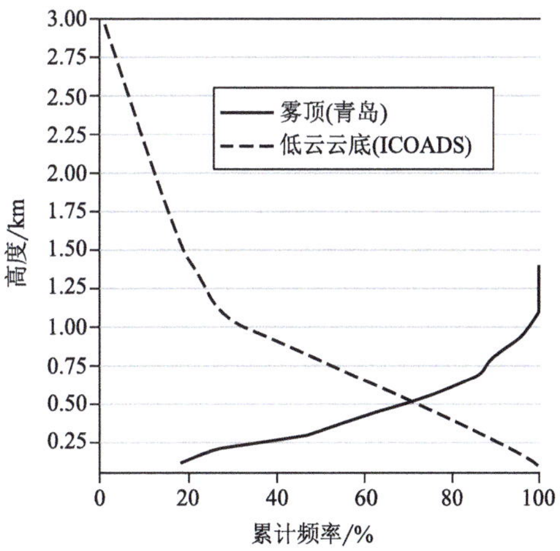

图 7.11 利用青岛站点探空和 ICOADS 获取的雾顶（实线）和低云云底（虚线）高度累计频率分布（探空数据以某层温度露点差的值小于 2°作为云层的判别依据）

海雾情况下（图 7.12），4—7 月 T_{c_top}（云/雾顶温度）$-T_s$ 一般分布在 $-4°$～0 ℃，在海洋大气边界层存在逆温的时候，$T_{c\_top}-T_s$ 存在大于 0 的情况，而且逆温在春季要强于夏季。与海雾相比，低云的 $T_{c\_top}-T_s$ 值明显偏低，表明低云顶的温度要低于雾顶的温度。可以利用 $T_{c\_top}-T_s$ 的差值大小区分低云和海雾。因此，用 MODIS 31 通道的亮温值（图 7.12a）代替探空观测到的云顶温度，再用 BT$-T_s$ 替代（其中 BT 为亮度温度，简称“亮温”）$T_{c\_top}-T_s$ 区分海雾和低云区，如图 7.12b 所示，低云的值小于 $-5°$，而海雾区的值约大于 $-3°$。

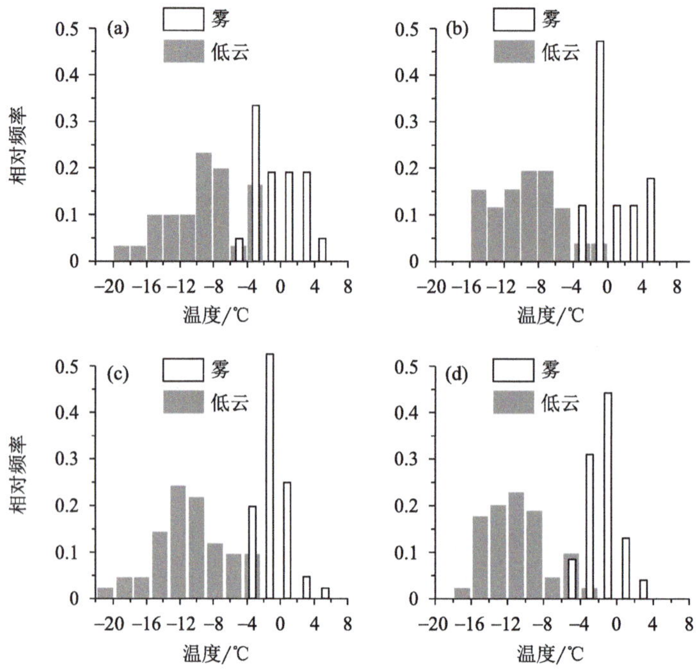

图 7.12　雾和低云情况下的气海温差($T_{c\_top}-T_s$)直方图

(a)4 月;(b)5 月;(c)6 月;(d)7 月

7.2.1.3　海雾动态阈值检测方法

根据 $T_{c\_top}-T_s$ 逐月变化规律(图 7.12),用动态阈值进行海雾识别的公式如下:

$$T_{BB}-T_s \geqslant C(t) \quad t:4—7\text{ 月} \tag{7.5}$$

式中:T_{BB} 代表低云/雾顶温度,可用其近似表示 T_{c_top};T_s 代表云下点海面温度;t 代表月份;$C(t)$代表每个月的阈值,4—7 月分别为−4.5 ℃、−3.5 ℃、−3 ℃和−4 ℃。如果式(7.5)为真(假),那么这个低云/雾点为雾(低云)。

图 7.13 为海雾动态阈值法检测示意图。"spot 1"点上空是待区分的低云/海雾混合点,T_{BB_SURF1} 是该点无云条件下"spot 1"点的海面亮温,T_{BB_TOP1} 是该点实际云顶亮温。T_{BB2} 是离"spot 1"点最近的晴空海面亮温。T_{BB_TOP1} 和 T_{BB2} 即为 MODIS 31 通道的亮温。

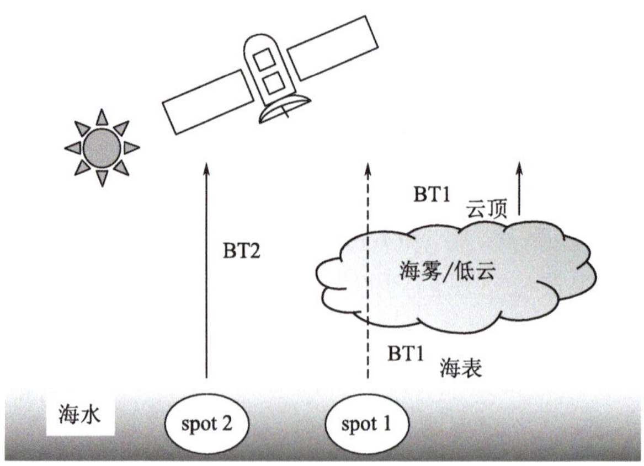

图 7.13　海雾动态阈值法检测示意图(其中 BT 为亮温)

由于云的存在，T_{BB_SURF1} 不能直接从卫星实时观测数据得到。T_{s1} 和 T_{s2} 分别是两点(spot 1 与 spot 2)的海面温度。无云的时候，两点的亮温差($T_{BB2}-T_{BB\_SURF1}$)一般等于两点的海温差($T_{s2}-T_{s1}$)，如下式：

$$T_{BB2}-T_{BB\_SURF1}\approx T_{s2}-T_{s1} \tag{7.6}$$

$$T_{BB2}-T_{s2}\approx T_{BB\_SURF1}-T_{s1} \tag{7.7}$$

根据式(7.5)，有

$$T_{BB\_TOP1}-T_{BB\_SURF1}\geqslant C(t) \tag{7.8}$$

再将式(7.7)代入式(7.8)，有

$$T_{BB\_TOP1}-T_{BB2}\geqslant T_{s1}-T_{s2}+C(t) \tag{7.9}$$

或者，将 $T_{BB\_TOP1}-T_{BB2}$ 简写成 ΔT_{BB}，将 $T_{s1}-T_{s2}$ 简写成 ΔT_s，则式(7.9)可表达为

$$\Delta T_{BB}\geqslant\Delta T_s+C(t) \tag{7.10}$$

如果式(7.9)或者式(7.10)成立(不成立)，则“spot 1”点代表海雾(可能包含部分层云)。式(7.10)的左侧 ΔT_{BB} 是 MODIS 31 通道亮温差值，右侧是由 ΔT_s(两点海温差)和 $C(t)$ 组成的包含随时间和空间变化的阈值，因此将这变化的阈值称为动态阈值。具体的海雾检测流程如图 7.8 所示。最后在步骤中利用 $\Delta T_{BB}\geqslant\Delta T_s+C(t)$ 进行海雾/低云识别。由于在实际应用中不能得到实时的海面温度，而海面温度的变化较小，可用月或者周平均的海面温度代替公式中的 T_s。根据试验，这个替代对于结果影响并不大。

7.2.1.4　海雾检测效果

以 2008 年 5 月 1—3 日在黄海海域一次明显的平流雾过程为例，5 月 1 日 02:05 UTC，海雾已经形成，且海区存在层云(图 7.14a)。由于海上的观测十分稀少，因此，选取沿海观测点

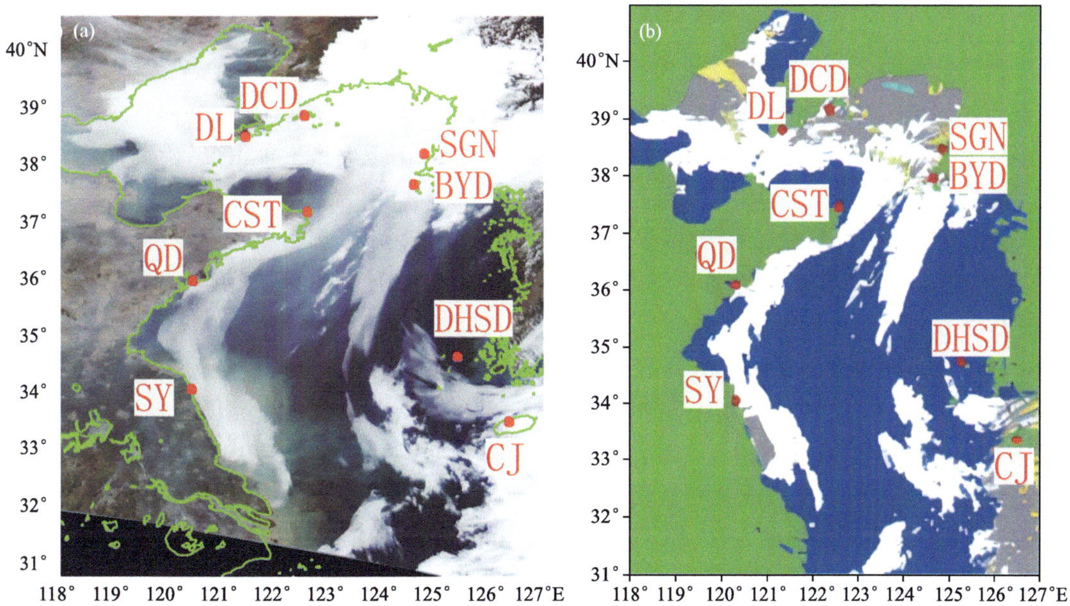

图 7.14　(a)2008 年 5 月 1 日 MODIS 可见光云图，包含地面观测站点及船载观测，其中 DL 代表大连，BYD 代表白令岛，QD 代表青岛，SY 代表射阳，CJ 代表济州岛；(b)海雾检测结果。白色区域代表海雾，灰色区域代表层云，黄色代表中高云，蓝色代表晴空水体，浅蓝色代表数据缺失。DCD 代表大长岛，CST 代表成山头，DHSD 代表大黑山岛，SGN 代表 Sogon-ni，其他站点和(a)图一致

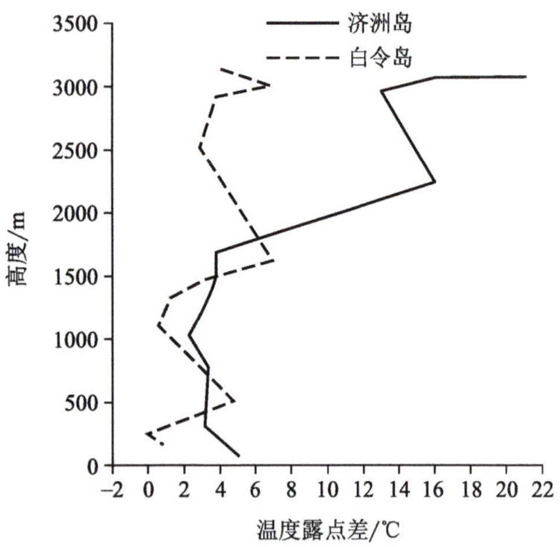

图 7.15　2008 年 5 月 1 日济州岛和白令岛探空温度露点差 00:00 UTC

资料评估雾区检测结果(图 7.14a)。检测结果显示,海雾/低云区主要沿着中国近岸、北黄海、渤海和济州岛附近海域。站点观测报告大连东北存在雾和云,检测结果(图 7.14b)也显示出雾和低云的存在。船测报告和检测结果都显示在(31°N,123°E)附近存在雾。探空廓线显示(图 7.15),济州岛在 400~1500 m 高空存在云层,白令岛附近存在海雾且 1200 m 高空存在低云,这些观测事实和海雾卫星检测结果相符。

雾识别的效果检验常用识别率(POD)、误判率(FAR)、鉴定成功评分(CSI)及命中率(HR)来表示,POD 代表实际发生的雾中有多大概率被卫星识别出来,FAR 代表识别出的海雾有多大概率是错误的(误判),CSI 的结果包含漏判(C)和误判(B)的影响,HR 反映了对雾和非雾整体的识别效果。一般来说,POD、CSI、HR 越高,同时 FAR 越低,则该方法对雾的识别效果越好。

利用 5—6 月的沿海天气现象观测(包含雾、轻雾、霾、雨、能见度、云类、低云云高和云量等)评估海雾检测效果。结果显示(表 7.1),HR 和 FAR 的值与 Cermak 等(2008)结果相似,但 POD 和 CSI 低,直接原因是存在较多的误判和漏判。

表 7.1　海雾检测评估　　%

POD	FAR	CSI	HR	N
60.8	13.1	23.2	90.0	991

基于 2006—2010 年 5 月和 6 月青岛站点观测结果,N 为观测数。

表 7.1 中较大的 B 和 C 可能来源于三种情况:(1)海雾退回近海(图 7.16a);(2)海雾登陆后抬升(图 7.16b);(3)雾层上方有云覆盖(图 7.16c)。若不考虑这三种情况,检测指标将大幅提升(表 7.2)。

(1)和(2)两种情况往往由于海雾入侵陆地并受陆地-海洋热力差异的影响导致,包括:①已经入侵陆地的海雾在白天退回海上,黄昏后开始再次延伸到岸边;②由于受到下垫面的热力作用,海雾侵入陆地的部分抬升成层云(王彬华,1983)。在这些情况下,虽然卫星检测的结果是海雾,但是岸边观测站却观测到的是轻雾、霾(能见度小于 10 km 且大于 1 km)或者无云,导致检测结果中 FAR 的值偏高、CSI 的值偏低。(3)的情况一般是由于雾顶覆盖云层导致的,如图 7.16c 所示。如果只利用远离海岸的船载观测数据(如同期的 ICOADS 数据)评估,CSI 可以达到 62.5%,该结果的改善与检测海区受到陆地影响小有关。

基于动态阈值海雾检测方法,用 220 个时次(2007—2010 年 5 月和 2006—2010 年 6 月)的 MODIS 数据获取了黄、渤海 5 月和 6 月海雾雾频分布。5 月的卫星检测雾频显示,海雾雾频高值(大约为 12%)区从黄海中西部延伸到朝鲜半岛西侧沿岸,低雾频区出现在渤海(图 7.17a)。6 月的雾频明显要高于 5 月,海雾高频区(大于 14%)主要分布于黄海中西部和北部地区及山东半岛近海。较低海表面温度可以导致海雾雾频升高(Cho et al.,2000),在黄海北部低温海区出现大范围的雾频高值区,与低温海区有关。同时由于偏南风从陆地吹向渤海,因

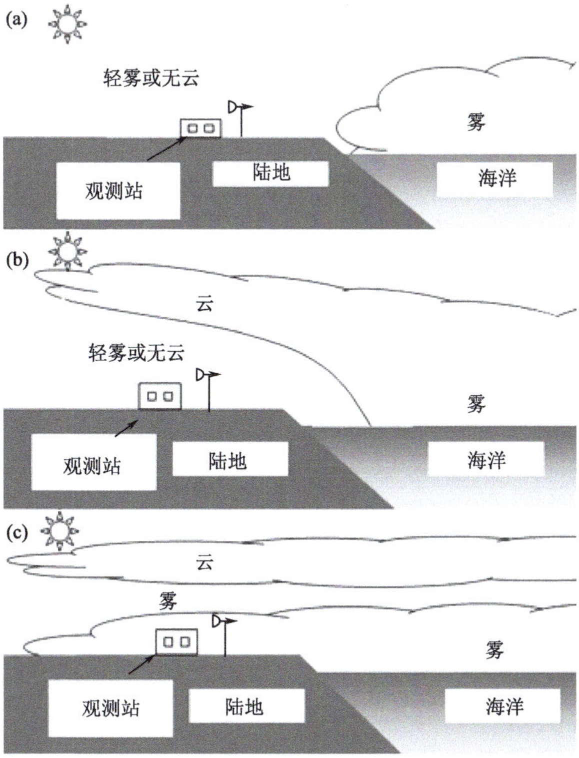

图 7.16 导致海雾判别误报和漏报的天气情况概念示意图

(a)海雾退回近海;(b)海雾登陆后抬升;(c)雾层上方有云覆盖

表 7.2 经过修正后的海雾检测评估 %

POD	FAR	CSI	HR	N
86.5	3.3	57	96.1	824

基于 2006—2010 年 5 月和 6 月青岛站点观测结果,N 为观测数。

缺乏足够的水汽输送,渤海的海雾雾频较低。总体上,卫星检测的海雾雾频分布与海上观测结果基本一致(图 7.17c),而且前者拥有更高的空间分辨率,能反映出更多雾频分布细节。

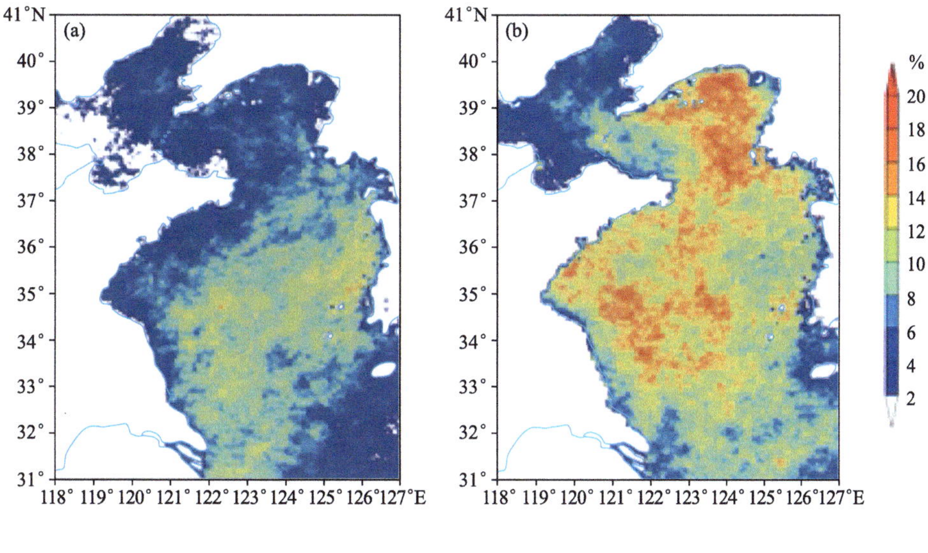

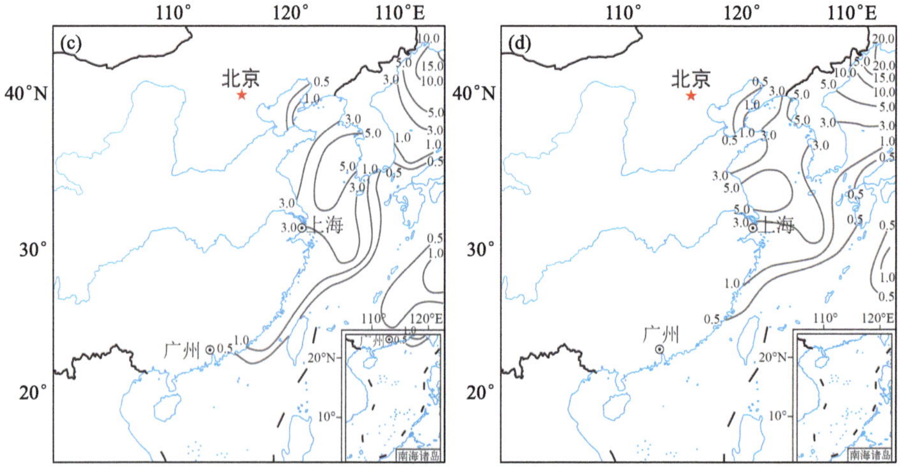

图 7.17　5 月(a)和 6 月(b)利用卫星海雾检测获取的海雾雾频和国家气候中心的《中国内海及毗邻海域海洋气候图集》(1995 年,包含了船载、浮标和海洋平台的 50 a 经过数据质量控制的观测数据)中 5 月(c)和 6 月(d)中国近海海雾频率分布

7.2.2　北冰洋海雾检测

动态阈值海雾检测方法也可以用于北冰洋海雾的卫星检测。比如基于 MODIS 数据和 MYD06 的云区信息,可以直接使用动态阈值海雾检测技术进行雾区识别(图 7.18)。考虑到当云底低于 1000 英尺(304 m)就会对航空造成影响,因此,在本小节中将云底高度低于 304 m 的云作为海雾。由于北冰洋的海雾实地观测太少,故使用 CALIPSO 云底高度数据进行雾区识别和验证。

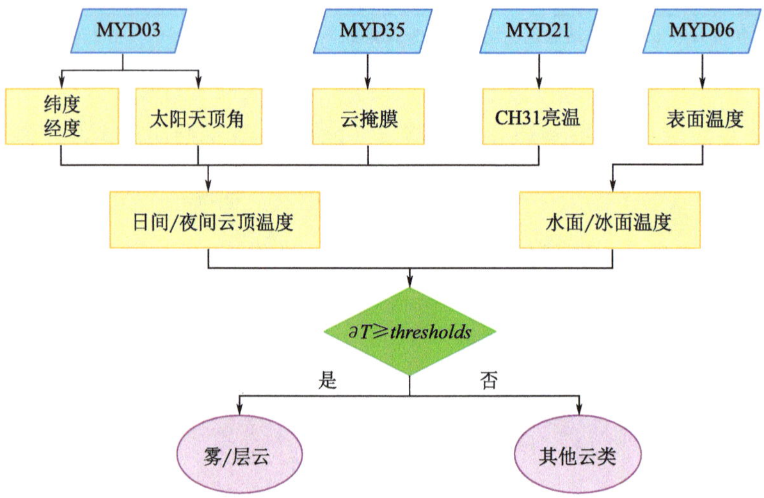

图 7.18　海雾雾区检测流程(Yi et al. ,2019)

7.2.2.1　海雾雾区检测方法

海雾检测的大致流程如下:

(1)准备 MYD06、MYD35、MYD021、OISST 等数据并进行地图投影等预处理；

(2)从卫星数据产品中提取并转换获取云掩模信息、云顶高度、红外通道亮温、表面温度(下垫面温度)；

(3)利用 MYD06 给出云信息和云顶高度(云高)，提取云高小于 3000 m 的云，利用 OISST 和 MYD06 产品中的表面温度合成新的表面温度，其中低于 273.15 K 时用 MYD06 的产品，高于 273.15 K 时，利用 OISST 产品的温度；

(4)检验步骤(3)中提取的云高小于 3000 m 的云中是否有雾信息，利用云顶亮温和表面温度做差，当温度差大于某个值时认为是雾，其他认为是低云。

该方法类似于 7.2.1 节中的动态阈值海雾检测方法，其中的阈值可以通过统计获得。利用 CALIPSO 云产品提取时空对应的 MODIS 的云顶温度与表面温度差，可以得到不同下垫面的雾(含部分层云)温度差信息(图 7.19)，雾的温度差与其他云类的温度差在日间/冰面、日间/水面、夜间/冰面背景下区分度较好，而在夜间/水面区分度较差，进而针对不同背景给出不同的阈值进行效果检验，可根据不同需求选择最适的 POD 和 FAR 组合对应的阈值用于雾区的识别。

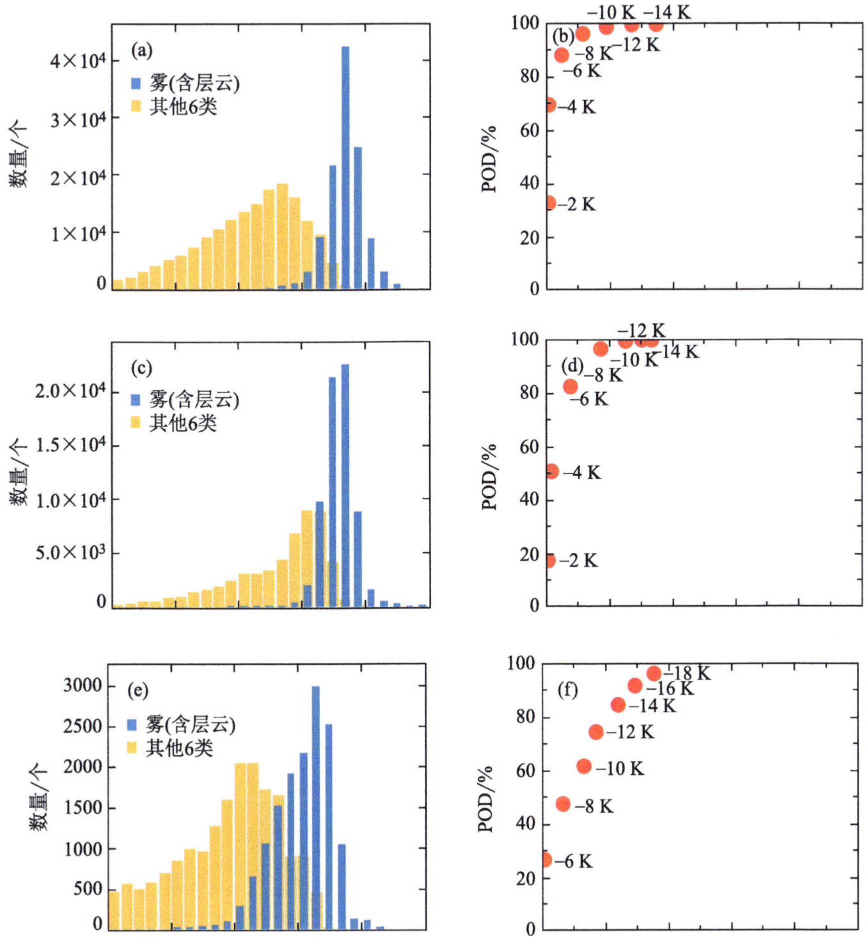

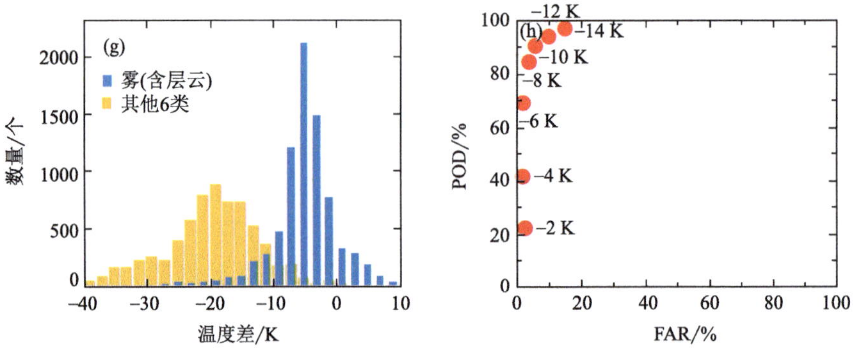

图 7.19　不同背景下的雾(含部分层云)与其他云类温度差(云顶温度与地表温度差)直方图(左列为不同背景下不同阈值对应的 POD 和 FAR)(Yi et al.,2019)

(a、b)日间/水面;(c、d)日间/冰面;(e、f)夜间/水面;(g、h)夜间/冰面

7.2.2.2　海雾检测结果

取 2016 年 7 月 15 日 23:05 UTC 的 MODIS 雾区检测结果为例,CALIPSO 观测的海雾/层云(紫线)、其他云类(绿线)、晴空与基于 MODIS 海雾检测雾区(灰色)、其他云区(黄色)、晴空水体(蓝色)基本吻合(图 7.20)。

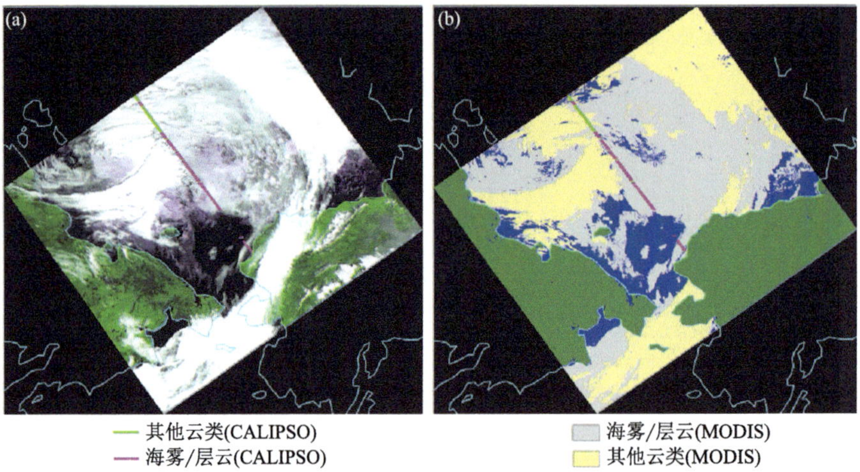

图 7.20　2016 年 7 月 15 日 23:05 UTC MODIS 卫星云图(a)与海雾/层云检测结果(b)(蓝色为晴空水体,绿色为陆地)(Yi et al.,2019)

7.3　夜间海雾监测方法

夜间无太阳辐射,卫星的可见光通道无法使用。早期卫星的波段较少,只能借助长波红外波段(也称热红外,波长约 10.7 μm)来检测夜间的海雾和低云,但用单一通道数据难以将两者区分(Eyre et al.,1984)。Hunt(1973)发现雾和水云在热红外波段的发射率接近 1,在中红外波段的发射率为 0.8～0.9。Eyre 等(1984)提出了基于发射率差值(热红外与中红外的差值)的双通道差值法(DCD)检测夜间雾区。DCD 对夜间海雾探测起到明显推进作用(Ellrod,

1995；Underwood et al.，2004；Chaurasia et al.，2011；Shin et al.，2013)，随后温度差值法(DT)也被广泛用于雾的识别(Ellrod et al.，2007)。夜间雾识别方法在海上和陆地上都适用，但双通道差值法和温度差值法识别出的雾区中往往包含层云(低层云)。

7.3.1　双通道差值法夜间海雾卫星识别

双通道差值法(DCD)是将卫星中红外波段和热红外波段探测的云顶亮温值作差(下文以 Himiwari-8 为例，中红外波段波长约 3.9 μm，热红外波段波长约 10.4 μm)，得到亮温差 $DCD_{3.9\sim10.4}$，即

$$DCD_{3.9\sim10.4}=T_{BB\_3.9\ \mu m}-T_{BB\_10.4\ \mu m} \tag{7.11}$$

式中：$T_{BB\_3.9\ \mu m}$、$T_{BB\_10.4\ \mu m}$ 分别为 3.9 μm 和 10.4 μm 通道的亮温。对于不同海域，DCD 的阈值有所不同，如黄海夜间海雾/层云的 DCD 检测阈值为 −5.5～−2.5 K，DCD 的值在这一阈值区间内，则认为是雾，反之则是非雾(Gao et al.，2009)。

图 7.21 为 2016—2020 年海雾、低云的中红外和热红外亮温的分布，总体可见海雾与低云的亮温分布均近似为正态分布。对于 3.9 μm 中红外通道亮温(图 7.21a)，海雾、低云的频率分布峰值均在 270 K 附近，海雾的频率分布更集中于峰值。10.4 μm 红外通道亮温(图 7.21b)和 11.2 μm 红外通道亮温(图 7.21c)频率分布也大致相同。基于 DCD(3.9 μm 和 10.4 μm 的亮温差)，大部分海雾的数值区间为 −5～−2 K，超过 0 的情况较少；大部分低云的

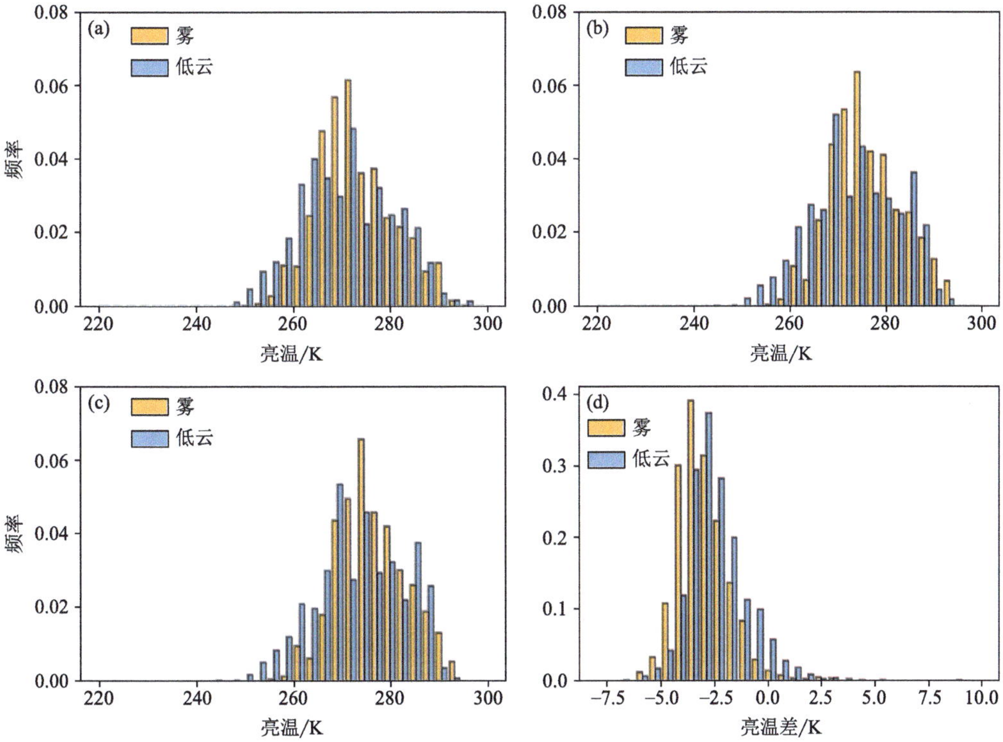

图 7.21　基于 2016—2020 年 CALIPSO 和 Himawari8 数据(基于 CALIPSO 云底高度判识海雾和低云)的西北太平洋夜间海雾、低云红外亮温分布(单位：K，范围：30°～60°N、130°～160°W)

(a)3.9 μm 红外通道亮温；(b)10.4 μm 红外通道亮温；(c)11.2 μm 红外通道亮温；(d)3.9 μm 和 10.4 μm 红外通道亮温差

数值区间为−4～−2 K，仍有一部分样本的数值超过 0(图 7.21d)。海雾和低云的红外通道亮温及 DCD 的概率分布既存在差异，又存在重合之处，因此只依靠 DCD 阈值法对于夜间海雾和低云的区分具有局限性。

7.3.2 温度差值法夜间海雾卫星识别

DCD 可以与其他方法结合，进行雾的识别。Ellrod 等(2007)发现地表温度减去云顶温度得到的差值与云底高度之间有良好的相关性，与 DCD 结合可用于雾区识别。因此，可以使用表面温度(观测资料中的地表温度或海面温度 SST)和热红外通道亮温的差值判断云底较低的区域(包括雾)的方法简称为 CSTD(cloud surface temperature difference)。定义表面温度和卫星热红外通道亮温差为 dT：

$$dT = T_{\mathrm{sfc}} - T_{\mathrm{BB\_10.4\ \mu m}} \tag{7.12}$$

式中：T_{sfc} 为表面温度；$T_{\mathrm{BB\_10.4\ \mu m}}$ 为卫星热红外通道(约 10.4 μm)的云顶亮温。参考 Ellrod 等(2007)的算法及其阈值，当双通道差值小于或等于−2 K 且 dT 的绝对值小于 4 K 时，则认为此处有雾，反之则认为是非雾天气，将这种方法简称为 DCD-CSTD。

7.3.3 两种夜间海雾识别方法的适用性

利用 2016—2021 年陆地站点的雾观测和 ICOADS 的海上雾观测(天气现象记录)，对用葵花系列卫星数据识别的海雾雾区进行检验。

根据 POD 评分，春季 DCD 在中国东南部的表现较好，POD 为 0.35～0.6，高于岛屿和中国北部及朝鲜半岛的大部分地区。夏季至冬季，DCD 在中国东南部地区的 POD 低于春季(图 7.22)。一般情况下，POD 的评分 DCD-CSTD 低于 DCD，因为 DCD-CSTD 比 DCD 多进行了一次温度差值判断，识别出的雾会少于 DCD。在陆地和海岸，DCD 可以比 DCD-CSTD 检测到更多的“雾”。

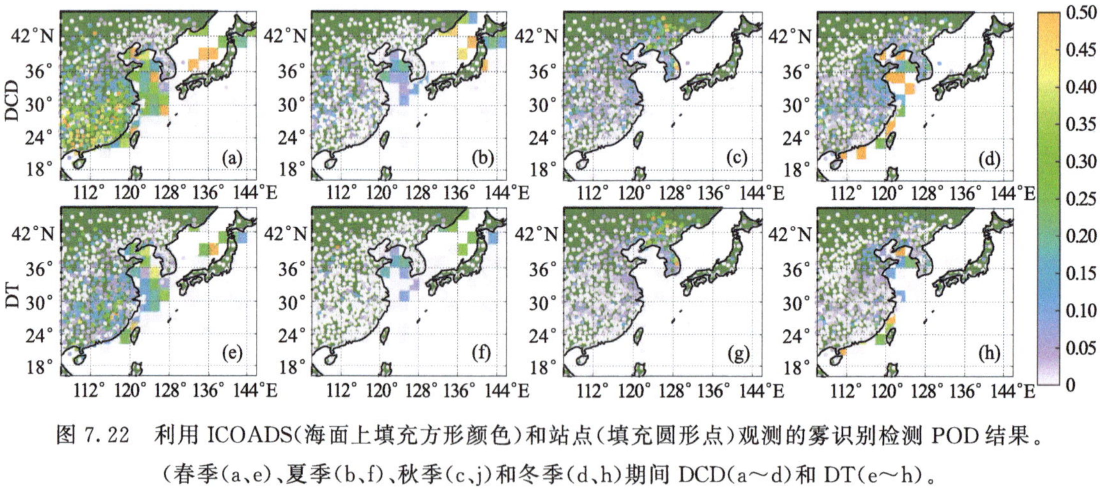

图 7.22 利用 ICOADS(海面上填充方形颜色)和站点(填充圆形点)观测的雾识别检测 POD 结果。(春季(a、e)、夏季(b、f)、秋季(c、j)和冬季(d、h)期间 DCD(a～d)和 DT(e～h)。海洋上方的白色表示没有数据，深绿色表示陆地)

FAR 评分(图 7.23)显示，DCD 的 FAR 明显高于 DCD-CSTD。在中国东南部地区，DCD-CSTD 的 FAR 值秋季和春季高于夏季。夏季雾层上方常有云覆盖，DCD-CSTD 识别出雾的样本少，导致 FAR 低。在山东半岛南部附近（36°N，120°E），FAR 从秋季的约 0.5 下降到冬季的约 0.2（图 7.23 g，h）。除渤海附近（38°N，118°E）站点 DCD 的 FAR 约为 0.5 外，其余站点均高于 0.9。DCD 的 FAR 明显高于 DCD-CSTD，说明 DCD 的误检率更高。

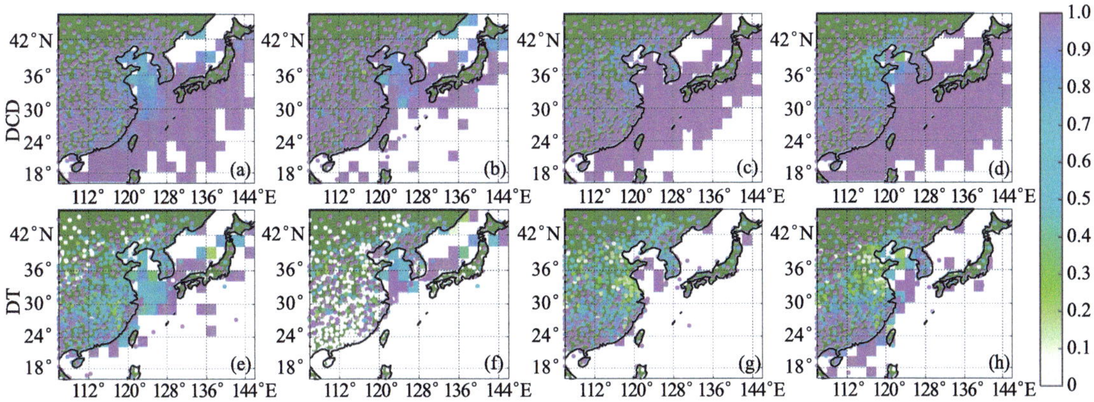

图 7.23　利用 ICOADS（海面上填充方形颜色）和站点（填充圆形点）观测的雾识别检测 FAR 结果（春季（a、e）、夏季（b、f）、秋季（c、j）和冬季（d、h）期间 DCD（a～d）和 DT（e～h）。海洋上方的白色表示没有数据，深绿色表示陆地。陆地上白色站点值为白色可能是由于观测数量少导致）

两种方法都存在虚假雾检测（误判）和漏雾检测，因此两种方法在陆地上的 CSI 都较低（图 7.24）。在中国东南部和山东半岛南部（36°N，120°E），DCD 和 DCD-CSTD 的 CSI 在冬春季节为 0.1 左右，而其他大部分地区 CSI 下降到 0.05 以下。在中国东南部春季和朝鲜半岛北部秋季的部分台站，DCD-CSTD 的 CSI 在一些站点达到 0.3。

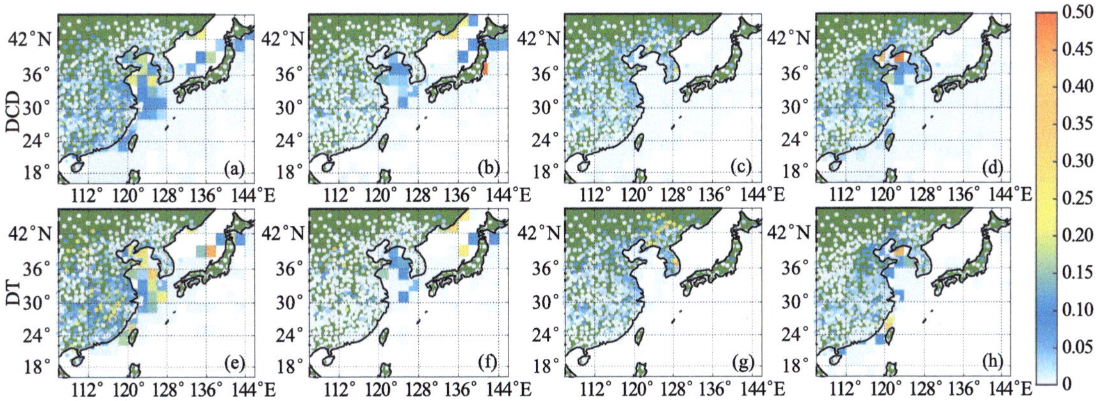

图 7.24　利用 ICOADS（海面上填充方形颜色）和站点（填充圆形点）观测的雾识别检测 CSI 结果（春季（a、e）、夏季（b、f）、秋季（c、j）和冬季（d、h）期间 DCD（a～d）和 DT（e～h）。海洋上方的白色表示没有数据，深绿色表示陆地）

在黄海春夏冬季（图 7.22），DCD 比 DCD-CSTD 能识别出更多的海雾（POD 高）。一般情况下，POD 高，误判也多。在 DCD-CSTD 中，由于多一个温度的判断步骤，在海洋上探测 POD 较低，但误判少，CSI 较高。另外，CSI 值具有时空分布不一致的特点。例如，在黄海等部分地区的 CSI 明显高于其他海区。由此可见，DCD-CSTD 更适合黄海的海雾探测。

需要指出的是，本节中直接使用海雾卫星检测结果与观测进行比对，并未剔除中高云，也没有筛选样例，但更能反映实际的应用效果。

7.4 小结

海雾发生时的低水平能见度严重影响视线，对船舶航行等海上生产生活带来安全威胁。由于云中的能见度也较低，因此，云底较低的低云也会影响舰载或沿海飞机的起降安全。对海雾和低云的卫星识别都具有实际意义，但考虑到海雾相较低云具有更大的危害，更亟须针对海雾进行卫星识别。

虽然已经有多种针对海雾的卫星检测方法或手段，但只有主动遥感（如 CALIPSO）能够较为准确地识别雾区。利用被动遥感手段识别雾距离实际应用的需求还有距离。尤其是海雾和部分低云之间常存在连续的相互转换，导致雾顶和云顶的光学、物理特征相似，更难以利用被动遥感的观测将海雾和低云完全分离。

目前，利用被动遥感识别雾尚存在若干问题。

(1)低层云常与海雾混淆。卫星观测的红外辐射或短波辐射主要受到云体顶部的影响，而低层云与雾的微物理特征相似，因而光谱特征也相似，已有海雾检测方法难以区分海雾和低层云。Cermak 等(2011)提出通过反演云底高度识别低层云和雾，但在海上，较大的云高反演误差导致获得的云底高度偏差很大。

(2)多层云的干扰。当海雾上方有其他云层覆盖时，卫星只能看到云层的分布信息，而无法获取云层下方海雾的信息。

(3)当雾区处于轻雾—雾或雾—轻雾转变过程中时，已有方法较难区分雾和轻雾（能见度大于 1 km 小于 10 km，此类情况在雾区识别中常被分类为晴空水体）。

(4)早晨和黄昏时段检测难度加大。太阳高度角越小，晴空水体和雾区的可见光波段反照率越相近，两者越难区分，令晨昏时段的海雾卫星检测更为困难。Yoo 等(2018)提出了一种在早晨识别雾和低云的方案，但需要同时使用两颗卫星，且对两颗卫星的方位角角度有要求。

近几年机器学习技术被用于识别海雾。通过建立大量海雾标签样本，使用不同模型框架学习海雾在不同波段通道的辐射特征，建立海雾识别模型，在一些特定情境下，机器学习的方法相对“阈值法”可以取得更好的雾区识别结果（Yi et al. ，2023）。目前，一些工作依靠人工目译进行雾区提取，并用于学习训练。但由于目译难以区分云和海雾，导致通过训练后的模型识别的“雾区”与目译“雾区”相似，该“雾区”包含了低云。另外，人工目译因人而异，存在很大的不确定性。寻求基于客观的“可重复”手段获取海雾标签，并不断提高其准确性，是海雾卫星识别技术中一个具有潜力的方向。

虽然海雾的卫星检测方法还存在诸多问题，但目前仍是监测广袤洋面海雾的有效手段。随着科学技术的进步，卫星遥感海雾的能力将不断提高。

思考题

1. 从可见光图像上看，海雾/层云的纹理特征及其分布规律有哪些？哪些特征或规律可用于雾区的识别？

2. 基于卫星数据的海雾监测手段有哪些？

3. 目前，基于极轨卫星或静止卫星的辐射计数据（如 AQUA-MODIS、FY4A-AGRI）可以准确识别海雾吗？

4. 日间和夜间卫星识别海雾/低云的方法有何不同？

5. 利用岸基观测检验海雾的卫星检测存在哪些问题？

6. CALIPSO 的 VFM 产品可以给出云层的垂向分布，该数据可以用于监测厚云层下是否存在雾区吗？

7. 试给出一个基于辐射计数据（如 Himawari-8 AHI）识别黄海海雾雾区的流程。

第 8 章　海雾数值模拟与预报

中国近海为海雾多发区，总体趋势是南少北多。其中，黄海是海雾发生最频繁且最具代表性的海域，其海雾研究相对集中且较为全面。这些研究工作大致可以归类为 5 个方面：(1)海雾时空分布及气候学与天气学成因分析；(2)海雾卫星遥感与反演；(3)海雾边界层与微物理特征的观测分析；(4)沿岸海雾的统计预报；(5)海雾数值模拟与预报。前 3 个方面的研究是海雾数值模拟与预报的重要基础，而第 4 个方面已有由传统的多元回归预报迈向人工智能预报(如深度学习预测)的趋势。

本章聚焦黄海海雾(主要类型为平流冷却雾)的数值模拟与预报，首先介绍海雾数值模拟与预报的基本原理(8.1 节)。接着以一次黄海海雾为例，介绍如何借助海雾数值模拟进行海雾机制研究(8.2 节)。然后针对另外一次黄海海雾个例开展数据同化(8.3 节)与集合预报(8.4 节)的数值试验。最后给出总结，指出目前海雾数值模拟与预报中存在的问题，并提出展望(8.5 节)。

8.1　海雾数值模拟与预报的基本原理

数值天气预报模式(简称“数值模式”)是海雾模拟与预报的基础。研究海雾生消演变(即生成、演变与消散)机制需要借助数值模式进行数值模拟，而海雾生消演变过程的预报则需要一个以数值模式为核心的预报系统来实现。

8.1.1　海雾物理过程与数值模式

海雾生消演变涉及众多物理过程(图 8.1)，导致海雾模拟与预报困难的潜在因素很多(Koračin et al.，2014)。这些因素主要包括：对海雾物理过程(如边界层过程与云微物理过程)的不完全理解，以及海雾多尺度过程(天气系统、海-陆-气中尺度系统、海流输送与潮汐混合等海洋过程)和多阶段(生成、演变与消散)的复杂性。

如图 8.1 所示，大气过程在成熟的数值天气模式中基本上都考虑到了，如 WRF 模式、GRAPES(Global/Regional Assimilation and Prediction Enhanced System)模式，而海洋过程则由海洋模式来考虑，如 ROMS (Regional Oceanic Modeling System)模式。大气模式与海洋模式的有效耦合，会提高海雾的数值模拟与预报效果。数值模式的数学物理框架是一组雷诺平均控制方程组，即平均变量的偏微分方程组；复杂的物理过程(如云微物理过程)与次网格过程(如边界层湍流过程与积云过程)需要参数化处理，具体的处理方法称为参数化方案(简称“方案”)，如云微物理方案、边界层湍流方案或边界层方案、积云方案等。

虽然海雾可被认为是接海的云，但它与云还是有很大区别的。因为云一般是空气团绝热上升到一定高度后，体积膨胀降温，水汽凝结所致，这是一个气压变化的绝热过程。然而，海雾

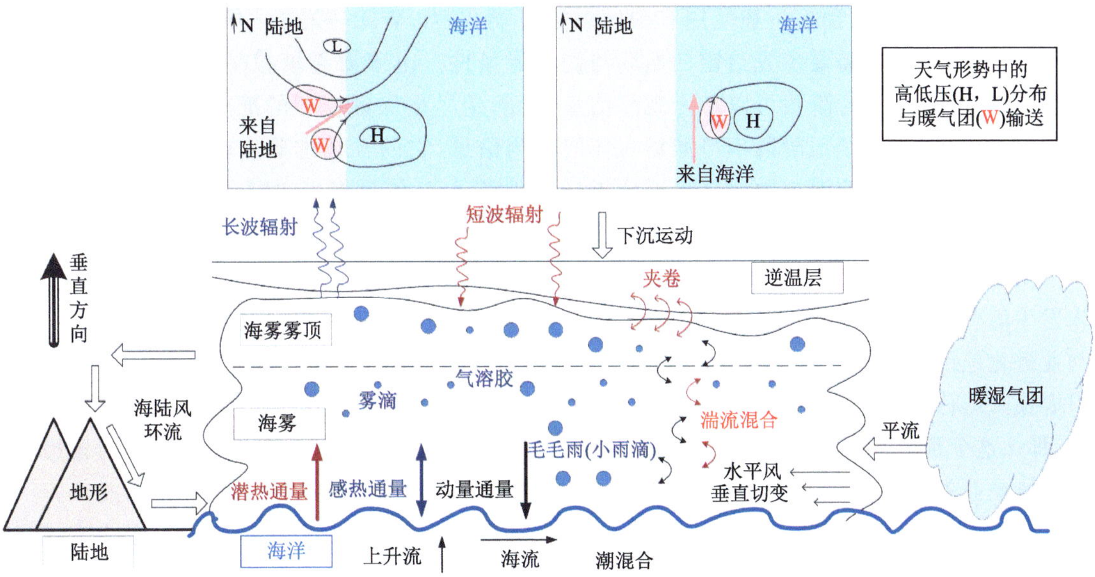

图 8.1　黄海平流冷却雾生消演变涉及物理过程示意图

图上部显示了控制海雾的天气系统，下部体现了海洋的影响因素。

图左部展示的是海-陆-气中尺度系统（如海陆风环流），图右部给出了天气系统主导的平流作用。

图中部突出了直接与海雾生成、演变与消散紧密联系的两大核心过程——边界层湍流、海雾微物理

却是在近海面两三百米厚度内，大气与海洋进行热量交换后非绝热降温的产物，是受海上大气边界层内部湍流动力与热力作用强烈影响的云微物理过程。因此，数值模式中的边界层方案与云微物理方案对海雾的描述是否准确十分关键。

数值模式 RAMS(Regional Atmospheric Modeling System)与 MM5(the fifth-generation Mesoscale Model)曾被用于海雾的模拟，WRF 模式与 GRAPES 模式是目前海雾模拟与预报中使用较为广泛的数值模式①(Huang et al.，2019，2022)。由于云微物理过程、边界层湍流过程与积云过程的复杂性，不同的研究者提出了不同的参数化方案，在上述模式中有专门的物理选项来对应这些参数化方案。海雾的模拟与预报效果，与这些方案的具体选择有很大的关系。此外，海洋对海雾的影响主要通过海温与海面粗糙度来体现。如果大气模式耦合海洋模式(如 WRF 模式耦合 ROMS 模式)，海洋模式可以提供依海流(甚至潮汐)状态而变化的海温信息；如果进一步耦合海浪模式，如 SWAN(Simulating Waves Nearshore)模式，则可以提供依波浪状态而变化的海面粗糙度信息。倘若只有单纯的大气模式，通常给定日平均海温场，这对海雾短期预报来说是可以接受的。

8.1.2　海雾数值模拟与预报的基本概念与流程

所谓海雾数值模拟(或预报)，就是借助数值模式来重现(或预测)海雾生消演变过程。一般而言，对已经发生的海雾过程进行数值重现，就称为海雾数值模拟(简称“模拟”)；对还没有发生的海雾过程进行数值预测，则称为海雾数值预报(简称“预报”)。

---

① RAMS 与 MM5 模式已经停止修订了，MM5 模式的继任者是 WRF 模式，GRAPES 模式是中国气象局发展的数值天气预报模式。

海雾数值模拟与预报一般使用有限区域数值模式，如 WRF 模式。有限区域数值模式的运行(即数值积分)，需要事先给定初始场与侧边界条件。由于海雾模拟是再现已经发生过的海雾过程，在模式运行阶段可以加入观测信息，目的是尽量保证模拟的准确度。然而，对于海雾预报而言，在模式预报阶段不可能加入任何观测信息，它的预报准确度就高度依赖初始场。至于侧边界条件，数值模拟中它来自再分析格点数据，而数值预报中它则来自全球模式或更大的有限区域模式的预报场。

可以看出，预报区别于模拟的主要地方是模式运行阶段不能加入观测信息，因为预报的是还未发生的事情，何来观测？除了预报(forecast)，还有后报(hindcast)、实时预报(realtime forecast)与业务化预报(operational forecast)三个概念。前面所讲的预报，实际上是指实时预报。广义上，只要模式运行阶段没有加入观测信息，那么此时的模拟就可以称为预报。倘若预报的起点在过去，那么这个预报就可以称为后报；倘若预报的起点就是现在，那么这个预报就称为实时预报；每天在气象业务部门稳定运行，预报效果满足一定精度要求的实时预报就称为业务化预报。

图 8.2 给出了海雾数值模拟与预报有关概念示意图，图中展示了三个模块：数据同化模块、模式运行模块以及模拟/预报结果分析处理模块。对于海雾数值模拟来说，可以没有数据同化模块；然而对于海雾预报，尤其是业务化预报，数据同化模块是一个不可或缺的模块，因为海雾预报精度高度依赖它。

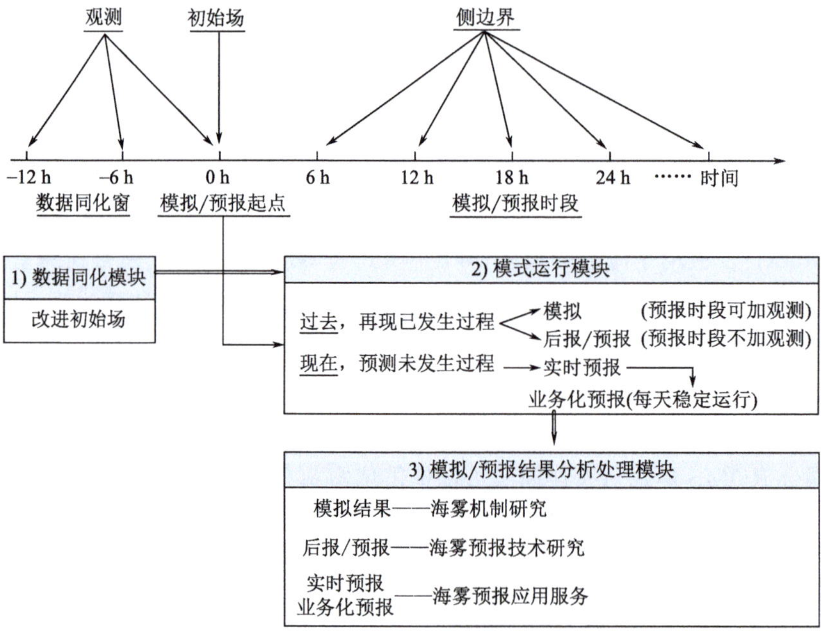

图 8.2　海雾数值模拟与预报有关概念示意图

8.2　海雾数值模拟——机制研究

本节针对一次黄海海雾，借助 MM5 模式进行数值模拟，呈现海雾数值模拟的基本过程，并基于模拟结果分析给出此次海雾形成机制的概念示意图。

8.2.1　观测分析

2005 年 3 月 9 日，在黄海发生了一次大范围海雾事件。图 8.3a 的卫星可见光云图显示黄海中部被大片海雾覆盖，相较于东海与黄海北部以北区域云系，海雾云图有较光滑的质地和清晰的边缘。根据红外云图云顶亮温（记为 T_{BB}）与青岛站探空站温度廓线，青岛附近的海雾厚度大约 350 m。NOAA 卫星可见光云图表明，海雾于 3 月 9 日 08:00 LST 已在黄海南部形成，之后迅速北移；约 3 h 后，雾区扩展到黄海西部和南部，并于 14:00 LST 发展成熟，然后缓慢北移（图略）。接下来海雾在夜间的发展状况无法直接利用卫星可见光云图获知，但在 3 月 10 日清晨，从可见光云图可以看到这片海雾开始向南移动并逐渐消散。从 1000 hPa 位势高度场来看，此次海雾先从南向北移动发展以及后来从北向南逐渐消散，与锋面以及控制它的高低压系统的活动密切相关（图 8.4a～c）。

沿岸地面观测显示（图 8.4d、e），从 3 月 9 日夜间开始，这片海雾持续向北移动，侵入陆地导致很低的能见度。本次海雾在青岛和成山头分别持续了 18 h 和 12 h，有时两测站的能见度仅有数米。青岛和成山头的能见度和风向有着很好的关联，即较弱的偏南风促使海雾形成，而较强的偏北风使得海雾消散。

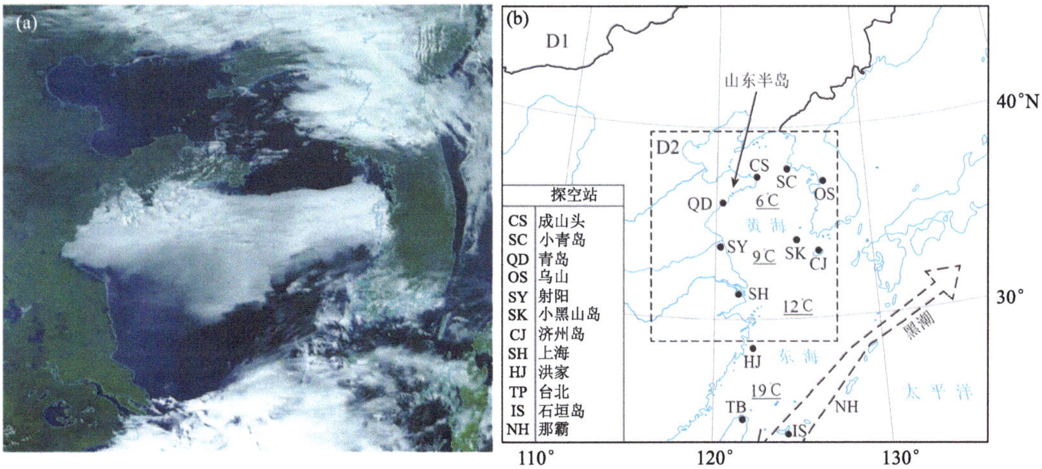

图 8.3　(a)3 月 9 日 14:00 LST NOAA 卫星高分辨率可见光云图；(b) MM5 模拟区域与黄海沿岸探空站点分布

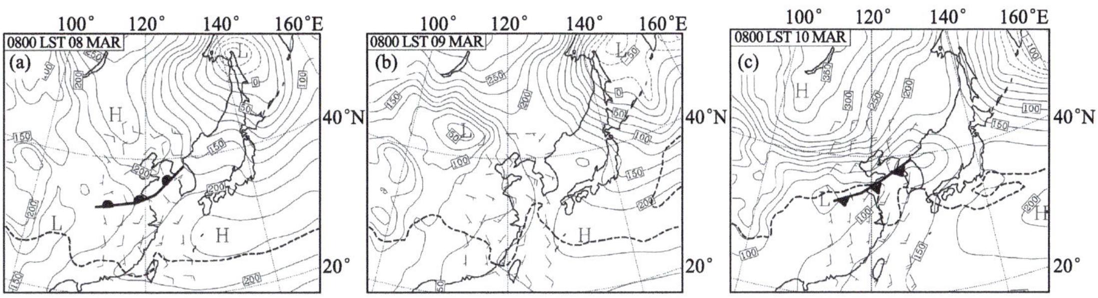

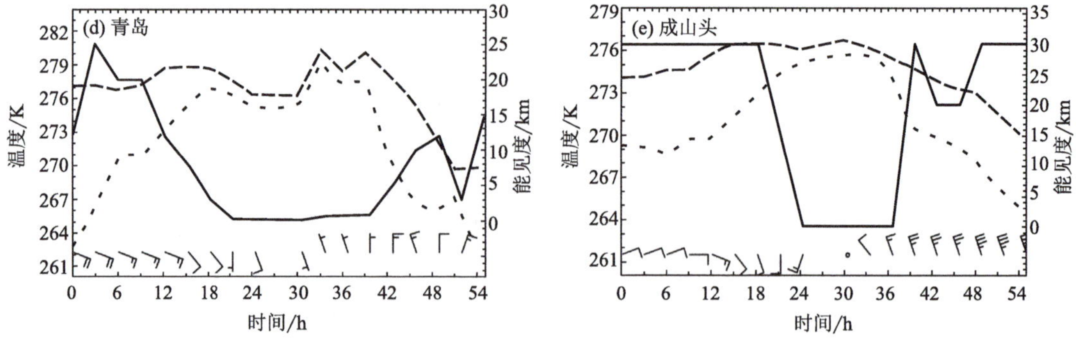

图 8.4　低空天气形势与沿岸地面观测

(a)～(c)为 1000 hPa 位势高度场与黄海海面风场；(d)与(e)分别为青岛站与成山头站的地面温度(长虚线)、露点温度(短虚线)、能见度(实线)与风(箭头)的时间序列，时间起点为 2005 年 3 月 8 日 20:00 LST。图中全风杆代表的风速为 5 m/s

8.2.2　数值模拟

8.2.2.1　模式设置与试验设计

采用 MM5 模式(V3.7)(Grell et al.，1994)，初始场和时变侧边界数据来自 JMA(Japan Meteorological Agency)再分析数据(水平分辨率 1.25°×1.25°，垂直 11 层(1000～100 hPa)，时间间隔 6 h)。观测数据包括探空、地面与船舶观测等，海温(记为 T_s)来自 NEAR-GOOS (North-East Asian Regional Global Ocean Observing System)逐日 0.25°×0.25°数据。利用 Gressman 客观分析方法将观测数据融入再分析数据，尽可能提高初始场质量。

设计了双向反馈的两重嵌套区域(D1 与 D2，见图 8.3b)，小区 D2 完全覆盖整个黄海。区域 D1 与 D2 的水平格距分别是 36 km 与 12 km，网格数分别是 80×70 和 91×100；垂直方向分为 40 个不均匀层，让边界层(PBL，Planetary Boundary Layer)具有较高的分辨率(850 hPa 以下有 20 层，最底层距离海面约 9 m)，模式顶层设为 100 hPa。两个区域具有完全相同的物理选项：微物理方案运用了基于混合相变的 Reisner 方案，积云参数化为 Grell 方案，长波与短波参数化分别为 RRTM(Rapid Radiative Transfer Model)方案与 Duhia 方案，边界层方案采用 Hong-Pan 方案，陆面过程采用较简单的 5 层土壤模式。

首先实施了一个控制试验(Exp-Ctrl)，其模拟时间从 2005 年 3 月 8 日 20:00 LST 至 10 日 20:00 LST，共 48 h。在前 12 h 的模式积分中，使用格点松弛逼近来同化数据观测。然后在控制试验的基础上，进行 9 个敏感性试验(表 8.1)，目的是观察模拟结果对不同影响因素的敏感性，如水平与垂直分辨率、海温场、边界层方案与初始场及侧边界条件等。所有数值试验的结果输出间隔均为 1 h，模拟结果的分析主要基于 D2 区域的输出，模拟调整时间为 6 h。

表 8.1　数值敏感性试验

试验	具体设置
Sen-Expt1	D1 与 D2 区域水平分辨率分别为 18 km 与 6 km
Sen-Expt2	垂直分层为 33 层[1]
Sen-Expt3	垂直分层为 45 层[2]
Sen-Expt4	T_s 采用分辨率为 36 km 的周平均海温

续表

试验	具体设置
Sen-Expt5	T_s 降低 0.5 ℃
Sen-Expt6	T_s 升高 0.5 ℃
Sen-Expt7	采用 Gayno-Seaman 边界层方案
Sen-Expt8	采用 Eta PBL 边界层方案
Sen-Expt9	NCEP-FNL[3] 再分析数据提供初始场与侧边界条件

1 对应的几何高度分别约为：0、37、111、186、261、376、530、688、847、1011、1218、1473、1735、2005、2283、2569、2915、3327、3759、4214、4692、5198、5735、6308、6922、7584、8304、9094、9969、10954、12084、13414、15041 m。

2 最上面的 35 层与控制试验一样，但最下面的 10 层不同，它们的几何高度分别约为：0、4、9、15、28、46、65、93、130、158 m。

3 National Centers for Environmental Prediction-Final。

8.2.2.2 控制试验结果及其检验

利用再分析数据与观测数据对控制试验的结果进行检验。首先，将模拟的 1000、850 和 700 hPa 的天气形势与 JMA 再分析资料进行比较，发现它们非常一致，差异很小（图略）。其次，针对青岛和成山头站，绘制出模拟的地面变量时间序列（温度、相对湿度与风）（图 8.5），与地面观测（图 8.4）进行对比；同时给出模拟的温度垂直廓线，与探空曲线（图 8.6）进行对比。通过模拟结果与观测的对比，可以清楚地看到：模拟的地面风和观测结果比较吻合，温度和相对湿度的变化也与观测相符（相对湿度 100%与能见度低于 1 km 表明存在海雾）；尽管两个站点模拟的逆温层强度相对实际观测偏弱，然而廓线的垂直变化却很一致。这些检验结果证明，控制试验的模拟结果是可靠的。

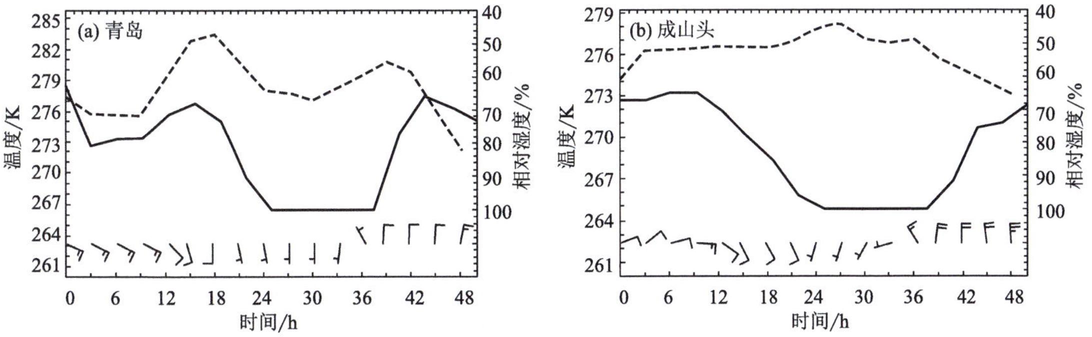

图 8.5 控制试验给出的青岛站(a)与成山头站(b)的地面温度（虚线）、相对湿度（实线）与风（箭头）的时间序列，时间起点为 2005 年 3 月 8 日 20:00 LST。图中全风杆代表的风速为 5 m/s

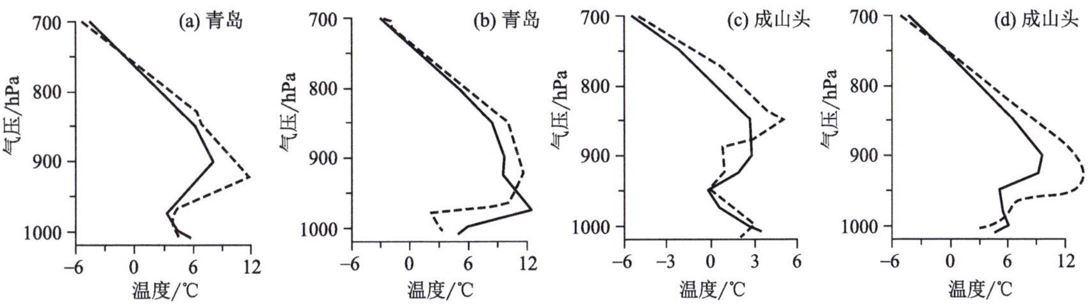

图 8.6 青岛站(a、b)与成山头站(c、d)的控制试验模拟的温度廓线（实线）与探空观测（虚线）(a)与(c)的时间为 2005 年 3 月 9 日 00:08 LST，而(c)与(d)则为 2005 年 3 月 9 日 00:20 LST

诊断计算出控制试验 D2 区的海面能见度，查看模拟结果能否捕捉到此次海雾过程的主要特征（如雾区及其移动）。海面能见度（记为 X_{vis}）的计算公式（Stoelinga et al.，1999）如下：

$$X_{vis} = -\ln 0.02 / k_{ex} \tag{8.1}$$

式中：k_{ex} 为大气消光系数（km^{-1}）。对于黄海海雾而言，k_{ex} 只是云水含量（即云水混合比）的函数（Kunkel，1984）：

$$k_{ex} = 144.7C^{0.88} \tag{8.2}$$

式中：C 为模式最底层（代表海面）云水含量的质量浓度（g/m^3）。图 8.7 展示了模拟雾区，即海面能见度 $X_{vis} \leqslant 1$ km 的区域。可以看到，控制试验较为成功地再现了海雾的生成、演变与

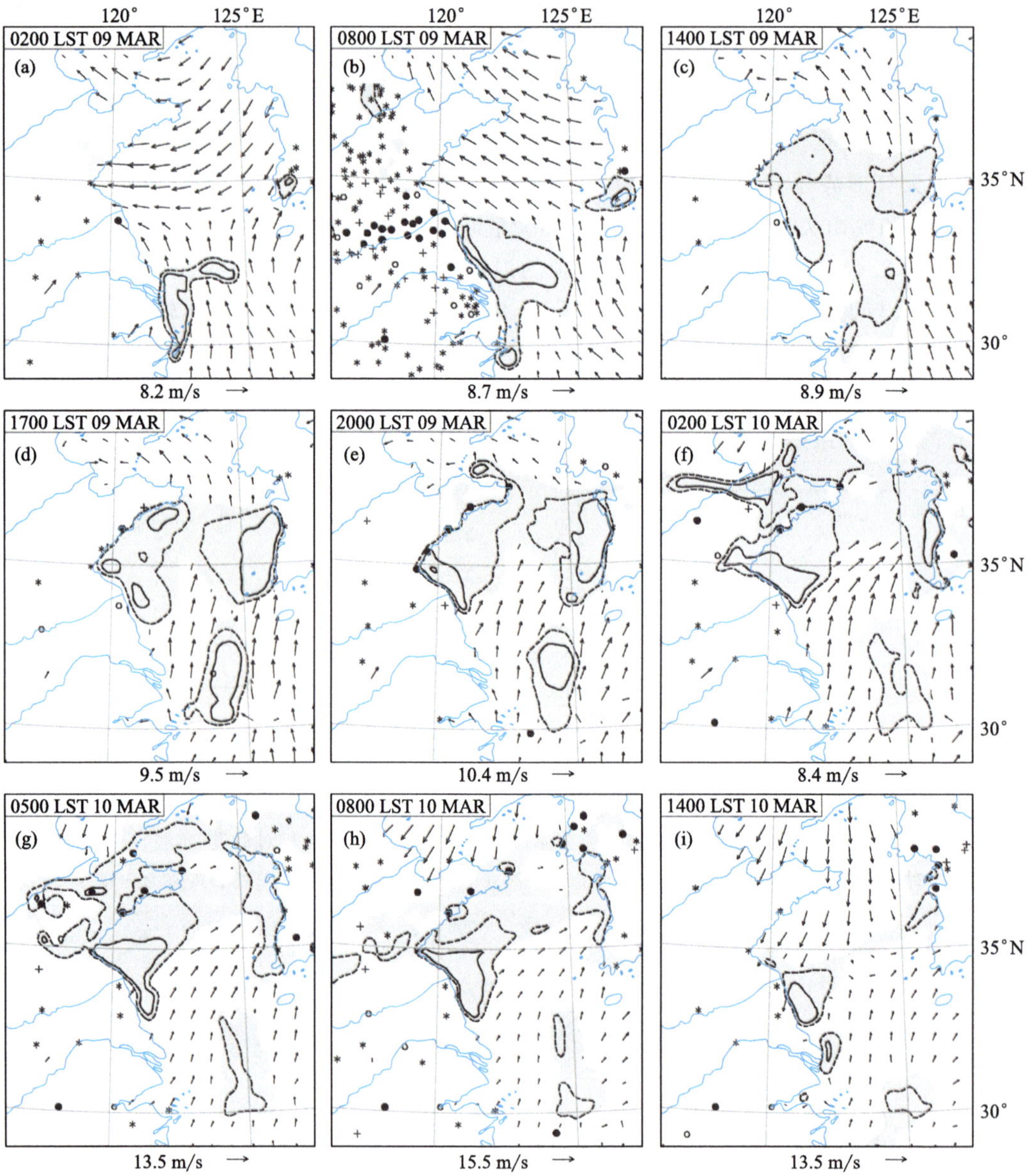

图 8.7　控制试验再现的海雾发生、演变与消散过程。灰色区为模拟雾区（海面能见度≤1 km），等值线为 10 m 的云水混合比（虚线代表 0.3 g/kg，实线代表 0.6 g/kg），风矢为海面 10 m 风。图中的 •、*、+和◦标记分别代表 0～1 km、1～2 km、2～3 km 和 3～5 km 的地面能见度观测

消散过程：3 月 9 日 02:00 LST，海雾已经在长江口东部海域形成(图 8.7a)；随着偏南风不断从东海向北推进并占据整个黄海，海雾迅速发展(图 8.7b)；在 3 月 9 日 14:00 LST 形成一片几乎覆盖整个黄海中部的雾区(图 8.7c)，雾区西部与东部的云水混合比较高，这与图 8.3a 可见光云图所显示的海雾西部和东部比较浓厚的特征一致；在南风推动下，海雾继续向北移动(图 8.7d～f)；但从 3 月 10 日 05:00 LST 往后，西南风转为东北风且风速变强(超过 10 m/s)，于是海雾逐渐消散(图 8.7g～i)。

8.2.2.3 敏感性试验结果与分析

利用式(8.1)与式(8.2)，诊断计算出所有敏感性试验(表 8.1)D2 区域的海面能见度，观察敏感性试验模拟雾区的差异。图 8.7 显示出海雾在 2005 年 3 月 9 日 14:00 LST 发展最为旺盛，因此图 8.8 着重展现了在此旺盛时刻所有敏感性试验模拟雾区的对比。

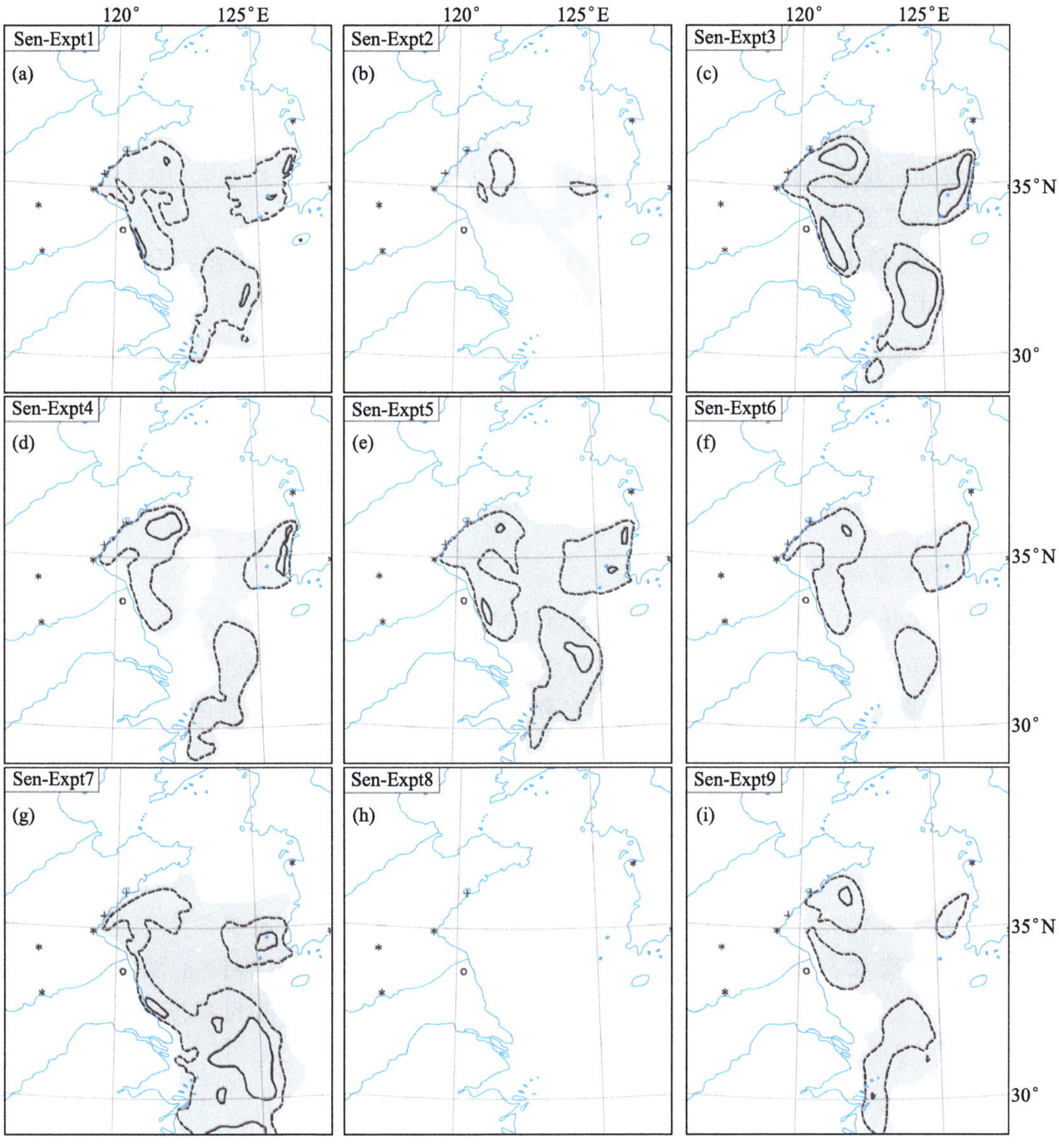

图 8.8 敏感性试验在 2005 年 3 月 9 日 14:00 LST 模拟雾区的比较。灰色填充色为模拟雾区(能见度≤1 km)，等值线为 10 m 的云水混合比(虚线代表 0.3 g/kg，实线代表 0.6 g/kg)

分辨率敏感性试验显示：较高的水平分辨率（Sen-Expt1）与较密的垂直分辨率（Sen-Expt3）能改进模拟结果，如海雾更浓（即雾中云水含量更高）以及雾区边缘更贴合海岸线（将图 8.8a、c 分别与图 8.7c 进行比较）；而较粗的垂直分辨率（Sen-Expt2）会降低模拟质量，如图 8.8b 的模拟雾区大幅收缩（比较图 8.8b 与图 8.7c）。与 Exp-Ctrl 相比，Sen-Expt3 在 200 m 以下具有更高的分辨率，而 Sen-Expt2 的垂直分辨率相对较低（850 hPa 以下只有 12 层，特别是在 200 m 以下只有 4 层）。足够高的垂直分辨率（特别是边界层内）对模拟海雾很重要，如果垂直分辨率足够高，10 km 左右的水平分辨率就可很好地再现黄海海雾。然而，要想获取沿岸海雾的细节，则需要更高的水平分辨率。

三个试验（Sen-Expt4、Sen-Expt5 与 Sen-Expt6）是海温敏感性试验。与使用日平均海温的 Exp-Ctrl 相比，使用周平均海温的 Sen-Expt4 模拟的雾区出现了“空洞”（对比图 8.8d 与图 8.7c），与观测事实不符（图 8.3a）。当海温降低 0.5 ℃时，Sen-Expt5 模拟的雾区只出现了很小的变化（对比图 8.8e 与图 8.7c）；海温升高 0.5 ℃时，Sen-Expt6 模拟雾区缩小了，特别是雾区南部进入东海的“尾巴”明显变短了，这更接近观测事实（图 8.3a）。海温敏感性试验说明海雾模拟结果对海温很敏感。边界层方案的敏感性试验结果，也同样说明海雾数值模拟对边界层方案也非常敏感。譬如，Gayno-Seaman PBL 方案的模拟雾区明显偏大（图 8.8g），而 Eta PBL 方案彻底失败（图 8.8h）。

Sen-Expt9 所用的 NCEP-FNL 再分析数据，无论是水平分辨率还是垂直分辨率（1°×1°，1000～100 hPa 垂直分 21 层），都比 JMA 再分析数据更精细，但是模拟结果却变差了（对比图 8.8i 与图 8.7c）。分析比较由这两种数据产生的初始场后发现，它们之间的差异主要体现在海上低层大气（特别是近海面）的湿度和温度场分布上。这表明，初始场中海上低层大气温度与湿度状态非常关键，通过数据同化对它们加以改进显得尤为重要。

8.2.3 形成机制

8.2.3.1 气海温差与海面感热

为了研究海雾生成和演变阶段的近海面状况，图 8.9 给出了 3 月 8 日 20:00 LST 至 10 日 02:00 LST 时段雾区内海面风速与气海温差和海面感热通量之间的散点分布。图 8.9a 显示，有利成雾的条件是气海温差 0～3 ℃和风速 2～8 m/s，这与已有的观测结果基本一致。然而，在图 8.9a 中明显存在一个以前观测没有指出的趋势（虚线显示），那就是较大的气海温差对应着较高的风速。这表明，较大的风速导致较强的风切变，风切变越强，产生的机械湍流越强；如果机械湍流增强，在稳定的近海面大气层结中会有更多的热量从大气传入海洋（图 8.9b）。这可以解释为什么较大的气海温差不利于海雾的形成。因为较大的气海温差需要较大的风速产生足够强的湍流来降温，而过高的风速与太强的湍流不利于海雾维持。譬如，气海温差为 5 ℃，那么风速需要达到 13 m/s（将图 8.9a 的虚线延长来估计此值）来维持气海间足够大的热量交换，但是这一风速的强烈程度足以破坏近海面稳定层结，从而使海雾逐渐消散或者直接被快速驱散。

8.2.3.2 暖湿气团变性的轨迹追踪

之前的观测分析表明，持续的南风是此次海雾形成的一个重要因素。下面基于拉格朗日框架来研究这次海雾过程。安排不同的空气团从同一水平点但不同高度出发，来追踪它从南

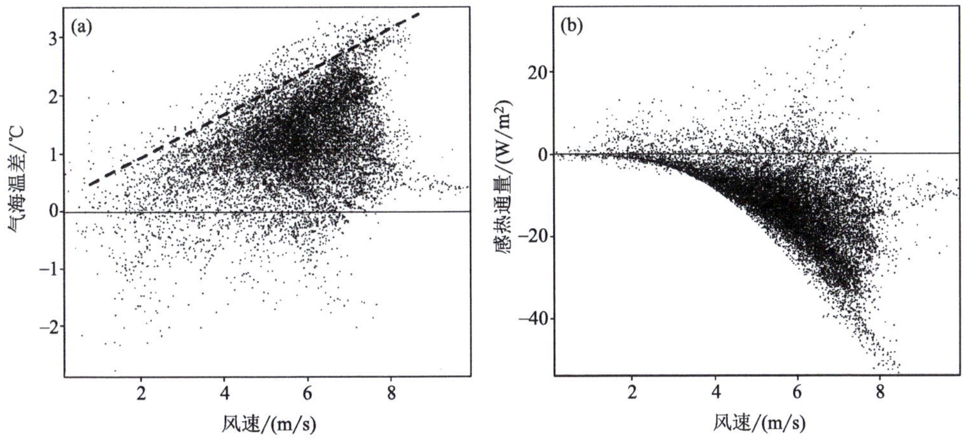

图 8.9　在海雾生成和演变阶段气海温差和风速(a)以及感热通量和风速(b)的散点分布

向北移到黄海的过程中所发生的变性。四个气团同时从图 8.10 中的 A 点出发，但高度分别为 50 m、100 m、150 m 和 200 m。在接下来的 36 h 内，它们开始向北移动，然后慢慢向东北偏折，水平移动轨迹基本一致(图 8.10)。

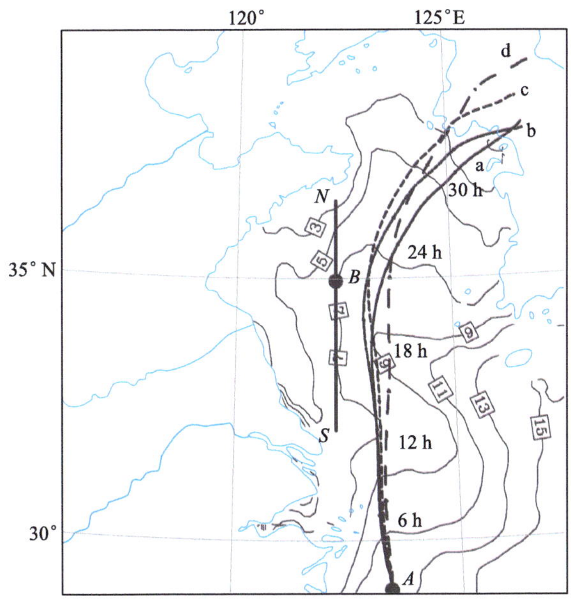

图 8.10　自 A 处但不同高度同时出发的气块运动水平轨迹(等值线为 2005 年 3 月 9 日 NEAR-GOOS 的日平均海温分布，单位℃。A 与 B 点以及 SN 线段将在下面的分析中用到)

a 代表 50 m；b 代表 100 m；c 代表 150 m；d 代表 200 m

图 8.11a 揭示这些空气团在向北移动的过程中随时间推移慢慢抬升，它们进入黄海之后(距离出发时刻大约 9 h)开始明显变性：海雾首先在低层产生，然后逐渐向上发展到较高的位置(见图 8.11a 中“+”标记)。图 8.11b 进一步展示气团变性时的温度变化：四个气团出发时的温度几乎一样(图 8.11b 中填色区域)，在 9 h 左右内降低了近 4 ℃(从 16 ℃跌到 12 ℃)，气团降温冷却趋势紧随海温的变化。从 50 m 高度出发的气团降温趋势与海温变化非常一致，所对应的海面感热通量为负，表明热量从大气向海洋输送。

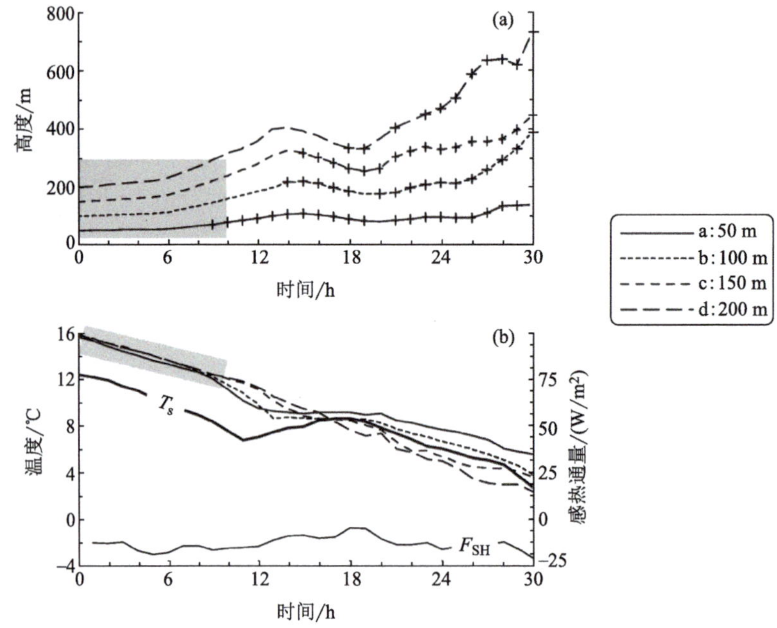

图 8.11　气团沿着图 8.10 中从 A 点出发的运动轨迹所发生的变性

(a)水汽饱和状态("+"代表相对湿度达到 100%)；(b)温度变化。其中图 b 中标记了 T_s 和 F_{SH} 的等值线，分别代表沿着初始高度为 50 m 的气块下方对应的海温和海表感热通量随时间的变化

8.2.3.3　海雾形成的概念示意图

为了更直观地了解气团从南向北移动过程中海雾的形成经过，沿着图 8.10 中的 SN 线段绘制了风、温度与云水含量的垂直剖面。图 8.12 清晰地给出了 1 km 之下逆温层与海雾的演变过程。在 3 月 9 日 02:00 LST，暖气团下面存在逆温层，紧贴海面处海雾初始生成(见 8.12a 左下角的灰色填充区)；随着暖气团向北推进，海雾就在逆温层下面出现(8.12b)；暖气团与逆温层伴随南风北移，海雾雾区也随之移动(8.12c、d)；当冷且强盛的偏北风取代暖湿的南风后，海雾的北部部分随着逆温层抬升而脱离海面成为低层云，与此同时近海面的海雾也被驱散(8.12e、f)。

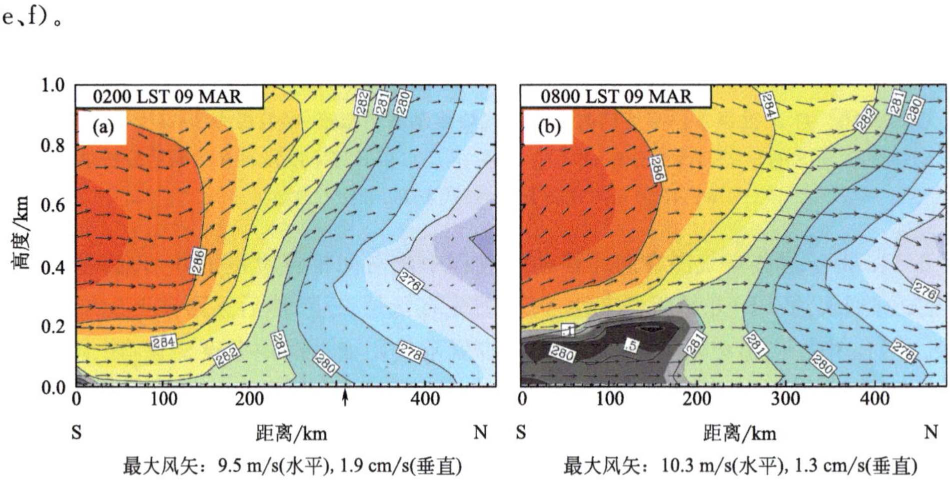

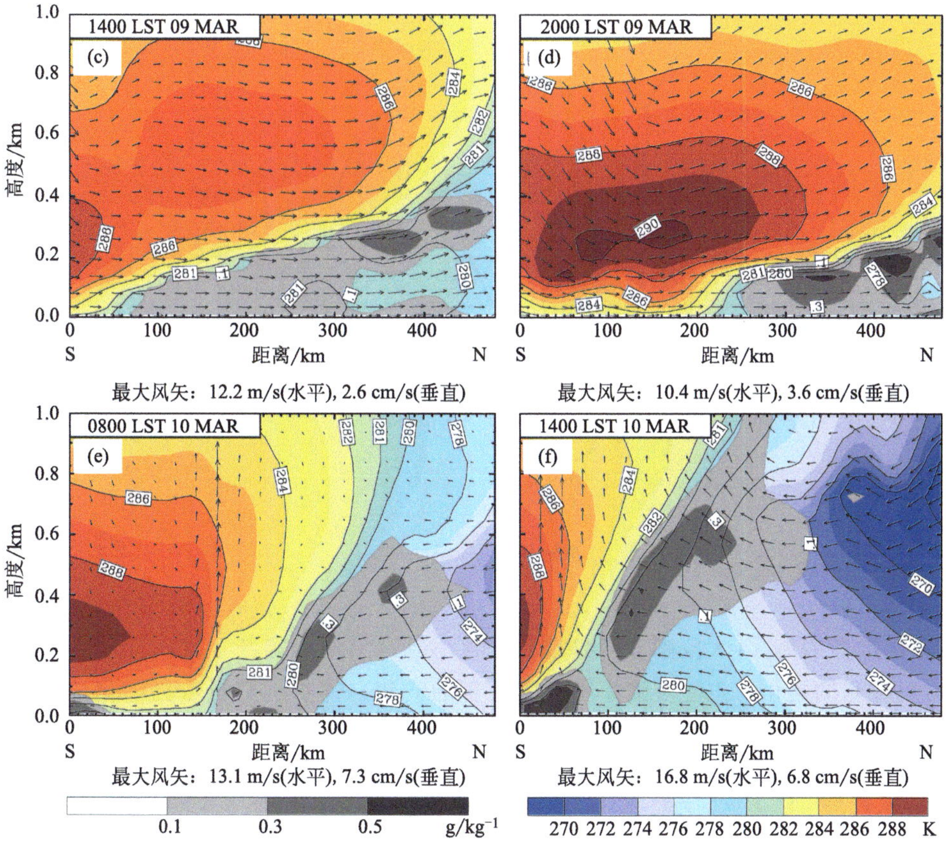

图 8.12　沿着图 8.10 中 *SN* 位置的垂直剖面：逆温层与海雾的演变过程(风矢、彩色填色与灰色填色分别代表风场、温度与云水含量，a 中的箭头对应图 8.10 中 *SN* 线段上的 *B* 点)

逆温层底部和海面之间的区域可以看作一个热力内边界层(Thermal Internal Boundary Layer，记为 TIBL)。由于海面较冷以及近海面的机械湍流混合作用，近海面暖湿气团逐渐冷却成混合层，混合层厚度随时间增长，迫使逆温层底部向上抬升。将 TIBL 的温度(图 8.12a～d)与图 8.10 中 *SN* 线段所在的海温进行对比，确实可以看出 TIBL 为发展较好的混合层，因为其温度很接近下面的海温。在此混合层里，湍流混合导致的降温增湿作用促使海雾形成。当暖气团移到冷海面时，TIBL 高度 H_{TIBL} 与顺风向距离 x 呈正比，其变化可以利用如下的公式(Garratt，1987)来估计：

$$H_{\mathrm{TIBL}}=0.014\overline{U}\left(\frac{xT_{\mathrm{s}}}{g\Delta T_{\mathrm{as}}}\right)^{1/2} \tag{8.3}$$

式中：$\overline{U}$、T_{s}、ΔT_{as} 与 g 分别表示海面风速、海温、气海温差和重力加速度。这里根据图 8.12 的信息，分别给 $\overline{U}$、T、ΔT_{as} 与 g 赋值为 10 m/s、280 K、2 K 与 9.8 m/s^2。当 x 的值分别为 100 km、200 km、300 km 与 400 km 时，所对应的 H_{TIBL} 值分别为 170 m、240 m、290 m 与 330 m，图 8.12 中 TIBL 高度值与此计算结果基本一致。

简而言之，东海南部暖海面上的暖湿气团(混合层)，在天气系统的支配下移向海温较低的黄海，首先在中性混合层下部出现逆温层，然后促使湍流将热量自上而下输向海洋，一个热力内边界层(TIBL)逐渐形成，与此同时暖湿气团降温导致水汽饱和成雾(Gao et al.，2007)。图 8.13 给出了这个过程的示意图。

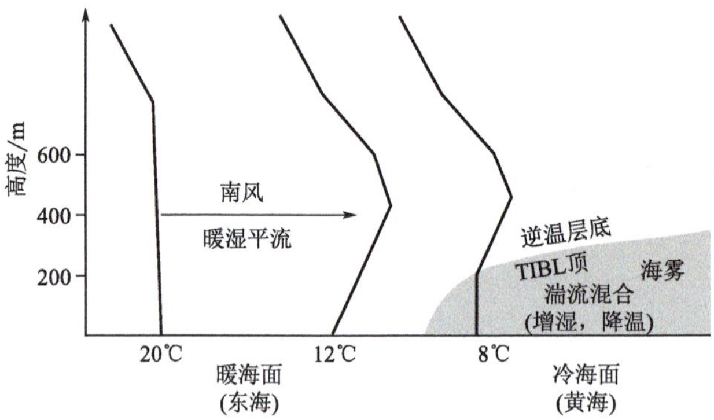

图 8.13　海雾形成机制示意图(曲线代表不同海区的温度垂直廓线,其下方对应不同海区的海温)

8.3　海雾数值预报——数据同化

针对 2 次黄海海雾(大范围开阔海域海雾与小范围沿岸海雾各 1 次),开展数据同化试验(包括常规观测的同化与卫星反演海雾湿度信息的同化),评估与分析数据同化效果。将同化方案运用于 10 次黄海海雾的预报试验,展示海雾数值预报中数据同化的必要性与重要性。

8.3.1　海雾数据同化方案

8.3.1.1　循环三维变分同化方案

8.2.2 节中的敏感性试验 Sen-Expt9 表明,直接由较低分辨率的全球再分析数据为海雾数值模拟提供的初始场需要改进,因为它往往不能准确刻画海上低层大气的温湿结构,特别是湿度场。在海雾实时预报中,初始场一般来自全球天气模式的预报场,导致初始场质量在刻画局地性海雾过程中有可能更差。因此,海雾数值预报中的数据同化十分必要。

基于 WRF 模式及其三维变分(3-Dimensional Variational,记为 3DVAR)同化模块的循环 3DVAR 同化方案(图 8.14),是一种常用的海雾数据同化手段(高山红 等,2010)。在 6～12 h 的同化窗内,通过连续多次 3DVAR 同化消化地面与探空等常规观测(Observations,记为 OBS),可以一定程度地提高海雾数值预报的初始场质量。但是,由于海上常规观测数据严重匮乏,仅同化 OBS 难以改进海上低层大气的湿度场。

业务化预报流程中的实时预报,一般是每天至少 2 次(间隔 12 h),甚至是每天 4 次(间隔 6 h)。如果在某次实时预报开始之前的同化窗内存在海雾,那么同化海雾相关信息(如湿度)就可以改善初始场。基于这样的想法,设计了一种卫星反演海雾湿度信息的同化方案(Wang et al.,2014),步骤如下:

第 1 步:海雾三维信息的反演,获取雾区及其厚度信息;

第 2 步:海雾三维信息的离散化,生成“海雾湿度探空”数据;

第 3 步:利用循环 3DVAR 同化方案,进行“海雾湿度探空”数据的同化。

接下来,将详细描述以上 3 步的具体细节。

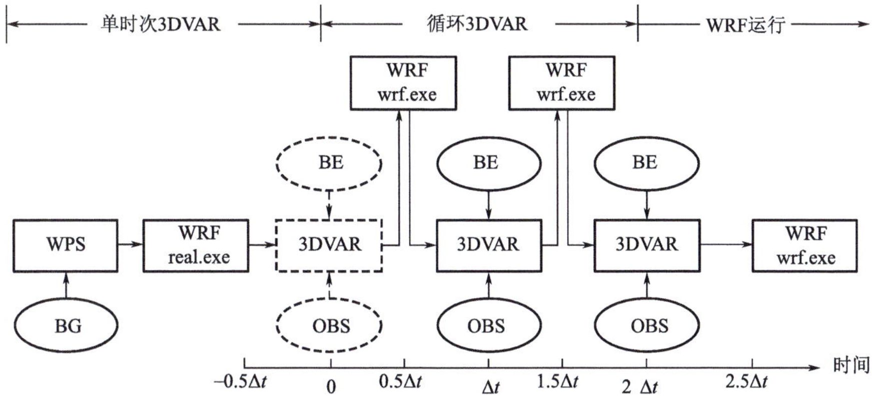

图 8.14 循环 3DVAR 流程。WPS(WRF Preprocessing System)与 real. exe(WRF 初始场生成程序)一起形成首次 3DVAR 所需初始场,wrf. exe(WRF 模式运行主程序)驱动 WRF 向前积分;图中 BG(background field),OBS 与 BE(background error covariance)分别代表背景场、观测数据与背景场误差协方差;0、Δt、$2\Delta t$ 为同化时刻,例如 Δt 时刻的数据同化窗为 $0.5\Delta t-1.5\Delta t$,即在此时段之内的所有观测数据在 Δt 时刻同化

8.3.1.2 海雾三维信息的卫星反演

黄海海雾三维信息的反演流程如图 8.15 所示,所涉及具体公式请参考第 7 章与文献 Wang 等(2014)。

利用 HW-8(Himawari-8)或 FY(Fengyun)卫星可见光反照率(记为 A_{vis})、长波红外亮温(记为 T_{BB_IR1},10.3~11.3 μm)与短波红外亮温(记为 T_{BB_IR4},3.5~4.0 μm)以及 T_s,进行黄海海雾雾区与厚度信息的全天候反演,包括如下具体方法:

M1:亮温与海温差值法(短波红外亮温与海温之差,即 $T_{BB\_IR4}-T_s$,记为 ΔT_{SS})。选取阈值 $\Delta T_{SS}\leqslant 4$ ℃,用于除去高云与晴空部分。

M2:利用 A_{vis} 计算海面能见度(记为 F_{vis})。

M3:动态双通道阈值法。短波红外与长波红外通道的亮温差(即 $T_{BB\_IR4}-T_{BB\_IR1}$,记为 ΔT_{SL})阈值随太阳高度角而变化:当 $10°\leqslant\theta$(太阳天顶角)$\leqslant 80°$时,亮温差阈值为 3~45 ℃;其他天顶角时亮温差阈值则为 −2~3 ℃。

M4:纹理剔除法(texture-discarding)。根据雾顶表面纹理光滑的特征,雾区应满足 A_{vis} 相邻 3×3 像元的均方差值≤0.08。

M5:双通道法(短波红外与长波红外通道的亮温差,即 $T_{BB\_IR4}-T_{BB\_IR1}$)。采用亮温差阈值 −5.5~−2.5 ℃来确定夜间海雾雾区。

日间海雾雾区的反演由 M1~M3 完成;对于扩展至陆地上的雾区,采用相同的方法,但计算 F_{vis} 时反照率乘以系数 1.8。夜间海雾雾区的反演由 M5 完成。

日间海雾厚度 H_{fog}(m)的计算公式为

$$H_{fog}=45H_{COT}^{\frac{2}{3}} \tag{8.4}$$

式中:H_{COT} 为光学厚度,由可见光反照率与太阳天顶角计算得到。

夜间海雾厚度 H_{fog}(m)的计算公式为

$$H_{fog}=-212+191\left|\Delta T_{SL}\times 0.5\right| \tag{8.5}$$

8.3.1.3 卫星反演海雾湿度的同化

上面描述了卫星反演海雾湿度信息同化方案中的第 1 步,下面介绍剩下 2 步的具体细节。

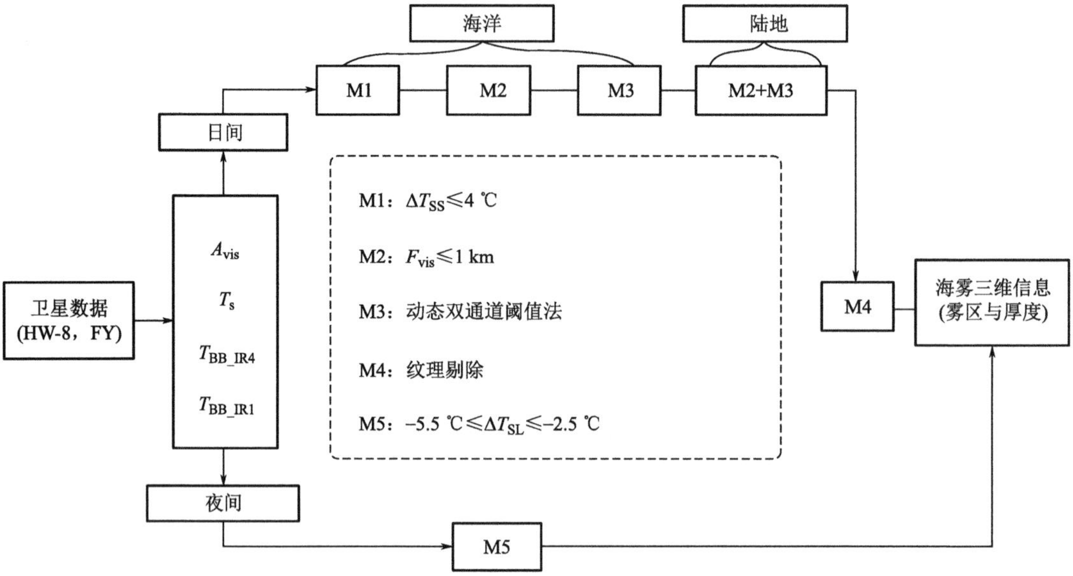

图 8.15　黄海海雾三维信息全天候反演流程

获取到海雾的三维信息之后，将海雾三维雾体进行离散化处理。图 8.16 为离散化示意图。海雾水平雾区与垂直厚度分别按 ΔH 与 ΔZ 的格距离散化处理，三维雾体中每一个离散化格点上的相对湿度（记为 RH）为 100％。于是，每一个离散化的水平格点（如图 8.16 中的点 X）就会对应一个“海雾湿度探空”数据，此探空数据仅包含高度（图 8.16 中的 Z_i）与湿度信息（即 RH＝100％）。

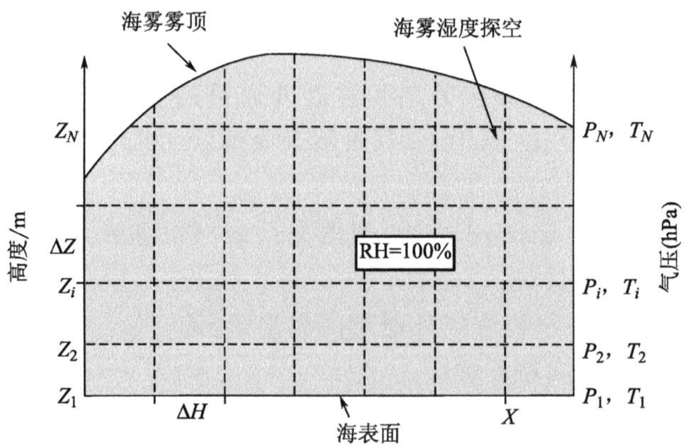

图 8.16　海雾三维雾体的离散化处理示意图（P 与 T 分别表示气压与温度）

利用图 8.14 所示的循环 3DVAR 方案来同化“海雾湿度探空”数据，但需要对此方案进行改进。图 8.14 中的每一次 3DVAR 同化操作（见图中虚线部分）分成 2 次运行（图 8.17）。第 1 次 3DVAR 运行保持不变，它产生的同化分析场不仅为第 2 次 3DVAR 运行提供输入背景场，更重要的是为“海雾湿度探空”数据提供气压与温度信息（图 8.16 中的 P_i 与 T_i）。3DVAR 需要绝对湿度信息（如比湿），“海雾湿度探空”数据中的 100％相对湿度，要给定气压与温度，将相对湿度转换为比湿。

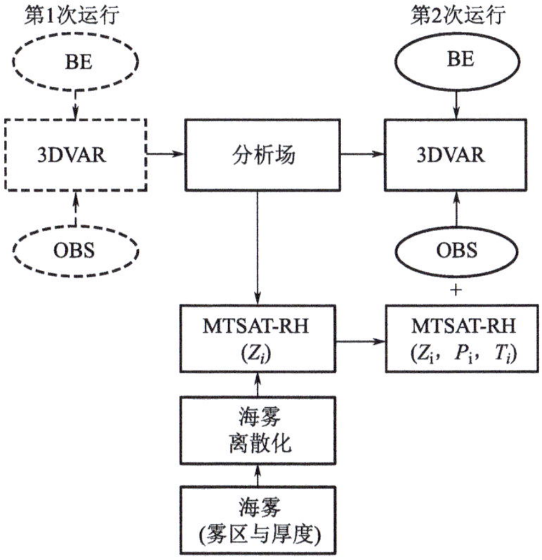

图 8.17 “海雾湿度探空”数据的同化示意图

8.3.2 个例研究——大范围海雾个例

8.3.2.1 海雾个例

2006 年 3 月 6—8 日黄海发生了一次大范围海雾。利用前文提到的反演方法和日本多用途运输卫星(MTSAT)数据对此次海雾三维信息进行反演,图 8.18 给出了它的演变过程。

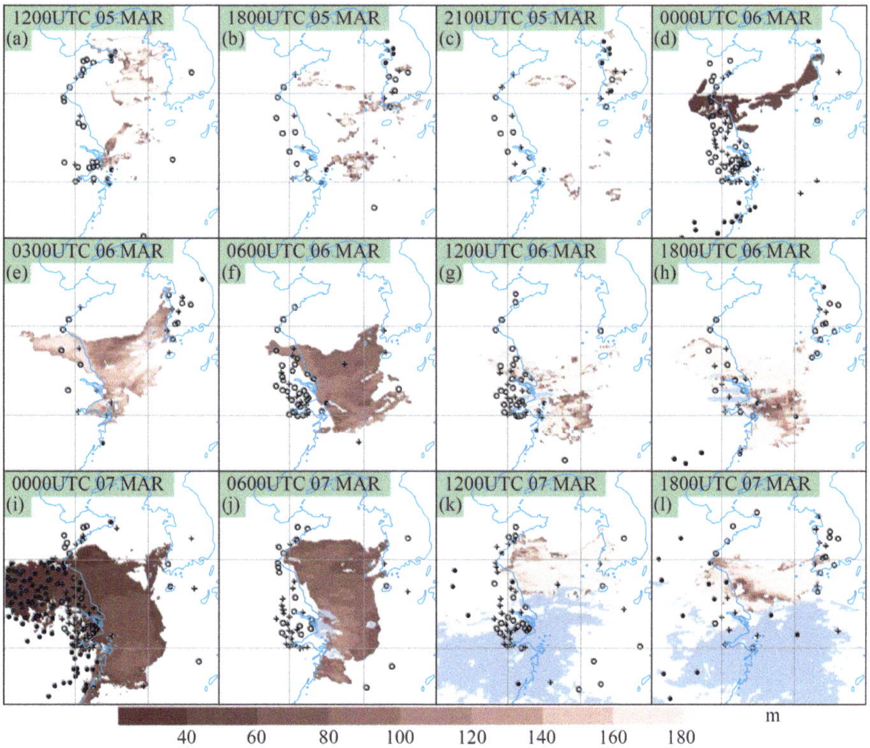

图 8.18 大范围海雾的演变过程(棕色填充色给出了海雾的水平分布与厚度(底部的色标条),淡蓝色表示高云;标记 •、*、+和◦分别代表 0～1 km、1～2 km、2～3 km 和 3～5 km 的能见度观测)

8.3.2.2 试验设计

采用 WRF 模式(V3.3)(Skamarock et al.,2008),模式区域设置及物理选项选择分别详见图 8.19 与表 8.2。初值场与侧边界条件取自 NCEP-FNL 再分析数据(水平分辨率 1°×1°,时间间隔 6 h),海温来源于 NEAR-GOOS 逐日 0.25°×0.25°数据。

采用图 8.14 所示的循环 3DVAR 流程进行数据同化,同化窗为 2006 年 3 月 5 日 12:00 UTC 至 6 日 00:00 UTC(共计 12 h),每 3 h 一次 3DVAR 同化,共进行 5 次同化。预报时段为 6 日 00:00 UTC 至 8 日 00:00 UTC(共计 48 h)。同化只针对 D1 区域进行,但预报阶段 D2 区域的侧边界条件由外层区域 D1 提供。D1 与 D2 区域双向反馈,D2 区域的逐时输出结果将被用于结果分析。

采用图 8.19 与表 8.2 中的设置(但只启用 D1 区域),实施数值后报为生成循环 3DVAR 所需背景误差协方差(图 8.14 中的 BE,记为 E_B)准备预报数据。2005 年 3 月 1—15 日的 15 d 之内,每天的 00:00 UTC 与 12:00 UTC 为后报起点,进行预报时长为 24 h 的 2 次数值后报(15 d 共计 30 次),保存 12 h 与 24 h 的预报场。利用 NMC(National Meteorology Center)方法计算 E_B:

$$E_B \approx \frac{1}{M}\sum_{t=1}^{M}(x_t^{12\,h}-x_t^{24\,h})(x_t^{12\,h}-x_t^{24\,h})^T \tag{8.6}$$

式中:$x_t^{12\,h}$ 和 $x_t^{24\,h}$ 分别为某次预报 t 的 12 h 和 24 h 预报场;T 表示转置;M 为总预报次数。此公式产生的 E_B 为与模式格点相匹配的 CV5(CV5 的具体含义见网址 https://www.mmm.ucar.edu/models/wrf)型背景误差协方差。

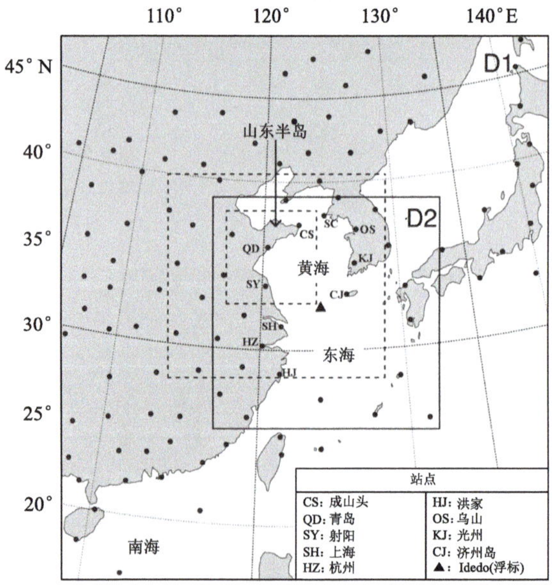

图 8.19 WRF 模式区域设置(D1 与 D2 为大范围海雾(表 8.2)模拟区域,而两个虚线框则是 8.3.3 节中小范围海雾的模拟区域,黑点代表探空站位置)

表 8.2 WRF 模式设置

模式选项	具体设置
模拟区域和分辨率	Lambert 投影,中心点为(32.5°N,123.0°E);两层嵌套,D1 和 D2 的格点数分别为 100×120 和 151×151,水平分辨率分别为 30 km 和 10 km;垂直有 44 个 η 层*

续表

模式选项	具体设置
时间步长	自适应时间步长(D1 区域为 60～120 s)
PBL 方案	YSU(Yonsei University) 方案
积云对流参数化	Kain-Fritsch 方案
微物理	Purdue-Lin 方案
长/短波辐射	RRTM 方案
陆面模型	Noah 陆面模式

* η=1.0000,0.9975,0.9925,0.9850,0.9775,0.9700,0.9540,0.9340,0.9090,0.8800,0.8506,0.8212,0.7918,0.7625,0.7084,0.6573,0.6090,0.5634,0.5204,0.4798,0.4415,0.4055,0.3716,0.3397,0.3097,0.2815,0.2551,0.2303,0.2071,0.1854,0.1651,0.1461,0.1284,0.1118,0.0965,0.0822,0.0689,0.0566,0.0452,0.0346,0.0249,0.0159,0.0076,0.0000

在 12 h 同化窗内,只有 4 个时刻存在卫星数据(5 日 18:00 UTC 的卫星数据缺失),反演这 4 个时刻的海雾雾区与厚度之后进行离散化处理。在离散化过程中,取 ΔH 为 0.1°,垂直分层(即 ΔZ 的设置)与背景场垂直分层保持一致。

共设计 5 个同化试验,如表 8.3 所示。Exp-A 为控制试验,仅同化 OBS 数据,不同化海雾湿度探空数据。Exp-B 至 Exp-E 均同化 OBS 与海雾湿度探空数据。其中,Exp-B 用来观察同化海雾湿度探空数据的效果,Exp-C 与 Exp-D 用来探究海雾反演中雾体厚度误差对同化效果的影响,而 Exp-E 用来考察雾底反演误差的影响。雾底误差是指海雾雾区反演中没有区分海雾与底部脱海的低层云(这也是目前海雾反演的一个难题)。假设 Exp-B 的雾体厚度为 H_{fog},那么 Exp-C 与 Exp-D 的雾体厚度分别为 1.25 H_{fog} 与 0.75 H_{fog},Exp-E 中的雾顶高度与 Exp-B 中的一致,但是雾底被抬高了 0.25 H_{fog}。

表 8.3 大范围海雾个例的数值试验

试验	具体设置
Exp-A	只同化 OBS 数据
Exp-B	同化 OBS 和海雾湿度探空数据(雾体厚度为 H_{fog})
Exp-C	同 Exp-B,但为 1.25 H_{fog}
Exp-D	同 Exp-B,但为 0.75 H_{fog}
Exp-E	同 Exp-B,但雾底抬升 0.25 H_{fog}

8.3.2.3 同化效果评估与分析

选取 Exp-A 与 Exp-B 预报结果中 3 个时刻(3 月 6 日 06:00 UTC,3 月 6 日 18:00 UTC,3 月 7 日 06:00 UTC),直观地展示同化海雾湿度探空数据的效果(图 8.20)。将图 8.20 中的预报雾区与观测雾区(图 8.18)进行对比发现,Exp-A 与 Exp-B 皆较好地呈现了海雾演变过程,Exp-A 的预报雾区比观测雾区偏小一些,Exp-B 的预报雾区则更接近观测事实。

为了客观地评价不同试验预报雾区之间的差异,采用 4 种雾区检验评分:击中率(POD,probability of detection)、误报率(FAR,false alarm rate)、偏差(bias)、公正预兆评分(ETS,equitable threat score),公式如下:

$$S_{POD}=\frac{H}{O} \tag{8.7}$$

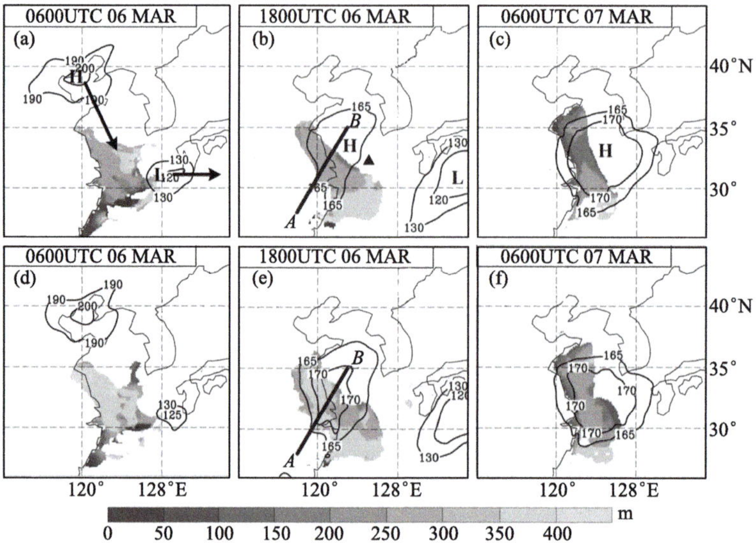

图 8.20 Exp-A(a～c)与 Exp-B(d～f)试验 3 个时刻预报雾区的对比。1000 hPa 面上的几根位势高度等值线勾勒出了控制海雾演变的低层高(H)低(L)压系统,箭头表示了高低压系统的移动趋势。图 b 中的黑色三角为浮标 Idedo 位置,图 b、e 中的线段 AB 为图 8.21 垂直剖面所在位置

$$S_{\mathrm{FAR}}=\frac{F-H}{F} \tag{8.8}$$

$$S_{\mathrm{bias}}=\frac{F}{O} \tag{8.9}$$

$$S_{\mathrm{ETS}}=\frac{H-R}{F+O-H-R} \tag{8.10}$$

式中:S_{POD}、S_{FAR}、S_{bias} 和 S_{ETS} 分别代表 POD、FAR、bias 和 ETS,O 和 F 分别为观测和预报雾区的格点数;H 为正报雾区(观测有雾,预报也有雾)的格点数;$R=F\times O/N$ 为随机击中项,N 为检验区域的格点数之和。根据公式可知,S_{POD} 关注正报雾区所占比例,正报雾区越大,评分越高;S_{FAR} 关注误报雾区(观测有雾,预报无雾)所占比例,误报雾区越大,评分越高;S_{bias} 是预报雾区和观测雾区的面积之比,预报雾区偏小,则 $S_{\mathrm{bias}}<1$;S_{ETS} 同时考虑 S_{POD}、S_{FAR} 和 S_{bias},是一种综合评分。

观测雾区由图 8.15 所示的全天候反演算法获取,但此算法无法识别有高云覆盖的海雾雾区。预报雾区(或模拟雾区)则模仿卫星鸟瞰方式,根据模式云水含量来诊断,这样便于与卫星云图进行有效的直接比较。具体做法是,从 500 m 高度往下根据模式层云水含量计算出海雾高度,将其水平空间分布判断为雾区,判据是云水含量不小于 0.016 g/kg 且高度低于 400 m。

表 8.4 列出了所有试验的雾区检验评分结果。与 Exp-A 相比,Exp-B 至 Exp-E 各评分均有不同程度的提高,除了 S_{FAR} 评分(它越小越好)。所有试验的 S_{bias} 评分均小于 1,说明并未出现过大的预报雾区。Exp-C 至 Exp-E 的雾区统计结果略优于 Exp-B 的结果,这表明反演海雾厚度可能存在误差;尽管这些试验中反演的雾体厚度有 25%的变化,但是其 S_{POD} 与 S_{ETS} 评分仅分别提高了 4.5%～8.2%与 2.1%～4.8%,也表明目前海雾厚度反演可以接受。

表 8.4　大范围海雾个例的数值试验水平雾区统计评分结果

试验	评分				相比 Exp-A 的提升/%			
	S_{POD}	S_{FAR}	S_{bias}	S_{ETS}	S_{POD}	S_{FAR}	S_{bias}	S_{ETS}
Exp-A	0.544	0.235	0.712	0.372	—	—	—	—
Exp-B	0.652	0.264	0.885	0.427	19.9	12.3	60.1	14.8
Exp-C	0.651	0.248	0.849	0.437	19.7	−5.5	47.6	17.5
Exp-D	0.697	0.285	0.974	0.445	28.1	−21.3	91.0	19.6
Exp-E	0.677	0.279	0.938	0.435	24.4	−18.7	78.5	16.9

对于表 8.4 中所有试验来说，模式设置与侧边界条件完全一致，唯一的不同在于初值场。因此，基于 Exp-A 与 Exp-B，细致分析同化海雾湿度探空对初始场的影响。2006 年 3 月 6—7 日黄海天气形势见图 8.20，此次海雾受低层高低压系统的支配。如图 8.20a 所示，伴随低压系统的东移与逼近黄海的高压系统影响，黄海南部雾区逐渐向东北方向扩展。3 月 6 日 08:00 UTC 至 7 日 06:00 UTC，黄海上空受制于高压系统（图 8.20b、c）。Exp-B 模拟的高压相比于 Exp-A 而言，其强度更强且更偏东北向（分别比较图 8.20e、f 与图 8.20b、c）。这导致 Exp-B 的预报雾区比 Exp-A 向东北方向扩展更广，以及 S_{POD} 和 S_{ETS} 评分更高。为更清晰地说明高压系统对海雾发展的影响，沿图 8.20b、e 中穿过高压中心的 *AB* 线做垂直剖面（图 8.21）。图 8.21 显示，在海雾之上存在较强逆温层和下沉运动，但 Exp-B 中的逆温和下沉运动均强于 Exp-A，使得吹向雾体的风场在同化海雾湿度探空数据后显著减弱（见虚线框中的矢量），有利于海雾发展（即雾区扩大；见云水含量等值线）。

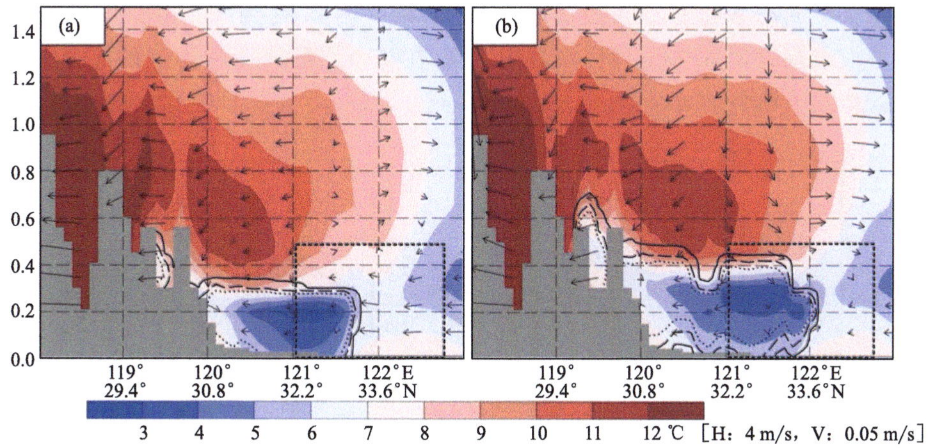

图 8.21　2006 年 3 月 6 日 18:00 LST 沿图 8.20 中 *AB* 线的垂直剖面（填色和矢量分别代表温度(℃)和风场(m/s)。实线、虚线和点线分别代表 0.016 g/kg、0.1 g/kg 和 0.2 g/kg 混合比分布。虚线方框是为了凸显 Exp-A 与 Exp-B 的流场差异对雾区的影响。H 与 V 分别表示水平与垂直风速。）
(a) Exp-A；(b) Exp-B

海上浮标（图 8.20b 中黑色三角形）观测同样证明了 Exp-B 的结果优于 Exp-A。浮标观测与预报温度和相对湿度的比较如图 8.22 所示。此处以 RH≥95%作为雾的阈值，如果 RH 小于该阈值，则认为无雾。在 48 h 的观测时段内，有大约 6 h 的 RH 为 91%（无雾）的时段。同样无雾时段也出现于 Exp-A 与 Exp-B 的模拟结果之中，但是 Exp-A 中该时段过长且 RH

仅为 85%左右；而 Exp-B 有 6 h 的无雾时段且 RH 约为 93%，虽然滞后 5 h，但整体变化趋势更符合观测。对于温度来说，Exp-B 比 Exp-A 更接近于观测，尤其是前 24 h 预报结果。

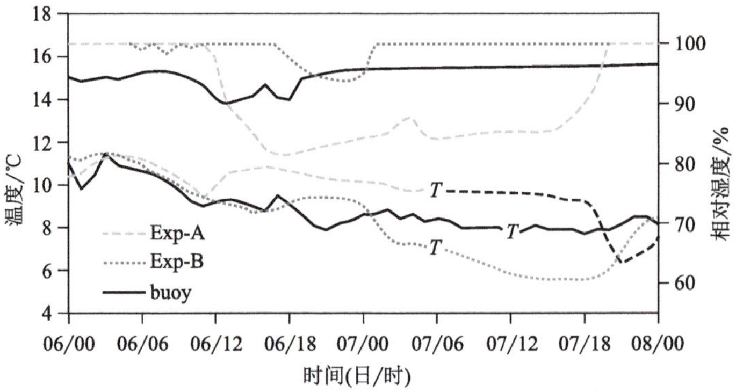

图 8.22　浮标 Idedo 处观测和预报时间序列的比较（标有“T”的曲线代表温度，其他曲线则为相对湿度）

初始场中海上低层大气的温度与湿度的描述是否准确，直接影响海雾预报效果。利用黄海沿岸的探空数据(图 8.19)，对初始场中温度、混合比与观测之间的均方根误差(记为 E_{RMSE})及偏差进行了统计。结果表明(图略)：对于温度，Exp-B 的 E_{RMSE} 小于 Exp-A，特别是 500 m 高度以下；对于混合比，在 500 m 以下，同化海雾湿度探空数据后使得 Exp-B 的边界层比观测偏湿 0.3 g/kg，而 Exp-A 比观测偏干 0.2 g/kg。总之，Exp-A 低层大气的水汽状态比观测偏干，而 Exp-B 比观测偏湿。

进一步对 Exp-A 和 Exp-B 的 12 h、36 h 与 48 h 预报场和探空观测进行比较，结果发现几乎在所有垂直层 Exp-B 比 Exp-A 更接近观测(图略)。图 8.23 为 850 hPa 以下所有探空垂直层平均均方根误差的时间序列，可以清楚地看到，在整个预报阶段，Exp-B 的混合比、温度与风的均方根误差几乎均小于 Exp-A。

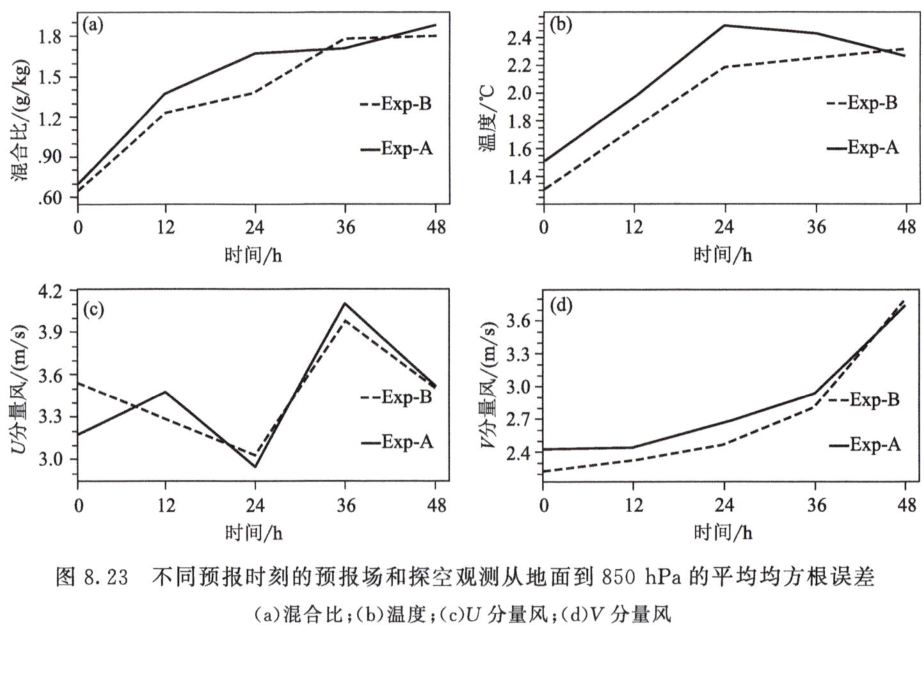

图 8.23　不同预报时刻的预报场和探空观测从地面到 850 hPa 的平均均方根误差

(a)混合比；(b)温度；(c)U 分量风；(d)V 分量风

8.3.3 个例研究——小范围沿岸海雾

前文针对一次大范围海雾的数据同化试验表明，同化海雾湿度探空数据能够显著改进初始场质量，大幅提升海雾预报效果。下面以山东半岛南岸的一次小范围沿岸海雾作为研究对象，再次测试同化海雾湿度探空数据的预报效果。图 8.24 为此次海雾的生成、演变与消散过程。在午夜之后，青岛外海有小片海雾产生(图 8.24a)，雾区沿着山东半岛南岸逐渐向东北方向移动并扩展(图 8.24b～f)。

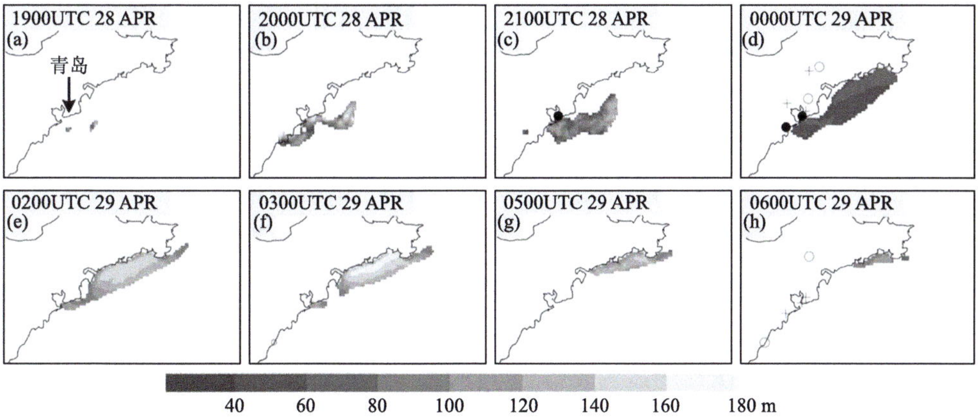

图 8.24 小范围沿岸海雾的生成、演变与消散过程(灰色填充为雾区，灰度表示海雾厚度，“+”“o”的含义见图 8.18)

针对此次海雾，设计了 2 个数据同化试验(表 8.5)：Exp-OBS 仅同化 OBS 数据，Exp-RH 同时同化 OBS 与海雾湿度探空数据。模式设置与大范围海雾个例相同，但是其区域设置采用更高分辨率，外区与内区分别为 10 km 与 2.5 km(见图 8.19 中的虚线方框)。同化窗设为 8 h (4 月 28 日 12:00 UTC 至 20:00 UTC)，3DVAR 同化间隔为 1 h。在 28 日 21:00 UTC 之前，海雾处于初始阶段(图 8.24a、b)；3 h 之后(图 8.24d)，青岛站(记为 QD)和成山头站(记为 CS)有探空观测。在同化窗内，仅在 19:00 UTC 与 20:00 UTC 反演得到海雾湿度探空数据(图 8.24a、b)。海雾预报起点为 4 月 28 日 21:00 UTC，此后 9 h 为预报时段。图 8.25 为 Exp-OBS 与 Exp-RH 的预报雾区。Exp-OBS 预报彻底失败，没有预报出任何雾区；相比之下，Exp-RH 的预报较为成功，但其预报雾区比观测雾区明显偏大。

表 8.5 小范围海雾的数值试验

试验	具体设置
Exp-OBS	只同化 OBS 数据
Exp-RH	同化 OBS 和海雾湿度探空数据

对比 3 h 预报场与 29 日 00:00 UTC 青岛站与成山头站探空观测(图 8.26)，尽管 Exp-OBS 的 3 h 预报场再现了逆温层(图 8.26a、c)，却对雾区预报没有作用。在约 1 km 高度以下，Exp-OBS 预报的海上大气边界层比实际观测偏干；尤其约 100 m 高度之下，Exp-OBS 预报的湿度廓线比青岛站与成山头站都要偏低约 1.5 g/kg(图 8.26b、d)。Exp-OBS 模拟雾区的失败应当归于海上大气边界层内没有充足的水汽条件。相比 Exp-OBS，Exp-RH 对于温度

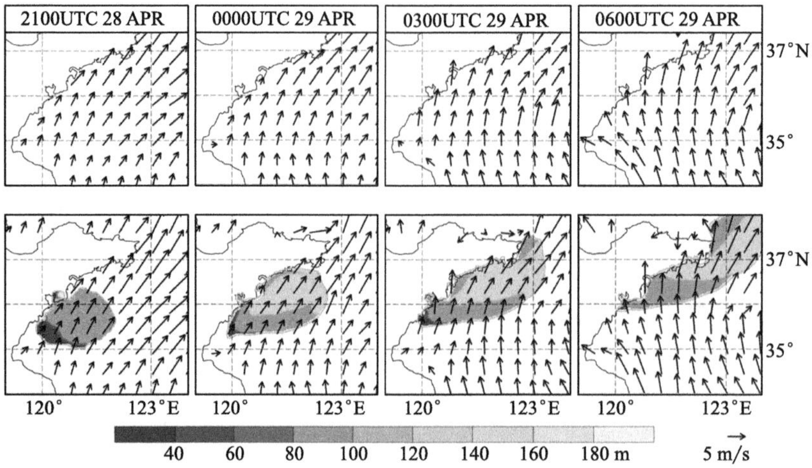

图 8.25 Exp-OBS(上)与 Exp-RH(下)预报雾区比较

(灰色填充为雾区,灰度表示海雾厚度,风矢为海面 10 m 风场)

层结并没有显著改善(图 8.26a、c),但它大幅纠正了约 170 m 高度以下水汽偏干的状况(图 8.26b、d),这个高度下面正对应海雾的发生(图 8.24)。Exp-RH 预报雾区偏大的原因是向岸风速偏小。分析 Exp-RH 的风场表明,预报的近岸风大约为 3 m/s,弱于观测结果。

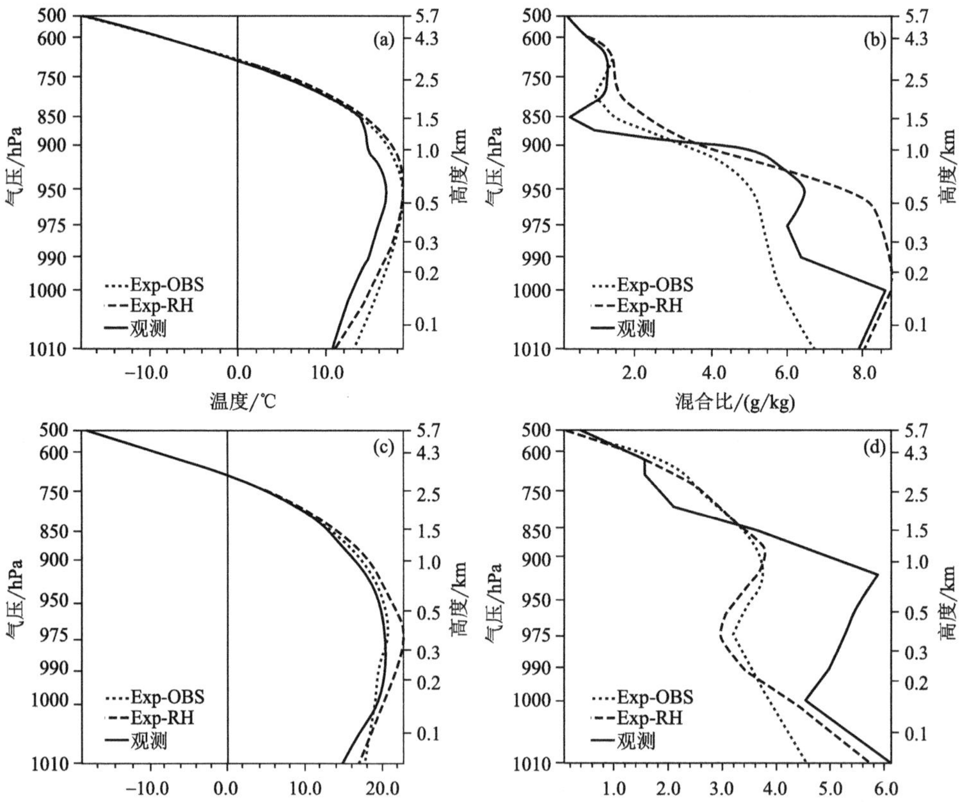

图 8.26 Exp-RH 和 Exp-OBS 的 3 h 预报廓线与青岛站(a、b)和成山头站(c、d)探空观测比较

8.3.4　同化方案应用效果

为了检验海雾湿度探空数据的同化预报效果，另外选取了 2008—2012 年 10 次黄海海雾个例进行了一系列试验。这些试验的同化窗、同化间隔与预报时长分别为 12 h、3 h 与 24 h。为得到可靠的统计结果，在保证预报时段存在观测雾区尽可能清晰的条件下(即保证卫星反演雾区尽可能准确)，设置这些个例的预报起点，见表 8.6 最左列，此起点之前的 12 h 即为同化窗。

同化预报试验分为 2 组：一组与 Exp-A 相同，仅同化 OBS 数据(记为 Group-A)，另一组同 Exp-B，同时同化 OBS 与海雾湿度探空数据(记为 Group-B)。所有试验采用表 8.2 中 WRF 设置。利用 NMC 方法(式(8.6))为每个试验生成 CV5 型背景误差协方差。预报雾区的检验评分与大范围海雾个例中的做法一样，此外统计了初始时刻 D2 区域内所有探空站地面至 850 hPa 的观测变量(混合比与温度)与模式变量的平均均方根误差(表 8.6)。表 8.6 中个例次序按照 Group-B 相比于 Group-A 的 ETS 改进程度从大到小排列，S_{POD}、S_{FAR} 与 S_{bias} 评分在表中没有给出；E_q 与 E_T 分别表示混合比与温度的均方根误差。

表 8.6　10 次海雾个例预报试验的统计结果

个例		Group-A			Group-B		
编号(年-月-日_时)(UTC)		S_{ETS}	E_q/(g/kg)	E_T/℃	S_{ETS}	E_q/g/kg	E_T/℃
1	(2012-05-09_12)	0.009	2.23	2.26	0.144(**1500**)	1.91(**14.3**)	1.84(**18.6**)
2	(2009-04-09_12)	0.032	0.90	1.05	0.327(**918.1**)	0.68(**24.4**)	0.97(**7.6**)
3	(2008-04-28_12)	0.049	1.40	1.74	0.404(**733.2**)	1.08(**22.9**)	1.62(**6.9**)
4	(2012-03-27_12)	0.101	0.80	1.16	0.332(**229.9**)	0.74(**7.5**)	1.04(**10.3**)
5	(2010-02-22_12)	0.274	0.63	1.22	0.418(**52.5**)	0.52(**17.5**)	1.14(**6.6**)
6	(2007-02-05_12)	0.168	0.86	1.17	0.252(**49.9**)	0.73(**15.1**)	1.07(**8.5**)
7	(2010-04-04_12)	0.227	0.79	1.21	0.331(**45.8**)	0.69(**12.7**)	1.12(**7.4**)
8	(2011-03-12_12)	0.206	0.66	1.36	0.274(**33.4**)	0.66(**0.0**)	1.36(**0.0**)
9	(2011-05-17_00)	0.397	1.17	1.31	0.438(**10.2**)	0.92(**21.4**)	1.22(**6.9**)
10	(2009-05-02_12)	0.503	1.03	0.99	0.469(**−6.8**)	0.84(**18.4**)	0.87(**12.1**)
平均值		0.197	1.05	1.35	0.339(**72.1**)	0.88(**16.2**)	1.23(**8.9**)

注：Group-B 中括号里面的粗体数字表示相对于 Group-A 试验的改进率(%)。

表 8.6 中的统计结果表明，Group-B 显著好于 Group-A，前者相对后者的 S_{ETS}、E_q 与 E_T 的平均改进率分别为 72.1%、16.2%与 8.9%。Group-A 中个例 1～3 的预报雾区几乎失败(ETS 评分接近于 0)，而 Group-B 对这些个例的改进率分别约为 1500%、918%和 733%。Group-B 相对于 Group-A 而言，水汽与温度场均得到不同程度的改进。这说明，同化海雾湿度探空数据不仅改善了海上大气边界层的水汽条件，而且改善了温度层结。这些改进使得某些个例得以成功预报，而这些个例在 Group-A 中则因水汽不足而预报失败。图 8.27 为两组试验初始场的混合比与探空观测(黄海沿岸 9 个探空站点，见图 8.19)在地面至 850 hPa 之间的平均偏差，反映的是初始场中大气边界层的湿度状态，如正偏差表示偏湿，而负偏差则意味偏干。除去个例 2 与个例 8，Group-A 的海上大气边界层均比观测偏干；Group-B 减小了这种

干偏差，甚至出现湿偏差，例如个例 5 与个例 8。值得注意的是，个例 8 在 Group-A 中已经基本得以成功预报。个例 2 的湿偏差减小至 0，而个例 5 与个例 8 分别增加至 0.2 g/kg 与 0.3 g/kg。个例 5 与个例 8 的 S_{bias} 的负改进（表 8.6 中没有给出）应当是由于这种过湿的偏差造成的。

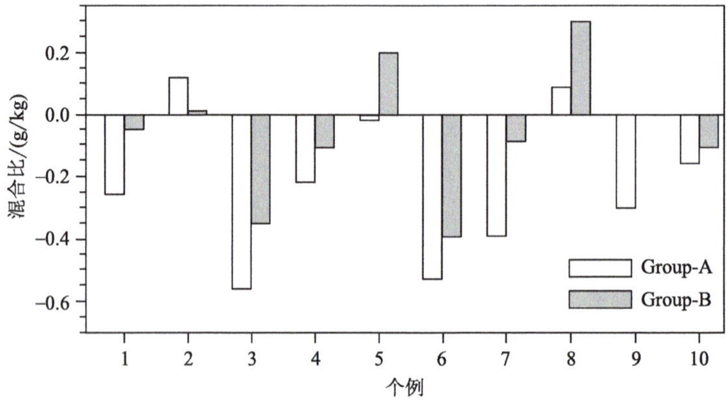

图 8.27　两组试验初始场的混合比与探空观测在地面至 850 hPa 之间的平均偏差

8.4　海雾数值预报——集合预报

虽然数据同化可以改进海雾模拟与预报的初始场，但数值模式本身的误差始终是存在的，尤其是目前的数值天气预报模式中有些参数化方案尚不能准确描述海雾过程，因此集合预报（ensemble forecast）已成为海雾数值预报的一个重要发展趋势。本节尝试了一次黄海海雾的集合预报，并将其结果与决定性预报（deterministic forecast）结果进行了对比分析（高山红 等，2014）。

8.4.1　集合预报方案

得益于先进的系统构架与同化模块，WRF 模式是研究黄海海雾的一个常用模式。基于 WRF 模式的循环 3DVAR（其流程见图 8.14）可以同化一段时间之内的多种常规与非常规观测数据（图 8.14 中的 OBS），有效改进海雾模拟的初始场质量。强烈影响 3DVAR 同化结果的一个重要因子是背景误差协方差（图 8.16 中的 BE）。尽管 WRF-3DVAR 有 3 种不同控制变量（Control Variable，记为 CV）形式的背景误差（CV3、CV5 与 CV6；详见 https://www.mmm.ucar.edu/models/wrf），但皆是没有考虑实际天气系统变化的气候态静态误差协方差（即各向同性且不随时间变化）。

“流依赖（flow-dependent）”（即各向异性且随时间变化）的背景误差协方差除了在四维变分（记为 4DVAR）同化中被考虑之外，在基于集合（ensemble-based）的同化方法中也可以被引入。基于 WRF-3DVAR 的 Hybrid-3DVAR（或称 Ensemble-3DVAR）就是后者中的一个典型代表（Wang et al.，2008），图 8.28 示意性地给出了它的同化过程。Hybrid-3DVAR 包含如下 4 步：

第 1 步，同化分析时刻的背景场集合体由前一同化时刻的分析场集合体逐一预报得到；

第 2 步，计算集合预报扰动（ensemble perturbations）与杂合代价函数（hybrid cost function）所用的流依赖误差协方差；

第 3 步，通过集合转置卡尔曼滤波方法（Ensemble Transform Kalman Filter，记为 ETKF）对观测加以扰动；

第 4 步，对杂合代价函数求最小化，获取分析增量从而得到分析场。

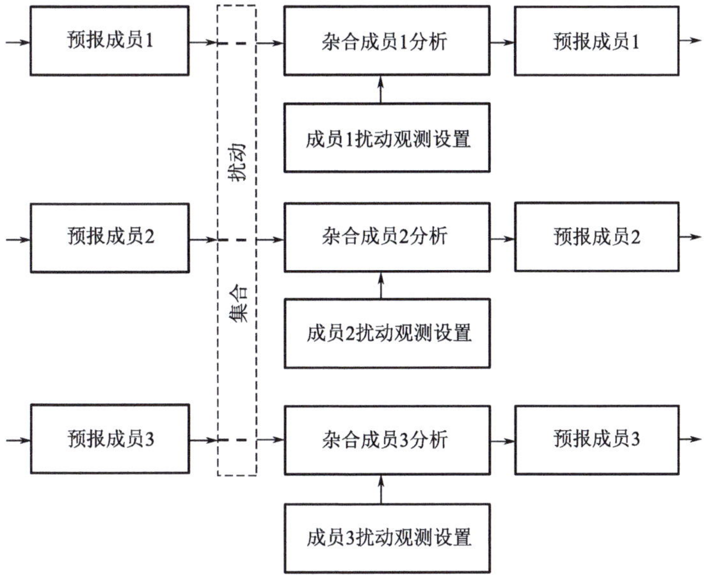

图 8.28　假定只有 3 个成员的集合-三维变分预报-分析循环的概念示意

此过程是基于 WRF-3DVAR 框架进行的，相当于 1 步 3DVAR（图 8.16 中的虚线部分）；如同循环 3DVAR（图 8.16），Hybrid-3DVAR 也可以循环“接力”操作。Hybrid-3DVAR 同化过程中有 2 类参数非常重要，一是局地化尺度参数（包含水平尺度 L_{hor} 与垂直尺度 L_{ver}；前者需要设置，而后者通常在 WRF 同化模块缺省给定）；二是依靠统计得到的 3DVAR 静态误差协方差与源于集合体的流依赖误差协方差之间的“杂合（hybrid）”程度的权重系数，二者的关系由 $1/\beta_1+1/\beta_2=1$ 中的两个权重系数 β_1 与 β_2 共同调节。如果 β_1 与 β_2 皆取值 2，那么意味着静态误差协方差与流依赖误差协方差各占 1/2。

集合预报的初始场集合体生成方法有 3 种：经典的蒙特卡罗随机扰动法、奇异向量法（Molteni et al.，1996）与孵化法（又称增长繁殖法）（Toth et al.，1997）。这里采用第 1 种方法，对模式主要预报变量如风速、温度、湿度与位势高度等，进行扰动，扰动满足正态分布且其协方差与 WRF-3DVAR 所用的静态背景误差协方差一致。黄海深受对马暖流、黄海暖流及沿岸流等的影响，往往造成沿岸特别是浅水海域海温变化相对强烈。为保证海温扰动场能体现这个特征，首先通过统计涵盖海雾个例发生时段近 7 d 的海温变化趋势，也就是计算这 7 d 海温的均方根误差作为海温变化的形势场；然后借助 EnKF（Ensemble Kalman Filter）随机扰动工具得到海温扰动场，让其协方差场与该形势场保持一致。这些海温扰动场的尺度设为 100～200 km，均值为 0 ℃且离散度设为 0.85 ℃（Xie et al.，2008）。

8.4.2 集合预报试验

选取 8.3.2 节中的 2006 年 3 月 6—8 日的黄海海雾作为集合预报对象。WRF 模式的基本设置，如同化数据、模拟区域、物理选项、背景场、海温数据，还有静态背景误差协方差等，与 8.3.2 节中试验 Exp-A 保持一致。

所有试验利用 Hybrid-3DVAR 进行数据同化，在同化终点（也为预报起点）得到的分析场集合体用来开展集合预报，或求此集合体的平均进行决定性预报。试验的运行流程如图 8.29 所示，分为 3 个部分：初始集合体（成员数＝N）生成阶段（3 月 5 日 02:00 LST 至 5 日 08:00 LST，Spin-up Forecast 时长 6 h），数据同化阶段（3 月 5 日 08:00 LST 至 6 日 08:00 LST，同化窗 Da Cycling 时长 24 h）与预报阶段（3 月 6 日 08:00 LST 至 8 日 08:00 LST，Ensemble/Deterministic Forecast 时长 48 h）。可以看到，初始场扰动相对于同化起点提前了 6 h，目的是让集合体各成员在进入同化之前进行动力调整。

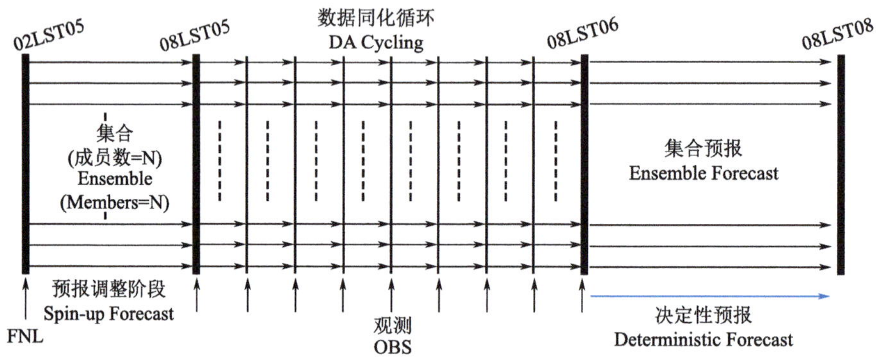

图 8.29 集合预报试验设计流程

设计并运行了 2 组数值试验，分别见表 8.7 与表 8.8，其中后者是在前者的基础上进一步展开的。第一组试验目的是在边界层方案固定的前提下，考察海温扰动加入与否对集合预报结果的影响以及相对决定性预报的优势如何。在 WRF 模式所有边界层方案中，YSU 方案与 MYNN(Mellor-Yamada-Nakanishi-Niino)方案比较适合海雾，它们不相伯仲。因此，第二组试验的设计目的是，考察不同集合成员采用 YSU 与 MYNN 方案对集合预报结果的影响。

表 8.7 第一组试验设计

试验	内容
Exp-Det	决定性预报
Exp-Ens	没有加入海温扰动的集合预报
Exp-EnsS	加入了海温扰动的集合预报

表 8.8 第二组试验设计

试验	内容
Exp-DetY	采用 YSU 方案的决定性预报
Exp-DetM	同 Exp-DetY，但采用 MYNN 方案
Exp-YS	集合预报，同表 8.7 中的 Exp-EnsS
Exp-MS	同 Exp-YS，但采用 MYNN 方案
Exp-MY	同 Exp-YS，但 1/2 的集合体成员采用了 MYNN 方案

已有的研究结果表明，Purdue-Lin 方案为黄海海雾模拟的最佳微物理方案。因此，所有试验的微物理方案选为 Purdue-Lin 方案。集合成员数 N 为 40，同化间隔为 3 h，一共进行了 9 次 Hybrid-3DVAR 同化过程，目的是让预报时刻初始场集合体的离散度能尽量代表模式误差。在预报阶段，输出间隔为 1 h；实施海温扰动时，为避免它随时间急剧变化，每个集合成员的海温扰动在整个预报时段保持不变，而不同成员之间是不同的。此外，Hybrid-3DVAR 中局地化水平尺度 L_{hor} 设为 600 km，而误差协方差权重 β_1 与 β_2 皆设为 2。

8.4.3　结果分析：第一组试验

8.4.3.1　雾区检验方法

结果检验主要针对不同浓度（即能见度 X_{vis}）等级的预报雾区。这涉及 3 个方面：一是如何获取不同浓度等级的观测雾区，二是如何从预报结果中诊断不同浓度等级的预报雾区，三是如何评估这两者的"吻合度"。

观测雾区的获取方法采用图 8.15 所示的全天候反演算法，模式预报海面能见度的诊断方法以及雾区检验评分方法同 8.3.2.3 节中的介绍。对于不同浓度等级的雾区①，根据模式底层云水含量与满足条件"雾顶高度＜400 m"进行判别。对应 X_{vis} = 1 km、500 m、200 m 与 50 m 的云水含量分别为 0.015 g/kg、0.029 g/kg、0.081 g/kg 与 0.390g/kg。与决定性预报不同，集合预报采取的是概率雾区。图 8.30 展示了集合预报试验 Exp-Ens 与 Exp-EnsS 在海雾旺盛阶段不同预报概率的海雾雾区。

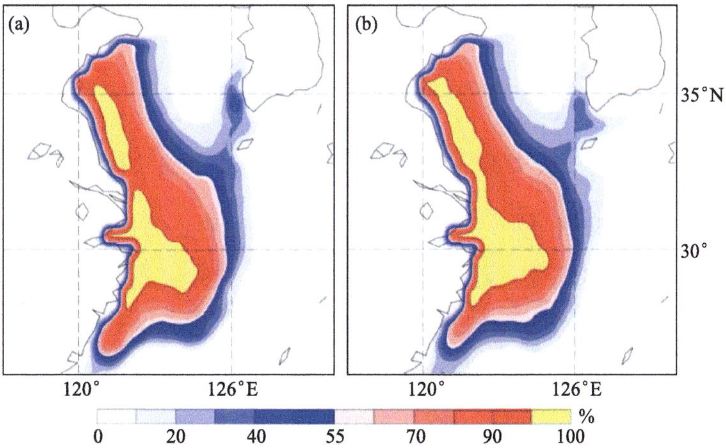

图 8.30　集合预报试验 Exp-Ens(a)与 Exp-EnsS(b)分别给出的 2006 年 3 月 7 日 14:00 LST 不同预报概率的海雾雾区

8.4.3.2　结果分析

(1)雾区

图 8.31 给出了第一组试验预报雾区（X_{vis} ≤1 km）的统计评分，首先聚焦集合预报试验(Exp-Ens 与 Exp-EnsS)结果，可以清楚地看到，S_{POD}、S_{FAR} 与 S_{bias} 存在这样的趋势：预报概率

① 《气象灾害预警信号发布与传播办法》(中国气象局令，第 16 号，2007 年 6 月 12 日）规定了水平能见度分别≤500 m、200 m、50 m 作为 3 种大雾等级。

较小时，评分较高；随着预报概率变大，评分降低。尽管预报概率 10%的 S_{POD} 将近 0.94，但对应的 S_{bias} 与 S_{FAR} 分别达到 1.40 与 0.36 左右，这表明一小部分集合成员的预报雾区远大于观测雾区，所以综合评分 S_{ETS} 并非最高。S_{ETS} 评分显示，预报概率 30%的 S_{ETS} 之值为 0.565，为最高；但对应的 S_{bias} 与 S_{FAR} 却分别约为 1.15 与 0.27。理论上来说，集合平均预报场（预报概率为 50%）统计意义上具有最高的预报水平；对于雾来讲，一般预报概率阈值不能选取过大或过小，40%～50%为最佳阈值。综合考量之下，此后选用 50%作为用于评价集合预报结果的概率阈值。

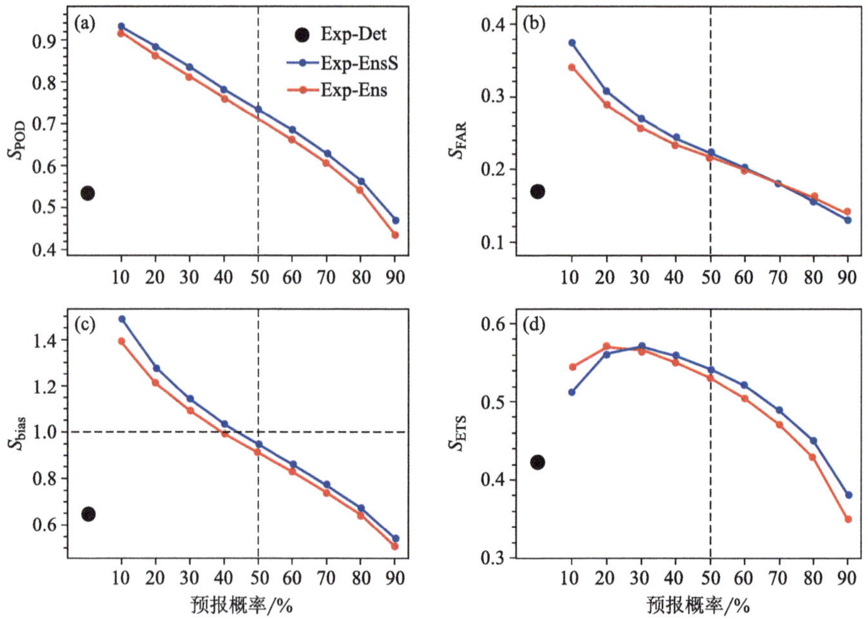

图 8.31　第一组试验预报雾区统计评分（Det 表示决定性预报，下同）

图 8.31 显示，决定性预报（Exp-Det）的评分大致与预报概率 80%的集合预报评分相当，S_{ETS} 仅为 0.421，远小于概率 50%的集合预报结果（约 0.535）。同时注意到，同为集合预报，添加海温扰动的试验（Exp-EnsS）结果明显优于没有添加海温扰动的试验（Exp-Ens）结果，如 S_{POD} 在所有预报概率上前者大于后者，预报概率 30%以上的 S_{ETS} 前者也大于后者。这表明在海雾预报阶段，海温扰动产生了正影响，提高了预报评分。

由于 WRF 模式所给出 X_{vis} = 50 m 的雾区与 X_{vis} =200 m 的雾区几乎没有差别，表 8.9 只统计了 3 种浓度等级（分别为 $X_{vis} \leqslant 1$ km、$X_{vis} \leqslant 500$ m 与 $X_{vis} \leqslant 200$ m）下的 S_{POD}、S_{bias} 与 S_{ETS} 评分，计算了预报概率 50%集合预报的结果相对于决定性预报的改进百分率。在表 8.9 中可以清晰地看到，对于$X_{vis} \leqslant 1$ km 的雾区预报，试验 Exp-Ens 的 S_{POD}、S_{bias} 与 S_{ETS} 评分相对于决定性预报试验 Exp-Det，分别改进了 33.0%、74.4%与 25.9%；而试验 Exp-EnsS 则为 36.6%、83.1%与 28.5%。这显示，集合预报确实明显优于决定性预报；尽管海温扰动后预报评分有所提高，但幅度较小，如 S_{ETS} 提高幅度仅为 2.6%（28.5%与 25.9%之差）。然而，观察对于浓雾（$X_{vis} \leqslant 500$ m 与 $X_{vis} \leqslant 200$ m）雾区预报的统计评分结果，发现此评分提高幅度显著增长了，如 $X_{vis} \leqslant 500$ m 时，S_{POD}、S_{bias} 与 S_{ETS} 的提高幅度分别为 9.6%、9.0%与 10.4%，而 $X_{vis} \leqslant 200$ m 时则为 13.7%、8.6%与 15.1%。这表明，添加海温扰动更有利于浓雾预报。

表 8.9 决定性预报与概率阈值 50%的集合预报不同能见度雾区的统计评分比较

	试验	S_{POD}	S_{bias}	S_{ETS}
$X_{vis}\leqslant 1$ km	Exp-Det	0.536	0.644	0.421
	Exp-Ens	0.713(**33.0**)	0.909(**74.4**)	0.530(**25.9**)
	Exp-EnsS	0.732(**36.6**)	0.940(**83.1**)	0.541(**28.5**)
$X_{vis}\leqslant 500$ m	Exp-Det	0.447	0.492	0.365
	Exp-Ens	0.485(**8.5**)	0.533(**8.1**)	0.399(**9.3**)
	Exp-EnsS	0.528(**18.1**)	0.579(**17.1**)	0.437(**19.7**)
$X_{vis}\leqslant 200$ m	Exp-Det	0.359	0.395	0.291
	Exp-Ens	0.400(**11.4**)	0.438(**7.1**)	0.327(**12.4**)
	Exp-EnsS	0.449(**25.1**)	0.490(**15.7**)	0.371(**27.5**)

注:括号里面的粗体数字给出了集合预报试验相对决定性预报试验的改进百分率。

(2)海上大气边界层温湿结构

预报雾区的改进应该来自相关物理场的改善,尤其是在海上大气边界层内温度与湿度的垂直分布。由于海上常规观测数据的匮乏,利用黄海沿岸 9 个探空站(见图 8.19 中 D2 区域内有标记的站)的观测事实来代表海上的大气状态。统计了表 8.7 中所有试验 12 h 预报场(集合预报试验利用 40 个集合成员的平均)与这些探空站的温度、水汽(混合比)及风场(U 与 V 分量)的均方根误差(图略),发现不同试验结果之间的差距主要体现在 975 hPa(约 400 m)以下;这不难理解,因为海雾发展的高度一般不超过 400 m。无论温度、水汽还是风的均方根误差,集合预报皆明显小于决定性预报;添加海温扰动的试验 Exp-EnsS 略优于没有考虑海温扰动的 Exp-Ens,因为前者的温度均方根误差(E_T)与水汽均方根误差(E_q)略小于后者。

然而,沿岸探空观测并不能完全代表海上的大气状况。进一步利用欧洲中期天气预报中心(European Centre for Medium-Range Weather Forecasts,ECMWF)发布的同化了大量海上卫星辐射观测的再分析数据 ERA(ECMWF Reanalysis;0.125°×0.125°,6 h/次)来检验海上大气状态的预报结果,检验范围为图 8.19 中 D2 区域内的海上部分。图 8.32 为 1000 hPa 与 950 hPa 高度上,温度与水汽沿预报时间轴的均方根误差时间序列;图中显示,在所有预报时段集合预报试验的 E_T 与 E_q 皆小于决定性预报试验,而且 Exp-EnsS 比 Exp-Ens 更小。这说

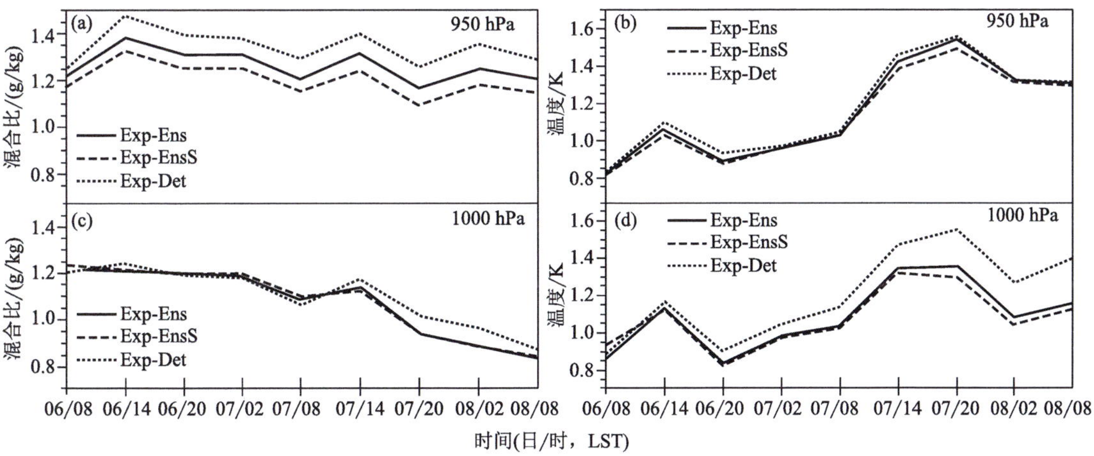

图 8.32 第一组试验预报场与 ERA 数据在海洋区域的均方根误差时间序列

a、b 分别为 950 hPa 的混合比和温度;c、d 分别为 1000 hPa 的混合比和温度

明，集合预报所预报的海上大气边界层状态要优于决定性预报，在集合预报中加入海温扰动能更进一步改善此状态。

8.4.4 结果分析：第二组试验

第一组试验说明，集合预报中添加海温扰动是非常必要的。因此，第二组试验的所有集合预报试验都加入了海温扰动。对第二组试验的结果及其分析主要针对预报雾区。图8.33给出了第二组试验的预报雾区统计评分。同第一组试验的结果一样，集合预报要明显优于决定性预报。无论是集合预报（Exp-YS、Exp-MS）还是决定性预报（Exp-DetY、Exp-DetM），采用YSU方案的结果要优于MYNN方案，边界层方案对预报结果的影响十分明显。

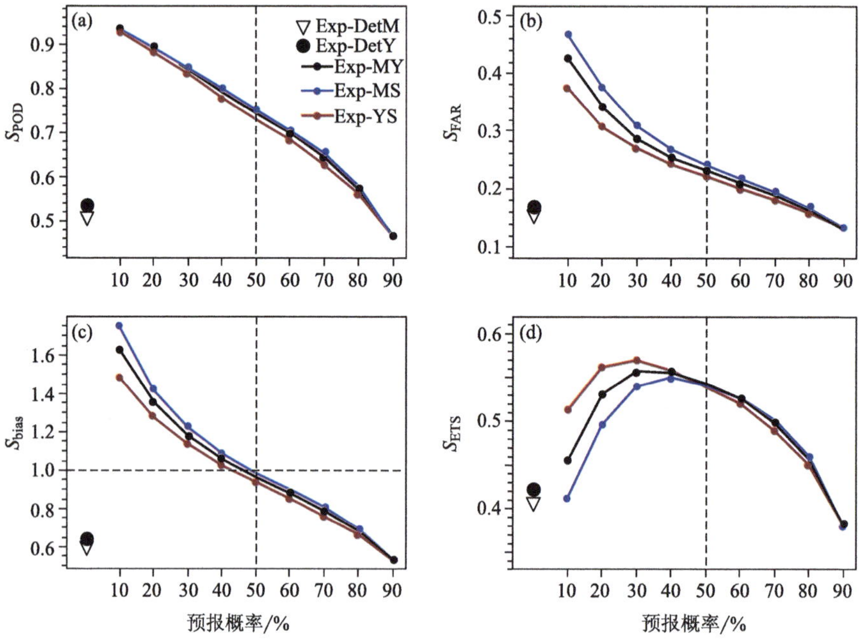

图8.33 第二组试验预报雾区统计评分

但是，假若对本次海雾进行实际业务化预报，事先并不清楚是YSU还是MYNN方案为最合适的PBL方案。因此，降低因边界层方案选用不当而导致预报误差的一种做法是混用YSU与MYNN方案。试验Exp-MY正是这样做的，它一半成员采用了YSU方案而另一半成员则采用了MYNN方案。图8.33所给出的4种评分表明，它的预报结果恰好处于试验Exp-YS与Exp-MS的预报结果之间。试验Exp-YS与Exp-MS预报结果之间的差异主要发生在预报概率小于40%的结果中，而随着预报概率的增大，它们之间的差距越来越小；所有集合预报50%概率的S_{ETS}值几乎相等。这表明，存在这样的一小部分集合成员——它们的结果强烈依赖于边界层方案，但它们的这种影响被其他大多数成员的相互影响所抹掉。图8.33所展示的结果还说明，以50%作为集合预报的评估概率阈值是合适的。

BSS评分（Brier Skill Score，记为S_{BSS}）是用来评价集合预报技巧的一个重要参数，其值越大说明预报技巧越好。它考虑到所有预报概率的结果，计算它需要一个参考值。这里分别选用决定性预报 Exp-DetY 或 Exp-DetM 的结果作为参考值。图 8.34 给出了第二组试验中所有集合预报的 S_{BSS}。从图中清楚地看到:集合预报试验 Exp-MY 的预报技巧在 Exp-YS 与 Exp-MS 之间,但不是它们的平均值,而是更靠近技巧较高的 Exp-YS。

上述结果及其分析表明,集合预报中如果混用 YSU 与 MYNN 方案,可以有效地克服只采取单一 YSU 或 MYNN 方案而可能导致预报结果不佳的情况。

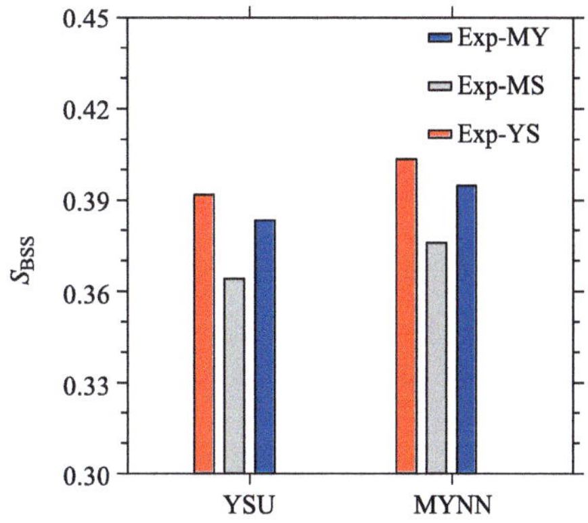

图 8.34　第二组试验中的集合预报 BSS 评分(S_{BSS})

8.5　小结

本章以几个典型的黄海海雾个例为例,展示了海雾数值模拟与预报的 3 个重要方面:机制研究、数据同化与集合预报。需要指出的是,文中内容只是介绍这 3 个方面的常规实施流程,受限篇幅而无法一一尽叙。截至 2023 年,这 3 个方面的内容有很多新进展:如雾顶长波冷却导致的自上而下的浮力湍流与雾顶夹卷对海雾垂直发展的作用机制(Yang et al.,2020),云水平流对海雾水平发展的作用机制(Jin et al.,2022),加入雷达风场同化与温度约束条件的湿度同化对海雾预报效果的改进等(王永明 等,2016;Gao et al.,2023)。海雾数值模拟与预报还面临诸多困难和挑战,以下几个问题需要特别关注。

(1)海雾的生成、演变和消散过程涉及海上大气边界层内的微物理过程与湍流过程。加强对海雾微物理过程(含海洋气溶胶的作用)、湍流过程、微物理过程与湍流过程的相互作用的深入认识,是推动海雾数值模拟与预报向前发展的理论基础。

(2)由于严重缺乏海雾的直接观测数据,中国近海海雾天气过程中的海上大气边界层的结构、海雾特性等认识还相当有限。统筹布局海雾的外场观测,是推动海雾数值模拟与预报向前发展的观测基础。

(3)数值模拟不仅是海雾机制研究的重要手段,而且更是海雾客观预报的必然途径。目前广泛运用于海雾数值模拟与预报的天气预报模式中的大气边界层与微物理方案并不是直接针对海雾研究而设计的。因此,基于海雾机制研究与外场观测信息,进行大气边界层方案与微物理方案的改进,是推动海雾数值模拟与预报向前发展的模式基础。

(4)要利用先进的能够体现流依赖特性的数据同化方法,充分消化吸收已有的常规观测的信息,还要尽可能地同化大量分布于海上的非常规观测,特别是卫星数据。同化的目的不仅仅是改进控制海雾的高低压天气系统,更重要的是要改善海上大气边界层内的湿度与温度分布状态。当然海雾对初始场、海温以及参数化方案的高度敏感性,决定了海雾集合预报发展趋势要重点关注。因此,数据同化与集合预报是海雾数值预报的技术基础。

最后需要指出的是,本章所举海雾实例的目的是从理论与方法上,让读者更好地领会、理解与掌握海雾研究、模拟预报中数值模式的应用方法,不能简单将模拟结果当成观测来使用。鉴于实际海雾生消演变过程的复杂性,从不同海雾个例的模拟结果可能得到与本章不同的结论。

思考题

1. 指出数值模拟与预报、后报与预报，以及实时预报与业务化预报这些概念之间的差别。

2. 海雾数值模拟与预报中存在几个方面的重要问题？

3. 对一次典型的海雾过程进行数值模拟，一般包括哪几块内容？

4. 海雾数值模拟与预报中，数据同化的作用是什么？

5. 海雾数值模拟与预报中，数据同化改进初始场哪些内容是最为关键的？

6. 简述影响海雾数值模拟与预报效果的几个主要模式因素，并解释原因。

7. 为什么要进行海雾的集合预报？

8. 简述海雾数值模拟与预报存在的问题以及发展趋势。

参考文献

《大气科学辞典》编委会,1994. 大气科学辞典[M]. 北京:气象出版社.

范隆,1990. 大洋气候[M]. 许启望,张玉淑,吕春花,等,译. 北京:海洋出版社.

陈千盛,1986. 台湾岛和福建沿岸的雾[J]. 台湾海峡,5(2):101-106.

丁倣尉,张苏平,白慧,等,2011. 黄海雾季开始日期的确定及其年际变化[J]. 中国海洋大学学报,41(4):11-18.

冯士筰,李凤岐,李少菁,1999. 海洋科学导论[M]. 北京:高等教育出版社.

傅刚,宋亚娟,2014. 北太平洋海雾发生频率的气候特征[J]. 中国海洋大学学报(自然科学版),44(10):35-41.

傅刚,李鹏远,张苏平,等,2016. 中国海雾研究简要回顾[J]. 气象科技进展,6(2):21-28.

高荣珍,李欣,2015. 青岛短期降水空漏报及小量降水预报指标分析[J]. 山东气象,35(4):5.

高山红,齐伊玲,张守宝,等,2010. 利用循环 3DVAR 改进黄海海雾数值模拟初始场 I:WRF 数值试验[J]. 中国海洋大学学报:自然科学版,40(10):1-9.

高山红,王永明,傅刚,2014. 一次黄海海雾的集合预报试验[J]. 中国海洋大学学报:自然科学版,44(12):1-11.

郭敬天,2008. 海雾形成与发展机制的观测分析与数值模拟研究[D]. 青岛:中国海洋大学.

郭婷婷,高文洋,高艺,等,2010. 台湾海峡气候特点分析[J]. 海洋预报,27(1):53-58

何云开,黄健,贺志刚,2008. 南海北部近岸春季海雾的年际变化[J]. 热带海洋学报,27(5):6-11.

黄彬,许健民,史得道,等,2018. 黄渤海一次持续性海雾过程形变特征及其成因分析[J]. 气象,44(10):1342-1351.

黄辉军,黄健,刘春霞,等,2009. 茂名地区海雾的微物理结构特征[J]. 海洋学报,31(2):17-23.

黄辉军,黄健,毛伟康,等,2010. 茂名地区海雾含水量的演变特征及其与大气水平能见度的关系[J]. 海洋学报,32(2):40-53.

黄惠镕,韩美,潘宁,等,2019. 福建一次春季海雾的边界层特征及其成因分析[J]. 海峡科学,3:12-15.

黄健,王斌,周发琇,等,2010. 华南沿海暖海雾过程中的湍流热量交换特征[J]. 大气科学,34(4):715-725.

黄山,张苏平,衣立,2019. 一次春季黄海西部离岸气流背景下形成岸滨雾的过程分析[J]. 中国海洋大学学报(自然科学版),49(6):20-29.

霍志丽,2019. 福建沿海不同类型海雾的统计特征与机理分析[D]. 青岛:中国海洋大学.

蒋璐璐,魏鸣,2011. FY-3A 卫星资料在雾监测中的应用研究[J]. 遥感技术与应用,26(4):489-495.

李昀英,王汉杰,2000. 台湾海峡地区雾形成的天气类型分析[J]. 热带海洋,19(4):65-70.

林海,顾震潮,1965. 云滴谱中第二极大形成的初步解释[J]. 科学通报,16(10):923-925.

刘飞,2013. 黄东海春季两次海雾过程与层云关系的研究[D]. 青岛:中国海洋大学.

刘树霄,衣立,张苏平,等,2019. 基于全卷积神经网络方法的日间黄海海雾卫星反演研究[J]. 海洋湖沼通报,6:13-22.

刘玉光,2009. 卫星海洋学[M]. 北京:高等教育出版社.

吕晶晶,牛生杰,张羽,等,2014. 湛江东海岛一次春季海雾的宏微观结构及边界层演变特征[J]. 气象学报,72(2):350-365.

马静,于芸,魏立新,2012. 东海近海海雾日变化特征及生成的水文气象条件分析[J]. 海洋预报,29(6):58-65.

马治国,张春桂,陈家金,等,2011. 福建省沿海雾的气候变化特征分析[J]. 中国农业气象,32(增刊 1):69-73.

孟宪贵,张苏平,2012. 夏季黄海表面冷水对大气边界层及海雾的影响[J]. 中国海洋大学学报:自然科学版,

42(6)：16-23.

牛生杰，陆春松，吕晶晶，等，2016. 近年来中国雾研究进展[J]. 气象科技进展，6(2)：6-19.

屈凤秋，刘寿东，易燕明，等，2008. 一次华南海雾过程的观测分析[J]. 热带气象学报，24(5)：490-496.

任兆鹏，张苏平，2011. 黄海夏季海雾的边界层结构特征及其与春季海雾的对比[J]. 中国海洋大学学报：自然科学版，41(5)：23-30.

沈忱，黄健 刘寿东，2010. 海雾的准周期振荡特征[J]. 热带气象学报，26(1)：71-78.

盛裴轩，毛节泰，李建国，等，2013. 大气物理学[M]. 北京：北京大学出版社：20-21.

宋美琪，张苏平，戴光耀，2022. 一次重力波对黄海海雾发生发展的影响研究[J]. 中国海洋大学学报，52(6)：27-38.

王彬华，1983. 海雾[M]. 北京：海洋出版社：1-14.

王庚辰，1981. 雾微物理结构的观测分析[J]. 气象学报，39(4)：452-459.

王冠岚，2010. 北大西洋海雾发生频率的气候学特征[D]. 青岛：中国海洋大学.

王凯悦，张苏平，薛允传，等，2018. 夏季低压控制下黄海西北部海域海雾发生气象条件合成分析[J]. 海洋气象学报，38(1)：47-56.

王鑫，黄菲，周发琇，2006. 黄海沿海夏季海雾形成的气候特征[J]. 海洋学报，28(1)：26-34.

王亚男，李永平，2009. 冷空气影响下的黄东海海雾特征分析[J]. 热带气象学报，25(2)：6.

王衍明，1991. 大气物理学[M]. 青岛：青岛海洋大学出版社：427-428.

王永明，高山红，2016. 黄海海雾数值模拟中多普勒雷达径向风数据同化试验[J]. 中国海洋大学学报：自然科学版，46(8)：1-12.

吴滨，施能，李玲，2007. 福建近 44 年大雾日趋势变化特征及可能影响因素[J]. 应用气象学报，18(4)：497-505.

肖辉，徐华英，黄美元，1988. 积云中云滴谱形成的数值模拟研究(二)——各种碰并过程，大气层结等的作用[J]. 大气科学，12(3)：312-319.

解思梅，薛振和，曲绍厚，等，2001. 北冰洋夏季的海雾[J]. 海洋学报，23(6)：40-50.

徐峰，王晶，张羽，等，2012. 粤西沿海海雾天气气候特征及微雾理结构研究[J]. 气象，38(8)：985-996.

徐静琦，张正，魏皓，1994. 青岛海雾雾滴谱与含水量观测与分析[J]. 海洋湖沼通报，(2)：174-178.

许淙，杨清华，薛振和，2010. 南极长城站海雾形成的气候背景及天气形势分析[J]. 极地研究，22(1)：42-47.

杨清华，张林，薛振和，等，2007. 南极长城站海雾特征分析[J]. 极地研究，19(2)：111-120.

杨伟波，张苏平，薛德强，2012. 2010 年 2 月一次冬季黄海海雾的成因分析[J]. 中国海洋大学学报(自然科学版)，42(增刊 1)：24-33.

岳岩裕，牛生杰，赵丽娟，等，2013. 湛江地区近海岸雾产生的天气条件及宏微观特征分析[J]. 大气科学，37(3)：609-622.

张春桂，蔡义勇，张加春，2009. MODIS 遥感数据在我国台湾海峡海雾监测中的应用[J]. 应用气象学报，20(1)：8-16.

张舒婷，牛生杰，赵丽娟，2013. 一次南海海雾微物理结构个例分析[J]. 大气科学，37(3)：552-562.

张苏平，鲍献文，2008. 近十年中国海雾研究进展[J]. 中国海洋大学学报，38(3)：359-366.

张苏平，任兆鹏，2010. 下垫面热力作用对黄海春季海雾的影响——观测与数值试验[J]. 气象学报，68(4)：439-449.

张苏平，龙景超，尹跃进，等，2014a. 我国东部沿海一次局地海雾抬升成云过程分析[J]. 中国海洋大学学报，44(2)：1-10.

张苏平，刘飞，孔扬，2014b. 一次春季黄海海雾和东海层云关系的研究[J]. 海洋与湖沼，45(2)：341-352.

张苏平，张欣，时晓曦，2022. 亲潮延伸体海区一次海雾过程的观测研究[J]. 海洋气象学报，42(1)：1-11.

张伟，陈德花，胡雅君，等，2021. 闽南沿海一次春季海雾过程微物理特征分析[J]. 气象，47(2)：157-169.

张曦,牛生杰,魏锦成,等,2016. 厦门春季海雾天气分类及典型个例宏微观结构分析[J]. 气象科学,36(1):121-127.

周发琇,王鑫,鲍献文,2004. 黄海春季海雾形成的气候特征[J]. 海洋学报,26(1):28-37.

BAKUN A,NELSON CS,1991. The seasonal cycle of wind stress curl in subtropical eastern boundary current regions[J]. Journal of Physical Oceanography,21(12):1815-1834.

BARI D,BERGOT T,EI KHLIFI M,2015. Numerical study of a coastal fog event over Casablanca,Morocco[J]. Quarterly Journal of the Royal Meteorological Society,141(690):1894-1905.

BENDIX J,2002. A satellite-based climatology of fog and low-level stratus in Germany and adjacent areas[J]. Atmospheric Research,64(1):3-18.

BENDIX J, THIES B, CERMAK J,et al,2005. Ground fog detection from space based on MODIS daytime data-a feasibility study [J]. Weather Forecast,20:989-1005.

BYERS H R,1930. Summer Sea Fogs of the Central California Coast[M]. Berkeley:University of California Press.

CENTENO M,1941. The refractive index of liquid water in the near infra-red spectrum[J]. Journal of the Optical Society of America,31(3):244-247.

CERECEDA P,SCHEMENAUER R S,SUIT M,1992. An alternative water supply for Chilean coastal desert villages[J]. International Journal of Water Resources Development,8:53-59.

CERMAK J,BENDIX J,2008. A novel approach to fog/Low stratus detection using meteosat 8 data[J]. Atmospheric Research,87:79-292.

CERMAK J,BENDIX J,2011. Detecting ground fog from space-a microphysics-based approach. International journal of remote sensing[J]. International Journal of Remote Sensing,32(12):3345-3371.

CERMAK J,2012. Low clouds and fog along the South-Western African coast-Satellite-based retrieval and spatial patterns[J]. Atmospheric Research,116:15-21.

CHAURASIA S,SATHIYAMOORTHY V, SHUKLA B P,et al,2011. Night time fog detection using MODIS data over northern India[J]. J Appl Meteorol,18:483-494.

CHAVEZ F P,MESSIÉ M,2009. A comparison of eastern boundary upwelling ecosystems[J]. Progress in Oceanography,83(1-4):80-96.

CHO Y K,KIM M O,KIM B C,2000. Sea fog around the Korean peninsula[J]. American Meteorological Society,39(12):2473-2479.

CHYLEK P,1978. Extinction and liquid water content of fogs and clouds[J]. J Atmos Sci,35(2):296-300.

COSTA A A,OLIVEIRA C J D,OLIVEIRA J C P D,et al,2000. Microphysical observations of warm cumulus clouds in Ceara,Brazil[J]. Atmospheric Research,54(2):167-199.

DASHKO N A, YUDIN K B, 1998. Meteorological Regime. In: Hydrometeorology and Hydrochemistry of Seas(Vol. Ⅸ,pp. 25-75). Okhotsk Sea. Issue 1: Hydrometeorological Conditions,Part 2,Sankt - Petersburg[M]. Russian:Hydrometeoizdat Press:342.

DASHKO N A,VARLAMOV S M,2003. Meteorology and Climate. In:Hydrometeorology and Hydrochemistry of Seas(Vol. Ⅷ,pp. 18-102). Japan Sea. Issue 1:Hydrometeorological Conditions,Part 2,Sankt-Petersburg[M]. Russian:Hydrometeoizdat Press:399.

DEVEBISH B J,BARTELLO P,BRENGUIER J L,et al,2012. Droplet growth in warm turbulent clouds[J]. Quarterly Journal of the Royal Meteorological Society,138(667):1401-1429.

DORAN J A, COAUTHORS, 1999. The MM5 at the air force weather agency-new products to support military operations[C]//Eighth Conf on Aviation, Range, and Aerospace Meteorology. Dallas:Amer Meteor Soc,4:17.

DORMAN C E, MEJIA J, KORAČIN D, 2017. Early and Recent Observational Techniques for Fog//Marine Fog: Challenges and Advancements in Observation, Modeling, and Forecasting[M]. Switzerland: Springer Press: 153-243.

DOUGLAS C K M, 1930. The cyclonic depressions of November 16 and 23, 1928[J]. Quarterly Journal of the Royal Meteorological Society, 56(234): 121-130.

ELDRIDGE R G, 1961. A few fog drop-size distributions[J]. Journal of the Atmospheric Sciences, 18(5): 671-676.

ELDRIDGE R G, 1966. Haze and fog aerosol distributions[J]. Journal of the Atmospheric Sciences, 23(5): 605-613.

ELLROD G P, 1995. Advances in the detection and analysis of fog at night using GOES multispectral infrared imagery[J]. J Weather and Forecasting, 10: 606-619.

ELLROD G P, GULTEPE I, 2007. Inferring low cloud base heights at night for aviation using satellite infrared and surface temperature data[J]. J Pure and Applied Geophysics, 164: 1193-1205.

EYRE J R, BROWNSCOMBE J L, ALLAM R J, 1984. Detection of fog at night using Advanced Very High Resolution Radiometer(AVHRR) imagery[J]. J Meteorol Mag, 113: 266-271.

FINDLATER J, ROACH W T, MCHUGH B C, 1989. The haar of north-east Scotland[J]. Quarterly Journal of the Royal Meteorological Society, 115: 581-608.

FISHER E L, CAPLAN P, 1963. An experiment in numerical prediction of fog and stratus[J]. Journal of the Atmospheric Sciences, 20(5): 425-437.

GAO S, LIN H, SHEN B, et al, 2007. A heavy sea fog event over the Yellow Sea in March 2005: Analysis and numerical modeling[J]. Adv Atmos Sci, 24(1): 65-81.

GAO S H, WU W, ZHU L, et al, 2009. Detection of nighttime sea fog/stratus over the Huang-hai Sea using MTSAT-1R IR data[J]. Acta Oceanologica Sinica, 28: 23-35.

GAO X, GAO S, LI Z, et al, 2023. A revised method with a temperature constraint for assimilating satellite-derived humidity in forecasting sea fog over the Yellow Sea[J]. Front Earth Sci, 16648714, 161.

GARRATT J R, 1987. The stably stratified internal boundary layer for steady and diurnally varying offshore flow[J]. Bound Layer Meteor, 38: 369-394.

GERBER H E, 1981. Microstructure of a radiation fog[J]. J Atmos Sci, 38(2): 454-458.

GLICKMAN T, 2000. Glossary of Meteorology. 2nd ed[M]. Boston, MA, USA: American Meteorological Society.

GRELL G A, DUDHIA J, STAUFFER D R, 1994. A description of the fifth-generation Penn State/NCAR Mesoscale Model(MM5)[J]. Mon Wea Rev, 102: 476-488.

GULTEPE I, ISAAC G A, LEAITCH W R, et al, 1996. Parameterizations of marine stratus microphysics based on in situ observations: implications for GCMS[J]. Journal of Climate, 9(2): 345-357.

GULTEPE I, MULLER M D, BOYBEYI Z, 2006. A new visibility parameterization for warm-fog applications in numerical weather prediction models[J]. Journal of Applied Meteorology and Climatology, 45(11): 1469-1480.

GULTEPE I, PEARSON G, MILBRANDT J A, et al, 2009. The fog remote sensing and modeling field project [J]. Bulletin of the American Meteorological Society, 90(3): 341-360.

GULTEPE I, KUHN T, PAVOLONIS M, et al, 2014. Ice fog in arctic during FRAM-ice fog project: aviation and nowcasting applications[J]. Bull Amer Meteor Soc, 95(2): 211-226.

GULTEPE I, HEYMSFIELD A J, Gallagher M, et al, 2017. Ice fog: the current state of knowledge and future challenges[J]. Meteorological Monographs, 58: 4-1.

Harun A R, YANG C S, 2018. A simple sea fog prediction approach using GOCI observations and sea surface winds[J]. Remote Sensing Letters, 9(1):21-30.

HOUGHTON H G, RADFORD W H, 1938. On the local dissipation of natural fog. Papers in physical oceanography and meteorology, 6(3). DOI:10. 1575/1912/1094.

HOUZE R A, 2014. Cloud Dynamics[M]. London: Academic Press(is an imprint of Elsevier).

HSIEH W C, JONSSON H, WANG L P, et al, 2009. On the representation of droplet coalescence and autoconversion: Evaluation using ambient cloud droplet size distributions[J]. Journal of Geophysical Research: Atmospheres, 114(D7). DO1:10. 1029/2008 JD010502.

HUANG R H, Li W J, 1988. Influence of heat source anomaly over the western tropical Pacific on the subtropical high over East Asia and its physical mechanism[J]. Chinese Journal of the Atmospheric Sciences, 12 (s1):107-116.

HUANG H J, LIU H, JIANG W, et al, 2011. Characteristics of the boundary layer structure of sea fog on the coast of Southern China[J]. Advances in Atmospheric Sciences, 28(6):1377-1389.

HUANG H J, LIU H N, HUANG J, et al, 2015. Atmospheric boundary layer structure and turbulence during sea fog on the southern China coast[J]. Monthly Weather Review, 143(5):1907-1923.

HUANG H, HUANG B, YI L, et al, 2019. Evaluation of the global and regional assimilation and prediction system for predicting sea fog over the South China Sea[J]. Advances in Atmospheric Sciences, 36(6):623-642.

HUANG B, ZHANG J, CAO J, et al, 2022. Improvements of sea fog forecasting based on CMA-TYM[J]. Frontiers in Earth Science, 10:359.

HUNT G E, 1973. Radiative properties of terrestrial clouds at visible and infra-red thermalwindow wavelengths [J]. Quarterly Journal of the Royal Meteorological Society, 99:346-369.

JIANG Y X, ZHANG S P, XIE S P, et al, 2019. Effect of a cold ocean eddy on local atmospheric boundary layer near the Kuroshio Extension: in situ observations and model experiments[J]. J Geophys Res: Atmos, 124 (11):5779-5790.

JIN G, GAO S, SHI H, et al, 2022. Impacts of sea-land breeze circulation on the formation and development of coastal sea fog along the Shandong Peninsula: a case study[J]. Atmosphere, 13(2):165, 1-21.

JIUSTO J E, 1981. Fog Structure in Clouds: Their Formation, Optical Properties and Effects[M]. Cambridge: Academic press:187-239.

KIKAS Ü, MIRME A, TAMM E, 1998. Examining the relationship between aerosol size distribution and atmospheric visibility in an urban area[J]. Journal of the Aerosol Science, 29:S661-S662.

KOENIG L R, 1971. Numerical modeling of ice deposition[J]. Journal of the Atmospheric Sciences, 28:226-237.

KONDRATYEV K Y, NIKOLSKY G A, 1972. Solar radiation and solar activity[J]. Quarterly Journal of the Royal Meteorological Society, 98(415):231-231.

KORAČIN D, LEWIS J, THIMPSON W T, et al, 2001. Transition of stratus into fog along the California coast: Observations and modeling[J]. Journal of the Atmospheric Sciences, 58(13):1714-1731.

KORAČIN D, DORMAN C E, DEVER E P, 2004. Coastal perturbations of marine-layer winds, wind stress, and wind stress curl along California and Baja California in June 1999[J]. Journal of Physical Oceanography, 34(5):1152-1173.

KORAČIN D, DORMAN C E, LEWIS J M, 2014. Marine fog: A review[J]. Atmospheric Research, 143: 142-175.

KOSCHMIEDER H, 1924. Theorie der horizontalen Sichtweite[J]. Beitrage zur Physik der freien Atmosphare, 12:33-53.

KUMAI M, 1973. Arctic fog droplet size distribution and its effect on light attenuation[J]. Journal of the Atmospheric Sciences,30(4):635-643.

KUNKEL B A,1971. Fog Drop-Size Distributions Measured with a Laser Hologram Camera[J]. Journal of Applied Meteorology and Climatology,10(3):482-486.

KUNKEL B A,1984. Parameterization of droplet terminal velocity and extinction coefficient in fog models[J]. Journal of Applied Meteorology and Climatology,23(1):34-41.

LACIS A A,HANSEN J E,1974. A parameterization of the absorption of solar radiation in the earth's atmosphere[J]. J Atmos Sci,31:118-133.

LAMB H H,1943. Haars or North Sea fogs on the coasts of Great Britain [J]. Meteorology Office Publication MO,504:24.

LEIPPER D F,1948. California stratus forecasting correlations,1935 and other years[J]. Bulletin of the American Meteorological Society,29(6):294-297.

LEIPPER D F,1994. Fog on the U. S. West Coast,a review[J]. Bulletin of the American Meteorological Society,72:229-240.

LEWIS J D,KORAČIN R,RABIN,et al,2003. Sea fog off the California Coast: viewed in the context of transient weather systems[J]. J Geophys Res,108:4457-4473.

LEWIS J,KORACIN D,REDMOND K T,2004. Sea fog research in the United Kingdom and United States: A historical essay including outlook[J]. Bulletin of the American Meteorological Society,5(3):395-408

LI M,ZHANG S P,2013. Impact of sea surface temperature front on stratus-sea fog over the Yellow and East China Seas-a case study with implications for climatology[J]. Journal of Ocean University of China,12(2):301-311.

LI X,ZHANG S,KORAČIN D,et al,2022. Atmospheric conditions conducive to marine fog over the northeast Pacific in winters of 1979-2019[J]. Front Earth Sci,10:942846.

LING X,1995. Retrieval of fog microphysical parameters from NOAA AVHRR data[D]. Reno: University of Nevada.

LIU Y,1992. Skewness and kurtosis of measured raindrop size distributions(Part A. General Topics)[J]. Atmosphereic Environment,26(15):2713-2716.

LIU Y,1993. Statistical theory of the Marshall-Palmer distribution of raindrops(Part A. General Topics)[J]. Atmosphereic Environment,27(1):15-19.

LIU J W,XIE S P,NORRIS J R,et al,2014. Low-level cloud response to the Gulf Stream front in winter using CALIPSO[J]. J Climate,27:4421-4432.

LIU J W,XIE S P,YANG S,et al,2016. Low-cloud transitions across the Kuroshio Front in the East China Sea [J]. J Climate,29(12):4429-4442.

LONG J C,ZHANG S,CHEN Y,et al,2016. Impact of the Pacific-Japan teleconnection pattern on July sea fog over the northwestern Pacific: Interannual variations and global warming effect [J]. Advances in Atmospheric Sciences,33(4):511-21.

MASON,B J,1971. The Physics of Clouds(2 nd ed.) [M]. Oxford:Claredon Press:671.

MCCARTNEY E J,HALL F F,1976. Optics of the atmosphere: scattering by molecules and particles[J]. Physics Today,30:76-77.

MICHAEL H A,LUBETSKY J S,HARVEY C F,2003. Characterizing submarine groundwater discharge: a seepage meter study in waquoit bay,Massachusetts[J]. Geophysical Research Letters,30(6):30-31.

MIE G,1908. Beiträge zur Optik trüber Medien,speziell kolloidaler Metallösungen[J]. Annalen der Physik,330(3):377-445.

MOLTENI F,BUIZZA R,PALMER T N,et al,1996. The ECMWF ensemble prediction system: Methodology and validation[J]. Quarterly Journal of the Royal Meteorological Society,122(529):73-119.

NITTA T,1987. Convective activities in the tropical western Pacific and their impact on the Northern Hemisphere summer circulation[J]. Journal of the Meteorological Society of Japan Ser II,65(3):373-90.

NIU S J,LU C S,YU H Y,et al,2010. Fog research in China: An overview[J]. Advances in Atmospheric Sciences,27(3):639-662.

NORRIS J R,1998. Low cloud type over the ocean from surface observations. Part I: Relationship to surface meteorology and the vertical distribution of temperature and moisture[J]. Journal of Climate, 11(3): 369-382.

OLIVER D A,LEWELLEN W S,WILLIAMSON G G,1978. The interaction between turbulent and radiative transport in the development of fog and low-level stratus[J]. Journal of the Atmospheric Sciences,35(2): 301-316.

PAVOLONIS M,2010. Advances in extracting cloud composition information from spaceborne infrared radiances-A robust alternative tobrightness temperatures. Part I:Theory[J]. Journal of Applied Meteorology and Climatology,49(9):1992-2012.

PETTERSSEN S,1936. On the causes and the forecasting of the California fog[J]. J Aerosp Sci,3:305-309.

PETTERSSEN S,1938. On the causes and the forecasting of the California fog[J]. Bull Amer Meteor Soc,19: 49-55.

PETTERSSEN S,1939. Some aspects of formation and dissipation of fog[J]. Geofys Publ,12:5-22.

PETTERSSEN S,1956. Weather Analysis and Forecasting: Volume I: Motion and Motion Systems[M]. New York:McGraw-Hill Book Co.

PILIÉ R J,MACK E J,ROGERS C,et al,1979. The formation of marine fog and the development of fog-stratus systems along the California coast[J]. Journal of Applied Meteorology,18: 1275-1286.

RAYNER N A,PARKER D E,HORTON E B,et al,2003. Global analyses of sea surface temperature,sea ice, and night marine air temperature since the late nineteenth century[J]. Journal of Geophysical Research,108 (D14):4407.

RICKS E L,1981. Some empirical rules for forecasting fog and Stratus over northern Florida,southern Georgia and adjacent coastal waters. National Hurricane Center,Miami,Florida[J]. Sciences,28(6):1377-1389.

ROACH W T,1976. On the effect of radiative exchange on the growth by condensation of a cloud or fog droplet[J]. Quart J Roy Meteor Soc,102:361-372.

SALOMONSON V V, APPEL I, 2004. Estimating fractional snow cover from MODIS using the normalized difference snow index[J]. Remote Sensing of Environment,89:351-360.

SCHMITT C G,STUEFER M,HEYMSFIELD A J,et al,2013. The microphysical properties of ice fog measured in urban environments of Interior Alaska[J]. Journal of Geophysical Research: Atmospheres,118(19): 11136-11147.

SHIN D G,PARK H M,KIM J H,2013. Analysis of the fog detection algorithm of DCD method with SST and CALIPSO data[J]. J Atmosphere,23:471-483.

SKAMAROCK W,KLEMP J,DUDHIA J,2008. A description of the Advanced Research WRF version 3[R]. NCAR Technical Note NCAR/TN-475+STR,doi:10. 5065/D68S4MVH.

SLUTZ R J,LUBKER S J,HISCOX J D,et al,1985. Comprehensive ocean-atmosphere data set: release 1[Z]. NOAA Environmental Research Laboratories,Climate Research Program,Boulder CO.

SMITH R L,1968. Upwelling[J]. Oceanography and Marine Biology(An Annual Review),6:11-46.

SONG S T,SHI X M,ZHANG S P,2022. Springtime sea fog penetration in Qingdao:Anomalous moistening and diurnal cooling[J]. Front Earth Sci,10:956836. doi:10. 3389/feart. 2022. 956836.

STOELINGA M T, WARNER T T, 1999. Nonhydrostatic, mesobeta-scale model simulations of cloud ceiling and visibility for an East Coast winter precipitation event[J]. Appl Meteor, 38(4): 385-404.

STULL R B, 1991. A comparison of parameterized vs. measured transilient mixing coefficients for a convective mixed layer[J]. Boundary-Layer Meteorology, 55: 67-90.

SUGIMOTO S, SATO T, NAKAMURA K, 2013. Effects of synoptic-scale control on long-term declining trends of summer fog frequency over the pacific side of Hokkaido Island[J]. Journal of Applied Meteorology and Climatology, 52: 2226-2242.

SVERDRUP H V, FLEMING R H, 1941. The waters off the coast of California, March to July, 1937[J]. Bull Scripps Inst Oceanogr, 4: 261-378.

TANIMOTO Y, XIE S P, KAI K, et al, 2009. Observations of marine atmospheric boundary layer transitions across the summer Kuroshio Extension[J]. Journal of Climate, 22: 1360-1374.

TARDIF R, RASMUSSEN R M, 2007. Event-based climatology and typology of fog in the New York City region[J]. Journal of Applied Meteorology and Climatology, 46: 1141-1168.

TCHERNIA P, 1980. Descriptive Regional Oceanopgraphy[M]. Oxford: Pergamon Press: 253.

TOKINAGA H, TANIMOTO Y, XIE S P, et al, 2009a. Ocean frontal effects on the vertical development of cloudds over the Western North Pacific: in situ and satellite observations[J]. Journal of Climate, 22: 4241-4260.

TOKINAGA H, XIE S P, 2009b. Ocean tidal cooling effect on summer sea fog over the Okhotsk Sea[J]. Journal of Geophysical Research: Atmospheres, 114, D14102.

TOMCZAK M, GODFREY J S, 2003. Regional Oceanography: An Introduction[M]. India: Daya Publishing House: 105.

TOTH Z, KALNAY E, 1997. Ensemble forecasting at NCEP and the breeding method[J]. Monthly Weather Review, 125(12): 3297-3319.

UNDERWOOD S J, ELLROD G P, KUHNERT A L, 2004. A multiple-case analysis of nocturnal radiation-fog development in the central valley of California utilizing the GOES nighttime fog product[J]. J Appl Meteorol, 43: 297-311.

UYEDA H, YAGI T, 1984. The character of sea fog in the urban area of Kushiro City, eastern Hokkaido[J]. Journal of the Meteorological Society of Japan. Ser. II, 62(6): 917-928.

WANG X, BARKER D M, SNYDER C, et al, 2008. A hybrid ETKF-3DVAR data assimilation scheme for the WRF model. Part I: Observing system simulation experiment[J]. Monthly Weather Review, 136(12): 5116-5131.

WANG Y, GAO S, FU G, 2014. Assimilating MTSAT-derived humidity in now casting sea fog over the Yellow Sea[J]. Wea Forecasting, 29(2): 205-225.

WANG Q, ZHANG S P, WANG Q, et al, 2018. A fog event off the coast of the Hangzhou Bay during Meiyu period in June 2013[J]. Aerosol and Air Quality Research, 18(1): 91-102.

WANG Q, ZHANG S P, XIE S P, et al, 2019. Observed variations of the atmospheric boundary layer and stratocumulus over a warm eddy in the Kuroshio Extension[J]. Mon Wea Rev, 147(5): 1581-1591.

WANG S K, YI L, ZHANG S P, et al, 2020. The microphysical properties of a sea-fog event along the west coast of the Yellow Sea in spring[J]. Atmosphere, 11(4): 413.

WINANT C D, DORMAN C E, FRIEHE C A, et al, 1988. The marine layer off northern California: An example of supercritical channel flow [J]. Journal of the Atmospheric Sciences, 45: 3588-3605.

WU X J, ZHANG S P, LI S M, et al, 2010. Sea fog retrieval methods based on polar-orbiting meteorological satellite during day and night: China patent, ZL200810249748. X[P]2022-12-28.

WU X J,LI S M,2014. Automatic sea fog detection over Chinese adjacent oceans using Terra/MODIS data[J]. International Journal of Remote Sensing,35(21):7430-7457.

WU D,LU B,ZHANG T,et al,2015. A method of detecting sea fogs using CALIOP data and its application to improve MODIS based sea fog detection[J]. Journal of Quantitative Spectroscopy and Radiative Transfer, 153:88-94.

XIE J,ZHU J,LI Y,2008. Assessment and inter-comparison of five high-resolution sea surface temperature products in the shelf and coastal seas around China[J]. Continental Shelf Research,28(10-11):1286-1293.

YANG L, LIU J W, REN Z P, 2018. Atmospheric conditions for advection-radiation fog over the Western Yellow Sea [J]. Journal of Geophysical Research: Atmospheres,123(10):5455-5468.

YANG Y,HU X M,GAO S,et al,2019. Sensitivity of WRF simulations with the YSU PBL scheme to the lowest model level height for a sea fog event over the Yellow Sea[J]. Atmospheric Research,215:253-267.

YANG Y,GAO S,2020. The impact of turbulent diffusion driven by fog-top cooling on sea fog development [J]. J Geophys Res-Atmos,DOI:10. 1029/2019JD031562.

YANG L,LIU J W,XIE S P,et al,2021. Transition from Fog to Stratus over the Northwest Pacific Ocean: Large-Eddy Simulation [J]. Monthly Weather Review,149:2913-2925.

YI L,LI K F,CHEN X,et al,2019. Arctic fog detection using infrared spectral measurements[J]. Journal of Atmospheric and Oceanic Technology,36(8):1643-1656.

YI L,LI K F,CHEN X,et al,2023. Summer marine fog distribution in the Chukchi-Beaufort Seas[J]. Earth and Space Science,10(2),e2021EA002049.

YOO J M,CHOO G H,LEE K H,et al,2018. Improved detection of low stratus and fog at dawn from dual geostationary(COMS and FY-2D) satellites[J]. Remote Sens Environ,211:292-306.

ZHANG S P,XIE S P,LIU Q Y,et al,2009. Seasonal variations of Yellow Sea fog: Observations and mechanisms [J]. Journal of Climate,22(24):6758-6772.

ZHANG S P,YI L,2013. A comprehensive dynamic threshold algorithm for daytime sea fog retrieval over the chinese adjacent seas[J]. Pure and Applied Geophysics,170(11):1931-1944.

ZHANG S P,CHEN Y,LONG J,et al,2015. Interannual variability of sea fog frequency in the Northwestern Pacific in July [J]. Atmospheric Research,151:189-199.

ZHANG S P,LEWIS J M,2017. Synoptic processes//Marine Fog: Challenges and Advancements in Observation,Modeling,and Forecasting (Darko Kora čin and Clive E. Dorman, eds.) [M]. Switzerland: Springer Press:291-344.

ZHAO L J, NIU S J,ZHANG Y,et al,2013. Microphysical characteristics of sea fog over the east coast of Leizhou Peninsula,China[J]. Adv Atmos Sci,30(4): 1154-1172.

ZHOU B B,FERRIE B S,2008. Asymptotic analysis of equilibrium in radiation fog[J]. Journal of Applied Meteorology and Climatology,47(6):1704-1722.

附录 A 常用计算方法

A.1 雾的微物理参量计算方法

雾滴的数浓度(N,cm^{-3})和液态水含量(Q_{LWC},g/m^3)分别由下面公式计算:

$$N = \sum n(r) \tag{A.1}$$

$$Q_{LWC} = 1 \times 10^{-6} \times \rho \times \sum \frac{4\pi}{3} r^3 n(r) \tag{A.2}$$

式中:r (μm) 为雾滴半径;n 为每档粒子数浓度,是 r 的函数,ρ(=1 g/cm^3)为液态水的密度。

k 阶半径的计算公式为

$$m_k = \sum r^k \frac{n(r)}{N} \tag{A.3}$$

当 $k=1$ 时,即为平均半径,$\bar{r}=m_1$。

中值体积半径(Median Volume Radius,MVR) 定义:粒径小于和大于 MVR 的雾滴的含水量各占总含水量的 50%,使用插值公式近似计算:

$$\text{MVR} = b_i + \left(\frac{0.5 - \text{cum}_{i-1}}{\text{pro}_i}\right)(b_{i+1} - b_i) \tag{A.4}$$

假设总含水量为 1,其中从 1 到 $i-1$ 档粒子含水量低于 0.5,从 1 到 i 档粒子含水量高于 0.5,b_i 表示第 i 档粒子的半径,b_{i+1} 表示第 $i+1$ 档粒子的半径,cum_{i-1} 表示从 1 到 $i-1$ 档粒子总含水量,pro_i 表示第 i 档粒子含水量。

A.2 峰度、偏度统计检验方法

偏度 S 和峰度 K 是研究分布正态性的两个典型统计量,刘延刚(1991)[①]提出了运用峰度和偏度分析粒子谱的较为简单统计方法,其计算公式如下,设 $f(r)$表示分布的密度函数,$\bar{r}$ 表示数学期望,有

$$S = \frac{\int (r - \bar{r})^3 f(r)\, dr}{\left[\int (r - \bar{r})^2 f(r)\, dr\right]^{3/2}} \tag{A.5}$$

① 刘延刚,1991. 偏度和峰度在粒子谱研究中的应用[J]. 气象,17(1):9-15.

$$K=\frac{\int (r-\bar{r})^4 f(r)\,\mathrm{d}r}{\left[\int (r-\bar{r})^2 f(r)\,\mathrm{d}r\right]^2}-3 \tag{A.6}$$

对于雾滴谱而言,分布的密度函数 $f(r)$可以为数浓度的密度函数 $\frac{N(r)}{\mathrm{NUM}}$,或含水量的密度函数$\frac{\mathrm{LWC}(r)}{\mathrm{LWC}}$。

对于数浓度的偏度峰度计算,使用 k 阶半径可将式(A.5)、式(A.6) 化为

$$S=\frac{m_3-3m_1m_2+2m_1^3}{(m_2-m_1^2)^{3/2}} \tag{A.7}$$

$$K=\frac{m_4-4m_1m_3+6m_1^2m_2-3m_1^4}{(m_2-m_1^2)^2}-3 \tag{A.8}$$

式中:m_1、m_2、m_3、m_4 分别为 1、2、3、4 阶半径,可由 k 阶半径公式求得。若雾滴谱满足 Gamma 分布,有

$$\begin{cases} S=\dfrac{2}{\sqrt{1+\mu}} \\ K=\dfrac{6}{\sqrt{1+\mu}} \end{cases} \tag{A.9}$$

$$\begin{cases} C_s=\dfrac{S^2}{4} \\ C_k=\dfrac{K}{6} \end{cases} \tag{A.10}$$

式中:C_s、C_k 分别为偏度偏差系数和峰度偏差系数,Gamma 分布中 $C_s=C_k$。绘制 C_s 和 C_k 的散点图,图中的点(C_s,C_k) 表征不同时次的雾滴谱分布,$y=x$ 为 Gamma 分布的特征线,多数点位于直线 $y=x$ 附近可认为满足 Gamma 分布。可以通过观测数据计算 C_s 和 C_k 验证 Gamma 分布对实际观测的雾滴谱数据拟合效果是否较好。

A.3 米散射系数 a_n 和 b_n 的计算方法

$$\begin{cases} a_n=\dfrac{\psi_n(\alpha)\psi'_n(m\alpha)-m\psi'_n(\alpha)\psi_n(m\alpha)}{\zeta_n(\alpha)\psi'_n(m\alpha)-m\zeta'_n(\alpha)\psi_n(m\alpha)} & \text{(A.11)} \\ b_n=\dfrac{m\psi_n(\alpha)\psi'_n(m\alpha)-\psi'_n(\alpha)\psi_n(m\alpha)}{m\zeta_n(\alpha)\psi'_n(m\alpha)-\zeta'_n(\alpha)\psi_n(m\alpha)} & \text{(A.12)} \end{cases}$$

式中:$\psi_n(\alpha)$ 和 $\zeta_n(\alpha)$ 分别为贝塞尔函数和汉克尔函数;$\psi'_n(\alpha)$ 和 $\zeta'_n(\alpha)$ 分别为 $\psi_n(\alpha)$ 和 $\zeta_n(\alpha)$ 的导数;m(=1.33)为水的折射率(Lentz,1976①; Wiscombe,1980②),

① LENTZ W J,1976. Generating Bessel functions in Mie scattering calculations using continued fractions[J]. Applied Optics,15(3):668-671.

② WISCOMBE W J,1980. Improved Mie scattering algorithms[J]. Applied Optics,19(9):1505-1509.

$$\begin{cases}\psi_0(\alpha)=\sin\alpha\\ \psi_1(\alpha)=\dfrac{1}{\alpha}\sin\alpha-\cos\alpha\\ \psi_n(\alpha)=\dfrac{2n-1}{\alpha}\psi_{n-1}(\alpha)-\psi_{n-2}(\alpha)\end{cases}\tag{A.13}$$

$$\begin{cases}\zeta_0(\alpha)=\sin\alpha+\cos\alpha\\ \zeta_1(\alpha)=\dfrac{1}{\alpha}(\sin\alpha+i\cos\alpha)-(\cos\alpha-i\sin\alpha)\\ \zeta_n(\alpha)=\dfrac{2n-1}{\alpha}\zeta_{n-1}(\alpha)-\zeta_{n-2}(\alpha)\end{cases}\tag{A.14}$$

$$\begin{cases}\psi'_n(\alpha)=\psi_{n-1}(\alpha)-\dfrac{n}{\alpha}\psi_n(\alpha) & \text{(A.15)}\\ \zeta'_n(\alpha)=\zeta_{n-1}(\alpha)-\dfrac{n}{\alpha}\zeta_n(\alpha) & \text{(A.16)}\end{cases}$$

Wiscombe(1980)指出无穷级数可以用下面公式来截断，此时有 $|a_n|^2+|b_n|^2<10^{-14}$：

$$n=\begin{cases}\alpha+4\alpha^{1/3}+1 & (0.02\leqslant\alpha\leqslant 8)\\ \alpha+4.05\alpha^{1/3}+2 & (8<\alpha\leqslant 4200)\\ \alpha+4\alpha^{1/3}+2 & (4200\leqslant\alpha\leqslant 20000)\end{cases}\tag{A.17}$$

A.4 统计检验方法

离差平方和(total sum of squares, TSS)是随机变量每一项与平均值之差的平方的总和，反映观测值相较于平均值的离散程度。

$$\mathrm{TSS}=\sum_{i=1}^{m}(y_i-\bar{y})^2\tag{A.18}$$

根据随机变量 y 的 m 个观测值建立适当的拟合模型，模型计算值($\hat{y}_i$)与观测值(y_i)的差值称为残差($\hat{y}_i-y_i$)，所有 m 个残差平方之和称为残差平方和(sum of squared errors, SSE)，SSE 的大小表明函数拟合的好坏，SSE 越小，表明函数拟合效果越好。

$$\mathrm{SSE}=\sum_{i=1}^{m}(y_i-\hat{y}_i)^2\tag{A.19}$$

均方根误差(root mean square error, RMSE)，RMSE 越小，表明新的拟合函数对观测值的拟合效果越好。

$$\mathrm{RMSE}=\sqrt{\frac{\mathrm{SSE}}{m}}=\sqrt{\frac{1}{m}\sum_{i=1}^{m}(y_i-\hat{y}_i)^2}\tag{A.20}$$

多重测定系数 R^2 可以表征拟合函数的好坏，其数值大小为[0,1]，越接近 1，表明拟合值越接近观测值，拟合效果越好。

$$R^2=\frac{\mathrm{TSS}-\mathrm{SSE}}{\mathrm{TSS}}=1-\frac{\mathrm{SSE}}{\mathrm{TSS}}\tag{A.21}$$

A.5 检测概率等指标计算方法

表 A.1 雾检测量

卫星监测	站点或船载等观测(真值)	
	雾	非雾
雾	A	B
非雾	C	D

表示不同情况下的发生次数,比如 A 为 50,意味着站点观测到雾且卫星监测到雾的次数为 50

表 A.2 检验指标计算方法(N 代表数量,比如 N_A 为表 A.1 中的 A)

评估指标	计算公式
POD(probability of detection) 识别率	$POD = N_A/(N_A + N_C)$
FAR(false alarm ratio) 误判率	$FAR = N_B/(N_A + N_B)$
CSI(critical success index) 鉴定成功评分	$CSI = N_A/(N_A + N_B + N_C)$
HR(hit rate)命中率	$HR = (N_A + N_D)/(N_A + N_B + N_C + N_D)$

A.6 北冰洋海雾观测数据处理方法

依据大气能见度大小可将雾划分为浓雾(能见度小于 200 m)、大雾(能见度为 200～500 m)和雾(能见度为 500～1000 m)。相应地,当一天中出现一个及以上低大气能见度记录时,可根据雾的划分标准将该日计为"浓雾日""大雾日"或"雾日"(以 UTC 时间 12 时划分日界)(Koračin et al.,2017)[①]。"雾日"并非全天都存在雾,不能代表雾频,比如某月 30 d 中有 15 d 全天都发生雾,雾日为 15 d,此月的雾频为 50%,如果该月中的 15 d 每天发生 2.4 h 的雾,雾日仍为 15 d,但该月的雾频仅为 5%。

使用逐分钟的大气能见度观测数据,以能见度小于 1000 m 且持续时间超过 10 min 为标准,判识为一次海雾样例;若两个样例时间间隔小于 30 min,则合并为一次样例。船载观测的能见度有 1 h 平均结果也有 1 min 结果,而雾滴谱数据的分辨率大于 1 Hz,如果选择逐小时能见度,则会遗漏很多的雾滴谱观测。如图 A.1 所示,按照逐小时大气能见度数据,海雾过程为 *CD* 时间段,而按照逐分钟大气能见度数据,海雾过程为 BE 时间段。因此,利用分钟级观测数据,可以获取更为准确的海雾时段样本数据。海上没有办法将雾滴谱仪始终朝向主要风向,为取得较为可靠的雾滴谱信息,取每分钟中最大雾滴数的观测(每秒一次观测) 作为该分钟的雾滴谱观测。

① KORAČIN D,Dorman C E,2017. Marine Fog: Challenges and Advancements in Observations,Modeling,and Forecasting [M]. Springer.

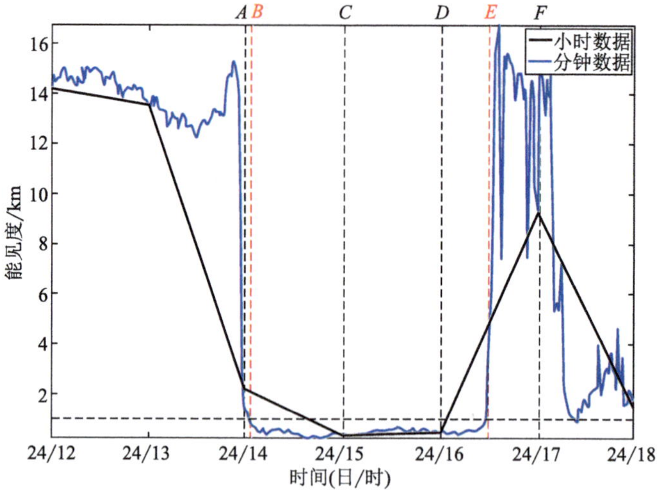

图 A.1 船载自动气象站大气能见度逐小时(黑线)、分钟(蓝线)变化
(黑色横虚线表示大气能见度为 1 km,黑色竖虚线表示整点时刻,红色竖虚线表示分钟大气能见度从大于/小于 1 km 变为小于/大于 1 km)

A.7 第七次北极科学考察航次

第七次北极科学考察于 2016 年 7 月 11 日从上海出发,经白令海峡进入北冰洋,途经楚科奇海、加拿大海盆区域、北冰洋高纬度海域,抵达门捷列夫海岭附近海域后折返,于 2016 年 9 月 26 日返抵上海,历时 78 d 累计航程约 13000 海里,浮冰区总航程逾 2800 海里,最北航行到 82.8°N,其中,2016 年 7 月 24 日—9 月 4 日雪龙号考察船位于北冰洋内,总计 42 d(图 A.2)。

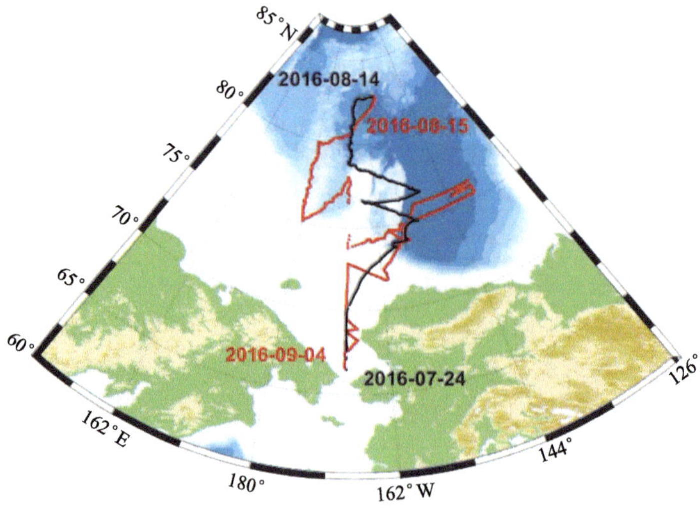

图 A.2 第七次北极科学考察航次北冰洋航迹图

索引

A

岸滨雾(coastal fog) 48,56-58,116,144

B

白霜(hoarfrost) 71

冰雾(ice fog) 6,55,71,111

C

层云 27,39,58-61,110,174,183,188,192

D

大气边界层 14,21,45,124,131,217,223,225

大气层结稳定度(大气稳定度) 70,75,103

大气水平能见度(能见度) 1,5-14,71,126-128,131,140,148,149,156,158-163,168,200,239

岛屿雾(island fog) 45,55,56

地形雾 48,55

低云 2,15,45,52,58-60,91,141,150,178-184,189

冻雾(freezing fog) 55,70,71

F

FAR(误判率,误报率) 184,187,190-191,211-213,222,239

辐射 18-21,38-41,54-57,70,127,135,161,175,178

辐射雾 48,54-56,70,161

G

感热通量 34,36,49,106,202

干层 40-42,124

H

海表面温度锋(海洋锋) 45,74-76,85,97,105,150-153

海流 26,49,74,78,84,90,93,109,112

海陆热力差异 4,62,99,102,119,145

海面气温(SAT) 13,34,41,49,123,131

海面水温、海温(SST) 2,13,26,33-35,46,54,74,78,84,97,123,139

海面蒸发 33-35,37,51,58,101,106,107,139-142

海气界面 36,49,123,131,139

海气温差(SST－SAT),气海温差(SAT－SST) 13,35,38,41,76,80,87,100,102,135,202

海雾机制 194,225

海雾季节(雾季) 98-103

海雾检测 178-179,183-188,192

海雾频率(雾频) 2,65-74,78-79,83,85-97,109,112-115,117-119

海雾数值预报 206,218

海雾卫星遥感 174-175

海雾物理过程 194

海雾消散 126,127,133,138,142,197

海洋大气边界层(MABL) 14-16,45,67,124

I

ICOADS 数据集 8,65,76,95,109,181,190,191

J

集合预报 218-225

季节变化 2,45,73,78,95,99,100,103,119

降温过程(降温) 14,32,36,38,58,61,105,107,124,126,203,205

决定性预报 220-224

绝热过程 44

K

柯什密得(Koschmieder)公式 10,159

克拉珀龙-克劳修斯(Clapegron-Clausius)方程 32,33,51,97

控制试验 135,147,198-200,211

L

冷海雾 49

冷季混合雾 48,54,106

粒子半径 10,160,163,178

M

敏感性试验 198,201-202

N

逆温(逆温层) 20,21,27,42,49,52,58-60,70,76,99-100,124,126,141-143,150-152,204-205

逆温层底高度 15,27,45,59,74,100,108

暖海雾 49,51,79

暖季混合雾 54,107-108,142

P

平流冷却雾 37-38,49,53,70,76,87,108,119,136,161

平流蒸发雾 51-53,70,106,139,142

POD(识别率,集中率) 184,187,190-191,211-213,222-223

Q

潜热通量 106-108,151

R

热量交换 49,126,195,202

热量通量(热通量) 16,46,153

S

散射 4,9-12,15,24,40,160,175

散射消光系数 10,11

上升流 26,49,78,81,90,92,97

上升运动 60,107,127,132

数据同化 196,206,215,220,225

水汽通量 36,46,151

SYNOP 编码 6-8

T

湍流,湍流混合 25,34,36,42,45-49,52,59,61,141,194,202,205

W

卫星云图 7,57,69,149,188,197

温度垂直廓线 21,150-151,199

温度露点差 11,126,127,142,151

雾滴谱 17-18,156-157,160,163-167,170,237,239

雾顶高度 20,181,211,221

雾顶长波辐射冷却 13-14,25,27,39,41,51,76,135

雾区检验评分 211-212,221

X

相对湿度 4-5,13,32,35,37,101,107,124,132,141,143,155,168,199,208

Y

液态水含量,云中液态水含量,云水含量 17,49,127,156,158,163,171,200,212

预报概率 221-222,224

云微物理 194-195

Z

增湿过程(增湿) 32-33,51,58,106,126,150

蒸汽雾(海烟、寒烟) 52-53,70,161,169-171